Automobilentwicklung mit System

Kim B. Clark, Takahiro Fujimoto

Automobilentwicklung mit System

Strategie, Organisation und Management in Europa, Japan und USA

Übersetzt und herausgegeben von Eberhard C. Stotko

Campus Verlag
Frankfurt/New York

Die Deutsche Bibliothek – CIP-Einheitsaufnahme

Clark, Kim B.:
Automobilentwicklung mit System : Strategie, Organisation und Management in Europa, Japan und USA / Kim B. Clark ; Takahiro Fujimoto. Übers. und hrsg. von Eberhard C. Stotko. – Frankfurt/Main ; New York : Campus Verlag, 1992
Einheitssacht.: Product development performance <dt.>
ISBN 3–593–34691–5
NE: Fujimoto, Takahiro:

Copyright © 1992. Alle deutschsprachigen Rechte bei Campus Verlag GmbH, Frankfurt/Main
Umschlaggestaltung: Atelier Warminski, Büdingen
Gesamtherstellung: Friedrich Pustet, Regensburg
Printed in Germany

Inhalt

Vorwort und Danksagung

Dieses Buch handelt von der Entwicklung neuer Produkte in einem turbulenten, anspruchsvollen und aufregenden Umfeld: der weltweiten Automobilindustrie. Die Arbeit hat über die letzten fünf Jahre hin Gestalt angenommen, aber die Anfänge reichen viel weiter zurück.

Unser erstes gemeinsames Forschungsvorhaben war ein höchst strapaziöser dreiwöchiger Japan-Besuch im Sommer 1981 bei fünfundzwanzig Forschungslabors, Entwicklungsbüros und Fertigungsstätten der dortigen Automobilindustrie.

Unter der Leitung des inzwischen verstorbenen Prof. Williams Abernathy bemühten wir uns, den Ursachen für höhere Qualität und Produktivität und ganz allgemein den gravierenden Veränderungen in Technologie und Wettbewerbsverhalten auf die Spur zu kommen, die sich Anfang der 80er Jahre in der Industrie abzeichneten.

Unsere Vor-Ort-Untersuchungen mit Prof. Abernathy 1981 in Japan spielten bei der Entwicklung der Thesen, die 1983 in »Industrial Renaissance« veröffentlicht wurden, eine wichtige Rolle.

Die Arbeit an der »Wiedergeburt der Industrie« und nachfolgende Studien in Japan, Europa und USA überzeugten uns von der Schlüsselrolle, die die Produktentwicklung ab den 80er Jahren spielen würde. Die Weltmärkte wurden internationaler und die Technologie vielschichtiger. Weiter schien ein wichtiger Teil des japanischen Vorsprungs in der Fertigung daran zu liegen, wie die Produkte konstruiert und entwickelt wurden. Diese Fakten belegten, daß die effektive Produktentwicklung eine kritische Dimension und Quelle von Vorsprung im Wettbewerb war.

Deshalb planten wir, die Auswirkungen von Strategie, Organisation und Management auf die Leistung der Produktentwicklung zu untersuchen. 1985 begannen wir mit einer intensiven Untersuchung.

Es wurde eine faszinierende Entdeckungsreise. Niemand hatte je zuvor alle diese Firmen gleichzeitig von innen gesehen und einen derart umfassenden Einblick in die internen Abläufe der Produktentwicklung nehmen können.

Die Logistik war besonders beeindruckend: Zwanzig Firmen in sechs Ländern auf drei Kontinenten, wiederholte ausgedehnte Besuche, Berge von Daten. Unsere Arbeit vor Ort war höchst interaktiv. Wir gewannen nicht nur Informationen aus den Firmen, sondern präsentierten und diskutierten später unsere vorläufigen Einblicke und Feststellungen mit Hunderten von Gesprächspartnern.

Viele der Leute aus den verschiedenen Fachrichtungen und Abteilungen standen uns mit ihren Erfahrungen zur Verfügung, in Interviews, in Fragenbogenaktionen und durch Herauskramen alter Aufzeichnungen und Unterlagen. Aus Gründen der Vertraulichkeit und wegen der großen Anzahl sehen wir von einer namentlichen Auflistung ab, aber wir sind ihnen allen für ihre geleistete Unterstützung sehr dankbar. Außerhalb der Firmen gab es Leute, die uns mit Datenquellen und Auswertungen halfen. Besonders verpflichtet sind wir: Stoichi Suita, Mikio Matsui und deren Kollegen vom Mitsubishi Research Institute, Prof. Koichi Shimokowa von der Hosai Universität, der uns bei Firmenbesuchen begleitete und uns bei unserer Arbeit beriet; dem freien Schriftsteller Yoshiro Ikari, Ryuji Fukuda sowie Mitgliedern der Japan Association for Research on Automotive Affairs, Yu Okawa, dem früheren Schriftleiter der Zeitschrift NAVI, und seinen Kollegen.

Unsere Forschungsarbeit entwickelte sich durch eine Reihe von Schriftstücken und Seminarverträgen. Die Kommentare und Vorschläge, die wir hierzu bekamen, waren von großem Nutzen.

Besonderer Dank gebührt der Mitsubishi Bank Foundation für die gebotene Gelegenheit, einen Vortrag anläßlich der Internationalen Konferenz über Unternehmensstrategie und Technische Innovation im August 1987 zu halten, und Moriaki Tsuchiya, Henry Mintzberg, Michael Cusumano, Ikuijro Nonaka und Kiyonori Sakakibara und anderen Konferenzteilnehmern für ihren Rat und Zuspruch. Wir erhielten auch Kommentare von Seminar- und Konferenzteilnehmern seitens Brookings Institution, University of Michigan, MIT, UCLA, Wharton, Northwestern, Brigham Young University, der Operations Management Association, der Strategic Management Society, der Society of Automotive Engineers und der American Society of Mechanical Engineers.

Unsere Kollegen von der Harvard Business School haben uns großzügig geholfen, durch all die Jahre der Forschung und des Schreibens. Dekan John McArthur drängte uns zu einer breiten Perspektive, inve-

stierte Zeit und Mittel, um uns Türen zu öffnen, und unterstützte
unbeirrt, was sich als ein Projekt von sechs Jahren herausstellen sollte.
Bob Hayes schließlich, der Vorsitzende des Gebietes Produktions- und
Betriebsmanagement, gab uns Anregungen und nahm uns Verwaltungs-
arbeit ab.

Kapitel 1

Produktentwicklung und die neue Ära industriellen Wettbewerbs

Neue Produkte waren schon immer eine Quelle der Faszination und Begeisterung. Neue industrielle Erzeugnisse, die im berühmten Londoner Kristallpalast in der großen Ausstellung von 1851 gezeigt wurden, riefen große Begeisterung hervor. Ein dreiviertel Jahrhundert später machte Henry Fords lang erwartetes »Modell A« riesige Schlagzeilen und verursachte tumultartige Aufläufe vor den Ausstellungsräumen der Händler.

Heute erfährt der neue Gillette-Sensor-Rasierapparat ausgiebige Berichterstattung in renommierten Zeitungen wie dem »Wall Street Journal« und »USA Today« und wird sogar in den abendlichen Fernsehnachrichten erwähnt.

Obwohl neue Produkte nach wie vor Menschen faszinieren können, geht ihre Bedeutung im Wettbewerbsklima der frühen 90er Jahre weit über Neugier und Begeisterung hinaus. Die Entwicklung neuer Produkte ist zu einem Angelpunkt im industriellen Konkurrenzkampf geworden.

Bessere Produkte schneller, effizienter und effektiver zu entwickeln steht auf der Dringlichkeitsliste der Industrieunternehmen in aller Welt an oberster Stelle.

Die Anzeichen wachsen, daß effektive Konstruktion und Entwicklung neuer Produkte bedeutende Auswirkungen auf Kosten, Qualität, Kundenzufriedenheit und Wettbewerbsvorsprung hat.

Die treibenden Kräfte des neuen industriellen Wettbewerbs

Der industrielle Wettbewerb von heute, der auf Produktentwicklung so starken Wert legt, wird von drei Kräften geprägt, die in den letzten beiden Jahrzehnten in vielen Branchen in aller Welt zutage getreten sind.

Internationale Konkurrenz und fortschreitende Marktsegmentierung, die durch immer anspruchsvollere Kunden und einen Wandel der Technologien forciert wurden, haben gemeinsam die Produktentwicklung in die Mitte des Spielfeldes im Kampf um Kunden rücken lassen.

Intensiver internationaler Wettbewerb

Die 80er Jahre wurden zu Zeugen der Internationalisierung vieler Märkte und Branchen. Obwohl es nach wie vor wichtige regionale Unterschiede gibt, hat das Erscheinen globaler Produktsegmente den Weg für intensiveren Wettbewerb über nationale Grenzen hinweg geebnet. Die Zahl der Spieler, die zu diesem internationalen Wettbewerb fähig sind und ihn auch praktizieren, hat zugenommen. Während er früher nur zwischen einigen wenigen Herstellern mit stark regionaler Prägung stattfand, spielt er sich jetzt zwischen einer deutlich größeren Anzahl auf internationaler Ebene ab. Direkte Konkurrenz zwischen Produkten aus unterschiedlichen Ursprungsregionen nimmt in dem Maße zu, in dem Kunden ihre Auswahl aus dem Weltangebot treffen. Internationale Spieler besitzen ähnliche Grundfähigkeiten wie ihre lokale Konkurrenz, aber bereichern sie um unterschiedliche Erfahrungshorizonte und damit andere Varianten des Zugriffs auf internationale Märkte. Mit der wachsenden Zahl rivalisierender Marken und leistungsfähigerer und vielseitigerer Spieler wird es immer wichtiger, schnell und mit differenzierten Produkten auf die Züge der Mitbewerber reagieren zu können.

Marktsegmentierung und anspruchsvolle Kunden

Die Kunden waren keine passiven Zuschauer bei dem Prozeß der industriellen Entwicklung.[1] Früher gesammelte Erfahrungen haben die Kunden für die feinen Unterschiede zwischen Produkten empfänglich gemacht, die über technische Leistungsdaten und Erscheinungsbild hinausgehen, und durch die ein ganzheitliches Produktkonzept ihre tieferen

Erwartungen erfüllen. Diese tiefere Übereinstimmung bezieht sich bei Privatkunden auf Lebensstil und Wertvorstellungen; bei Industriekunden auf andere Ausrüstungskomponenten, die zusammen ein System ergeben, oder einen größeren Produktionsprozeß. Dadurch werden Kundenerwartungen ganzheitlicher, kompletter, anspruchsvoller und unterschiedlicher. Die Chancen und die Notwendigkeiten zu feinen Produktdifferenzierungen wachsen.

Das gilt nicht nur für nach Kundenauftrag gefertigte Investitionsgüter, die von jeher speziellen Wünschen Rechnung getragen haben (obwohl hier die Anforderungen ausgeprägter und sachlich begründeter sind), sondern auch für Produkte, die in vieler Hinsicht technisch angeglichen sind. Anspruchsvolle Kunden, denen Nuancen im Design und feine physikalische Unterschiede wichtig sind, schaffen die Gelegenheit zu erfolgreichem Wettbewerb durch gezielte, differenzierte Produktentwicklung selbst in scheinbar ausgereiften Branchen.

Kunden, die auf mehr als Preis und Leistung achten, ignorieren die Funktion eines Produktes nicht etwa. Gute Grundeigenschaften sind vielmehr eine Voraussetzung, um an diesem Wettbewerbsspiel teilzunehmen. Auch hier hat sich die Produktentwicklung als mächtiges Werkzeug der Leistungsverbesserung erwiesen. Auf verbesserte Herstellbarkeit ausgerichtete Forschung führte zu einem tieferen Verständnis der Auswirkungen der Konstruktions- und Entwicklungsprozesse auf die Fertigung. Erfahrungen in einer Anzahl von Branchen zeigen, daß ein großer Teil (bis zu 80 Prozent) der gesamtem Produktkosten während der Produktentwicklung festgelegt wird.[2] Dies gilt in ähnlicher Weise für Produktqualität und Zuverlässigkeit. Der Druck auf ständige Verbesserung von Kosten und Qualität hat das Augenmerk auf effektives Management der Konstruktion gelenkt.

Verschiedene umwälzende Technologien

Der technische Wandel ermöglicht die stärkere Differenzierung, die anspruchsvolle Kunden fordern. Neue Technologien und neues Verständnis hergebrachter Technologien bieten eine breitere und vertiefte Wissensbasis bezüglich der Phänomene, die bestimmten Anwendungen unterliegen.

Zum Beispiel haben in der Pharmazie Entwicklungen in der Biochemie und der Molekularbiologie zu neuen Prozessen der Entdeckung und Synthese von Proteinen mit potentiell wichtigen therapeutischen Eigenschaften geführt. Gleichzeitig haben das vertiefte Verständnis dieser

13

Gebiete sowie Entwicklungen in der Chemie es ermöglicht, die Wirkung von Medikamenten zu verbessern bei gleichzeitiger Minderung der Nebenwirkungen, die durch herkömmliche chemische Synthesen entwickelten Produkten anhafteten.

Tieferes und breiteres Wissen schafft so neue Freiräume für maßgeschneiderte Produkte, die den Bedürfnissen eines mehr und mehr diversifizierten und anspruchsvolleren Marktes entsprechen.

Technische Entwicklungen haben auch auf andere Weise den Drang zu neuen Produkten verstärkt. Das Anwachsen der wissenschaftlichen und technischen Fähigkeiten weltweit hat zu vielen Kompetenzzentren in einem bestimmten Fachgebiet geführt. Vielleicht sind die vielen Laboratorien in aller Welt, die sich auf Anhieb an der Forschung über Hochtemperatursupraleitfähigkeit beteiligen konnten, nachdem die ersten Entwicklungen 1987 bekannt wurden, das eindrucksvollste Beispiel. Solch weitverbreitetes Fachwissen macht es einer Firma viel schwerer, Wettbewerbsvorteile ausschließlich mit einer neuartigen Technologie aufzubauen. Von Patentfragen einmal abgesehen, können andere Firmen diese Technologie duplizieren oder Alternativen finden, die zu einem ähnlichen Ergebnis führen.

Wir haben ein neues Paradoxon: Zu einer Zeit, in der Technologie wichtiger ist als je zuvor, wird es schwieriger (wenngleich nicht unmöglich), allein aus einer Technologie einen Vorteil zu ziehen.[3] Außer in sehr jungen High-Tech-Industrien ist Produktentwicklung nicht mehr gleichbedeutend mit Technologieentwicklung. Technologie mag notwendig sein, aber sie ist für den Erfolg eines neuen Produktes nicht ausreichend. Erfolgreiche Produktentwicklung verlangt Fähigkeiten, die weit über technisches Vermögen in den F&E-Laboratorien hinausreichen. Wettbewerbsvorteile erwachsen einer Firma, die eine Technologie mit einem Produkt auf den Markt bringt, das Kundenerwartungen zum richtigen Zeitpunkt effizient erfüllt. Die Erfahrung zeigt, illustriert an drei Beispielen aus unterschiedlichen Branchen, daß effektive Produktentwicklung den Ausschlag gibt.

Der Videorecorder. Sony lancierte seinen BETAMAX-Videorecorder für den Massenverbrauchermarkt 1975, JVC führte seine VHS-Version 1976 ein.[4] JVCs Antwort war rasch und technisch markant. Sein Mutterhaus Matsushita führte schnell ein neues Produkt auf Basis der VHS-Technik ein. Das Matsushita/JVC-Team gewann den »Videorecorderkrieg«. Obwohl Sony durch diese Niederlage finanziell getroffen war, schlug es mit einer ganzen Flut neuer Video-Produkte einschließlich einer Kompakt-

Video-Kamera mit eingebautem Recorder und 8-mm-Video-Cassetten und einem kleinen kombinierten Fernseher/Videorecorder (»Video Walkman«) zurück.

Während dieser Krieg unter den japanischen Herstellern noch anhält, bereiten sich die Hauptspieler schon auf den nächsten Krieg vor: die Entwicklung eines digitalen Videosystems.

Philips, ein Vorkämpfer auf dem Videorecordergebiet, war zu langsam in seiner Reaktion auf die Konkurrenz. Sein erstes Produkt, dem von SONY vergleichbar, kam fünf Jahre später auf den Markt. AMPEX, der ursprüngliche Pionier des Videorecorders, versäumte es ebenfalls, mit der raschen Entwicklung auf diesem hart umkämpften Markt Schritt zu halten.

Die Spiegelreflexkamera – CANON gegen Minolta Alfa Series
Die CANON AE-I war für fast ein Jahrzehnt der Marktführer auf dem ausgereiften Markt für Spiegelreflexkameras Anfang der 80er Jahre. Dann kam ein neues Produktkonzept: Autofokus-Spiegelreflex. Erstmals kommerziell von Minolta, damals ein mittelmäßiger Mitbewerber, eingeführt, veränderte das Autofokus-Konzept den Markt völlig, und Minolta katapultierte sich an CANON vorbei auf den Spitzenplatz im Jahre 1985.

CANON stand vor der schwierigen Entscheidung, entweder binnen Jahresfrist ein »Ich-auch«-Produkt oder eine wohldifferenzierte Produktlinie mit einem völlig eigenständigen Konzept (Linse-im-Motor-Autofokus gegenüber Minoltas Motor-im-Gehäuse-Konzept) zu entwickeln.

Nach früheren Erfahrungen hätte die zweite Alternative drei Jahre gebraucht. CANON entschied sich dafür, in zwei Jahren eine eigenständige Lösung zu entwickeln – eine große Herausforderung, der man durch neue Organisation und Entwicklungsprozesse gerecht wurde. CANON gewann die Marktführerschaft mit seiner EOS-Kamera wieder zurück, verlor sie dann aber wieder an Minolta, als diese mit einem verbesserten Produkt schnell zurückschlug. Eine Flut von Produkten von anderen Herstellern folgte, die eine Auf- und Ab-Bewegung am Markt nach sich zog.

Triebwerke für Zivilflugzeuge. Per Juli 1989 stammten 63 Prozent aller Triebwerke für Zivilflugzeuge von Pratt and Whitney. Die Hauptstärke des langzeitigen Marktführers für Triebwerke lag im günstigen Kraftstoffverbrauch.[5] Aber für in Entwicklung befindliche Triebwerke und Auftragsbestände ändert sich das Bild völlig:

General Electric Engines übertrafen Pratt and Whitney mit 51 zu 31 Prozent.

Viele Industriebeobachter schreiben diesen Umschwung der effizienteren Produktentwicklung zu. GE reagierte flexibel auf die unterschiedlichen Bedürfnisse der Flugzeughersteller und Fluglinien (z. B. Triebwerke für gestreckte und breitere Modelle), indem sie eine Reihe modularer Triebwerke einführte, die die gleiche Grundkonstruktion verwendeten, so daß innerhalb einer drastisch verkürzten Entwicklungszeit und zu niedrigeren Kosten eine Anzahl von Motoren mit sehr unterschiedlichem Schub geschaffen werden konnte.

In jedem dieser Beispiele und in vielen anderen, die wir anführen könnten, hatten Erfolg oder Mißerfolg der Produktentwicklung zunehmend ernsthafte Auswirkungen auf den langfristigen Markterfolg der Unternehmen.

Für ein Unternehmen mit einer großen Produktpalette brauchte eine einzelne Produktpanne noch kein schlechtes Omen für die Firma als Ganzes zu bedeuten, es sei denn, dieses Produkt war für einen rasch expandierenden Markt vorgesehen. Sich häufende Mißerfolge über viele Produkte und Marktsegmente hinweg beeinträchtigen die Aussichten eines Unternehmens jedoch beträchtlich. Dies gilt besonders für die Industrielandschaft im letzten Quartal dieses Jahrhunderts, die durch intensiven Wettbewerb, anspruchsvolle Kunden und raschen technologischen Wandel geprägt ist. Kurz, im neuen Industriezeitalter zählt die Produktentwicklung.

Die Herausforderung an die Produktentwicklung

Wirksame Produktentwicklung ist schwer. In einer Fülle von Branchen – einschließlich Haushaltsgeräte, Halbleiter, Fernseher, Videorecorder, pharmazeutische Industrie, medizinische Instrumente, Fabriksteuerungen, Werkzeugmaschinen, Automobile, Beleuchtungskörper, Engineering Workstations, Drucker, chemische Produkte, Keramik, Krankenhausprodukte, Software, Kopierer, Kameras, Stahl- und Aluminiumindustrie – haben wir Manager und Ingenieure getroffen, die sich mit Produkten herumschlugen, die zu langsam auf den Markt kamen, die Kosten- oder Leistungsziele nicht erfüllt hatten, die von einer Unzahl technischer Änderungen und Qualitätsproblemen geplagt wurden oder überhaupt keine Abnehmer fanden.[6] Wir haben aber auch Firmen getroffen, bei denen alles außerordentlich gut lief. Ja, wie die Beispiele belegen, macht Produktentwicklung den Unterschied in der langfristigen Wettbewerbsfähigkeit einer Firma und ihrer Produkte. Die Versprechungen, die mit der Entwicklung eines erfolgreichen Produktes verknüpft sind – wachsende Marktanteile, neue Kunden, niedrigere Kosten, bessere Qualität –, sind aufregend, aber die Wirklichkeit des Entwicklungsmanagements ist ernüchternd. Viele Firmen können auf einzelne Produkte verweisen, die eingeschlagen haben, aber nur wenige scheinen gleichmäßig gute Entwicklungsresultate zu erzielen. Weil so viel von ihr abhängt, liegt in beständig erfolgreicher Produktentwicklung ein bedeutendes Druckmittel gegenüber der Konkurrenz, die den wenigen Firmen, die sie beherrschen, einen wichtigen Vorteil beschert.

Forschung nach den Quellen überlegener Leistung

Was macht langfristigen Erfolg in der Produktentwicklung so schwierig? Wodurch lassen sich solch große Unterschiede zwischen Firmen der gleichen Branche erklären? Auf welchen Prinzipien baut überlegene Entwicklungsleistung in unserem technischen und wettbewerbsorientierten Umfeld auf? Diese Fragen haben die Forschungsarbeiten ausgelöst, über deren Ergebnisse in diesem Buch berichtet wird. Wir bieten keine leichten Antworten an, keine »Drei Schritte zur Hochleistungsentwicklung«. Wirkungsvolle Entwicklung kann nicht einfach durch Erhöhung der Ausgaben für Forschung und Entwicklung erreicht werden, obwohl das für manche Firmen ein Teil der Antwort sein kann, noch geht es darum, einen technologischen Durchbruch zu erzielen oder neue Werkzeuge und Techniken einzuführen, so wichtig diese auch sein mögen. Wirkungsvolle Produktentwicklung ist nicht eine Frage des richtigen Projektplanungssystems, der Implementierung von Quality Function Deployment (QFD), des Installierens fortgeschrittener CAD-Systeme oder der Einführung von Simultaneous Engineering. Solche Praktiken und Geräte sind wertvoll, aber sie genügen nicht.

Was Spitzenfirmen hervorhebt – und dies ist das zentrale Thema dieses Buches –, ist die alles umfassende Gesetzmäßigkeit in ihrem gesamten Produktentwicklungssystem, einschließlich der Organisationsstruktur, der technischen Fähigkeiten, der Problemlösungsprozesse, der Firmenkultur und der Strategie. Gesetzmäßigkeiten und Zusammenhänge gelten nicht nur für die übergeordneten Prinzipien und die Archi-

17

tektur des Systems, sondern ebenso für alle Elemente der Ausführungs-
ebene.

Die Wichtigkeit von Konsistenz und Details in Organisation und
Management hat Auswirkungen auf die Art, wie wir Produktentwicklung
untersuchen. Vor allem müssen wir in die Tiefe gehen. Um Einblick in
die Quellen herausragender Leistung zu gewinnen, brauchen wir eine
gute Vergleichsbasis zwischen den Firmen. Und schließlich: um Produktentwicklung im Zusammenhang mit dem neuen industriellen Wettbewerb zu verstehen, müssen wir Firmen untersuchen, die mit starkem
Wettbewerb und veränderten Märkten und neuer Technologie konfrontiert sind. Diese Anforderungen – die Notwendigkeit von Tiefe, Vergleichbarkeit und turbulentem Umfeld – haben uns dazu gebracht, eine
einzige weltweite Industrie sehr genau zu betrachten, eine, in der es viele
Firmen in verschiedenen Ländern gibt, die ähnliche Produkte für ähnliche Märkte in direktem Wettbewerb zueinander entwickeln. Dieser
Fokus auf eine einzelne Branche bringt die Kernpunkte von Organisation, Management, Strategie und Wettbewerb deutlich zutage.

Alle Daten, Beobachtungen, Interviews und Anekdoten in diesem
Buch stammen aus der Automobilindustrie. Während der Untersuchungen größerer Entwicklungsprojekte haben wir uns in den letzten sechs
Jahren bei weltweit zwanzig Automobilherstellern um eine konsistente
Bezugsbasis für die gesammelten Daten bemüht, die sowohl Messungen
der Leistung als auch das Organisations- und Managementmodell beinhalten.

Um sicherzustellen, daß wir ein genaues, glaubwürdiges Bild des
Entwicklungsprozesses und seiner Leistung hatten, haben wir die Ergebnisse mehrfach überprüft. Dies geschah mit Hilfe einer Reihe von
Methoden – darunter strukturierte und unstrukturierte Interviews, Fragebögen und statistische Erhebungen, um den Quellen herausragender,
überlegener Leistung auf die Spur zu kommen.

Die Konzentration auf eine einzige Branche gab uns die Möglichkeit,
die Gesetzmäßigkeiten und Zusammenhänge im gesamten Entwicklungssystem zu verstehen. Das wirft jedoch die Frage nach der Allgemeingültigkeit der Aussagen und Schlußfolgerungen auf. Leser aus
anderen Branchen müssen diese Ergebnisse durch Analogiebildungen
sinngemäß auf ihre Situation übertragen.

Von der Automobilindustrie lernen –
Ein Rahmen zum Vergleich

Die Weltautoindustrie ist ein Mikrokosmos des neuen Industriesystems (des Lean Enterprise – Anm. des Herausgebers). 1970 konkurrierten global nur eine Handvoll Firmen mit einem vollständigen Produktprogramm. Heute beträgt die Zahl der Firmen, die weltweit zu konkurrieren in der Lage sind, über zwanzig, und einst dominierende Konzerne wie General Motors begegnen ernsthafter Konkurrenz auf allen Märkten. Gleichzeitig sind die Kunden emanzipierter und anspruchsvoller geworden. Obwohl die Wachstumsrate sinkt, hat sich die Modellanzahl vervielfacht. Die Technik ist komplexer geworden und besonders in den USA vielfältiger. Vor zwanzig Jahren mußte ein amerikanischer Käufer lange suchen, wenn er keinen V-8 und Hinterradantrieb wollte. Heute ist die Auswahl an Antriebssträngen groß – 4, 5, 6, 8 und 12 Zylinder, Mehrventiltechnik, Frontantrieb, Allradantrieb. In anderen Teilen des Autos sehen wir neue Technik bei Bremsen, Radaufhängungen, Motorsteuerung, bei Werkstätten und in der Elektronik. In diesem dynamischen Umfeld wurde die Produktentwicklung zwangsläufig zum Angelpunkt für Wettbewerbs- und Managementmaßnahmen. Geschwindigkeit, Effizienz und Effektivität wurden wesentliche Punkte, als Automobilhersteller in USA, Europa und Japan nach neuen Wegen des Entwicklungsmanagements suchten, um besser auf Kunden und Mitbewerber reagieren zu können.

Die Produktentwicklung in der Autoindustrie hat ihre Besonderheiten. Ein Auto ist ein komplexes, mehrstufig gefertigtes Produkt, das aus vielen Einzelteilen, Funktionen und Bearbeitungsschritten besteht. Zusätzlich ist es auch aus Kundensicht komplex, und dies begründet, daß es eine Anzahl von Leistungsdimensionen gibt. Obwohl das Auto eine lange Geschichte hat und Kunden im allgemeinen reichlich Erfahrung damit besitzen, so bedeutet doch ein Neukauf eine sehr komplizierte Bewertung vieler Kriterien – einige höchst subjektiv subtil, vielschichtig und holistisch –, und alle ändern sich mit der Zeit, manchmal in unvorhersehbarer Weise.

Das Entwicklungsprojekt eines neuen Autos ist komplex und langwierig. Es bezieht Hunderte, wenn nicht Tausende von Menschen über viele Monate ein. Planung und Entwurf werden durch Marktdynamik, lange Entwicklungszeiten und eine Vielzahl von Alternativen der Realisierung erschwert. Zur Komplexität zählen die Anzahl der Teile und Baugruppen, hohe Kosten- und Qualitätsziele, die Anzahl konkurrierender Zielvorgaben und die Ungewißheit darüber, wie der Käufer letztlich das Produkt beurteilt.

Diese Merkmale machen das Produktentwicklungsmanagement eines Autos zu einem faszinierenden Studienobjekt. Wir glauben, daß viel von dem, was man daraus lernen kann, auf andere Branchen übertragbar ist. Zum einen, weil durch die Größe und Bedeutung der Autoindustrie zwangsläufig einiges auf andere Branchen abfärbt, zum anderen, weil viele unserer Rahmenvorstellungen und grundlegenden Konzepte, die aus unserer Arbeit hervorgingen, sich mit allgemeinen Problemen beschäftigen. Vergleiche mit Fallbeispielen und Diskussionen mit führenden Vertretern anderer Branchen legen nahe, daß die hier dargelegten Prinzipien breite Anwendung bei all den Firmen finden, die sich nach den neuen Regeln des Wettbewerbs richten müssen. Zum Beispiel tauchen viele der kritischen Probleme bei der Entwicklung eines neuen Autos – die Integration von Entwicklung und Produktion, Herstellung von Verbindungen zwischen Kundenforderungen und technischen Lösungen und effektive Projektführung – bei der Entwicklung der meisten mehrstufig gefertigten Produkte (Teilefertigung – Endmontage) auf. Selbst in verarbeitenden Branchen wie Stahl, Aluminium und Kunststoffentwicklung lassen sich die Aufgabenstellungen so verallgemeinern, daß die Analyse der Autoindustrie nützliche Einsichten vermitteln kann.

In jedem Falle müssen die Erkenntnisse aus der Autoindustrie auf die speziellen Gegebenheiten einer anderen Branche abgewandelt werden. Die Autostudie behandelt beispielsweise nicht alle wichtigen Aspekte der medizinischen Geräte-Industrie, in der die Produktentwicklung in vielen Ländern durch gesetzliche Vorschriften stark geregelt ist. Aber obwohl diese Studie sich nicht mit gesetzlichen Vorschriften befaßt, liefert sie viele taugliche Analogien zu anderen Aspekten der Entwicklung in dieser Branche.

Wir haben den in Abb. 1.1 skizzierten Rahmen entwickelt, um die Analogiebildung zu erleichtern. Die Darstellung ist im wesentlichen ein Raster, in dem wir zwei Produktdimensionen darstellen können: (1) die Komplexität der inneren Produktstrukturen (z. B. Anzahl der Bauteile und Fertigungsstufen, Anzahl der Schnittstellen, Schwierigkeitsgrad der Technologie und der Entscheidung für alternative Lösungen) und (2) die Komplexität der Benutzerschnittstelle (z. B. Anzahl und Beschreibbarkeit der Leistungskriterien, Wichtigkeit der meßbaren im Gegensatz zu den unterschwelligen und mehrdeutigen Leistungsdimensionen und ganzheitliche gegenüber partiellen Kriterien). Unterschiedliche Kombinationen von interner und externer Komplexität ergeben unterschiedliche Schwerpunkte beim Entwicklungsmanagement. Insoweit hilft dieser

20

Rahmen, Ähnlichkeiten zwischen der Entwicklung von Autos und der Entwicklung anderer Produkte zu erkennen. Ein Auto besteht aus Tausenden von funktionellen Einzelteilen, von denen jedes viele Fertigungsstufen durchläuft. Dieser technologische Stand kann unter dem liegen, den man in reinen High-Tech-Branchen findet, aber die vielschichtigen Kompromisse mit engen Abhängigkeiten zwischen vielen Bauteilen stellen an die interne Koordinierung des Gesamtfahrzeugs extrem hohe Anforderungen. Kleine äußere Abmessungen machen das Abstimmen des Layouts mancher Fahrzeuge sehr schwierig. Die Benutzung möglichst vieler gemeinsamer Baugruppen kompliziert die Koordinierung zwischen unterschiedlichen Entwicklungsprojekten. Das Auto liegt deshalb hoch auf der Achse der internen Komplexität in Abb. 1.1.

Abb. 1.1: Produkttyp nach Komplexität

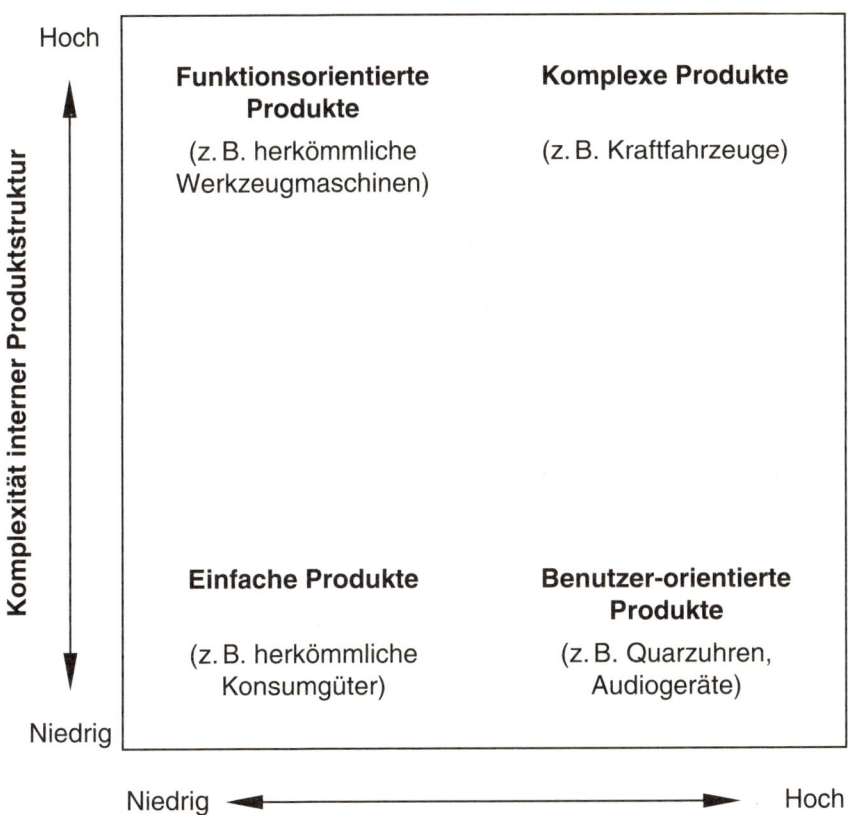

21

Das Auto ist aber auch nach außen hin komplex. Die Schnittstelle Kunde – Hersteller hat viele Aspekte, und ein Fahrzeug kann Kunden in einer Reihe von Dingen gefallen, die über die Erfüllung des reinen Transportbedarfs hinausgehen und über die sich die Kunden selbst oft nicht im klaren sind. Normalerweise werden Autos nicht von kommerziellen Einkäufern mit entsprechender Produktschulung gekauft. Die Käufer sind oft nicht in der Lage auszudrücken, was sie von einem Fahrzeug erwarten, obwohl sie sagen können, welche Produkte ihnen gefallen, wenn sie sie sehen. Weil einzelne identifizierbare Kriterien äußerst subjektiv und gefühlsmäßig sind und Phantasie und Abstraktionsvermögen einbeziehen, lassen sie sich schwer in technische Spezifikationen übersetzen.[7]

Unterschwellige, verborgene, ungenaue und unausgedrückte Marktwünsche machen die Schnittstelle Auto – Benutzer so kompliziert. Wir können so das Auto in der oberen rechten Ecke unseres Referenzrahmens der Produktkomplexität anordnen. Nur wenige Produkte verkörpern eine derartige Komplexität in beiden Richtungen, aber je mehr sie es tun, desto relevanter für sie sind unsere Ergebnisse. Ein Hochleistungsplattenlaufwerk, das an Hersteller von Engineering Workstations verkauft wird, ist z. B. innerlich komplex, hat aber eine viel eindeutigere Benutzerschnittstelle als ein Auto. Dieser Fall kann am meisten von unseren Arbeiten über Integrationsmanagement von Konstruktion und Produktion, von Prototypherstellung, von technischer Problemlösung und der Organisation der Entwicklung lernen – alles Themen, die mit interner Koordinierung zu tun haben. Umgekehrt sind Belange der externen Komplexität viel wichtiger für ein neues Hochleistungsaudiosystem für den Heimgebrauch, das intern nicht so komplex ist, aber eine komplizierte Schnittstelle zum Kunden hat. Hier kann unsere Automobilindustrieerfahrung helfen, die Stimme des Kunden richtig in Produktdetails zu interpretieren.

Analogiebildung und Interpretation

Selbst da wo die Unterschiede erheblich sind, lassen sich neue Erkenntnisse durch Analogien und deren Deutung ableiten. Im Falle des Plattenlaufwerkes kann die Autostudie dem Hersteller z. B. Erkenntnisse über das Vorgehen vermitteln, durch das er Kundeninformationen in den Entwicklungsprozeß einbringt. Die entsprechenden Anpassungen für wesentliche Unterschiede sind nachfolgend zusammengefaßt.

Wenn das Produkt in seinem inneren Aufbau sehr viel einfacher ist. Die

Komplexität eines Projektes spiegelt die des Produktes und des Prozesses wider. Komplexe Projekte, die in relativ kurzer Zeit fertiggestellt werden müssen, bedingen normalerweise eine große Anzahl von Menschen. Bei einem neuen Automodell sind dies oft einige hundert. Für viele andere, weniger aufwendige Produkte mögen 15 bis 20 genügen. Aus Sicht der Entwicklungsleistung entspricht dieser Unterschied dem zwischen einem Symphonieorchester und einem Streichquartett. Beide können gute Musik bieten, aber die Art der Spezialisierung, der Koordination, der Kommunikation und der Führung ist sehr verschieden. Die Teamgröße hat daher wichtige Implikationen für das Management eines Entwicklungsvorhabens.

Ein größeres Automobilentwicklungsprojekt erfordert zum Beispiel die starke Führung eines erfahrenen Produktmanagers, der – wie ein Orchesterdirigent – viele Talente besitzt, die Spezialisten koordiniert und die Produktkonzepte überzeugend vertritt. Kleinere Projekte in anderen Industriezweigen gleichen eher dem Streichquartett, in dem laufende gegenseitige Anpassung und individuelle Flexibilität wichtiger sind. Führung ist auch hier wichtig, aber sie ist von anderer Art. In sehr kleinen Projekten, die von Leuten ausgeführt werden, die sich gut kennen, erwachsen Führungspersonen ganz natürlich aus dem Team, um Ziel und Richtung vorzugeben, ganz wie das Quartett ohne Dirigent harmonische Musik spielt, indem sich die Spieler in der Führungsrolle abwechseln. Tatsache ist, daß in kleineren Projekten die gleichen Tätigkeiten durchgeführt werden müssen wie die für die Autoentwicklung untersuchten – Konstruktion, Prototypbau, Versuch –, nur in einem anderen organisatorischen Rahmen.

Für etwas größere Projekte mit einer weniger gut aufeinander abgestimmten Gruppe, in denen der Leiter eine größere Erfahrung und die Fähigkeiten der Übersetzung zwischen Spezialisten braucht, sind die Probleme der Führung und das Entwicklungsmanagement der Autoindustrie – z. B. viele Spezialisten, viele Sprachen, Integration über Fachrichtungen und Funktionen – unmittelbar relevant.

Ein zentrales Problem der Produktentwicklung ist das Einbringen der Kundensicht in die technischen Entscheidungen. Je nach externer Komplexität dürfen Produktplaner und Konstrukteure nicht nur auf gegenwärtige Kunden hören, sondern sie müssen auch latente Wünsche zukünftiger Kunden übersetzen und verdeutlichen, neue Produktkonzepte vorschlagen, die diesen Vorstellungen entsprechen und vielleicht sogar neue Märkte eröffnen. Sie müssen auch sicherstellen, daß jedes Produktdetail sich mit dem gesamten Produktkonzept verträgt, das nicht in technischen Begriffen ausgedrückt ist. Kurz, je komplexer das Produkt nach außen ist, desto anspruchsvoller ist die Aufgabe, Kundenwünsche zu erfassen, sie in attraktive Lösungskonzepte zu übersetzen und daraus detaillierte Konstruktionen zu machen.

Der Schwerpunkt für effektive Produktentwicklung ist wahrscheinlich an anderer Stelle zu lokalisieren, wenn die Produkt-Kunde-Schnittstelle einfach ist. Bei manchen Industrieprodukten haben die Kunden einen starken und direkten Einfluß auf den Entwicklungsprozeß, besonders bei der Konzeptentwicklung und der Erstellung von Spezifikationen, die kommerzielle Kunden häufig klar und objektiv ausdrücken können.[8] Funktionale Anforderungen an das Produkt (und manchmal sogar Konstruktionsdetails) werden von diesen Käufern oft technisch vorgegeben. Der Produkterfolg bei derartigen Kunden kommt durch gute persönliche Kontakte, durch aufmerksames Zuhören, durch Übersetzen der Forderungen in genaue technische Spezifikationen und Sicherstellen, daß das Produkt dann auch diesen Spezifikationen entspricht. Der Kosten- und Leistungswettbewerb mag groß sein, aber die Regeln des Entwicklungsspiels sind klar, und zwischen Abnehmern und Lieferant herrscht Einverständnis, welche Dimensionen der Produktleistung wichtig sind und wie sie gemessen werden.

Wo also die Schnittstelle Produkt–Anwender einfacher ist und die Anregungen des Kunden viel klarer, können spezielle Verbindungseinheiten wie etwa Verkaufsingenieure oder Marketingstäbe die Aufgabe der Erhebung und Weiterleitung von Marktinformation an die Entwicklung übernehmen. Der direkte Draht zwischen Kunden und der Kernmannschaft der Entwicklung ist nicht so wichtig wie in der Autoindustrie, aber die Grundsätze, die für die Autoindustrie so wichtig sind – sich um das Verständnis des Kunden bemühen und die Entwicklung von Prozessen und Ingenieuren mit starkem Kundenbezug –, sind dennoch relevant. Auch hochspezifizierte Industrieprodukte hängen von der Identifizierung von Kundenanforderungen und deren Übersetzung in Konstruktionen ab, wenn auch der Prozeß hierfür anders ist.

Mit zunehmender Komplexität der Produkt-Anwender-Beziehung decken detaillierte Spezifikationen nicht mehr alle Dimensionen der Kundenauswahl ab, und Nuancen beim Entwurf und eine ganzheitliche Betrachtung des Kunden und des Produktes werden wichtiger. Wenn das geschieht, wird die Beziehung Markt–Entwicklung, die in der Autogeschichte die zentrale Rolle spielt – direkter, laufender Kontakt zwischen Kunden und Ingenieuren, starke Produktkonzeptionen und explizites Kundenbeziehungsmanagement durch starke Projektleiter –, auch wichtiger für effektives Management der Produktentwicklung.

Aufbau des Buches

Man kann am besten aus dieser Autostudie lernen, wenn man damit beginnt, sich die Hauptunterschiede zwischen der Entwicklung eines Autos und der Entwicklung eines Produktes in der eigenen Branche zu verdeutlichen, und nach den Grundsätzen sucht, die mit den Herausforderungen zusammenhängen, vor denen man steht. Im nächsten Schritt stellt man die direkten Verbindungen her, bildet Analogien und wandelt die Prinzipien auf die eigene Situation ab. Der Aufbau des Buches unterstützt diesen Prozeß. Kapitel 2 entwickelt den allgemeinen konzeptionellen Bezugsrahmen für die Produktentwicklung, und Kapitel 3 untersucht die Rolle der Produktentwicklung in der Geschichte des Wettbewerbs der Autoindustrie in Japan, Europa und Nordamerika. In Kapitel 4 betrachten wir die Leistungsdaten der Produktentwicklung mit besonderer Beachtung der Entwicklungszeit, der Entwicklungsproduktivität und der totalen Produktqualität. Die Kapitel 5–10 identifizieren die Quellen überlegener Entwicklungsleistung und untersuchen Grundprinzipien, die den Unterschied auszumachen scheinen. Zunächst präsentieren wir einen Überblick über den gesamten Entwicklungsprozeß als Hintergrund und Bezug für die daran anschließenden Analysen. In den Kapiteln 6–9 betrachten wir die Projektstrategie im Hinblick auf Produktinnovation, Verwendung von vorhandenen Komponenten (Off-the-shelf items) und Zulieferer (Kapitel 6), dann Organisation und Management (Kapitel 7–9) einschließlich Fertigungsfähigkeit, integriertem Ingenieurwesen, Organisation und Führungsverhalten. In Kapitel 10 untersuchen wir übergeordnete Gesetzmäßigkeiten, die für hervorragende Leistungen ausschlaggebend zu sein scheinen. Kapitel 11 postuliert die Zukunft der Produktentwicklung in den 90er Jahren. Im letzten Kapitel kehren wir zum Thema »Lernen« zurück. Wir fassen jene Prinzipien zusammen, durch die die Entwicklungshochleistung beeinflußt wird, und diskutieren ihre Anwendung in anderen Branchen. An Beispielen aus der Produktentwicklung sehr unterschiedlicher Industrien illustrieren wir, wie praktische Erkenntnisse aus der Autoindustrie auf die Herausforderungen angewandt werden können, denen die Manager in diesen Industrien gegenüberstehen.

Anmerkungen

1 »Lernen durch Gebrauch« bei Konsumgütern, siehe Rosenberg (1982).
2 Siehe Soderberg (1989) und Jaikumar (1986).
3 Siehe Clark (1989).
4 Eine detaillierte Studie der VCR-Industrie findet sich bei Rosenbloom und Cusumano (1987).
5 »Bei Koku Enjin 90-nendai Kessen he«, Nikkei Sangyo Shimbun (»US Aircraft Engine Manufacturers Engage in a Showdown in the 90s«, Japan Economic Journal), 20. September 1989.
6 Die Produktentwicklungserfahrungen vieler Industrien wurden in einer Reihe von Fallstudien an der Harvard Business School untersucht. Siehe z. B. Ampex Corporation: Product Matrix Engineering (687-002), BSA Industries-Belmont Division (689-049), Bendix Automation Group (684-035), General Electric Lighting Business Group (689-038), Sony Corporation Workstation Division (690-031), Plus Development Corporation (A) (687-001), Ceramics Process System Corporation (A) (687-030), Applied Materials (688-050), Everest Computer (A) (685-085) und Chaparral Steel (Abridged) (687-045). Siehe auch Rosenbloom und Freeze (1985).
7 Siehe z. B. Marsh und Collet (1986), Holbrook und Hirschman (1982), Hirschman und Holbrook (1982) und Levy (1959).
8 Siehe z. B. von Hippel (1988).

Kapitel 2

Der Bezugsrahmen:
Eine Informationsperspektive

Lange bevor der Kunde den neuen Laptop-Computer, die Hochgeschwindigkeits-Verpackungsmaschine oder den Fernsehapparat auspackt und gewiß lange bevor der neue Wagen aus dem Ausstellungsraum des Händlers rollt, nimmt das Produkt oder eine frühe Vorversion davon im Kopf eines Designers Gestalt an. Seine Entwürfe entzünden vielleicht die Phantasie der Firmenleitung, und erste Modelle oder Konzeptstudien begeistern potentielle Käufer, aber ehe die Fabrik echte Produkte ausliefern kann, muß die Produktidee aus dem Kopf des Designers in die Hard- und Software der regulären Produktion gelangen – Zeichnungen, Teile, Werkzeuge, Verfahrensbeschreibungen, Einrichtungen und Prozesse. Was die Firma macht (ihre Produktstrategie) und wie sie es macht (ihr Entwicklungsmanagement), bestimmt, wie es dem Produkt auf dem Markt ergeht. Wie die Firma ihre Entwicklung durchführt – Geschwindigkeit, Wirkungsgrad und Arbeitsqualität –, entscheidet über die Wettbewerbschancen des Produktes.

Was aber bestimmt das Leistungsverhalten der Entwicklung? Wie wichtig sind Strategie und wettbewerbsintensives Umfeld? Welchen Spielraum gibt es für Unterschiede in Management und Organisation? Warum sind manche Firmen soviel besser als andere? Diese Fragen untersuchen wir in diesem Buch. Aber Entwicklung ist ein komplexer Prozeß, der viele Menschen einbezieht und vieles von dem berührt, was ein Unternehmen tut – in puncto Strategie, Design, Marketing, Konstruktion und Entwicklung, Fertigung und Kundendienst –, und ohne einen Bezugsrahmen, der uns bei der Orientierung hilft, würden wir leicht den Wald vor lauter Bäumen aus den Augen verlieren. Dieses Kapitel beschreibt den konzeptionellen Rahmen, den wir für unsere Forschungsarbeiten über Produktentwicklung verwenden. Er identifiziert das weite Umfeld von Wettbewerb und Organisation, in dem wir die

Produktentwicklung untersuchen, und bietet eine Perspektive der Informationsverarbeitung, die unsere Studie des Entwicklungsprozesses einrahmt.

Das Kapitel schließt mit drei Themen, die aus dieser Sicht erwachsen und die sich durch das ganze Buch hindurchziehen:
- Der Entwicklungsprozeß als Simulation zukünftiger Produktion und Nutzung des Produktes
- Die Bedeutung von Konsistenz zwischen den einzelnen Elementen der Entwicklung
- Die Bedeutung der Produktintegrität für den Wettbewerb

Leistung, Organisation und Umfeld

Wir studieren die Produktentwicklung in einem weiten Zusammenhang, in den das Leistungsverhalten, die Konkurrenzsituation und die interne Organisation eingehen. Dieser Zusammenhang ist in Abb. 2.1 schematisch dargestellt. Sie zeigt, daß die Entwicklungsleistung mit der Firmenstrategie und der internen Organisation in Wechselbeziehung steht und letztlich einen wichtigen Beitrag zur Wettbewerbsfähigkeit erbringt[1]. Die Leistung in einem Entwicklungsprojekt wird durch die Produktstrategie einer Firma sowie deren organisatorische und Prozeß-Fähigkeiten bestimmt. Aber die Beziehung zwischen den eigenen Fähigkeiten und dem Wettbewerbsumfeld ist dynamisch und wurzelt in der Firmengeschichte. Ungewißheit und Vielfalt des Marktgeschehens verändern beispielsweise mit der Zeit die Rolle der Produktentwicklung im Wettbewerb. Um ihre Leistung und Wettbewerbsfähigkeit zu erhalten oder zu verbessern, müssen die Hersteller ihre Organisation und ihr Management an die Umfeldgegebenheiten anpassen. Aber gleichzeitig beeinflussen die Produkte einer Firma auch die Marktsituation. Der Markt verändert sich, indem Verbraucher und Mitbewerber aus neuen Produkten und Dienstleistungen lernen. Organisationen und Umfelder entwickeln sich also parallel durch einen Prozeß gegenseitiger Anpassung. Die Produkte, die wir hier betrachten, sind real. Man kann sie sehen, anfassen und benutzen. Sie sind aus Materie hergestellt, und wie gut sie sind, stellt sich im praktischen Einsatz heraus. Obgleich es logisch erscheint, sich auf das physische Produkt zu beziehen – die Materialtransformationen, die es zustande gebracht haben (die Teile, Werkzeuge und Einrichtungen), und den Gebrauch durch den Kunden –, haben wir eine andere Betrachtungsweise, die für das Verständnis von Entwicklungsmanagement besser geeignet ist, gefunden, eine, die sich auf die Information bezieht. Durch das ganze Buch sehen wir den Entwicklungsprozeß als ein totales Informationssystem und identifizieren wichtige Probleme aus Sicht der Informationsverarbeitung[2]. Indem wir das Augenmerk darauf richten, wie Information entsteht, kommuniziert und benutzt wird, beleuchtet diese Perspektive kritische Informationsverbindungen innerhalb des Unternehmens und zum Markt hin. Dies hilft, die Rolle der Produktentwicklung im weiteren Zusammenhang mit dem Wettbewerb zu verdeutlichen.

Abb. 2.1: Leistung, Organisation und Umgebung

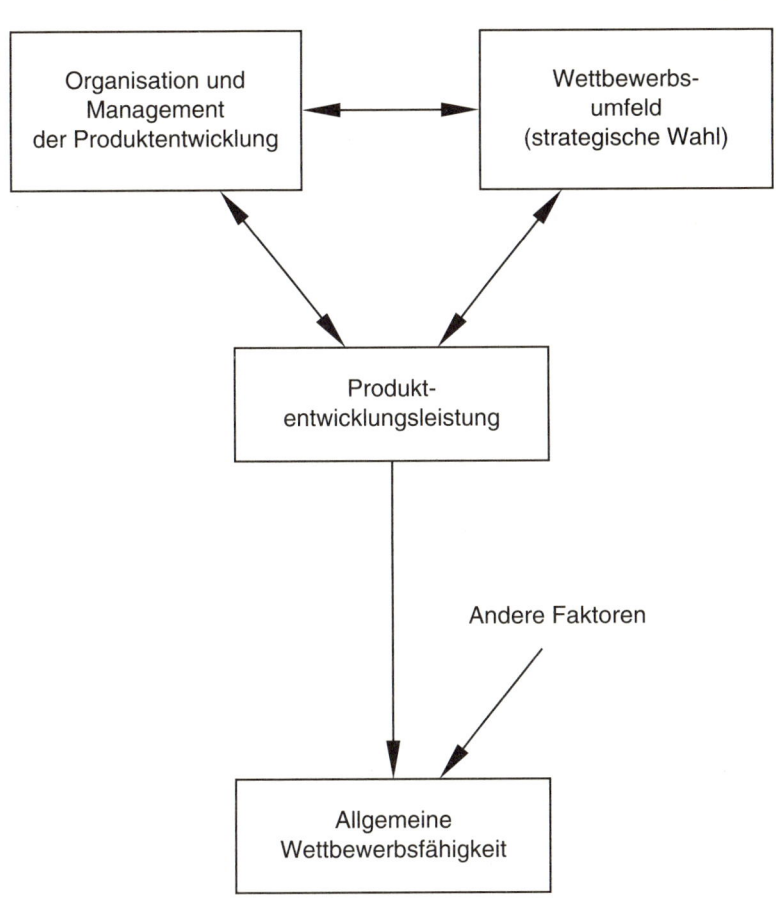

Anmerkung: Einige Einflüsse wurden der Einfachheit halber ausgelassen.

Das Produkt mit einer Firma und deren Kunden in Verbindung zu bringen ist eine aussagekräftige Methode, Gedanken und Forschung über Produktentwicklung zu organisieren. In dem Modell, das wir vorstellen, werden die Entwicklung eines Produktes, seine Produktionsprozesse und sein Gebrauch durch den Kunden als integriertes System von Informationserzeugung und -weitergabe beschrieben. In diesem Zusammenhang ist die Produktentwicklung ein Prozeß, in dem eine Organisation Daten über Marktchancen und technische Möglichkeiten in Informationsressourcen für die laufende Produktion transformiert.

Während des Entwicklungsprozesses werden diese Informationswerte geschaffen, gefiltert, gespeichert, zusammengeführt, aufgelöst und zwischen verschiedenen Medien wie dem menschlichen Gehirn, Papier, Computerspeicher, Software und physischem Material übertragen. Letztlich finden sie ihren Niederschlag in detaillierten Produkt- und Prozeßentwürfen in Form von Zeichnungen oder CAD-Datenbanken und werden schließlich in die Produktionsprozesse der Fabrik geleitet.

Abb. 2.2: Informationsperspektive
im Vergleich mit der Materialperspektive

Konventionelle Materialsicht

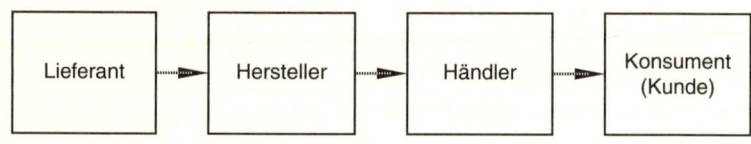

Informationssystemsicht

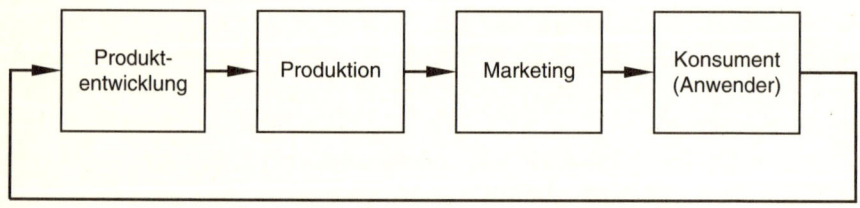

Anmerkung: Einige Faktoren wurden der Einfachheit halber weggelassen.

┈┈▶ Material-/Handelswarenflüsse

──▶ Informationsflüsse

Unsere Anwendung der Informationsperspektive erstreckt sich über Design und Entwicklung hinaus auf Funktionen wie Produktion und Marketing und Kundenverhalten. Abb. 2.2 stellt die Informationssicht des gesamten Umfangs der Geschäftätigkeiten der konventionellen Sicht gegenüber, die primär den Materialfluß verfolgt. Aus dieser letzteren Sicht, aus der sich die bekannte »Nahrungskette« ableitet, indem sie Zulieferer, Hersteller, Händler und Verbraucher verbindet, ist Produktentwicklung eine sekundäre oder Unterstützungsaktivität. Der Blick auf Informationsflüsse von Produktentwicklung bis Produktion, Marketing, Verbraucher und zurück zur Entwicklung – bringt Produktentwicklung in den Vordergrund des Geschehens[4].

Die Informationsperspektive bewirkt mehr als nur die Modifizierung des Flußdiagramms. Sie berührt in grundsätzlicher Weise die Art, wie wir über Hersteller und Konsumenten denken. Betrachten wir das Kundenverhalten. Im Informationsrahmen konsumiert der Kunde eine Erfahrung, die durch ein Produkt vermittelt wird, und nicht das physische Produkt an sich. Diese Erfahrung nimmt die Form von Information an, die ein Kunde über das Produkt und dessen Verhalten in dem Umfeld, in dem es benutzt wird, empfängt.

Beim Fahren eines Autos erhält der Fahrer eine Unmenge von Nachrichten über die Bewegung des Fahrzeuges von einem Ort zum anderen, einschließlich Lenkreaktion, Beschleunigungsgefühl, Motorgeräusch, Windgeräusch, Radio, Quietschgeräusche aus dem Armaturenbrett, Ansichten von außen, andere Fahrzeuge, Menschen, die den Wagen beobachten, Menschen, die über den Wagen sprechen, usw. Der Kunde interpretiert diese Nachrichten, gibt ihnen eine Bedeutung, die zu einem Gefühl der Zufriedenheit oder Unzufriedenheit mit der Produkterfahrung führt.

In diesem Rahmen bedeutet »Marketing« Kommunikation an der Hersteller/Konsument-Schnittstelle. Durch Medien wie Werbung, Prospekte, Verkäufer und das Produkt selbst erzeugen und versenden Marketingleute Botschaften, die die Absicht verkörpern, das Produkt sowie dessen Preise und Nutzen in einer Weise darzustellen, die informiert und den Kunden in der Art beeinflußt, in der er die Produkterfahrung interpretiert.

Seitens der Produktion richtet sich die Informationsperspektive auf die Übertragung der Information vom Herstellprozeß in der Fabrik auf das hergestellte Produkt.[5] Die Schlüsselvorstellung hierbei ist, daß mit Ende der Produktentwicklung die komplette Information über den Entwurf eines Produktes in die Elemente des Produktionsprozesses Eingang gefunden hat (z. B. in Werkzeuge, Einrichtungen, Fähigkeiten der Arbeiter, Arbeitspläne, N/C-Bänder usw.). Produktionsaktivitäten übertragen den Produktentwurf auf Werkstoffe, die zum physischen Produkt werden. Ein Satz Formen für einen Geschirrspüler z. B. enthält alle Informationen über den Entwurf der Wanne. Indem Kunststoff den Spritzprozeß durchläuft, wird diese Information an das Material weitergegeben, das dann Teil des Geschirrspülers wird.

Im Rahmen des Informationsmodells ist die Kommunikation mit Kunden das Hauptanliegen einer Firma – das Produkt als physisches Objekt ist nur das Medium oder Fahrzeug, durch das die Produkterfahrung und die Botschaften des Herstellers an den Kunden überbracht werden.

Die Produktentwicklung schafft wertetragende Informationen, die die Produktion in reale Produkte verkörpern und die das Marketing an die Zielkunden liefert, die diese ihrerseits interpretieren und aus dem Produkt Erfahrungen von Zufriedenheit oder Unzufriedenheit erhalten. Indem wir Entwicklung, Produktion, Marketing und Kundenerfahrung aus einer konsistenten Informationssicht betrachten, können wir wichtige Wechselwirkungen zwischen ihnen erkennen.

Drei Themen bei effektiver Produktentwicklung

Wirkungsvolle Produktentwicklung beruht auf der Fähigkeit eines Produktentwurfs, eine positive Produkterfahrung zu erzeugen. Das beinhaltet eine komplexe Übersetzung der Produktinformation von Kunden zu Entwicklern, zur Produktion, zum Vertrieb und zurück zum Kunden. In den folgenden Kapiteln benutzen wir die Informationsperspektive, um diejenigen Strategien, Managementpraktiken und organisatorischen Fähigkeiten zu beleuchten, die manche Firmen in die Lage versetzen, diese Übersetzungen schnell, effizient und genau durchzuführen.

Drei Themen lenken unsere Untersuchung der Produktentwicklung im Rahmen der Informationsbetrachtung: Entwicklung als Simulation zukünftiger Kundennutzung, die Wichtigkeit der Konsistenz bei vielen wichtigen Details und der Einfluß der Produktintegrität auf die Schaffung von Wettbewerbsvorteilen. Jedes dieser Themen erwächst aus der Betrachtung der Entwicklung aus Sicht der Informationsverarbeitung, und jedes richtet das Augenmerk auf eine Reihe kritischer Punkte bei ihrem Management.

Produktentwicklung als Simulation der Kundenerfahrung

Die Entwicklung eines neuen Produkts umfaßt die Schaffung eines neuen Entwurfskonzepts sowie Bau und Erprobung von Prototypen. Eine Art der Deutung dessen, was Ingenieure während dieser Zeit machen, ist darüber nachzudenken, wie sie entscheiden, ob ein Entwurf attraktiv ist.

Obwohl sie eine Reihe technischer Richtlinien und Testverfahren befolgen, so simulieren sie, wenn wir uns einmal über diese formalen Details hinwegsetzen, im Grunde bei ihren Bewertungen, welche Erfahrungen zukünftige Kunden machen werden. Abb. 2.3 illustriert diese Vorstellung von Produktentwicklung als Probelauf der Erfahrungen, die

Abb. 2.3: Produktentwicklung als Konsumsimulation

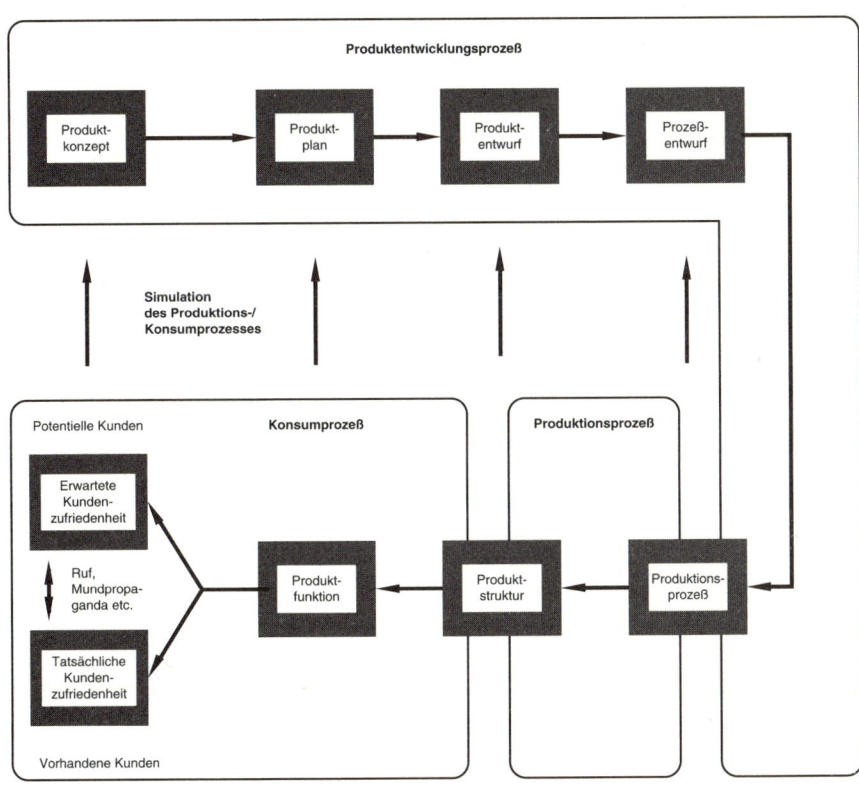

Anmerkung: Marketingfaktoren wurden weggelassen.

☐ Erzeugte Information

⟶ Informationsschaffung/Übertragungsprozeß

zukünftige Kunden mit dem Produkt machen werden. Die Abbildung unterstellt, daß Entwicklung, Produktion und Benutzung des Produkts durch Informationsflüsse in ein größeres System integriert werden, und durch dieses System kreisen.

Dieses Thema hat eine Reihe von Bedeutungen für das Entwicklungsmanagement. Betrachten wir zum Beispiel die Aufgabenstellung, der sich eine Gruppe von Automobilingenieuren und -planern konfrontiert sieht, die 1990 ein Projekt beginnt. Die obere Hälfte von Abb. 2.3 zeigt die Produktentwicklung von 1990 bis 1994 – von der Konzeptphase bis zur Produktionsvorbereitung. Die untere Hälfte des Bildes zeigt die Produktion und den Verbleib des Produkts im Markt zwischen 1994 und 2010, wenn wir eine Produktionsdauer von sechs Jahren und eine Produktlebensdauer von zehn Jahren annehmen.

Die Symmetrie zwischen den beiden Bildhälften ist verblüffend: Die Produktentwicklung erscheint als Spiegelbild des Produktions- und Produktgebrauchsprozesses. Das Produktkonzept nimmt zukünftige Kundenzufriedenheit vorweg, und der Produktplan spezifiziert die entsprechende Produktfunktion. In ähnlicher Weise repräsentiert die Konstruktion die Produktstruktur und die Produktionsvorbereitung den Produktionsprozeß.

Diese Symmetrie legt nahe, daß Produktentwicklung bis ins Detail hinein eine Simulation von Produktion und Gebrauch darstellt. Sie erzeugt Informationswerte (im Sinne von Anlagevermögen) in der Absicht, die Elemente des zukünftigen Gebrauchsprozesses abzubilden. Ein Prototyp beispielsweise repräsentiert das zukünftige Serienfahrzeug, Testfahrer spielen die Rolle zukünftiger Kunden, Teststrecken sollen echte Straßenverhältnisse simulieren, CAE-Programme (Computer-Aided-Engineering) versuchen, dynamisches Fahrverhalten zu reproduzieren, und Produktplaner versuchen, Kundenerwartungen zu antizipieren und Kundenbedürfnisse einige Jahre im voraus nach innen hin zu verdeutlichen.

Wie gut eine Entwicklungsgruppe Zielkunden simuliert, ist für die Effektivität einer Entwicklungsanstrengung von größter Bedeutung. Es ist wichtig, eine Verbindung zwischen der Entwicklung und den Informationsquellen über zukünftige Konsumgewohnheiten herzustellen, also zwischen Kunden und Markt. Genau deshalb müssen wir gleichzeitig Kundenverhalten und Produktentwicklung analysieren. Effektive Vorgehensweisen bei der Entwicklung ändern sich genauso wie Kundenbedürfnisse und Bewertungskriterien. Das Bemühen eines Unternehmens um Übereinstimmung von Entwicklungsaktivitäten und Kundenerfahrungen nennen wir »externe Integration«.[6]

34

Wenn Kundenwünsche leicht erkennbar und definierbar sind, mag interne Effizienz und Effektivität eine größere Rolle spielen als die Möglichkeit, Kundenerfahrungen zu simulieren. Externe Simulationsfähigkeiten bringen dann große Unterschiede im Wettbewerb zwischen Herstellern, wenn der Marktbedarf schwer vorhersehbar und artikulierbar ist. Solange Kunden z. B. wenige eindeutige Kriterien betonen, wie Geschwindigkeit, Verbrauch, Leistung und Größe, können Produktkonzepte und -pläne technisch voll beschrieben und durch Zeichnungen und CAD-Dateien wirksam kommuniziert werden. Im Grunde spiegelt sich die Einfachheit der Informationsverarbeitung des Kundenverhaltens in der Einfachheit der Informationsverarbeitung bei der Entwicklung wider. Wenn Kunden auf der anderen Seite aber auf subtile Produkteigenschaften wie Design, Ausdruck und Übereinstimmung mit dem Lebensstil Wert legen – Eigenschaften, die schwieriger in Plänen und Spezifikationen auszudrücken sind –, dann werden persönliche Diskussionen und physische Prototypen als Kommunikationsmedien wichtiger.[7]

Um es noch einmal zusammenzufassen: Der Informationsrahmen legt nahe, daß effektive Produktentwicklung zukünftige Kundenerfahrungen genau und detailliert simuliert. Bei komplexeren, schwer formulierbaren und sich ändernden Kundenwünschen wird eine genaue Simulation schwieriger. Aber gerade weil Kundenforderungen und -erwartungen schwer vorhersehbar sind und weil es Firmen selten gelingt, dem Markt ihre eigenen Ansichten über ein gutes Produkt aufzuzwingen, ist exakte Simulation kritisch. Eine bis ins kleinste gehende Übereinstimmung zwischen dem Entwicklungs- und dem Verbraucherprozeß zu erzielen scheint die wichtigste aller Aufgaben bei der Entwicklung neuer Produkte zu sein.

Übereinstimmung der Details

Das zweite Anliegen, an dem wir unsere Arbeit orientiert haben, ist die Bedeutung der Konsistenz aller Elemente des Entwicklungsprozesses[8]. Wir betrachten speziell die Art, wie Designer, Ingenieure und Marketing ihre Probleme auf Arbeitsebene abgrenzen und lösen. Das heißt nicht, daß Details der Problemlösung unabhängig voneinander gemanagt werden können, ohne Betrachtung des größeren Gesamtrahmens; Aufmerksamkeit für das Ganze und die Einzelteile ist notwendig für eine wirksame Entwicklung. Genauso wie ein guter Dirigent sich gleichzeitig um Harmonie und einzelne Stimmen bemühen muß, um gute Symphoniemusik hervorzubringen, so muß auch der gute Manager gleichzeitig auf das

Gesamtentwicklungssystem und die Einzelaktivitäten achten, um erfolgreiche Produkte zu produzieren.

Der Informationssystemrahmen stellt nützliche Werkzeuge für detaillierte Analysen zur Verfügung. Er erlaubt uns eine eingehende Betrachtung der Informationswerte (Daten), die bei jedem Arbeitsschritt erzeugt, verknüpft, weitergeleitet und abgewandelt werden. So können wir

Abb. 2.4: Plan der Informationsressourcen

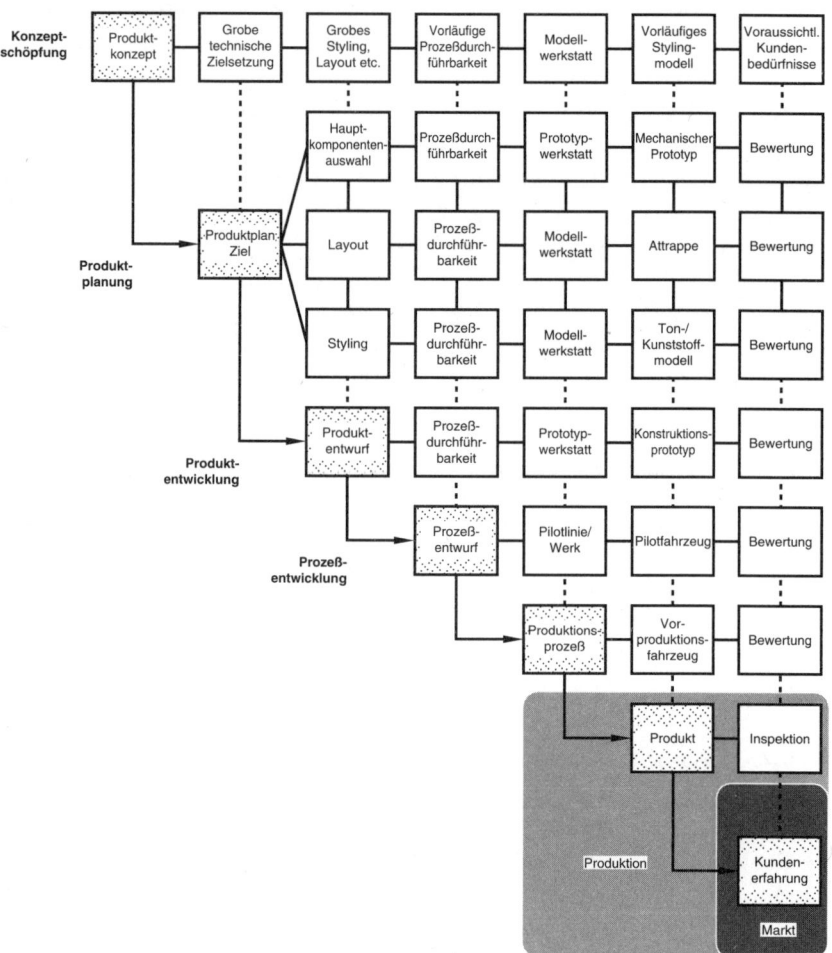

Anmerkung: Die horizontalen Verbindungen stellen Problemlösungszyklen und die vertikalen die Wissensverfeinerungen dar. Der Plan geht davon aus, daß gegebene Informationswerte möglicherweise mit allen anderen Werten derselben Reihe und Spalte verbunden sind, statt nur mit den benachbarten Informationswerten. Die Produktplanungsreihe wird mit drei simultan laufenden und horizontal verbundenen Zyklen, die mit der Hauptkomponentenauswahl, Layout und Styling verbunden sind, dargestellt.

einzelne Aspekte der Produktentwicklung einheitlich beschreiben und analysieren.[9] Dies ist eine Informationsvariante der Prozeßablaufanalyse, wie sie oft im Fabrikgeschehen verwendet wird.[10] Zunächst identifizieren wir die Schlüsselinformationswerte, deren Entstehungsprozeß und die kritischen Bindeglieder, die zur Erzielung einer guten Gesamtleistung gemanagt werden müssen. Dann suchen wir nach Wegen, diesen Prozeß im Sinne von effektiver Informationserzeugung und -weitergabe zu verbessern.

Das in Abb. 2.4 gezeigte vereinfachte Modell des Produktentwicklungsprozesses stellt eine relativ allgemeingültige Folge von Aktivitäten für Produkte dar, die produziert und montiert werden. Die Reihenfolge hat Analogien in Grundstoffindustrien wie Chemie, Papier, Aluminium.* Das Modell identifiziert vier größere Produktentwicklungsstufen: Konzeptfindung, Produktplanung, Konstruktion und Entwicklung, Produktionsvorbereitung.[11] Obwohl der Entwicklungsprozeß in Wirklichkeit viele Schleifen, parallele Arbeitsschritte und unklare Abgrenzungen hat, die ihn alles andere als gradlinig erscheinen lassen, stellen wir ihn zum Zwecke der besseren Beschreibung sequentiell dar.

Informationen über zukünftige Marktbedürfnisse, technische Möglichkeiten und andere Bedingungen wird zusammengeführt und in der Konzeptfindungsphase in ein Produktkonzept übersetzt.** Hier müssen Designer und Planer ein Konzept schaffen, das zukünftige Kunden anzieht. Ein mächtiges Produktkonzept ist mehr als eine Anzahl von Abmessungen oder eine Liste von Spezifikationen. Es definiert den Charakter des Produkts aus Kundensicht. Das Produktkonzept ist im Kern eine projizierte Erfahrung, eine komplexe Botschaft, die durch das neue Produkt vermittelt wird in der Hoffnung, die Zielkunden damit zufriedenzustellen. Meistens ist es verbal ausgedrückt, vielleicht gestützt durch Grafiken und vorläufige Spezifikationen.

Die Produktplanung übersetzt das Produktkonzept in Spezifikationen für detaillierte Produktentwicklung einschließlich Styling, Entwurf, Hauptspezifikationen, Kosten, Investitionsziele und technische Festlegungen. Das zentrale Problem dieser Stufe ist, einen Plan zu erarbeiten, der konkurrierende Ziele und Forderungen in Einklang bringt. Obwohl die meisten in dieser Stufe erzeugten Informationen noch recht vage sind,

---

* Für die Zwecke dieses Buches beinhaltet Produktentwicklung nicht nur Konzeptfindung, Produktplanung und Produktentwicklung, sondern auch Produktionsvorbereitung, die den Fertigungsprozeß festlegt.

** Grundlagenforschung und Vorausentwicklung, die sich mit der Suche nach neuen technischen Möglichkeiten befaßt, liegen außerhalb des Rahmens dieser Studie.

benutzen Designer und Ingenieure gern plastische Modelle zur Begutachtung des Stylings, Attrappen für die Innenausstattung und das Layout und frühe Prototypen zum Testen von Komponenten. Die Produktplanung stellt die erste Gelegenheit dar, dem Produktkonzept physischen Ausdruck zu verleihen.

Konstruktion und Entwicklung übersetzen die Produktplanungsinformation in detaillierte Produktkonstruktionen. Die verbindliche Zusage von Entwicklungsressourcen beginnt in dieser Phase. Das Problem der Entwickler ist es, das Produktkonzept bei Beachtung der geschäftlichen Rahmenbedingungen (z. B. Kosten und Investitionen) in Form von realen Bauteilen und Komponenten zu verwirklichen. Produktziele und Rahmenbedingungen werden erst in einzelne Baugruppen zerlegt, diese konstruiert und in Zeichnungen oder CAD-Dateien gespeichert. Die Zeichnungen werden dann in Prototypkomponenten umgesetzt, die aus dem vorgeschriebenen Material, aber noch ohne Verwendung von Produktionswerkzeugen hergestellt werden. Die Bauteile werden zu Entwicklungsprototypen zusammengebaut, die den ersten vollständigen physischen Ausdruck des Produktentwurfs darstellen. Die Prototypen werden getestet, sowohl auf der Komponenten- wie auf der Gesamtfahrzeugebene, um sicherzustellen, daß der Entwurf die ursprünglichen Ziele und das Konzept trifft. Konstruktionszeichnungen werden bei Bedarf auf der Basis der Testergebnisse geändert. Die Schleife Konstruktion–Prototyp–Test wird so lange durchlaufen, bis die Konstruktion offiziell freigegeben (genehmigt) worden ist. Die Produktionsvorbereitung übersetzt die Detail-Konstruktionen in Prozeßentwürfe und letztlich in Produktionsprozesse für den Betrieb. Die Prozeßentwurfsinformation, die in der Frühphase dieser Stufe erzeugt wird, beinhaltet den Gesamtentwurf eines Werkes (z. B. Materialfluß und Fabriklayout), die Hardwarekonstruktion (z. B. Werkzeuge, Vorrichtungen, Preßwerkzeuge und Einrichtungen), die Softwarekonstruktion (z. B. Teileprogramme) und den Arbeitsablaufentwurf (z. B. Standard-Arbeitsbeschreibungen). Die Prozeßentwurfsinformation wird danach in die tatsächlichen Produktionsfaktoren übertragen – wie Werkzeuge, Einrichtungen, N/C-Bänder und geschulte Mitarbeiter, die für die Serienfertigung vorgesehen sind. Die Leistung dieser Faktoren wird in verschiedenen Erprobungsschritten (auf der Ebene einzelner Werkzeuge und Einrichtungen) und in Pilotserien (auf der Ebene von Produktionslinien) getestet. Konstruktionsänderungen von Produkt oder Prozeß können sich anschließen.

Die Informationskarte beleuchtet die kritischen Bindeglieder innerhalb und zwischen den vier Stufen der Entwicklung. Die vertikalen Verbindungen zeigen die schrittweise Verfeinerung der Schlüsselinformationen durch die Stufen auf, die horizontalen Verbindungen weisen auf die Problemlösungszyklen innerhalb jeder Stufe hin. Für jeden Problemlösungskreislauf stellen Kästchen zur Linken alternative Lösungen dar. Kästchen zur Rechten bedeuten Bewertungsergebnisse dieser Lösungsalternativen, und die Kästchen dazwischen stellen die Informationswerte dar, die für Experimente oder Simulationen benutzt werden können, um mehr Wissen zu gewinnen. Diese Simulationen sind in gewissem Sinne Probeläufe von nachgelagerten Stufen im Entwicklungs-Produktions-Gebrauchssystem. Die Ergebnisse eines vorgelagerten Zyklus (z. B. ein Produktkonzept) werden durch die diagonalen Verbindungsglieder zu Zielen oder Pflichtenheften für den nachgeschalteten Zyklus.

In der Senkrechten beginnt der Prozeß der Verfeinerung oder Vertiefung von Wissen und Information ganz oben mit groben oder vorläufigen Informationen und endet ganz unten mit den endgültigen oder vollständigen Ergebnissen. Die Information über ein reales Produkt beginnt z. B. in der Konzeptphase zunächst als verkleinertes Stylingmodell, entwickelt sich in der Stufe der Produktplanung in 1:1-Modelle, mechanische Prototypen oder Attrappen, die verschiedene Aspekte des Fahrzeugs darstellen, und wird schließlich ein Entwicklungsprototyp, der das komplette Fahrzeug repräsentiert. Pilotfahrzeuge und Vorserienfahrzeuge werden anschließend unter Verwendung von Produktionswerkzeugen hergestellt. Dieser schrittweise Prozeß der Verfeinerung ergibt Produkte, die zunehmend »echt« werden, näher und näher an das Serienprodukt herankommen. Die vertikale Weitergabe des Wissens zwischen den Entwicklungsstufen ist wichtig für die wachsende Darstellungsintegrität dieser Versuchswerkzeuge.

Die Darstellung des Entwicklungsprozesses als Informationslandkarte unterstreicht die Wichtigkeit der Informationsintegrität auf den Detailebenen. Die zeitliche Abstimmung und die Integration vieler Informationsverbindungen haben große Auswirkungen auf Entwicklungszeit und Produktivität. Die Güte und Stärke der horizontalen Übergänge beeinflussen die Geschwindigkeit und die Wirksamkeit der Problemlösung in den einzelnen Stufen. Die vertikalen Übergänge bestimmen die Effektivität der Wissensweitergabe durch die Stufen, in denen sich ausdrückt, wie gut die frühen Stufen die eigentliche Produktion und die Marktgegebenheiten simulieren und wie gut spätere Stufen die Entwürfe und Planungen der früheren umsetzen. Heutige CAD-Techniken machen es z. B. relativ leicht, Zeichnungen zu erstellen, die 3-D-Modelle von Teilen darstellen. Es bleibt jedoch schwierig, gleichzeitig vage Kundengeschmacksrichtungen in konkrete Produktkonzepte oder verbale Beschreibungen in ästhetische und geometrische Beschreibungen zu übertragen. Entsprechend sind die Auswirkungen des Zeitbedarfs für Problemlösungen in wichtigen benachbarten Entwicklungsstufen, wie Prototypbau und Werkzeugherstellung, und die Anzahl der Durchläufe des Entwerfen-Bauen-Testen-Zyklus auf die gesamte Entwicklungszeit und -produktivität. Das Informationsmodell, angewandt auf die detaillierte Prozeßebene, kann uns helfen, systematisch die für den Produkterfolg kritischen Bindeglieder zu identifizieren.

Wettbewerb bei Produktintegrität

Ganz allgemein gestaltet sich der Wettbewerb je nach Branche anders und ändert sich mit der Zeit.* In einer jungen Branche wie High-Tech ist wahrscheinlich die Basisleistung in wenigen Kerntechnologien ausschlaggebend. In einer reifen Branche unterscheidet man sich vielleicht mehr durch die Kosten. Aber in vielen der heutigen Industriezweige – einschließlich Automobile und Unterhaltungselektronik, Haushaltsgeräte, medizinische Geräte, Computer, Nahrungsmittel und fotografische Produkte – ist weder die Leistung einer Komponente noch der Preis das alleinige Argument. In diesen Branchen geht es vielmehr um Produktintegrität. Firmen können hier nicht wirksam mit einer einzelnen überlegenen Technologie konkurrieren, weil die technologische Basis der Produkte vielfältig und veränderlich ist. Über gelegentliche Innovationssprünge hinaus verschieben rasche graduelle Verbesserungen von Produkten und Prozessen den Produktstandard ständig nach oben. Deshalb wird die Entwicklung neuer Produkte zum wichtigen Wettbewerbsbestandteil.

Hervorragende Produktqualität ist weit mehr als gute Funktionalität oder technische Leistung. Konsumenten, die Erfahrungen mit einem Produkt gesammelt haben und deshalb für die feinen Unterschiede in vielen Produktdimensionen empfänglich sind, verlangen völlige Ausgewogenheit vieler Produktmerkmale einschließlich Technik, Ästhetik, Semantik, Zuverlässigkeit und Wirtschaftlichkeit. Der Grad, zu dem ein Produkt diese Ausgewogenheit erreicht und dadurch Kunden anspricht und zufriedenstellt, ist ein Maß der Produktintegrität.

---

* Die Betrachtung der Konkurrenz bezieht sich für unsere Zwecke auf einen Aspekt von Produkt oder Service einer Firma, den Kunden besonders wahrnehmen und bei dem es starke Unterschiede zwischen Unternehmen gibt, also eine Wettbewerbsdimension von hohem Einfluß.

Produktintegrität hat interne und externe Dimensionen. Interne Integrität bezieht sich auf Stimmigkeit zwischen Funktion und Aufbau eines Produktes – z. B. Passen der Teile; Komponenten sind aufeinander abgestimmt und arbeiten gut zusammen; die Auslegung ergibt beste Raumausnutzung. Externe Integrität ist ein Maß für die Güte der Übereinstimmung von Produktfunktion, -struktur und -semantik mit Erwartungen, Wertvorstellungen, Produktionssystemen, Lebensstil, Nutzungsart und Selbstverständnis des Kunden.

Wenn der Markt auf Produktintegrität Wert legt, muß eine gute Produktentwicklungsorganisation ihre eigene interne und externe Integrität betonen. Sie erreicht interne Integrität durch Koordinierung der Fachbereiche innerhalb der Firma und der Zulieferer. Einfach gesagt, Teile, die gut zueinander passen, werden von Organisationen produziert, die eng verzahnt und integriert sind. Externe Integrität bezieht sich auf die Qualität der Kunden-Hersteller-Beziehungen. Weil das Produktkonzept die Brücke zwischen Kundenbedürfnissen und Produkt-Konstruktionen darstellt, ist der Prozeß, mit dem eine Firma Produktkonzepte erzeugt und in einer Konstruktion realisiert, besonders bedeutsam für die externe Integrität. Wir hoffen, in den folgenden Kapiteln ein Verständnis dafür zu vermitteln, wie Firmen interne und externe Integrität erreichen.

Fokus auf die Automobilindustrie

Dieses Buch geht das Thema Produktentwicklung breitspurig an, um sowohl ihre Rolle im Wettbewerb als auch die Beiträge von Management und Organisation zu überlegener Entwicklungsleistung zu ergründen. Der Bezugsrahmen, den wir in diesem Kapitel skizziert haben, ist diesem Vorhaben angemessen.

Er erlaubt uns, Kunden, Märkte und Wettbewerb in Begriffen zu untersuchen, die in engem Bezug stehen, in der Art, wie wir Organisation und Management von Produktentwicklung betrachten. Indem wir das Informationsmodell hierfür benutzen, wird unsere Aufmerksamkeit auf die Dimensionen der Managementpraxis gelenkt, auf die es ankommt, und werden die Verbindungen zwischen diesen und der Wettbewerbsfähigkeit deutlich gemacht.

Die Arena, in der wir diese Verbindungen herstellen – die Weltautomobilindustrie –, scheint hierfür ebenfalls gut geeignet. Die Märkte sind groß, dynamisch und zunehmend global; das Kundenverhalten ist komplex, das Wettbewerbsumfeld turbulent. Noch dazu sind einige der größten, komplexesten und faszinierendsten Firmen der Welt in ihr beheimatet. Detaillierte Analysen der Produktentwicklung bei Mercedes-Benz, Toyota, BMW, Ford, Nissan, General Motors, Honda, Peugeot, Volkswagen und vielen anderen sind eine reiche Informationsquelle über stark gegensätzliche Organisations- und Managementpraktiken. Diese Fülle – sowohl bezüglich Management als auch Wettbewerb – macht die Autoindustrie zu einer so fruchtbaren Arena, in der wir die Quellen überlegener Entwicklungsleistung untersuchen können. Dieser Aufgabe wenden wir uns jetzt zu.

Anmerkungen

1 Dieses Modell stellt eine Annäherung an die Kontingenztheorie in Organisationsstudien und strategischem Management dar. Klassische Beispiele finden sich bei Lawrence und Lorsch (1967), Thompson (1967), Child (1972), Galbraith (1973), Miles und Snow (1978) und Chandler (1962). Weitere Literatur siehe Scott (1987) und Miles (1980).
2 Das in diesem Buch verwendete Informationsparadigma hat seine Wurzeln in einer Reihe akademischer Disziplinen. Der informationsverarbeitende Rahmen ist ein Standardmodell in der Fachliteratur zum R&D-Management. Beispiele: Marquis (1982), Allen (1977) und Freeman (1982). Rahmen, die die Informationsverarbeitung betonen, waren auch wichtige Paradigmen der Produktions- und Organisationstheorie, wie auch in Untersuchungen über Kundenverhalten und Marketing. Siehe Galbraith (1973) und Tushman und Nadler (1978) für die Organisation, Kotler (1984) für Marketing sowie Engel, Blackwell und Kollat (1987) und Bettman (1987) für Kundenverhalten. Jedoch mangelt es der vorliegenden Literatur an einer Integration über alle Disziplinen hinweg. Da jede Disziplin das Informationsparadigma separat nutzte, um eigene Probleme zu untersuchen, wurde dessen Potential der integrierten Analyse von Entwicklung, Produktion, Marketing und Verbraucherverhalten ignoriert. So ist unser Informationsrahmen eine neue Anwendung eines alten Paradigmas. Weitere Literaturnachweise zum Informationsrahmen finden sich bei Fujimoto (1989, Kapitel 3).
3 Siehe z. B. Wertkettenkonzept in Porter (1985).
4 Diagramme, die Abbildung 2.2 ähneln, finden sich in Maidique und Zirger (1985) und Urban, Hauser und Dholakia (1987, Kapitel 5).
5 Siehe auch Fujimoto (1983, 1986).
6 Ein ähnliches Konzept in der Organisationstheorie ist »boundary spanning«, das sich auf die Schnittstelle von Organisation und Umwelt bezieht. Siehe z. B. Thompson (1967, S. 19–23), Aldrich und Herker (1977, S. 219), Miles (1980, S. 330–335) und Tushman (1977). Die Autoren tendieren dazu, passive Aspekte der Schnittstelle wie Puffer und Überprüfung zu betonen.
7 Zur Diskussion von Unklarheiten bei Informationen und Medienwahl siehe Daft und Lengel (1986).

8 Burgelman und Sayler (1986) betonen stets die Bedeutung der Konsistenz in den Einzelheiten des Entwicklungsprozesses.

9 In der Organisationstheorie heben einige Autoren die Bedeutung der Informationsschaffung hervor; siehe z. B. Weick (1979) und Nonaka (1988a). Andere betonen die Informationsübertragung (Kommunikation); siehe z. B. Galbraith (1973) und Tushman und Nadler (1978). In unserem Fall achten wir sowohl auf Schöpfung wie auf Übertragung.

10 Es gab detaillierte und systematische Studien der Kommunikationsstrukturen in R&D-Organisationen (siehe Allen, 1977), aber sie neigen dazu, auf die Kommunikationsfrequenz und die verschiedenen Rollen im Kommunikationsnetzwerk zu einem bestimmten Zeitpunkt zu fokussieren. Wir behandeln das Produktentwicklungsmanagement als einen Prozeß über längere Zeit. Somit interessieren wir uns für die Dynamik des Informationsflusses und der Kommunikation.

11 Die Entwicklungsstadien entsprechen in etwa der Standardbeschreibung des Innovationsprozesses in der Literatur zum Technologiemanagement, d. h. Ideenschöpfung, Problemlösung und Anwendung. Einige Firmen vermischen Konzeptschöpfung und Produktplanung.

12 Muster des Wettbewerbs und der industriellen Evolution finden sich z. B. bei Abernathy (1978), Abernathy und Utterback (1978), Abernathy, Clark und Kantrow (1983) und Clark (1985).

13 Zur weiteren Diskussion interner und externer Integration siehe Fujimoto (1989).

Kapitel 3

Wettbewerb in der Weltautoindustrie

Spätestens 1990 war der Weltautomobilmarkt weit entwickelt, international und kosmopolitisch. Der Renner in Japan war ein Hochleistungswagen, konstruiert und produziert in Bayern, aus der BMW 3er-Serie. Er konkurrierte auf dem US-Markt gegen den Honda Legend, eine Konstruktion, die aus einer gemeinsamen Entwicklung mit British Leyland erwuchs. Amerikanische Fans waren von dem Nissan 300 ZX eingenommen, einem neuen, in Atsugi entworfenen Sportwagen, der direkt gegen die traditionellen Führer des Sportwagensegments aus dem Hause Porsche antrat. Deutsche kauften Chryslers frontangetriebenen Minivan, ein Produkt, das in USA sehr gefragt ist und dem Renault Espace Konkurrenz macht. Dieses Schema des direkten Wettbewerbs zwischen Fahrzeugen, die auf verschiedenen Kontinenten entworfen, entwickelt und verkauft werden – ein Schema, das sich am unteren Ende des Marktes Ende der 50er und in den 60er Jahren abzeichnete und nun auch begann, die Marktsegmente der Sport- und Luxuswagen zu prägen –, unterschied sich um Welten von der Wettbewerbssituation der Nachkriegszeit.

1958 war Alfred Sloan, der Architekt der höchst erfolgreichen Produktstrategie von GM (»a car for every purse and purpose« – ein Wagen für jeden Geldbeutel und jeden Zweck) und des zu recht berühmten Managementsystems (zentrale Koordinierung und dezentrale Verantwortung), nach fast 40jähriger Konzernleitung gerade in den Ruhestand getreten. Das Unternehmen, das er hinterließ, dominierte die Branche. Im größten Markt der Welt, den USA, folgten die zwei Hauptkonkurrenten – Ford und Chrysler – meist GMs Führung in puncto Styling und Produktausstattung. Importe waren damals noch bescheiden. Der Volkswagen war eine Kuriosität. Ingenieure bei Nissan und Toyota waren damit beschäftigt herauszufinden, warum ihre ersten Exportprodukte auf den Freeways von Los Angeles auseinanderfielen; und Honda baute

Motorräder. Der US-Markt war groß und ziemlich homogen. Beliebte Autos wie der normale Chevy brachten Verkaufszahlen von 1,5 Millionen pro Jahr. Ihre Konstruktionen betonten Glitzer, Chrom und Leistung. Basistechniken, wie Antriebsstrang (Motor, Getriebe, Achse), waren etabliert und relativ gleichartig.

Drei treibende Kräfte haben seitdem die Automobilindustrie grundlegend verändert.[1] Zunächst der verschärfte internationale Wettbewerb. Ende der 50er Jahre gab es vier bis fünf Weltfirmen. Heute sind über 20 in der Lage, global zu operieren. Eine zweite Kraft ist die fortschreitende Marktsegmentierung. Das meist verkaufte Modell in den USA bringt es heute nur noch auf 0,4 Millionen Einheiten, verglichen mit 1,5 Millionen Ende der 50er Jahre. Auf allen größeren Märkten ist die Zahl der Modelle gestiegen und der Absatz pro Modell gesunken. Die letzte Kraft ist eine Technologieexplosion. 1970 hatten 80 Prozent aller in den USA hergestellten Fahrzeuge dasselbe Antriebskonzept: längs eingebauter wassergekühlter V-8-Vergasermotor mit 3-Gang-Automatik und Hinterachsantrieb. In der gesamten US-Industrie gab es hiervon nur fünf Ausführungen. Mitte der 80er Jahre gab es 35, also siebenmal so viele technische Varianten. Würden wir Elektronik, neue Materialien und neue Komponenten mitzählen, wäre die Zunahme noch viel größer.[2]

Diese Kräfte wurden in einer Industrie mit klar regionaler Prägung ausgespielt. Unterschiede in der Geographie führten zu verschiedenen Produktkonzepten für verschiedene Straßensysteme (man denke nur an Fahrten durch die Ebenen von Kansas, in den Schweizer Bergen und in Tokio) und unterschiedliche Käufer (der Massenmarkt-Charakter des US-Automobils kam erst viel später nach Europa, wo Autos ein Luxusgut für die Begüterten waren und Autofahren ein gelernter Beruf). In den 60er Jahren entwarfen einige europäische Hersteller Autos für anspruchsvolle Fahrer der dritten Generation, während japanische Firmen es noch mit vielen Fahrern der ersten Generation zu tun hatten.

Spieler in der Weltautoindustrie betreten die Weltarena mit Fähigkeiten, die durch Konkurrenzkämpfe auf dem Heimatmarkt geschliffen und verfeinert wurden. Diese Fähigkeiten leiten sich aus Menschen, Systemen und Organisationsprozessen ab, die sich nur langsam und mit großer Anstrengung ändern lassen. Deshalb beobachten wir in einer Übergangsphase von regionalem zu weltweitem Wettbewerb, wie sie sich in den 80er Jahren vollzogen hat, große Unterschiede in den Fähigkeiten, selbst unter hartem Konkurrenzdruck. Diese Fähigkeitsdefizite werden zur Zielscheibe für die Mitbewerber. Deshalb müssen wir zum Verständnis des Wettbewerbsgeschehens und der Leistungsfaktoren in der Autoindustrie deren historische Entwicklung verstehen. Um vorauszusehen, welche Fähigkeiten bedeutsam und ausschlaggebend sein werden, benötigen Firmen Einblicke in die Wurzeln von Leistungsfähigkeit und die Kräfte, die die Veränderungen vorantreiben.

Wir betrachten zunächst die regionalen Unterschiede bei Wettbewerb und Marktumfeld mit besonderer Würdigung der Rolle der Produktentwicklung. Danach untersuchen wir die historischen Unterschiede im strategischen Verhalten zwischen Massenherstellern und den Anbietern der oberen Marktsegmente. Schließlich betrachten wir kurz die Globalisierung des Wettbewerbs und ihre Auswirkungen auf regionale Märkte und strategische Gruppen.

Regionale Unterschiede in Wettbewerb und Marktstruktur

Der Wettbewerb in der Autoindustrie hat sich seit Ende der 40er Jahre bis zu den Ölkrisen der 70er Jahre in Europa, Japan und Nordamerika unterschiedlich entwickelt. Trotz im Grunde ähnlicher Produktstrukturen ergaben sich aus Unterschieden in Preisen, Einkommen, Geographie

Tab. 3.1: Traditionelle Produktkonzepte: USA, Europa, Japan

Kategorie	USA	Europa	Japan
Auslegung	locker; große Außen- und Innenmaße	kompakt; effiziente Raumausnutzung	kompakt; effiziente Raumausnutzung
Styling	kantig; lange Haube; Betonung auf Größe	rund; kurze Haube; Betonung auf Aerodynamik und Raumausnutzung	von Segment abhängig; sowohl von europäischem wie von amerikanischem Styling beeinflußt
Motor/ Karosserie	groß, starker Motor; schwere Karosserie; lange Antwortzeit	kleiner Motor; leichte Karosserie; energiesparend, kurze Antwortzeit	kleiner Motor; leichte Karosserie; besonders energiesparend, kurze Antwortzeit
Fahrverhalten	leicht, weich, bequem	feste Federung; präzise Lenkung, Betonung auf Straßenlage	hängt vom Segment ab
Quelle der Wertschöpfung	Sonderausstattungen	ausgewogen	Sonderausstattungen; reichhaltige Grundausstattung
Gesamteindruck	Allzweck-Straßenkreuzer; groß, bequem, stark	ein „Fahrzeug"; präzise, überragend	vom Segment abhängig

Quelle: Clark und Fujimoto, „Das europäische Modell der Produktentwicklung: Herausforderung und Chancen", vorgestellt auf dem 2. internationalen Politikforum, International Motor Vehicle Program, MIT, Mai 1988

und Geschichte starke Unterschiede in Produktkonzeption, Kundenverhalten und Art des Wettbewerbs. Diese regionalen Unterschiede fanden ihren Ausdruck nicht nur in der Technik der Produkte, sondern auch in deren Grundkonzeption.

Ein Produktkonzept ist die Botschaft eines Herstellers an Kunden bezüglich dessen, was ein gutes Produkt ausmacht. Das Konzept entsteht zunächst in den Köpfen der Produktplaner, wird ausgedrückt in Produktplanungsdokumenten und technischen Zeichnungen und schließlich im Produkt selbst verkörpert. Man »liest« die Produktbotschaft aus der Erfahrung im Umgang mit dem Produkt. Konzepte entwickeln sich mit der Zeit, indem Hersteller Technologien und Kundenwünsche besser verstehen lernen und Kunden ihre Ansichten über das Produkt konkretisieren. Für Automobilhersteller hat der Heimatmarkt eine wichtige Rolle bei der Ausarbeitung von Produktkonzepten gespielt. Tabelle 3.1 vergleicht traditionelle Produktkonzepte der drei Regionen.

Das in den USA bis Mitte der 70er Jahre dominierende Konzept war das des Allzweckstraßenkreuzers mit großer Karosserie und großem Motor, einer Vielzahl von Sonderausstattungen, komfortablem Innenraum und weicher Federung. Der 72er Chevrolet Impala war solch ein Auto.

Bei einem Radstand von 3,10 m und einer Gesamtlänge von 5,59 m hatte er eine lange Kühlerhaube und hinten einen gewaltigen Überhang. Der 5 l-V-8-Motor war stark, aber wenig wirtschaftlich. Das Auto war weich gefedert, geräumig und hatte eine reichhaltige Sonderausstattung. Das »amerikanische Konzept« basierte auf einem Paket von Produkterfahrungen, die aus einer Welt der niedrigen Benzinpreise, der breiten und geraden Straßen, des Langstreckenverkehrs und einer Kultur stammte, für die »Größe« schön war (big is beautiful).

Amerikanische Autos waren frei von vielen der Zwänge, denen sich europäische und japanische Hersteller stellen mußten. Die niedrigen Benzinpreise machten einen Abgleich zwischen Gewicht, Leistung und Verbrauch weniger wichtig, die Raumflexibilität der großen Karosserie machte Packaging weniger kritisch. Die Freiheit, über Manövrier-Spielräume in ihren Autos zu verfügen, gestattete es amerikanischen Herstellern, Autos zu entwickeln, deren Komponenten weniger stark aufeinander zugeschnitten sein mußten.[3]

Europäische Produkte vermittelten eine deutlich andere Erfahrung. Trotz großer Vielfalt gab es gemeinsame Themen in europäischen Autos. Der erste VW Golf aus dem Jahre 1974 stellte das »europäische Konzept« gut dar. Er setzte den weltweiten Standard für die untere Mittelklasse mit Fließheck. Das Konzept war klar – eine »Sparbüchse« mit überlegenen Fahreigenschaften und hoher Leistung. Das Auto erreichte ein hohes

Maß an Ausgewogenheit zwischen Wirtschaftlichkeit, Handlichkeit, Geräumigkeit und Komfort. Europäische Autos, selbst kleinere als der Golf, waren »Fahrmaschinen«, die sich durch gute Raumausnutzung und Sparsamkeit, relativ wenig Sonderausstattung, gute Straßenlage, straffe Auslegung, präzise Lenkung und aufwendige Technik auszeichneten. Dieses Konzept erwuchs aus dem wirtschaftlichen, demographischen und technischen Umfeld Europas, einschließlich seiner Tradition herausragender Ingenieurleistung, hohen Energiepreisen, sachverständigen und aufgeschlossenen Kunden, engen, kurvenreichen Straßen.

Produktkonzepte in Japan spiegelten die Zwänge des raschen Wachstums und der wirtschaftlichen Entwicklung wider. Japanische Hersteller, die bis in die 70er Jahre eine Aufholjagd betrieben, borgten zunächst Konzepte von US- und europäischen Herstellern. Die Neigungen des rasch anwachsenden Kundenstammes, darunter viele Erstkunden, waren vielfältig und labil. Daraus resultierte ein weitgefächertes Modellangebot, das amerikanische und europäische Züge trug. So hatte z. B. die dritte Generation des Toyota Corolla in den 70er Jahren Motorleistung, Abmessungen und Raumausnutzung eines europäischen Fahrzeugs, kombiniert mit einer Fülle von Sonderausstattungen und dem Komfort viel größerer amerikanischer Wagen. Handling und Federung waren eher europäisch, aber andere japanische Produkte in anderen Segmenten wählten die weiche Federung amerikanischer Wagen. Mit einem Wort: das japanische Konzept war eine »Von-jedem-etwas«-Mischung. Die aus Tabelle 3.1 ersichtlichen Unterschiede im Produktkonzept reflektieren die sehr unterschiedlichen sozialen und wirtschaftlichen Gegebenheiten, unter denen sich europäische, amerikanische und japanische Autos entwickelt haben. Tabelle 3.2 gibt einen Überblick über die Markt- und Konkurrenzsituation in diesen drei Regionen. Die Unterschiede zwischen den Regionen sind offensichtlich. In Japan hat sich eine größere Zahl von Konkurrenten auf einem kleineren labilen Binnenmarkt bekämpft. In Europa gab es auch eine große Anzahl von Konkurrenten, aber der Markt war stabiler. Der US-Markt, als klassisches Oligopol unter Führung von General Motors, lag bei der Häufigkeit der Modellwechsel und Langlebigkeit von Produkten dazwischen. Die Unterschiede in der Konkurrenzart in diesen Märkten haben den Charakter der Produktentwicklung stark beeinflußt. Wir betrachten zunächst Europa.

Tab. 3.2: Übersicht der Produkt-Marktstrukturen nach Regionen

Produkt-Marktstruktur / Region	USA	Europa	Japan
Jährliche PKW-Verkaufszahlen (1985)	10,9 Millionen	9,5 Millionen	3,1 Millionen
Jährliche PKW-Verkaufszahlen (1975)	8,3 Millionen	7,6 Millionen	2,7 Millionen
Durchschnittliches Wachstum der Autoverkäufe (1975 – 1985)	2,8 %	2,3 %	1,3 %
Anzahl der nationalen Hauptproduzenten (1987)	4	Westdeutschland: 6 Frankreich: 2 Großbritannien: 5 Italien: 3	9
Produktionsanteil der größten drei Kfz-Hersteller (1985)	95 %	Westdeutschland: 76 % Frankreich: 100 % Großbritannien: 90 % Italien: 100 %	71 %
Importanteil (1985)	28 %	16 % (EG total)	2 %
Durchschnittliche Modellanzahl (1982 – 1987)	28	77	35
Anzahl neu entwickelter Modelle (1982 – 1987)	21	38	72
Durchschnittliches Hauptmodell-Wechselintervall (1982 – 1987)	8,1 Jahre	12,2 Jahre	4,6 Jahre

Anmerkungen: Quellen und Details im Anhang

Wettbewerb in Europa

In Europa stand die Wiege des Automobils. Europäische Hersteller, besonders in Deutschland und Frankreich, waren führend bei Technik und Produktion, als Autos noch in Einzelfertigung für die Wohlhabenden gebaut wurden.[4] Die Tradition europäischer Autos, in der Vielfalt und Technik mehr galt als Standardisierung und niedrigere Kosten, hatte ihren Ursprung Ende des 19. Jahrhunderts. Ohne einen großen einheitlichen Markt haben die einzelnen Firmen in den verschiedenen Ländern Autos mit unterschiedlichen Konzepten und Ausdrucksformen entwickelt. Deutsche Autos z. B. waren hart gefedert, um bessere Straßenlage für schnelles Fahren auf kurvenreichen Straßen zu bieten. Französische Autos tendierten mehr zu weicherer Radaufhängung und Sitzpolsterung als Antwort auf relativ holprige Straßen. So »war es unmöglich, daß ein einzelner Hersteller oder eine einzelne Produktphilosophie den europäischen Markt beherrschten. Zu jeder Zeit schützt eine Vielzahl von Modellen und nationalen Vorlieben die Großserienhersteller vor drastischen Nachfrageveränderungen«.[5]

Ausgeprägte Firmenidentität. Traditionelle Formen des Wettbewerbs und der Produktdifferenzierung in Europa sind in Abb. 3.1 dargestellt, die verdeutlicht, wie sich verschiedene Produktkonzepte beeinflussen und über Firmen (horizontale Achse) und Produktsegmente (vertikale Achse) hinweg gruppieren. Jeder der schwarzen Punkte stellt ein Produkt dar und jede der schraffierten Flächen eine Gruppierung von Produkten, die ein gemeinsames Thema oder Konzept beinhalten. Eine vertikale Gruppierung (d. h. Ähnlichkeit der Konzepte) bedeutet das Vorhandensein einer Firmenphilosophie, während eine horizontale Gruppierung auf intensiven Wettbewerb innerhalb eines Marktsegmentes hindeutet. Konzeptähnlichkeiten zwischen Firmen lassen erkennen, daß Kunden diese Produkte direkt vergleichen.

Abb. 3.1 zeigt, wie wesentlich unterschiedlich die traditionellen Schemata der Konzeptgruppierung in den einzelnen Regionen waren. Europa mit stärkerer vertikaler Gruppierung als die USA und Japan tendierte zu starker Firmenidentität oder einheitlichen technischen Konzepten, die sich auf sämtliche Produkte der Firma erstreckten. Jede europäische Firma hatte ihre eigene Vorstellung von einem guten Auto und behielt dieses Konzept über alle Segmente auf Dauer bei. Die Kundenseite des europäischen Marktes spiegelte dieses Gruppierungsschema wider. Kunden entwickelten unterschiedliche Vorstellungen von den Produkten der verschiedenen Anbieter unabhängig vom Segment. Sie erwarteten z. B. von Fiat-Autos, daß sie eine klare Persönlichkeit oder »Fiathaftigkeit« besitzen, die deutlich anders als die von VW, Mercedes oder Citroën ist. Folglich beurteilten Kunden Autos weniger durch direkten Vergleich mit den Produkten anderer Hersteller als durch Vergleich mit ihren Erwartungen an die Produkte einer bestimmten Firma. Solange ein Auto diesen Erwartungen entspricht, bleiben europäische Kunden meist ihrer Marke treu. Daraus ergaben sich Spiralen der Rückkoppelung zwischen Produktentwürfen und Kundengeschmacksrichtungen. Die Stabilität und Durchgängigkeit der Produktkonzepte ließ Kunden verfeinerte und komplizierte Erwartungen an Entwurf, Funktion, Konzept und Ästhetik für jedes Modell und jede Firma entwickeln. Das brachte wiederum die Firmen dazu, Produktdetails sehr stark zu verfeinern, aber das Konzept beizubehalten, um den Käufer nicht zu verwirren. Das Ergebnis dieses sich gegenseitig verstärkenden Prozesses war eine Kombination von anspruchsvollen, aber loyalen Kunden einerseits und aufwendigen Produktionskonstruktionen mit starker Firmenidentität andererseits.

50

Abb. 3.1: Traditionelle Konzeptgruppierung nach Region

Europäische Konzeptgruppen

Konzeptgruppierung
nach Firmen
(Corporate Identity)

Segmente

Firmen

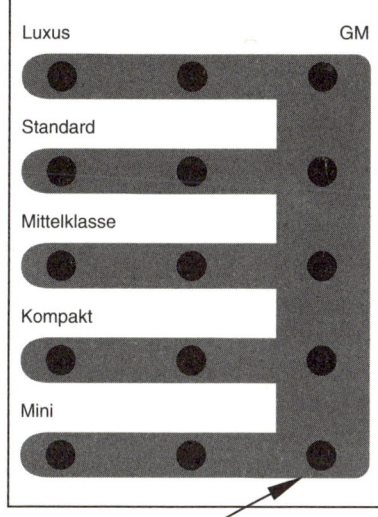

US-Konzeptgruppen

Luxus   GM

Standard

Mittelklasse

Kompakt

Mini

GMs Konzeptführerschaft

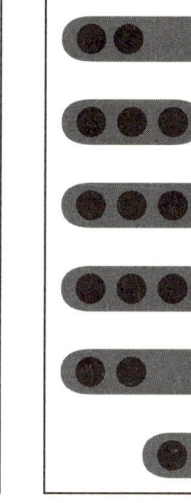

Japanische Konzeptgruppen

Mittelklasse

Kompakt 1

Kompakt 2

Mini 1

Mini 2

Micromini

Konzeptgruppierung nach Segment
(direkte Produktrivalität)

● Einzelne Produktkonzepte

▬ Gruppen ähnlicher Konzepte

▬ Ländergruppen

51

Nehmen wir das Beispiel BMW. 1917 als Flugmotorenhersteller gegründet, entwickelte BMW 1933 sein erstes eigenes Auto, den 303.[6] Die Eigenschaften der Vorkriegsmodelle wurden in deren Ablegern deutlich: sportliche Limousinen mit präzisen Fahreigenschaften, sauberer Formgebung, angefangen bei dem berühmten Nieren-Grill. Man ist beeindruckt von der erstaunlichen Kontinuität von Konzept und Konstruktion zwischen den BMWs der 60er und der 80er Jahre. Viele der funktionalen, mechanischen und stilistischen Merkmale des 1962er BMW 1500 – wie der gut ausgewuchtete Reihen-OHC-Motor, die McPherson-Vorderradaufhängung, die Schräglenker-Hinterradaufhängung, die charakteristischen Formelemente von Grill, Haube, Dachsäule sowie Handhabung und Fahrverhalten – lassen sich auch in heutigen BMW-Modellen finden.

Auch das Produktspektrum der 4er-Modelle mit kleinen, mittleren und großen Limousinen und einem Coupé ist unverändert geblieben. Noch stärkere Kontinuität der Produkte läßt sich bei Daimler-Benz, dem ältesten Automobilhersteller der Welt, beobachten. Die heutigen Mercedes-PKW von der Luxus- bis zur Mittelklasse sind charakterisiert durch funktionale Überlegenheit (z. B. Leistung und Sicherheit bei 200 km/h), hochentwickelte Technik (z. B. Mehrlenkerachsen), hohes Produktimage (z. B. Statussymbol), typisches Styling und vieles andere. Viele dieser Merkmale – einschließlich großer, starker Motoren, der Verpflichtung zu Rennen und Geschwindigkeitsrekorden, typischen Kühlergrill und das hohe Statusimage aufgrund der Produktfinessen – bestanden schon in den 20er Jahren oder gar davor.[7]

Indirekte Produktrivalität. Ein weiterer Aspekt der vertikalen Gruppierung von Konzepten in Abb. 3.1 ist die indirekte Produktrivalität innerhalb der Segmente. Produktdifferenzierung mit starker firmenweiter Identität minderte offenbar den Zwang, aus Konkurrenzgründen in technischen Grunddaten mit anderen Fabrikaten vergleichbar sein zu müssen. Weil Kunden verschiedenen Anbietern gegenüber unterschiedliche Erwartungshaltungen hatten, wurden die Produkte weniger stark direkt miteinander verglichen. So ging es dem Citroën-Konstrukteur nicht primär darum, Renault-Modellen möglichst nahezukommen, sondern vielmehr darum, die Erwartungen von Citroën-Käufern zu erfüllen. Für die europäische Produktentwicklung verkörperte dieser Zusammenhang die Herausforderung, neue Produkte zu entwickeln, die einerseits vertraute Konzepte beibehielten, aber andererseits Leistung und Werte boten, die anspruchsvolle europäische Kunden ansprachen. Daraus ergaben sich relativ lange Produktzyklen, starke Betonung technisch eleganter Lösungen und Kontinuität der Erscheinungsform. Seltene Modellwechsel beinhalteten wesentliche Änderungen von Technik und Leistung.

Wettbewerb in den USA

Mit Einführung von Henry Fords T-Modell wurden die USA klarer Führer bei der Automobilproduktion. Dieses Produkt führte den US-Markt frühzeitig zu Standardprodukten, die auf Massenproduktion angelegt waren. Konkurrenz zu Zeiten des Modell T war eine Frage der großen Stückzahlen (»Economies of scale«), der Produktionskosten, stabiler Konstruktionen und ausgedehnter Händlernetze. Ford beherrschte sie alle. Aber die Industrie veränderte sich in den 20er Jahren drastisch, als Kunden größere Auswahl und mehr Komfort und Leistung verlangten.

General Motors (in der Person von Alfred Sloan) übernahm die Fordsche Grundformel und ergänzte sie um Vielfalt im Styling-, Farben- und Leistungsangebot. Sloan schuf ein Entwicklungs- und Produktionssystem, das auf Gleichheit der Chassisteile, Änderung und Vielfalt bei Karosserieformgebung und Farbe (flexible Schweißstraßen und Lackieranlagen) und einer Marketingpolitik mit Betonung von Wert und Gegenwert für den Kaufpreis und Breite der Angebotspalette aufgebaut war[8].

Sloan nahm den Kampf gegen Ford mit einem besseren Produkt zu einem etwas höheren Preis auf, statt mit einem Standardprodukt auf Basis niedrigerer Kosten. Der Chevrolet war teurer als das T-Modell, bot aber »mehr Auto«, Farbe und frischere Konturen. Sloans Strategie beinhaltete eine Neudefinition des Autos, weg vom ländlichen Gebrauchsfahrzeug (dem Modell T) zu einem Wohnzimmer auf Rädern (dem Allzweckstraßenkreuzer), das häufig verändert wurde (der jährliche Modellwechsel), um frisches Aussehen und hohe Attraktivität zu erhalten. Dieses neue Konzept, das Mode und Styling mit einem massenproduzierten Produkt kombinierte, erhöhte die Kapitalintensität des Geschäfts. Über die Großserienproduktion hinaus gab es jetzt regelmäßige, größere Werkzeugänderungen, um die sich jährlich ändernden neuen Teile und Bleche zu produzieren. Gegen 1930 hatte GM eine dominierende Stellung innerhalb der hochkonzentrierten US-Autoindustrie erlangt. Sloans Konzept und GMs Marktbeherrschung bestanden bis weit in die Nachkriegszeit und gaben dem Wettbewerb – einschließlich der Rolle der Produktentwicklung – einen anderen Charakter als in Europa oder Japan.

GMs Führungsrolle. GMs Führungsrolle war in den meisten Aspekten des US-Automobilgeschäfts sichtbar. Die beiden anderen Hersteller der Big Three boten Produkte an, die sich an GMs Konzept eines Produkts und einer Produktlinie auf der Basis eines großen Wagens mit langer Motorhaube, großem Kofferraum, starkem Motor, komfortabler Inneneinrichtung und weichem Fahrverhalten orientierten. Aber GM ragte im Styling heraus.[9] Sloan etablierte die erste (und für viele Jahre einzige) eigenständige Gruppe von Konstrukteuren, die nur für das Styling zuständig war. Die »Kunst-und-Farbe«-Abteilung unter Leitung des legendären Harley Earl führte in der Industrie in zweifacher Hinsicht: (1) Die Gruppe war der Ursprung vieler wichtiger Styling-Trends der Nachkriegszeit (z. B. Heckflossen, geformte Karosserieseitenbleche und starke Verwendung von Chrom), und (2) viele der Designer, die später für Ford und Chrysler arbeiteten, begannen und lernten ihr Handwerk in Earls Gruppe.

Obwohl GM beträchtlichen Einfluß auf das Design von Automobilen ausübte, gab es taktische Rivalitäten innerhalb der Segmente und bei der Einführung neuer Modellkategorien.[10] In den 60ern zum Beispiel führte Ford den Fairlane ein, eine etwas kleinere Ausführung des normalen Ford. Diese neue Fahrzeugklasse – die »intermediate« – zog bald Modelle von Chevrolet (Chevelle) und Plymouth (Belvedere) nach sich. Auf Fords Einführung des Mustang 1964, eines kleinen, preisgünstigen, sportlichen zweitürigen Coupés folgten der Chrysler Barracuda, Chevrolets Camaro und Pontiacs Firebird. In beiden Fällen führten taktische Schritte zur Erschließung einer Marktnische zu ähnlichen Produkten der Wettbewerber. Das Resultat war, daß Kunden in jeder Fahrzeugklasse auf relativ ähnliche Produkte stießen.

Ein Kundenstamm, der willens war, ein großes Maß an Gemeinsamkeit zu akzeptieren, die kleine Zahl der Konkurrenten und GMs Marktführung hatten einheitliche Gruppierungen von Konzepten innerhalb der US-Marktsegmente zur Folge, während GMs Produktlinienstrategie zu Gruppierungen innerhalb von Segmenten führte. So bildete sich die Konzeptgruppierungen in Abb. 3.1 nach Produktkategorien (Luxus, Standard, mittelgroß, kompakt, sub-kompakt) innerhalb einer übergelagerten Gruppierung von GM aus. Wettbewerb in den USA ist intensiver als in Europa, aber geringer als in Japan.

Vielfalt der Formen – Gleichheit der Funktion. Eines der zentralen Themen bei Produktentwicklung und Wettbewerb in den USA war das Spannungsverhältnis zwischen Wirtschaftlichkeit durch große Stückzahl und Produktvielfalt. Fertigungsstrategien wurden um die Vorstellung entwickelt, daß niedrige Kosten hohe Stückzahlen gleicher Teile voraussetzen, daß aber Kunden, obwohl sie ein höheres Maß an Standardisierung hinnehmen als ihre europäischen Vettern, eine gewisse Vielfalt und sogar das Eingehen auf spezielle Kundenwünsche forderten. Der geniale Ansatz von GM lag darin, die wirtschaftlichen Vorteile großer Mengen durch Standardisierung von Teilen und Baugruppen zu erreichen und gleichzeitig eine Vielfalt von Formen und Farben anzubieten und spezielle Kundenwünsche durch ein Sonderausstattungsangebot zu befriedigen. GMs Strategie paßte nicht nur für den Markt, sondern auch für das Produktkonzept und die Basistechnik. Bis in die 70er Jahre dominierten in den USA Autos mit getrennten Chassis, die es gestatteten, die Karosserieentwicklung (in der die meisten Stylingänderungen stattfinden) von der des Antriebsstrangs und des Chassis zu trennen, bis auf die Berührungspunkte zwischen beiden. Weil darüber hinaus US-Autos groß waren und es wenige Randbedingungen gab, genossen die Stylisten ein Maß an Freiheit, das nur durch die physikalischen Grenzen der Blechverformung eingeengt war. In Extremfällen (und einige Entwürfe der späten 50er Jahre waren solche) führte das zu einer minimalen Beziehung zwischen Form und Funktion – Karosserieformen, die von Düsenjägern und Schnellbooten inspiriert waren, kombiniert mit einfachen V-8-Motoren, Hinterradantrieb und automatischem Getriebe und Chassis.

Die Amerikaner liebten dieses Produktkonzept – die jährlichen Modellwechsel und die große Auswahlmöglichkeit. Es brachte riesige Stückzahlen und Profite. Als kleine Importeure dieses Konzept herausforderten, lag die Antwort der lokalen Hersteller nicht in hochintegrierten, effizienten kleinen Autos, sondern in verkleinerten großen (z. B. der Dodge Valiant).

Bei niedrigen Benzinpreisen, großräumigen Konstruktionsgrenzen und leistungshungrigen Kunden waren dichtes Verschachteln von Einbauten, fortgeschrittene Technik und raffinierte Leistungen weit weniger bedeutsam als in Europa. Der Erfolg lag in kreativer Karosserieentwicklung, Verwendung von Farben und Chrom und Verfeinerung der Basistechnik. Folglich konzentrierten sich die Stylisten auf aufwendigeres Styling und die Ingenieure auf Steigerung von Leistung und Komfort und profitablere Sonderausstattungen innerhalb einer schmalen Bandbreite der Spezialisierung.

Wettbewerb in Japan

Der Aufstieg der japanischen Autohersteller von kleinen Randfiguren zu Industrieführern war das zentrale Thema in der Wettbewerbsdiskussion der letzten fünfzehn Jahre. Westliche Beobachter sehen die japanischen Hersteller gern als aggressive Exporteure, die ihre Strategien und Organisationen vorsätzlich darauf ausgerichtet haben, erfolgreich auf Exportmärkten zu konkurrieren. Diese Darstellung mag teilweise richtig sein, aber sie übersieht die Tatsache, daß die Hauptwettbewerbsarena der japanischen Hersteller ihr Heimatmarkt ist. Hersteller, die hier nicht überleben, können auch nicht zu bedeutenden Exporteuren werden, und die Wettbewerbsgegebenheiten in Japan sind einmalig. Japan war Schauplatz eines dynamischen, komplexen und intensiven Wettbewerbs, in dem es Fahrzeuge zu entwerfen und entwickeln galt.

Konzeptgruppierungen um Segmente. Das in Abb. 3.1 gezeigte Schema der Konzeptgruppierung für Japan kontrastiert stark zu dem von Europa und USA.

Wegen des Fehlens eines klaren Konzeptführers und starker Firmenidentitäten haben sich Konzepte nach Segmenten gruppiert. Japanische Produktkonzepte bleiben nicht lange stabil, zum Teil, weil die Hersteller sich während der 50er, 60er und sogar noch 70er Jahre auf technologischer Aufholjagd befanden, und zum Teil wegen der Unerfahrenheit japanischer Käufer. Zusätzlich sorgte die große Anzahl von Konkurrenten für stärkeren Wettbewerb innerhalb der eng definierten Segmente. Konkurrenten agierten rasch, um mit dem mit jedem Modell eingeführten neuen Standard in Erscheinungsbild und Leistung gleichzuziehen. Entwurfskontinuität über mehrere Modelle oder auf längere Zeit war weit weniger wichtig, als mit der Konkurrenz mitzuhalten.

Instabilität von Konzepten und Entwürfen. Für lange Zeit nach Beginn der Serienproduktion nach dem 2. Weltkrieg mußten die Japaner Automobiltechnik sowohl auf Fahrzeug- als auch auf Baugruppenebene aus den USA und Europa einführen, weil sie sie selbst nicht besaßen.[11] Deshalb gab es auch keine Kontinuität der Konzepte. Japanische Produkte hatten selten eine starke Firmenidentität, die von Nissan produzierten Autos vermittelten nicht das Gefühl, ein echter »Nissan« zu sein.

Instabilität des Käufergeschmacks. Teils wegen der Instabilität der Konzepte und teils wegen der Unerfahrenheit der Kunden bis in die 70er Jahre hinein war auch der Käufergeschmack unbeständig. Unfähig, eine feste Vorstellung darüber zu entwickeln, was ein gutes Auto ausmacht, wurden Käufer immer von dem jeweils Neuen angezogen (neue Mechanismen, Features, Formen, Leistungsstandards usw.). Die Kundenloyalität war auf den Händler und das Verkaufspersonal bezogen. Der intensive Wettbewerb innerhalb der Segmente, der sich durch diese Instabilität von Konzepten und Geschmack ergab, bewirkte ein spezielles Vorgehen beim Neuwagenverkauf. Abb. 3.2, die die Absatzzahlen ausgesuchter japanischer Modelle in den USA und Japan gegenüberstellt, zeigt größere Schwankungen für einzelne Modelle auf dem japanischen Markt. Japanische Verkäufe springen bei eincm neuen Modell schlagartig nach oben und nehmen dann rasch wieder ab bis zum nächsten neuen Modell. Diese Flüchtigkeit des Absatzes einzelner Modelle ist bemerkenswert, in Anbetracht der Tatsache, daß der Gesamtabsatz viel

Abb. 3.2: Einfluß der Modellerneuerungen auf den Verkauf ausgewählter japanischer Modelle

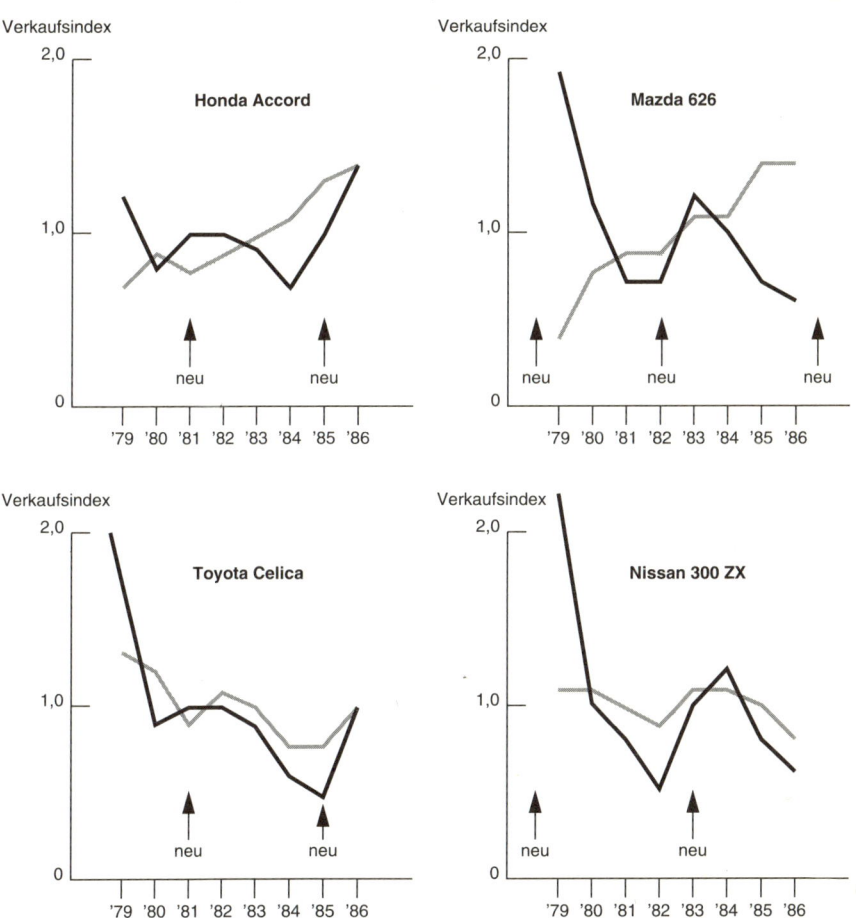

Anmerkung: Verkaufsvolumen wurde nach den Durchschnittsverkäufen von 1979-1987 standardisiert.

—— Verkäufe auf dem japanischen Markt —— Verkäufe auf dem amerikanischen Markt

57

weniger schwankt als in den USA. Neue Produkte sind in diesem Umfeld von kritischer Bedeutung für die Verkaufsleistung.

Intensiver heimischer Wettbewerb. Während der 50er Jahre glich der japanische Automarkt dem eines Entwicklungslandes. Die Einkommen waren niedrig, die Straßen schlecht ausgebaut und die Produkte zweckmäßig. Fahrräder, Motorräder, motorisierte Dreiräder und Nutzfahr-

Tab. 3.3: Vergleich amerikanischer und japanischer Fahrzeughändlersysteme

Charakteristik	Japan	USA
Rechtsbeziehungen	Franchising	Franchising
Anwendungsform	flexible Vertragserfüllung	strenge Vertragserfüllung
Exklusivität	Ein Händler betreibt einen Kanal in einem exklusiven Gebiet	Üblicherweise führen Händler mehrere Marken
Herstellereigenes Händlernetz	vorhanden	nicht vorhanden
Stabilität der Beziehungen	hoch (wenig Wechsel)	niedrig (häufige Händlerwechsel)
Zielsetzungen	längerfristig	kurzfristig
Anzahl der Kanäle im Binnenmarkt	mehrere (Toyota: 5; Nissan: 5; Mazda: 3; Honda: 3)	mehrere (GM: 5; Ford: 3; Chrysler: 3)
Durchschnittliche Händlergröße	groß (ca. 180 Angestellte)*	klein (ca. 30 Angestellte)**
Ausstellungsräume pro Händler	mehrere (durchschnittlich 8 pro Händler)	meist Unternehmen mit nur einem Ausstellungsraum
Hauptverkaufsarten	Tür-zu-Tür-Verkauf (Verkäufer besuchen Kunden)	Ladenverkauf (Kunden kommen zum Händler)
Kunden-Verkäufer-Beziehung	langfristig durch Kundendienst	kurzfristig
Zusätzliche fahrzeugbezogene Händlerleistungen	hoch (Reparatur/Wartung, Teile, Inspektion, Versicherung)	niedrig (einige verfügen über Werkstätten)
Technische Fähigkeiten des Verkäufernetzes	hoch (viele Verkäufer haben Mechanikerqualifikation)	niedrig (Verkaufsspezialisten)
Entlohnung	Gehalt und Kommission	nur Kommission
Serviceleistungen nach Verkauf	breit gefächert mit hoher Dichte	niedriges Niveau
Verkaufspersonal-produktivität	niedrig; wenig Verbesserung zwischen den 70ern und den 80ern	hoch

Quelle: Basiert auf Shimokowa (1981, 1985), Studien des Verfassers u. a.
* 1984   ** 1983

58

zeuge waren gängig, aber die Anzahl von PKWs begann erst in den 60er Jahren rasch anzusteigen. Nach 100 000 im Jahre 1960 wuchs der Absatz 1970 auf 2,4 Millionen und 1986 auf 3,1 Millionen. Als das Marktwachstum in den 70er Jahren nachließ, wuchs der Konkurrenzdruck, zum Teil auch wegen der großen Zahl der Anbieter. 1965 gab es elf Massenproduzenten in Japan. 1990 konkurrierten noch neun Firmen national und auf den Weltmärkten.[12]

Intensiver Wettbewerb wurde begleitet vom Ausbau einer aggressiven Verkaufsorganisation und großen Preisabschlägen. Obwohl das japanische Händlersystem wie das amerikanische Händlerverträge und mehrere Vertriebskanäle besaß, so vollzog sich das eigentliche Verkaufen nach gänzlich anderem Muster. Langfristige, exklusive Bindung zwischen Hersteller und Händler, Haustürverkauf und Diversifikation in After-Sales-Service, hohe Servicequalität und niedrige Verkaufsproduktivität kennzeichnen das japanische Händlersystem (vgl. Tabelle 3.3). Große Rabatte und hohe Rücknahmepreise für Gebrauchtwagen waren

Abb. 3.3: Vergleich der Verkaufszahlen von Corona und Bluebird

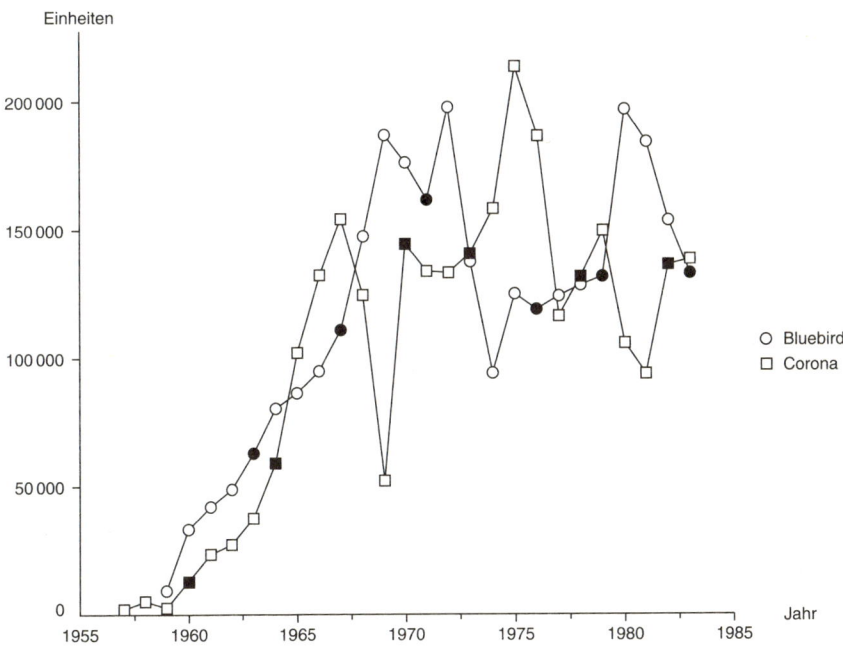

Quelle: Higuchi (1984)
Anmerkung: Die schwarzen Punkte zeigen die Jahre mit Modellerneuerungen an.

üblich, und viele Händler überlebten ihre chronischen Verluste in den 80er Jahren nur durch Rabatte und Verkaufsanreize seitens der Hersteller.[13]

Direkte Produktrivalität. Konkurrenz auf dem japanischen Markt war intensiv sowohl zwischen Produkten wie Herstellern. Eng abgegrenzte Marktsegmente erlauben direkte Vergleiche zwischen ähnlichen Modellen.[14] Die Rivalität zwischen dem Nissan Bluebird und dem Toyota Corona – den Hauptprodukten dieser Anbieter in den 60er bis 80er Jahren – ist ein klassisches Beispiel. Seit ihrer Einführung 1959 bzw. 1960 haben sie miteinander in Produktinhalt und Verkaufszahlen konkurriert.[15] Beide wurden alle vier Jahre wesentlich geändert. Die heimischen Absatzvolumina verliefen sägeblattartig, je nachdem, ob das neue Modell ein Erfolg oder Mißerfolg war (vgl. Abb. 3.3).

Bei einem dynamischen Käufermarkt, intensivem Wettbewerb und direkter Produktrivalität war die Aufgabe für japanische Designer und Entwickler vorgegeben: alte Modelle auf dem laufenden zu halten und neue Modelle da einzuführen, wo man den Gegner empfindlich treffen kann. Die Firmen, die überlebten, taten dies, und zwar schnell. In den 60er und 70er Jahren betrug die durchschnittliche Modellaufzeit weniger als fünf Jahre. Die Anzahl eigenständiger Modelle (nicht Varianten, sondern unabhängige Plattformen, die weniger als 50% Teile mit anderen Modellen gemein hatten) wuchs von unter zehn im Jahre 1960 auf 40 Mitte der 70er Jahre.

Strategische Unterschiede zwischen Massenherstellern und Oberklassenanbietern

Unterschiede in Geographie und nationalen Gegebenheiten waren entscheidend für die Entwicklung der beteiligten Industrie. Auch Unterschiede in der Strategie waren wichtig, besonders in Europa. Europäische Firmen, die sich auf teure Hochleistungs- und Luxusfahrzeuge konzentriert haben, haben es mit einer anderen Klientel und deutlich anderen Marktgegebenheiten zu tun als Firmen, die den Massenmarkt im Visier haben. Auch das Schema des Wettbewerbs war für die sog. Spezialisten des oberen Endes anders als für die »Massenhersteller«. Firmen, die andere Märkte und Konkurrenten haben, besitzen in aller Regel auch andere Produktentwicklungsfähigkeiten und damit Strategien.

Der Unterschied zwischen Spezialisten der Oberklasse und Massenhersteller hat eine lange Geschichte. Industriebeobachter und Führungskräfte der Autoindustrie sind gleichermaßen der Ansicht, daß sämtliche größeren US- und japanischen Firmen Massenhersteller sind (wie GM, Ford und Chrysler in den USA und Toyota, Nissan, Mazda, Mitsubishi, Honda, Isuzu, Daihatsu, Fuji und Suzuki in Japan). In Europa auf der anderen Seite gibt es unter den bedeutenden Herstellern sowohl Massenhersteller (wie VW, Fiat, PSA, GM Europe, Ford of Europe, Renault und Rover Group) als auch »High-end«-Spezialisten (wie Mercedes-Benz, BMW, Audi, Volvo, Porsche, Jaguar und Saab).

Die Tradition der Spezialisten ist so alt wie der europäische Automarkt. Klassische Modelle der Zeit vor 1940 schließen Fahrzeuge von Bugatti und Delage aus Frankreich, Hispano-Suiza aus Spanien, Isotta-Fraschini und Alfa Romeo aus Italien, Daimler-Benz, Horch, Maybach (später BMW) aus Deutschland sowie Rolls Royce, Bentley und Lancaster aus Großbritannien ein. Diese Autos waren nicht nur in äußerer Aufmachung und Innenausstattung aufwendig, sondern auch in der Leistung – eine Philosophie, die bis auf die heutigen Spezialisten überliefert worden ist. Die Leistungsbetonung dieser Hersteller drückt sich in ihrem Rennengagement aus. Spezialisten wie Mercedes, Bugatti und Alfa Romeo hatten in der Vorkriegszeit legendäre Rennerfolge.

Die europäische Autoindustrie wuchs nach dem Kriege schnell. Die Produktion von Motorfahrzeugen erhöhte sich von 1,6 Millionen im Jahr 1950 auf 6,1 Millionen im Jahr 1960 und kam damit fast an die der USA heran (1960 8,3 Millionen). Leistungsfähige Massenhersteller traten mit Fahrzeugen wie dem VW Käfer, Citroën 2CV, Renault 4CV, Fiat 500 und Morris Minor in den Vordergrund.[16] Die europäischen Massenhersteller machten Anleihen beim frühen amerikanischen Konzept und schufen Fahrzeuge, die Basisfortbewegung zu niedrigem Preis boten. Aber die Massenproduktion verdrängte die europäische Tradition von fachmännisch gefertigten Hochleistungsfahrzeugen nicht. Viele Spezialisten überlebten als unabhängige Firmen, klar abgesetzt von den Massenfertigern.

Die Situation in den USA war ganz anders. Die Logik der Massenfertigung dominierte den amerikanischen Markt. Keine der US-Firmen, die auf teure Luxusfahrzeuge spezialisiert waren (wie Cadillac, Lincoln, Duesenberg, Marmon und Packard), überlebte die Nachkriegszeit als unabhängiger Hersteller. Einige verschwanden gänzlich, andere wurden von den Big Three übernommen. Luxusfahrzeuge folgten dem Vorbild von GM. Wenn sie überhaupt weiterlebten, wurden sie in die Produktlinie des Konzerns eingegliedert und teilten wesentliche Aggregate und die Entwicklungsphilosophie mit den Großserienprodukten. Amerikanische »Spitzenmodelle« wurden so als Ergänzung zu den Massenprodukten gemanagt.

Eine ähnliche Politik herrschte in Japan vor. Große Luxuslimousinen wurden als integraler Bestandteil der gesamten Produktfamilie behandelt. Luxus- und Massenfahrzeuge wurden von der gleichen Organisation entwickelt und produziert. Diese Logik drückte sich sogar in der Werbung aus: Viele Jahre lang war der Werbeslogan für Toyotas Spitzenprodukt Crown »und irgendwann ein Crown«. Die Botschaft war: »Beginne klein mit einem Corolla, arbeite dich zu einem Corona hoch, und schaffe eines Tages den Sprung zum Crown.« Während der ganzen Zeit würde der Kunde einen Toyota kaufen.

Konkurrenzverhalten. Das Konkurrenzverhalten der Massenhersteller und der Spezialisten war in der Nachkriegszeit recht unterschiedlich. Tabelle 3.4 faßt die Unterschiede zusammen.[17] Wie daraus hervorgeht, beinhalten die zwei Strategien unterschiedliche Preisgestaltung, Auf-

Tab. 3.4: Übersicht über zwei Wettbewerbsstrategien in der Automobilindustrie

Strategische Typen / Strategische Variablen	Massenhersteller	Oberklassenhersteller
Ursprungsbeginn	USA / Japan / Europa	Europa
Zielpriorität	Marktanteil oder Verkaufsvolumen	Profitspanne, hohe Preise
Hauptpreislage (in US-$ 1987)	niedrig bis mittel (5000 $ – 15 000 $) oft mit Rabatt	hoch (über 25 000 $) selten Rabatt
Lieferzeit	kurze Lieferzeit	lange Lieferzeit
Produktionskapazität	Tendenz zu Überkapazität	Tendenz zu Unterkapazität
Gewinnmarge	weniger stabil	stabiler
Produktdifferenzierung	Differenzierung durch Angleichung des gesamten Fahrzeugkonzepts an Lebensstil, Image und „Feeling" des Kunden

Einholen der Konkurrenten in Kosten und Grundleistungen | Differenzierung durch hohe Leistungen in etablierten, funktionellen Kriterien (z. B. Sicherheit bei Höchstgeschwindigkeit)

Aufrechterhaltung der Stabilität und Konsistenz des Produktkonzepts |

Quelle: Übern. von Fujimoto (1989), Kap. 6

tragsabwicklung, Produktion und Produktdifferenzierung. Die Massenhersteller konkurrieren hauptsächlich in der unteren und mittleren Preiskategorie (5000 bis 15 000 $ Verkaufspreis auf der Basis von 1987) und zielen auf die breite Käufermehrheit ab. Absatzvolumen und Marktanteil waren für ihre Profitabilität wegen der Kombination von niedrigen Preisen und hoher Rentabilitätsschwelle entscheidend.

Zur Minimierung der Kosten von entgangenen Verkäufen bemühen sich die Massenhersteller um kurze Lieferzeiten und Ausweitung der Produktionskapazität, wenn die Verkaufserwartungen die Kapazität übersteigen. Folglich leidet die Branche als Ganzes an zyklischen Gewinnfluktuationen und Überkapazitäten bei Absatzflauten.

Die Oberklassespezialisten dagegen konkurrieren fast ausschließlich in hohen Preiskategorien (oberhalb 20 000 $ auf der Basis von 1987) und zielen auf betuchte Käufer. Weil fast alle ihre Produkte mit hohen festen und variablen Kosten entwickelt und produziert werden, ist es für ihre Gewinnentwicklung wichtig, hohe Preise durchsetzen zu können. Fertigungskapazitäten werden absichtlich unter dem Absatzniveau gehalten, mit daraus resultierenden hohen Auftragsbeständen und langen Lieferzeiten. Diese tragen zur Stabilität von Produktion und Gewinn bei.

Produktdifferenzierung. Der Kontrast zwischen Massenherstellern und Spezialisten manifestiert sich auch in der Art, wie sie Märkte sehen und Produkte differenzieren. Massenhersteller aller drei Regionen haben ähnliche Differenzierungskategorien. Kosten spielten natürlich eine Rolle. Preisunterschiede zwischen Herstellern waren gering. Gewinnspannen (und der daraus resultierende Manövrierspielraum) lagen viel weiter auseinander. Größere, effizientere Organisationen und besseres Materialmanagement waren Gegenstand des Wettbewerbs und Quelle von Vorteilen für Firmen, die einen Vorsprung hatten.

Aber Wettbewerb hat hier nicht aufgehört. Die Hersteller suchten nach Vorsprüngen im Produkt selbst, wobei die Balance zwischen Funktion und Wirtschaftlichkeit hierbei besonders im Blickpunkt stand. Die Firmen suchten je Marktsegment nach eigenen Kombinationen von geringem Verbrauch (besonders in Japan und Europa), Beschleunigung, Geschwindigkeit, Verzögerung, Handhabung und Komfort. Konkurrenzdruck und technische Fortschritte brachten Verbesserungen auf all diesen Gebieten, wodurch Differenzierung zur Frage der Umsetzungsgeschwindigkeit wird. Der Drang zur Verbesserung war dabei durch die Art des Kundenstamms und den Zwang, die Kosten unter Kontrolle zu halten, begrenzt. So war exotische Hardware, die mehr Leistung bot, keine attraktive Option für den Massenmarkt.

Verglichen mit den heutigen Massenprodukten waren Autos der

Nachkriegszeit einfach und spartanisch. Im Rückblick boten sie viele Möglichkeiten für »Sonderausrüstung«. Besonders auf dem amerikanischen und japanischen Markt, aber auch in Europa bemühten sich die Hersteller um ein Mehr an Annehmlichkeit, Komfort und Neuerung. Der Vorteil, den Hersteller durch ein neues »Feature« gewannen, wenn auch nicht für lange, bewirkte einen ständigen Fluß neuer Ideen. Die Liste umfaßte Automatikgetriebe mit Druckknopfsteuerung, Schiebedächer, verstellbare Lenksäulen, elektrische Fensterheber, Zentralverriegelung, klappbare Rücksitze, Drehsitze, Sitzheizung, elektrisch verstellbare Kopfstützen, zweifach zu öffnende Hecktür, Klimaanlage, Unterhaltungssysteme, Getränkehalter, Taschen für Landkarten und Münzenhalter. Einige dieser Ausstattungen erwiesen sich als wertvoll und überlebten, andere taten dies nicht und verschwanden wieder.

Dasselbe galt für die Ästhetik. Das Auto ist zu einem gesellschaftlich relevanten Produkt geworden. Während es benutzt wird, sind das Produkt und der Käufer im Blickfeld der Öffentlichkeit, und das Erscheinungsbild zählt. Seit den 20er Jahren haben Firmen versucht, sich auf der Basis von Styling und Mode zu differenzieren. In der Nachkriegszeit gab es verschiedene Geschmacksrichtungen, aber auf allen Märkten hatte ein Entwurf, der gut aussah und sich gut anfühlte, einen Vorteil. Autokäufer sahen neue Arten und Farben der Lackierung (Zweifarben, Tiefglanz, Metallic, Klarlack), neue Karosserieformen (Fließheck, Econobox, fünftürige Limousinen), neue Formen (Flossen, Spoiler) und neue Materialien (Kunststoff, Velours, Leder).

In einem modeorientierten Markt bot ein neues Design nur einen vorübergehenden Vorteil, aber die Auswirkungen auf die Verkaufszahlen konnten beträchtlich sein. Bei der Beurteilung der relativen Wichtigkeit neuer Ausstattungen in den 60er Jahren sagte Lee Iacocca: »Gib ihnen Leder, das können sie riechen.«

Produktdifferenzierungsstrategien am oberen Ende des Marktes waren ganz anders. Oberklassenhersteller bemühten sich um Produktdifferenzierung durch überlegene Technik in den etablierten Leistungsrubriken. Image und Ästhetik, obwohl auch wichtig, waren stets durch eindeutige Überlegenheit der Hardware untermauert. Die Spezialisten betonen die Abstimmung der Leistungen (z. B. Handhabung, Spurführung, Stabilität, Sicherheit, Federung und Dämpfung und so weiter) unter extremen Bedingungen, aus denen selbst einem normalen Fahrer der technische Vorsprung klar wird.

Spezialisten behalten meist Produktkonzepte über alle Modelle und längere Zeit bei, um ihren technischen Vorsprung zu verteidigen und sich die Loyalität der gegenwärtigen Käufer zu erhalten. Sie definieren ihre

Vorstellungen von herausragender Leistung auf ihre Weise und drängen sie ihren Kunden auf; d. h., sie verkaufen ihre Autos nur an die Kunden, die sich mit ihrer Definition von hoher Produktqualität identifizieren. Stabilität von Produktkonzepten seitens des Herstellers bedeutet Stabilität in den Erwartungen der Kunden.

Massenhersteller und Spezialisten haben, weil sie sich verschiedenen Marktsegmenten zuwenden, unterschiedliche Muster des Konkurrenzverhaltens entwickelt. Aber spätere Veränderungen von Märkten, Technologie und Wettbewerb, die zunächst in den 80er Jahren spürbar wurden, haben begonnen, die Grenzen zwischen diesen beiden strategischen Gruppen zu verwischen. Mit Beginn der 90er Jahre beginnt eine neue Ära des automobilen Wettbewerbs, bedingt durch Veränderungen des Umfeldes, die den Charakter der regionalen Märkte prägen.

Globaler Wettbewerb

Als Folge von intensivem Wettbewerb, Marktfragmentierung und technologischen Veränderungen wird regionaler Wettbewerb mit marginalem internationalen Handel von direkter Produktkonkurrenz auf weltweiter Basis verdrängt. Der Handel hat sich wesentlich ausgeweitet, und wirklich globale Marktsegmente sind entstanden, in denen grundsätzliche Produkteigenschaften und -konzepte sich angeglichen und damit die Basis für starke Produktkonkurrenz gelegt haben. Die einzelnen Regionen und strategischen Gruppen sind davon unterschiedlich betroffen, aber keine ist unverändert geblieben.

Globaler Wettbewerb und regionale Märkte

Die dramatischste Veränderung des US-Marktumfeldes wurde durch die zwei Ölschocks der 70er Jahre ausgelöst. In Europa und Japan war Benzin immer schon teuer. Dort aber verstärkten die Ölschocks die Auswirkungen anderer, längerfristiger, aber nicht weniger starker Kräfte. In Europa z. B. haben die Integration des gemeinsamen europäischen Marktes und die Zunahme der japanischen Importe die Wettbewerbslandschaft verändert.

Die Produkte der europäischen Massenhersteller, die es darauf anlegten, mit den Japanern zu konkurrieren, wurden in wachsendem Maße direkt mit anderen europäischen und japanischen Produkten verglichen.

Tab. 3.5: Vergleich von Kompaktmodellen im europäischen Markt

Hersteller	Modell / Version	Preis (Schweizer) Franken)	Motor- leistung (PS)	Hub- raum (ccm)	Leistungs- gewicht (kg/PS)	Beschleu- nigung (0–100 km/h in s)	Spitzen- geschwin- digkeit (km/h)	Verbrauch (Drittelmix)
Opel	Ascona GT 2.0 i	21.225	115	1997	8,9	10,0	187	6,1/7,4/10,2
Ford Europa	Sierra GL	21.992	101	1993	9,2	10,6	190	6,5/8,4/10,8
VW	Passat GL 2.2	23.690	115	2225	10,5	9,4	185	6,1/7,8/10,9
Renault	21 RX	21.990	110	2165	9,1	9,7	200	5,8/7,1/10,0
Peugeot	305 GTX	20.580	100	1905	10,8	9,3	182	5,8/7,6/9,2
Citroën	BX 19 TRI	21.850	104	1905	9,5	10,0	185	6,1/7,6/9,5
Fiat	Croma ie	24.950	115	1994	9,3	9,9	192	6,0/7,6/9,2
Toyota	Camry 2.0 GLi	24.490	120*	1995	9,2	9,4	190	6,4/8,8/9,8
Nissan	Bluebird 2.0/ESGX	23.950	104	1974	10,6	n. a.	175	n. a.
Mazda	626 2.0 GLX	21.990	92	1998	9,2	n. a.	183	6,4/8,1/9,8
Honda	Accord Sedan EX 2.0	24.690	102	1954	8,6	n. a.	189	6,1/7,8/9,3
Mitsubishi	Galant 2000 GLS	21.690	90	1997	10,6	n. a.	180	7,7/8,7/12,5

Quelle: Katalog 1987 der Automobil Revue, Hallwag, Switzerland.
*Nettostärke, entsprechend dem japanischen Industriestandard gemessen.

Außer in Frankreich, Italien und Spanien nahm der japanische Importan-
teil in den 70er und 80er Jahren stark zu.[18] Als japanische Produkte sich
den europäischen in puncto Konzept und »Sophistication« annäherten,
wuchs die internationale Rivalität. Tabelle 3.5, die Kompaktmodelle
zeigt, die auf dem Schweizer Markt von europäischen und japanischen
Herstellern angeboten werden, verdeutlicht, wie vergleichbar Leistungsdaten und Preise von Produkten geworden sind.

Mit wachsender internationaler und weniger hersteller- oder landes-
spezifischer Produktsegmentierung schwächte sich die Stabilität des europäischen Hersteller-Kunden-Verhältnisses ab. Angesichts weniger
loyaler Kunden müssen europäische Hersteller jetzt der Konkurrenz
vergleichbare Preise und Leistungen bieten und Produktkonzepte dem
Kundengeschmack anpassen. Das Konkurrenzverhalten der europäischen Massenhersteller, die sich ihre traditionellen Stärken bei Produkt-
identität und Leistung erhalten wollen, wird sich angleichen, um in das
Muster von globalen Massenherstellern zu passen.[19]

Konvergenz war ein wichtiges Thema auf dem amerikanischen Markt, wo die Veränderungen dramatischer waren. Die Ölschocks der 70er Jahre veranlaßten amerikanische Hersteller, sich auf Verbrauchssenkungen zu konzentrieren, anfangs durch Modellverkleinerungen (downsizing) und später durch neue Technik (wie neue Werkstoffe, Elektronik, Vorderradantrieb). Diese Konstruktionsänderungen – die das traditionelle amerikanische Produkt in fast allen Dimensionen transformierten – gingen mit einer neuen Käufergenerationn und anhaltendem Konkurrenzdruck seitens europäischer und japanischer Firmen auf beide Enden des Marktes einher. So bestanden die neuen Wettbewerbsbedingungen fort, selbst nachdem der unmittelbare Auslöser dieser Veränderungen, der Ölpreis, in den Hintergrund trat.

Die Verlagerung zu verbrauchsgünstigen Produkten bewirkte eine weitere Verschiebung des Brennpunktes der Produktkonkurrenz. Der internationale Unterschied im Verbrauch verringerte sich rapide, als amerikanische Autos kleiner wurden, aber dafür treten andere Unterschiede der Produkte mehr zutage. Amerikanische Produkte der frühen 80er Jahre, die mit europäischen und japanischen Produkten konkurrieren sollten, waren verkleinerte Ausführungen des amerikanischen Grundkonzeptes (wie X-body von GM und K-body von Chrysler). Als es klar wurde, daß die Kunden, besonders die »baby boomers«, die europäischen, in den kleinen Klassen seit langem dominierenden Konzepte bevorzugten, begannen sie auf europäischere Konzepte umzuschalten. »Bis 1982«, erklärte GM-Präsident Robert Stempel, nahm GM an, daß eine weitere Verkleinerung der Produkte aus Konkurrenzgründen notwendig sein würde. Jedoch hat sich das Marktumfeld dramatischer verändert, als wir erwartet hatten. Der Blick verlagerte sich vom Wettbewerb bei Verbrauch und Abmessungen zu einem Wettkampf zwischen Produktkonzepten.[20] Genau wie Kosten, Fertigungsqualität und Grundfunktionen wurde geringerer Verbrauch zu einer Voraussetzung für die Teilnahme am Spiel. Der Wettbewerb konzentrierte sich jetzt auf das Produkt an sich.

Die Wettbewerbsverschiebungen in Europa und Amerika hatten wenigstens eines gemeinsam: japanische Importe. Die treibenden Kräfte der Weltmärkte während der letzten 20 Jahre schufen Marktchancen, für deren Erschließung die auf dem japanischen Markt erprobten Spieler besonders gut vorbereitet schienen. Dort war die Konkurrenz hart, die Kunden waren wählerisch und anspruchsvoll, die Benzinpreise höher als in den USA, und die Produktkonzepte beinhalteten europäische und amerikanische Dimensionen. Darüber hinaus war der Markt (wenigstens bis in die 60er Jahre) gut geschützt. Die Produkte waren noch nicht soweit, um mit den besten der Welt direkt konkurrieren zu können, und die treibenden Kräfte in Europa und den USA wirkten auch in Japan. Erfolg zu Hause und außerhalb erforderte neue Fähigkeiten.

Die Ölkrisen, Gesetzgebungen und eine mächtige Verbraucherbewegung zwangen japanische Hersteller in den 70er Jahren, Verbrauch[21], Abgaswerte und Sicherheit fast gleichzeitig zu verbessern. Japanische Autos brauchten nicht wesentlich verkleinert zu werden, aber die Herausforderung war trotzdem beträchtlich. Grundtechnologie war in Japan zwar ausreichend, aber im wesentlichen nachgebaut, und die Industrie war noch jung und ohne große technologische Mittel. Diese ungünstige Situation löste eine Phase raschen technologischen Fortschritts aus, besonders bei kleinen Motoren, aber als bei japanischen Firmen schließlich Abgas- und Verbrauchsziele erreicht waren, hatten andere Aspekte wie Leistung und Laufruhe gelitten. Erst Anfang der 80er Jahre hatten die Japaner das Gleichgewicht zwischen Abgaskontrolle, Verbrauch und Leistung wiedergefunden.

Wenngleich japanische Firmen den internationalen Wettbewerb in Amerika und Europa vom Zaune brachen, erreichte der globale Wettbewerb die japanischen Märkte erst Ende der 80er Jahre. Obwohl Importzölle 1978 abgeschafft wurden, verhinderten strenge Abgasvorschriften und behördliche Sicherheitsinspektionen, ein Steuersystem, das größere Wagen benachteiligte, ein komplexes Distributionssystem, scharfe heimische Konkurrenz und wenig effektives Marketing ein Anwachsen der Importe bis Mitte der 80er Jahre. Importe, die bis Anfang der 80er Jahre bei 50 000 Einheiten/Jahr stagnierten (1–2 Prozent des Inlandabsatzes), verdoppelten sich auf 100 000 Einheiten zwischen 1985 und 1987. 1989 stiegen Importe auf fast 200 000 Einheiten, und einige Beobachter sahen schon 10 Prozent Marktanteil für Importe bis Mitte der 90er Jahre voraus. Viele der importierten Produkte, besonders die deutschen Modelle, entwickelten ein starkes Image auf dem japanischen Markt (BMW- und Mercedes-Autos wurden in Fernsehprogrammen und bei statusträchtigen Anlässen gezeigt). Obwohl über 95 Prozent der 1987er Importe aus Europa stammten (ca. 75% aus Deutschland), gab es Anzeichen, daß Importe amerikanischer Hersteller eine Nische in Japan finden würden (Ford Taurus und Probe und das im Werk Ohio gebaute Honda Accord Coupé kamen 1988 auf den japanischen Markt).

Globaler Wettbewerb und die strategischen Gruppen

Auf die Veränderungen von Märkten, Herstellern und Technologie, die die Autoindustrie von regionalem zu globalem Wettbewerb umgeformt haben, haben die Massenhersteller völlig anders reagiert als die Oberklassenhersteller. Europäische Spezialisten haben eine extreme Version der europäischen Strategie verfolgt: starke Firmenidentität, hervorragende Ingenieurleistung, überlegene Technik und loyaler Kundenstamm. Ohne echte japanische oder amerikanische Konkurrenten fand der Wettbewerb unter den europäischen Herstellern statt, die internationalen Absatz bei hochleistungsorientierten Kunden suchten.

Für die Massenhersteller waren die Veränderungen gewaltig. Technologie hat den wirtschaftlichen Vorteil großer Serien reduziert; Gewinnerwartungen hängen jetzt viel mehr von schlanken Prozessen hoher Qualität ab als von Größe, und die Marktzersplitterung hat die Volumina für einzelne Modelle wesentlich reduziert. Flexibilität – im Produktmix, in Reaktion auf Konkurrenten und in finanzieller Stärke – ist zum Leitbegriff unter den Massenherstellern geworden. Die cleveren Massenhersteller belasten eher ihr vorhandenes System bis zur Grenze, als daß sie Kapazitäten ausweiten würden. Kosten bleiben lebenswichtig, aber ihre Struktur hat sich geändert. Es ist viel wichtiger, die indirekten Kosten (wie Materiallogistik und Verwaltungsaufwand) und die Produkt- und Prozeßkomplexität, die sie verursachen, zu managen. Schließlich ist Zeit ein wesentlicher Faktor. Schnell mit neuen Produkten auf den Markt zu kommen ist eine Grundkomponente im Wettbewerb geworden.

Auch das Produkt der Massenhersteller hat sich geändert. Mitte bis Ende der 80er Jahre sahen sie sich Kunden gegenüber, deren Anforderungen immer unvorhersehbarer, undeutlicher und ganzheitlicher wurden. Sie reichten über reinen Transportbedarf hinaus zu gesellschaftlicher Symbolik, Selbstverwirklichung und Unterhaltung. Weil die Konkurrenten schnell mit Preisen und technischer Leistung gleichziehen konnten, wurde es immer schwieriger, einen langfristigen Vorsprung durch technische Grunddaten (wie Verbrauch, Beschleunigung) und Kosten zu erhalten. Die Massenhersteller reagierten mit dem Versuch, ihre Produkte durch »totale Fahrzeugkonzepte« zu differenzieren, die als Ganzes eine Antwort auf Lebensstil, Empfindsamkeiten, Benutzungsart, Ästhetik und Philosophie des Kunden darstellen. Grundleistungen und Kosten mußten vergleichbar sein, aber Überlegenheit in diesen traditionellen Dimensionen bedeutete noch keinen garantierten Markterfolg. Der damalige Präsident von Mazda, Ken-ichi Yamamoto, erklärte das so: In der Vergangenheit konnten wir unsere Produktentwicklungsziele durch konkrete Zahlenwerte wie Gewicht, Kosten und Motorleistung quantifizieren. Heutige Kunden lassen sich jedoch nicht mehr durch Zahlen zufriedenstellen. Sie sprechen über bestimmte Unterschiede, die sie beim Fahren spüren, selbst wenn sie sie nicht genau beschreiben können. Sie sagen, daß dieser Wagen anders ist, selbst wenn seine Brems- und Beschleunigungswerte gleich denen anderer Wagen sind. Das nennen wir »Feeling« oder »Sensibilität«.

Fumio Agetsume, der frühere Produktmanager des Corolla und anderer Toyota-Modelle, beobachtete folgendes:

Junge Menschen suchen nicht mehr Wohlstand durch Besitz. Sie wollen eine neue Art des Wohlstandes durch Dramatisierung ihres Lebens. D. h., daß junge Käufer ihre Marken nicht auf der Basis von Preis, Qualitäten und Funktionen auswählen. Um für sie attraktiv zu sein, muß eine Marke gewisse »weiche« Werte, wie »Stadtgefühl« oder »High-Tech-Gefühl«, hinzufügen.[23]

Der Präsident von Chrysler, Robert Lutz, meint: Deshalb müssen wir das komplette Fahrzeug sehen, statt nur dessen Komponenten. Nur so läßt sich erreichen, daß das Fahrzeug mehr darstellt als die Summe seiner Einzelteile. Manchmal, besonders bei japanischen Herstellern, ist diese Summe der Teile größer als das Ganze. Jeder Aspekt ist ein klein wenig edel, aber wenn alles zusammen ist, empfindet man das Fahrzeug nicht als so gut, wie es sein sollte.[24]

Es gibt Anzeichen dafür, daß die traditionellen Unterschiede zwischen den Massenherstellern und den Spezialisten in Zukunft weniger ausgeprägt sein werden. Der Erfolg der Spezialisten hat die Aufmerksamkeit der Massenhersteller auf der Suche nach profitablen Marktnischen auf sich gelenkt. Rapide Verbesserungen von Produktdesign und -leistungen der Massenhersteller haben die Leistungslücke verkleinert. Wegen Exportstückquoten und des Einstiegs neuer Industrienationen in die unteren Preissegmente begannen japanische Hersteller Ende der 80er Jahre z. B. mit der Entwicklung von teuren Produkten des oberen Marktsegmentes, Toyota Lexus, Nissan Infiniti und Honda NSX. Diese Entwürfe könnten eines Tages zu ernsthafter Konkurrenz für europäische Spitzenanbieter wie Mercedes, BMW, Porsche und sogar Ferrari werden.

Aber die Oberklassespezialisten bleiben nicht stehen. Sie tätigen große Investitionen in neue Produkte, um ihren Vorsprung gegenüber den Neulingen im Spitzenproduktmarkt zu erhalten. Viele dieser zukünftigen Modelle, die wesentliche Sprünge in Technologie und Leistung verkörpern, könnten wenigstens in der Anfangsphase nach einer neuen Produkteinführung die Massenhersteller in den Schatten stellen.

Auf lange Sicht werden die Leistungskriterien dennoch konvergieren (zum Teil wegen der Grenzen der Verbesserungen von Höchstleistungen; werden Autos mit 300 km/h auf der Autobahn fahren?). Die scharfe Produktdifferenzierung auf der Basis von Firmenidentität und Produktimage wird anhalten, aber wenn sie nicht durch eindeutig überlegene Leistung untermauert ist, läßt sich damit auf Dauer nicht viel anfangen.

Wenn sich aber die Strategien der Oberklassespezialisten und der Massenhersteller immer mehr angleichen, müssen sich die Wettbewerbsauflagen an beide Gruppen wesentlich ändern. Die Spezialisten werden die Entwicklungszeiten verkürzen und die Entwicklungsproduktivität steigern müssen, um schneller und wirksamer auf den Angriff konkurrierender Produkte antworten zu können. Massenhersteller hingegen werden eine größere Konsistenz von Konstruktionen und Leistungen über die Modellpalette hinweg erreichen müssen und bei der Entwicklung auf technische Verfeinerung und rigorose Produkterprobung stärkeres Gewicht legen.

Schlußfolgerung

Die 80er Jahre waren Jahre des Wandels für die Weltautoindustrie. Viele Faktoren einschließlich der Veränderung von Energiepreisen und Handelsstrukturen, des wachsenden Einflusses der »Baby-boomer-Generation«, der Verkleinerung amerikanischer und der »Hochrüstung« japanischer Autos, der Europäisierung der Produktkonzepte weltweit und der wachsenden Verfeinerung der Kundenbedürfnisse haben der Globalisierung vieler Marktsegmente Vorschub geleistet. Der Wettbewerb ist nicht nur intensiver, er ist auch direkter geworden. Internationale Produktrivalität gehört in jedem Segment zum Wettbewerbsalltag. Käufer der späteren 80er Jahre schienen bereit, den VW Golf, Toyota Corolla und Ford Escort in der Subkompaktklasse zu vergleichen; Honda Accord, Chevrolet Corsica und Renault 21 in der Kompaktklasse; Audi 100, Ford Taurus und Nissan Maxima in der Mittelklasse; und Lincoln Continental, Toyota Lexus und Mercedes S-Klasse in der Luxusklasse.

Angesichts dieser Veränderungen von Märkten und Wettbewerb wurden Firmen unterschiedlicher Ursprünge und Leistungsfähigkeit gezwungen, direkt miteinander zu konkurrieren. Indem effektive neue Produkte in einigen Fällen zur Überlebensfrage und auf jeden Fall ein Konkurrenzkriterium geworden sind, wurde die Produktentwicklung angekurbelt und intensiviert.

Eine Periode wie die 80er Jahre bietet einen nützlichen Einblick in das Management der Produktentwicklung. Wenn Geschichte von Belang ist und man Entwicklungsfähigkeiten nicht über Nacht umgestalten kann, dann sollten Firmen aus unterschiedlichen Regionen, die unterschiedliche Strategien verfolgen, in einem neuen Anforderungsspektrum sehr unterschiedlich abschneiden. Es sollte nicht überraschen, daß z. B. japanische Firmen relativ schnell lernten, neue Produkte relativ schnell zu entwickeln. Angesichts ihres Heimatmarktes war kurze Entwicklungszeit ein Muß. Mit vergleichbaren Daten von Firmen aus anderen Regionen können wir die Analyse vertiefen. Wir fangen an zu verstehen, welcher Teil der beobachteten Leistung auf Fähigkeiten beruht, die Firmen einer Region besitzen, und welcher Teil der Leistung die Fähigkeiten eines einzelnen Unternehmens widerspiegelt. Was vielleicht noch wichtiger ist: wir können beginnen, die Natur der Praktiken zu verstehen, die zu schnellerer, effizienterer und effektiverer Produktentwicklung führt. Um dieses Verständnis zu erreichen, müssen wir zunächst Firmen in Aktion sehen und ihre Leistung messen.

Anmerkungen

1 Zur weiteren Diskussion dieser Kräfte und für Datennachweise siehe Abernathy, Clark und Kantrow (1983).
2 Ibid., S. 147–149.
3 Sobel (1984, S. 36) charakterisierte das traditionelle amerikanische Auto als »atomistisch«, im Gegensatz zu »holistisch«.
4 Deutschland und Frankreich produzierten um die Jahrhundertwende mehr als die Hälfte aller Automobile; siehe Laux (1976) und World Motor Vehicle Data.
5 Altshuler u. a. (1984, S. 195).
6 BMW-Geschichte, z. B. Morozumi (1983).
7 Daimler-Benz-Museum, Daimler-Benz AG, 1987.
8 Diese Geschichte wurde häufig erzählt. Sloan (1963) stellt die GM-Perspektive dar; über Entwicklungen bei Ford siehe Nevius und Hill (1957).
9 Autodesign in Amerika, mit besonderer Berücksichtigung des bei GM entwickelten Systems, wird bei Armi (1988) diskutiert.
10 Die Rivalität in dieser Zeit wurde bei White (1971) dargestellt.
11 Die Geschichte des Technologietransfers zu japanischen Autoherstellern findet sich bei Cusumano (1985).
12 Das Außenwirtschaftsministerium (MITI) hatte eine langfristige Vision, die Anzahl der Hersteller drastisch zu reduzieren. 1961 kündigte eines der beratenden Komitees des MITI an, daß man die Autoindustrie »rationalisieren« wolle, indem man die Zahl der Hersteller auf zwei Massenhersteller, drei Spezialfahrzeughersteller und drei Kleinstwagenhersteller begrenzen wolle. Die Idee war, die Produktkonkurrenz innerhalb der Segmente zu begrenzen und so eine ausgewogene Wirtschaft zu erhalten, so daß die japanischen Hersteller im internationalen Wettbewerb bestehen konnten. (Bis in die frühen 70er Jahre war die japanische Autoindustrie gegen ausländische Konkurrenz in bezug auf Import und Kapitalinvestitionen geschützt, und später spielten Importe nur eine unbedeutende Rolle, da sie sich 1985 auf nur 1,7 % beliefen. Quelle: Nissan Motor

Company, Automobile Industry Handbook.) Die Vision des MITI wurde von der Industrie quasi ignoriert. Siehe z. B. Oshima und Yamaoka (1987, japanisch).

13 In den frühen 80er Jahren wurden Rabatte und Nachlässe hauptsächlich mit Profiten aus US-Aktivitäten und kombinierten Produktivitätsvorteilen finanziert, die Produktivitätsvorteile mit dem ungewöhnlich niedrigen Stand des Yen und freiwilligen Exportbeschränkungen auf japanische Exporte verbanden; dies um die Preise für Neuwagen in den USA hochzutreiben. (Industriebeobachter schätzen, daß mehr als die Hälfte der Profite in der japanischen Autoindustrie durch US-Exporte in den frühen 80er Jahren geschaffen wurde und daß sich die Gesamtsumme der Nachlässe und Anreize der Hersteller an die Händler auf 300 Billionen Yen jährlich belief. Trotzdem erzielte die Hälfte der Händler keine Profite. Siehe z. B. Shimokawa [1985]. Dieses Muster des »exzessiven Wettbewerbs« auf dem japanischen Markt setzte sich bis in die späten 80er Jahre fort, als eine schnelle Änderung der Wechselkurse einen Großteil der Profite aus US-Verkäufen zunichte machte und die japanischen Hersteller dazu zwang, sich mehr auf Profite aus heimischen Verkäufen zu verlassen.

14 Eine allgemein übliche Klassifizierung Mitte der 80er Jahre beinhaltete die folgenden Klassen: Subkompakt I (Nissan March), Subkompakt II (Toyota Tercel), Subkompakt III (Toyota Corolla), Kompakt I (Nissan Stanza), Kompakt II (Toyota Corona), Kompakt III (Toyota Cressida) und Mittelklasse (Nissan Cedric).

15 Weitere Details des Wettbewerbs zwischen Bluebird und Corona (»der B-C-Krieg«) finden sich bei Ikari (1985).

16 Das Grunddesign einiger dieser Modelle geht auf die Vorkriegsära zurück.

17 Konzept der strategischen Gruppen, siehe Porter (1980). Die Musterorganisationen in der vorliegenden Studie decken die Mehrzahl der hier aufgelisteten Unternehmen ab. Aus Gründen des Datenschutzes werden die einzelnen Firmen nicht namentlich genannt. Zur weiteren Analyse der zwei Strategien aufgrund empirischer Daten siehe Fujimoto (1989, Kapitel 6).

18 Die Marktanteile japanischer Personenwagen waren 1986 wie folgt: Großbritannien 11 %, Westdeutschland 15 %, Frankreich 3 %, Italien 0,5 %, Niederlande 24 %, Belgien 21 %, Luxemburg 14 %, Dänemark 36 %, Irland 44 %, Griechenland 28 %, Spanien 0,6 %, Portugal 10 %, Schweden 21 %, Finnland 40 %, Norwegen 35 %, Schweiz 27 %, Österreich 28 %. Quelle: Nissan Motor Company, Automobile Industry Handbook, 1987.

19 Weitere Details zum europäischen Modell der Produktentwicklung finden sich bei Clark und Fujimoto (1988a).

20 Aus einem Interview mit Professor Koichi Shimokawa, Hosei University. Nikkan Jidostra Shimbun (Daily Automotive News).

21 Die japanischen Emissionskontrollbestimmungen, die hauptsächlich zwischen 1975–1978 erlassen wurden, sind genauso streng wie die kalifornischen und gehören zu den strengsten in der Welt.

22 »Yamamoto Ken-ichi Matsuda Shacho Kansei Keiei wo Kataru«, Nikkan »Jidostra Shimbun« (»Ken-ichi Yamamoto, Präsident von Mazda, spricht über Management durch Verständnis«, Daily Automotive News, 13. Oktober 1987). (Yamamotos Titel entspricht dem Interviewdatum.)

23 Toyota Management (Oktober 1985, japanisch).

24 Motor Trend (Januar 1989), S. 62.

Kapitel 4

Die Parameter der Leistung: Entwicklungszeit, Qualität und Produktivität

Neue Produkte zu schaffen war ein zentrales Thema im Wettbewerb seit Beginn der Autoindustrie. Neue Autos haben stets die Aufmerksamkeit auf sich gezogen. Straßenrennen der neuen Modelle machten Anfang des Jahrhunderts Schlagzeilen. Fords Einführung des A-Modells im Oktober 1927 brachte 100 000 Menschen in die Detroiter Ausstellungsräume und verursachte Massenaufläufe in Cleveland und Kansas City. Alfred Sloans jährlicher Modellwechsel bei GM zog Nutzen aus der Faszination neuer Produkte. Sloan machte die Einführung der neuen Modelle ebenso zu einem Teil des Herbstes wie die Laubfärbung oder das Oktoberfest. In den 80er Jahren drängten Scharen neuer Produkte von bisher unerreichter Leistung und Zuverlässigkeit in beispiellosem Tempo auf den Markt.

Konkurrenz, neue Technologie und eine neue Käufergeneration haben für die Automobilhersteller der ganzen Welt ein turbulentes Umfeld geschaffen. In diesem Umfeld hat die Firma einen Vorteil, die eine größere Vielfalt neuer Produkte mit höherer Leistung und größerer Attraktivität bieten kann. Amerikanische, japanische und europäische Firmen bringen unterschiedliche Fähigkeiten auf den Markt und benutzen unterschiedliche Methoden, aber sie alle sind um einen Vorsprung bei der Produktentwicklung bemüht. Was aber stellt die herausragende Entwicklungsleistung in der Autoindustrie Anfang der 90er Jahre dar? Wie gut waren die einzelnen Firmen? Und welche Leistungsunterschiede klaffen zwischen ihnen?

Dies sind schwer zu beantwortende Fragen. Es gibt viele Firmen, die Produkte sind komplex und verschieden, und Behauptungen und Gegenbehauptungen über Leistungen sind breit gestreut. Einige Projekte zu studieren oder einfach Leute aus der Industrie zu befragen reicht nicht aus. Vielmehr bedarf es harter, umfangreicher Daten über spezielle Produktentwicklungsprojekte der größeren Automobilhersteller in Europa, den USA und Japan. Wir haben solche Daten von 29 Projekten in

20 Firmen gesammelt. Diese reiche Informationsbasis über Entwicklungszeiten, Produktivität und Entwicklungsqualität hat einige frappierende Erkenntnisse vermittelt. Wir fanden z. B. beträchtliche Unterschiede bei Entwicklungszeiten und -produktivität zwischen japanischen Firmen und ihren westlichen Konkurrenten. Die durchschnittliche japanische Firma war fast doppelt so produktiv und kann ein vergleichbares Produkt ein Jahr schneller entwickeln als die durchschnittliche amerikanische Firma. Aber die Geschichte ist nicht einfach die eines einseitigen japanischen Vorsprungs. Bei der Gesamtproduktqualität haben einige europäische Firmen einen Vorsprung, und manche japanische Firmen sind nicht sonderlich gut. Wieder andere japanische Firmen sind hervorragend in allen drei Dimensionen.

In diesem Kapitel fassen wir die Basisdaten von Projektmerkmalen und Leistungen zusammen. Spätere Kapitel untersuchen die treibenden Kräfte hinter den beobachteten Mustern. Was bei von uns angestellten Vergleichen auffällt, sind historisch bedingte Unterschiede der Regionen und besonders herausragende Einzelleistungen von Firmen. Diese Leistungsdaten liefern nicht nur Antworten auf die oben gestellten Fragen, sondern zeigen auch auf, wo die Quellen herausragender Entwicklungsleistung liegen.

Qualität, Zeitverbrauch und Produktivität bei der Durchführung der Produktentwicklung

Wenn ein Autohersteller sich anschickt, ein neues Produkt zu entwickeln, dann mit dem Vorsatz, eine Gruppe von Zielkunden anzuziehen und zufriedenzustellen, und das mit Gewinn. Weil das Produkt eine lange Lebensdauer hat und die Firma viele Produkte entwickeln und vermarkten wird, muß sich Zufriedenheit über lange Zeit hin erhalten. Obwohl die Wettbewerbsfähigkeit einer Firma von Faktoren wie Werbung, Qualität des Händlernetzes und Lieferzeit abhängt, ist doch die Fähigkeit, Kunden anzuziehen und zufriedenzustellen, wesentlich.

Drei Ergebnisse des Entwicklungsprozesses beeinflussen die Fähigkeit eines Produkts, Kunden anzuziehen und zufriedenzustellen. Das erste ist die totale Produktqualität (TPQ), d. h. das Maß, in dem das Produkt Kundenforderungen erfüllt. In unserer Verwendung des Begriffs ergibt sich die TPQ aus objektiven Attributen wie Beschleunigung und Verbrauch und subjektiven Bewertungen der Ästhetik, des Stylings und der gesamten Fahreindrücke. Produktentwicklung beeinflußt die

TPQ auf zwei Ebenen: der Konstruktionsebene, die wir die Konstruktionsqualität nennen, und der Fähigkeit, diese Konstruktion herzustellen, die wir die Konformitätsqualität nennen.[1] Die zweite kritische Leistungsdimension, der Zeitverbrauch, ist ein Maß dafür, wie schnell ein Unternehmen ein Konzept auf den Markt bringen kann. Wenn ein Projekt mit dem Start der Konzeptentwicklung beginnt, so ist die Gesamtvorlaufzeit die Kalenderzeit, die benötigt wird, um ein Produkt zu definieren, zu konstruieren und auf dem Markt einzuführen. Die Entwicklungszeit (EZ) beeinflußt sowohl die Durchführung der Konstruktion als auch deren Marktakzeptanz. Weil Planung und Konzeptfindung am Anfang des Projekts stattfinden müssen und weil die Qualität dieser Aktivitäten stark davon abhängt, wie gut das Projekt zukünftige Kundenwünsche und konkurrierende Produkte vorhersagt, beeinflußt die EZ die Produktattraktivität durch die Genauigkeit der Vorhersage. Wenn z. B. die EZ sechs Jahre für ein Produkt mit einer Lebenszeit von sechs Jahren beträgt, dann müssen Produktplaner sechs bis zwölf Jahre vorhersagen. Bei einer EZ und Serienlaufzeit von je vier Jahren muß die Vorhersage bis acht Jahre betragen. Eine zwei Jahre längere Entwicklungszeit kann die Vorhersageunsicherheit sehr vergrößern.[2]

Das Gegenteil von Marktakzeptanz ist Marktobsoleszenz. Weil sie die untere Grenze der Modellwechselintervalle bestimmt, kann die Entwicklungszeit die Modellfrische eines Unternehmens in Situationen bestimmen, in denen sich die Bedürfnisse ändern und Rivalen gezielt mit neuen Produkten daraus Nutzen schöpfen. In Zeiten turbulenten Wettbewerbs hat eine Firma mit einem Modellwechselzyklus von vier Jahren einen deutlichen Vorteil vor einer Firma mit einem Sechsjahreszyklus. Schneller ist aber nicht in jedem Falle besser. Eine extrem kurze EZ kann durch unausgereifte Konstruktionen das Produktverhalten beeinträchtigen. Wenn die in einem Produkt eingesetzten Technologien so anspruchsvoll sind, daß zwei zusätzliche Jahre das Maß der Güte deutlich verbessern und die Kunden sensibel genug sind, diesen Unterschied zu erkennen, dann kann die längere EZ direkt in höhere Wettbewerbsfähigkeit übersetzt werden. Deshalb hängt die optimale Entwicklungszeit von Technologie und Marktbedingungen ab.

Die dritte Dimension der Entwicklungsleistung ist die Produktivität, das benötigte Ressourcenniveau, um ein Projekt vom Konzept zum marktfähigen Produkt zu bringen. Das schließt ein: Arbeitsstunden, Material für Prototypbau und von der Firma benutzte Einrichtungen und Services. Produktivität hat einen direkten, wenn auch kleinen Einfluß auf die Herstellkosten, aber sie beeinflußt auch die Anzahl von Projekten, die eine Firma mit einer gegebenen Anzahl von Mitarbeitern fertigstellen kann. Bei gleichem Ressourceneinsatz (Menschen, Material und Finanzen) zweier Firmen hängen Anzahl und Art neuer Produktprojekte, die sie durchführen können, von ihrem jeweiligen Produktivitätsniveau ab.

Eine Firma kann einen Produktivitätsvorsprung auf verschiedene Weise nutzen. Entweder durch häufige Produkterneuerungen oder indem sie bei gleichem Produktalter eine breitere Produktfamilie unterhält.[3] Wenn Märkte sich diversifizieren, läßt sich ein Produktivitätsvorteil dazu nutzen, neue Absatzchancen in neuen Segmenten und Nischen aufzuspüren und auszubeuten. Eine sehr produktive Entwicklungsgruppe kann es einer Firma erlauben, nicht nur Herstellkosten zu senken, sondern zusätzlich unterschiedliche Kundenerwartungen durch entsprechende Produkte besser abzudecken.

Abb. 4.1 stellt die Wechselbeziehung zwischen den drei Dimensionen der Produktentwicklungsleistung dar. Deren besondere Form hängt davon ab, wie Firmen ihre Entwicklung organisieren und managen,

Abb. 4.1: Produktentwicklungsleistung

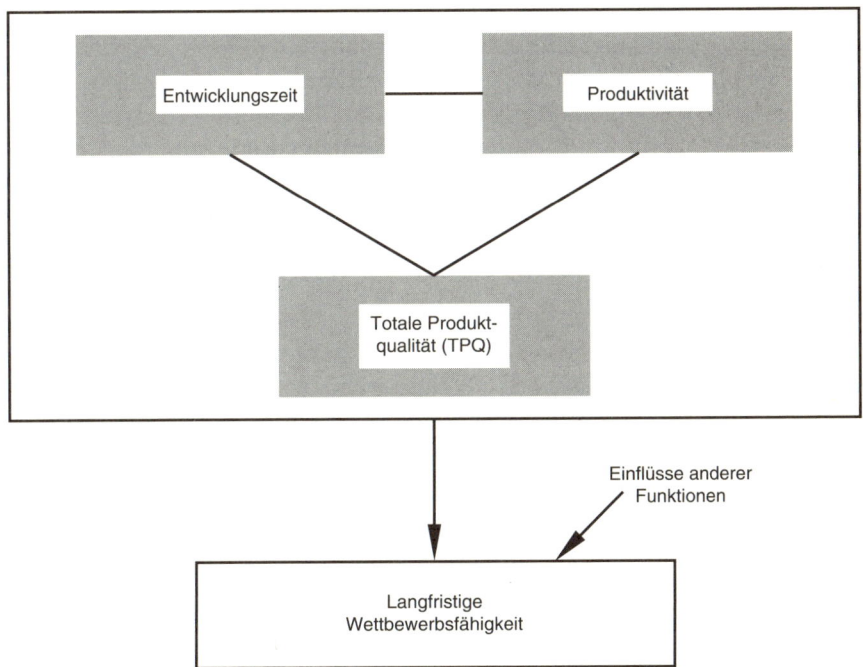

77

sowie vom Marktumfeld und den Unternehmensstrategien. Der Rahmen von Abb. 4.1 stellt eine klare Verbindung zwischen Entwicklungsleistung und dem mit der Einführung neuer Produkte verfolgten Ziel, nämlich Kunden langfristig gewinnbringend anzuziehen und zufrieden zu halten, her. Er behandelt also Entwicklungsleistung als Abbild der längerfristigen Leistungsfähigkeit einer Firma.

Unser erster Schritt der Analyse von Produktentwicklungsleistung muß sein, Meßgrößen für die drei Dimensionen der Leistung zu entwickeln. Wir messen Entwicklungszeit als Zeitverbrauch zwischen Anfang der Konzeptentwicklung und Markteinführung. Weil unser Hauptinteresse bezüglich Produktivität bei den kritischen menschlichen Ressourcen liegt, benutzen wir für Planung und Ausführung verbrauchte Ingenieurstunden zur Messung der Produktivität. Während Entwicklungszeit und Produktivität firmeninterne Meßgrößen sind, beruht die totale Produktqualität auf der externen Bewertung vieler Merkmale. Wir verwenden deshalb mehrere Indikatoren, um die TPQ zu messen; diese schließen ein: Kundenbewertungen von Produkteigenschaften wie Fahrverhalten, Handhabung, Formgebung, Bequemlichkeit, Kundenzufriedenheit, Produktzuverlässigkeitsstatistiken und langfristige Veränderungen der Marktanteile. Zusammen erlauben uns diese Maße, Unterschiede zwischen Firmen und Regionen zu identifizieren.

Als nächsten Schritt verifizieren wir die Beziehung zwischen Beobachtungen in einzelnen Projekten und den langfristigen Fähigkeiten einer Firma. Dies geschieht durch Beobachtung der Entwicklungsaktivitäten einer Firma über längere Zeit. Wir erfassen Daten über die Modelleinführungshäufigkeit, den Produkterneuerungsrhythmus und die Verbreiterung der Produktlinie. Wenn die beobachteten Leistungen ein Ausdruck der grundsätzlichen Fähigkeiten sind, dann müßten wir eine starke Beziehung zwischen Projektleistung und dem Einsatz dieser Fähigkeiten auf dem Markt – d. h. häufigere neue Produkte und schnellere Erweiterung der Produktpalette – sehen.

Der letzte Schritt der Analyse gilt der Beziehung von Entwicklungsleistung zu Wettbewerbsfähigkeit. Veränderungen von Marktanteilen sind ein kritischer Erfolgstest. Hierbei betrachten wir insbesondere längerfristige Veränderungen. Die kritische Frage ist, ob sich Leistung entlang der drei Dimensionen – Zeit, Produktivität und Produktqualität – auf die Wettbewerbsposition eines Unternehmens auswirkt.

Vergleich der Leistungsdaten

Viel wurde in den letzten Jahren über Leistungsvergleiche zwischen Automobilherstellern geschrieben. Zahlreiche Studien, die sowohl öffentlich zugängliche als auch eigene Daten benutzten, haben Kosten, Produktivität, Qualität und Rentabilität analysiert. Die meisten dieser Arbeiten haben sich auf die Fertigungsleistung bezogen. Trotz ihrer zentralen Rolle für den Wettbewerb wurde die Produktentwicklung nur wenig untersucht. Das liegt zum Teil am Fehlen von öffentlich zugänglicher Information und zum Teil an der inhärenten Schwierigkeit, einen komplexen Prozeß zu messen. Produktentwicklung findet nicht an einer Stelle statt. Sie überschneidet viele Fachbereiche, dauert viele Monate und bezieht Hunderte von Menschen ein. Auch wird sie in den einzelnen Firmen unterschiedlich gehandhabt, und die Objekte all dieser Tätigkeiten, die Produkte, sind selbst komplex und unterschiedlich. Wir wußten, daß wir an aussagefähige Daten über Produktentwicklung nur durch Erhebungen vor Ort herankommen konnten.

Wir brauchten auch einen organisatorischen Rahmen als Stütze für unsere Studien. Die Entscheidung, uns auf größere neue PKW-Entwicklungsprojekte zu konzentrieren (Produkte mit über 50% neuer Konstruktionsteile), erlaubte uns, nicht nur die Leistung zu messen, sondern die Daten um Unterschiede in den Projektmerkmalen zu korrigieren. Solche Anpassungen erwiesen sich als sehr wichtig, weil die untersuchten Projekte – 29 bei 20 Herstellern (drei amerikanische, acht japanische, neun europäische) – sehr unterschiedlich waren und von großen Limousinen bis zu Kleinbussen (Vans) und Kleinstwagen in Preisklassen von 40.000 $ bis 4.300 $ reichten. Wir präsentieren zunächst die Rohdaten und kompletieren sie dann um Unterschiede im Projektumfang.

Rohdaten über Produktivität, Zeitverbrauch, Produktqualität und andere Produkteigenarten sind in Tabelle 4.1 nach Regionen und strategischen Gruppen aufgegliedert. Das durchschnittliche neue Modell in unserer Auswahl von Projekten erforderte 2,5 Mio. Ingenieurstunden und 4,5 Jahre Entwicklungszeit. Aber diese Durchschnittswerte verdecken große regionale Unterschiede. Japanische Firmen stellen Projekte mit einem Drittel des Aufwandes und in zwei Dritteln der Zeit fertig, die ihre amerikanischen und europäischen Konkurrenten benötigen. Im Durchschnitt sind US- und europäische Firmen vergleichbar bei beiden Maßen, lediglich europäische Luxuswagenhersteller heben sich durch längere Entwicklungszeiten ab.

Bei der Produktqualität sind die europäischen Luxuswagenhersteller eindeutig überlegen. Bei den Massenherstellern haben japanische Firmen einen kleinen Vorsprung vor amerikanischen und europäischen. Innerhalb der Regionen schwankt die Leistung beträchtlich. In Japan z. B. reicht der Index von 23 bis 100, ein Spektrum, das auch in anderen Regionen zu finden ist. Es bestehen eindeutig Leistungsunterschiede

Tab. 4.1: Daten über die Produktentwicklungsleistung und den Projektinhalt

Strategisch-regionale Gruppen / Variablen	Japanische Massen-hersteller	Amerikan. Massen-hersteller	Europäische Massen-hersteller	Europäische Oberklassen-Spezialisten	Gesamt
Leistung					
Anzahl der Organisationen	8	5	5	4	22
Anzahl der Projekte	12	6	7	4	29
Einführungsjahr	1981–1985	1984–1987	1980–1987	1982–1986	1980–1987
Konstruktionsstunden (Millionen)	ø 1,2 min. 0,4 max. 2,0	ø 3,5 min. 1,0 max. 7,0	ø 3,4 min. 2,4 max. 4,5	ø 3,4 min. 0,7 max. 6,5	ø 2,5 min. 0,4 max. 7,0
Entwicklungszeit (Monate)	ø 42,6 min. 35,0 max. 51,0	ø 61,9 min. 50,2 max. 77,0	ø 57,6 min. 46,0 max. 70,0	ø 71,5 min. 57,0 max. 97,0	ø 54,2 min. 35,0 max. 97,0
Totale Produktqualität (TPQ) Index	ø 58 min. 23 max. 100	ø 41 min. 14 max. 75	ø 41 min. 30 max. 55	ø 84 min. 70 max. 100	ø 55 min. 14 max. 100
Projektkomplexität					
Verkaufspreis (US-$ 1987)	9.238	13.193	12.713	31.981	14.032
Fahrzeuggröße (Anzahl der Projekte)					
Kleinstwagen	3	0	0	0	3
Kleinwagen	4	0	3	0	7
Kompaktwagen	4	1	3	1	9
Mittelklasse	1	5	1	3	10
Anzahl der Karosserietypen	2,3	1,7	2,7	1,3	2,1
Geographischer Markt (Anzahl der Projekte)					
Binnenmarkt	3	3	0	0	6
Kleinere Exporteure	1	2	2	0	5
Größere Exporteure	8	1	5	4	18
Projektumfang					
Vorhandene Teile	18 %	38 %	31 %	30 %	27 %
Zulieferereinbindung (% der Teilekosten)					
Zulieferer – eigene	8 %	3 %	10 %	3 %	7 %
Black Box	62 %	16 %	38 %	41 %	44 %
Detail-kontrolliert	30 %	81 %	52 %	57 %	49 %
Zulieferer-Konstr.-Anteil	52 %	14 %	36 %	31 %	37 %
Index des Projektumfangs	57 %	66 %	62 %	63 %	61 %

zwischen einzelnen Firmen. Obwohl diese auf unterschiedliche Fähigkeiten bei Organisation und Management zurückzuführen sind, spiegeln sie aber auch Unterschiede in der Strategie wider. Tab. 4.1 zeigt Daten über durchschnittlichen Verkaufspreis, Anzahl der Karosserieausführungen und Fahrzeuggröße. Das Muster, das wir hier sehen, stimmt mit den traditionellen Unterschieden zwischen den strategischen Gruppen und regionalen Märkten überein. Europäische High-end-Spezialisten verbindet man mit relativ großen, teuren, aufwendigen Produkten, während man amerikanische Massenhersteller mit großen Fahrzeugen der mittleren Preisklasse assoziiert. Europäische und japanische Massenhersteller konzentrieren sich auf kleinere Wagen. Die japanische Projektauswahl schließt drei Kleinstwagen ein, die den niedrigeren Durchschnittspreis der japanischen Fahrzeuge erklären.

Bei viel billigeren und kleineren Autos müßten japanische Firmen auch kleinere Projekte haben, die dazu beitragen, die Vorsprünge bei Entwicklungszeit und Produktivität zu erklären. Aber japanische Produkte beinhalten auch mehrere Karosserievarianten und mehr dedizierte Teile, Faktoren, die die Entwicklung erschweren. Obwohl Unterschiede in der Komplexität den Vorteil japanischer Firmen etwas verringern (und damit auch die relative Position der Oberklassenhersteller verändern) mögen, bleibt unklar, um wieviel. Dasselbe gilt für Unterschiede im Projektumfang – dem Anteil am Gesamtaufwand, der für neue eigenentwickelte Teile aufgewendet wird –, die durch das Ausmaß der Zulieferereinbindung und die Wiederverwendung von Konstruktionsteilen bestimmt werden. Tab. 4.1 zeigt, daß japanische Firmen Zulieferer weit stärker in die Produktentwicklung einbeziehen und ihre Projekte einen etwas geringeren Umfang haben. Eine Korrektur um Umfangsunterschiede sollte den Vorteil japanischer Firmen verringern.

Entwicklungsproduktivität

Die augenfälligen Produktivitätsunterschiede auf Basis der Rohdaten könnten sich damit erklären lassen, daß die Firmen verschiedene Arten von Autos entwickeln oder Projekte unterschiedlichen Ausmaßes durchführen. Diese Alternativen sind an und für sich schon interessant, um jedoch ein Maß der Bedeutung von Organisation und Management zu bekommen, brauchen wir eine bessere Vergleichbarkeit auf einer normierten Basis, denn man kann nicht Äpfel mit Birnen vergleichen. Was wir suchen, ist ein Maß für die Produktivität der einzelnen Firmen, wenn

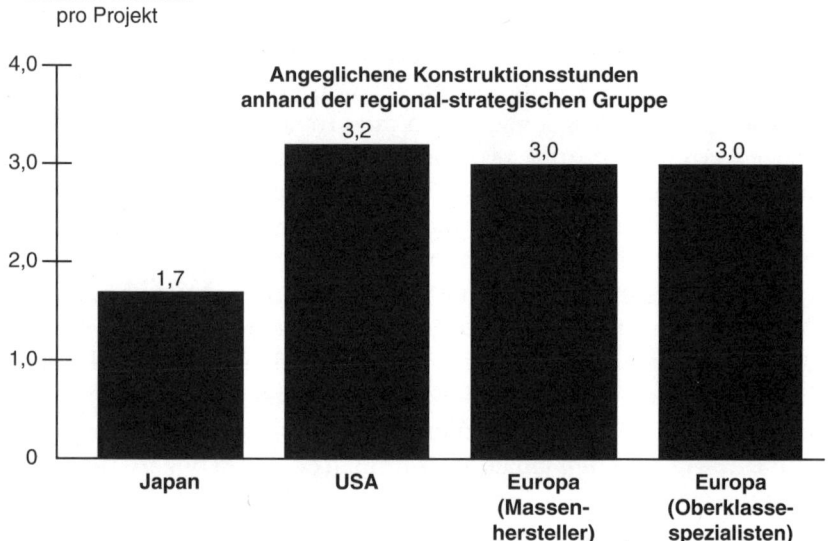

Abb. 4.2: Konstruktionsstunden, die zur Entwicklung eines 14 000-$-Autos der Kompaktklasse mit zwei Karosserietypen benötigt wurden

Quelle: Basiert auf Regressionsanalyse.

Anmerkung: Die angeglichenen Konstruktionsstunden sind die von der Durchschnitts-
firma jeder Region/Gruppe benötigten Stunden, um das Durchschnitts-
fahrzeug im Beispiel zu entwerfen und zu konstruieren.

diese ein ähnliches Projekt durchführen würden – der gleiche Fahrzeug-
typ, gleicher Anteil neuer Teile usw.

Wir haben dieses Ziel auf zwei Arten verfolgt. Die technische Methode korrigiert die Rohdaten anhand von Faustregeln und Erfahrungs-
werten (z. B.: eine zweite Karosserieform bedeutet 20% Mehraufwand).
Die statistische Methode schätzt mit Hilfe von Regressionsanalysen die
Auswirkungen der Unterschiede bei Umfang und Komplexität in unserer
Auswahl. Weil die Ergebnisse gut übereinstimmten, präsentieren wir
nun die statistischen Aussagen.* Die Analyse gibt uns eine Aufwands-
schätzung je Firma für ein normiertes Projekt, in diesem Falle ein 14.000-

---

* Spearman-Korrelation zwischen den Ergebnissen der technischen und der statistischen Methode ist 0,76.

$-Fahrzeug der unteren Mittelklasse (z. B. ein Honda Accord oder Mazda 626) mit zwei Karosserieformen. Die Ergebnisse sind in Abb. 4.2 dargestellt.

Die Anpassung an Umfang und Komplexität reduziert den japanischen Vorteil deutlich. Die Rohdaten weisen 1,2 Mio. Personenstunden für den durchschnittlichen japanischen Hersteller aus. Die korrigierte Hochrechnung ergibt 1,7 Mio. Stunden. Im Vergleich zu amerikanischen Projekten, wo Korrekturen die Stundenzahl um 400.000 verringern, reduziert sich der japanische Vorsprung von 2,3 Mio. auf 1,4 Mio. Stunden. Ähnliche Reduzierungen ergeben sich für europäische Firmen. Die Zahlen für Europa zeigen sogar, daß im Durchschnitt Luxushersteller und Massenhersteller das gleiche Produktivitätsniveau erreichen, wenn die Korrekturen für Umfang und Komplexität vorgenommen werden. Allgemein verringert sich der japanische Vorsprung, aber er schwindet nicht ganz. Wir finden heraus, daß Unterschiede in Umfang und Komplexität 40 % des ursprünglichen Vorteils ausmachen. Der Rest reflektiert die regionalen Unterschiede in Organisation und Management der Entwicklung.

Obwohl die regionalen Durchschnitte von Abb. 4.2 Unterschiede zwischen Firmen verdecken, erlauben uns statistische Korrekturen, eine

Tab. 4.2: Rangfolge der individuellen Firmen in der Produktentwicklungsproduktivität (den Konstruktionsstunden angepaßt)

Rangfolge	Regionaler Ursprung
1	Europa (Oberklasse)
2	Japan
3	Japan
4	Japan
5	Japan
6	Japan
7	Japan
8	Europa (Massenhersteller)
9	Japan
10	USA
11	Japan
12	Europa (Massenhersteller)
13	Europa (Oberklasse)
14	USA
15	USA
16	Europa (Massenhersteller)
17	Europa (Massenhersteller)
18	Europa (Oberklasse)
19	Europa (Massenhersteller)
20	USA
21	USA
22	Europa (Oberklasse)

Quelle: Rangfolge basiert auf der Regressionsanalyse.
(Details siehe Anhang)

Rangfolge der Firmen auf der Basis der Produktivität bei der Durchführung des Standardprojekts zu bilden (vgl. Tab 4.2). Wie zu erwarten war, ballen sich die japanischen Firmen in der oberen Hälfte der Aufstellung. Obwohl die meisten europäischen und amerikanischen Firmen am unteren Ende der Liste rangieren, gibt es einige Überschneidungen. Einige westliche Firmen erreichten Leistungen weit über dem regionalen Durchschnitt, womit unterstrichen wird, wie wichtig es ist, firmenspezifische Fähigkeiten unter die Lupe zu nehmen, auf der Suche nach den Quellen hoher Produktivität.

Entwicklungszeit

Entwicklungszeit ist ein Maß für die Geschwindigkeit, mit der eine Firma die Fülle unterschiedlicher Tätigkeiten verrichten kann, die notwendig sind, um von einem Konzept zum verkaufsfähigen Produkt zu gelangen. Weil einige dieser Aktivitäten parallel zueinander ablaufen können, ist die Entwicklungszeit – im Gegensatz zu den Ingenieurstunden – nicht einfach die Summe der Ausführungszeiten der einzelnen Tätigkeiten. Sie hängt vielmehr von der Länge der individuellen Aktivitäten und dem Ausmaß ab, zu dem sie nebeneinander ablaufen können. Obwohl unser Hauptaugenmerk der Gesamtentwicklungszeit gilt, geben doch die Vorlaufzeiten für die einzelnen Tätigkeiten wichtige Einblicke in die Ursachen von Zeitunterschieden.

Abb. 4.3 detailliert regionale Durchschnittszeiten je Entwicklungsstufe. Wir sehen es als sinnvoll an, zwischen Zeitverbrauch am Anfang des Prozesses, wo Konzepte gefunden und Pläne erzeugt werden, und an dessen Ende, wo Prototypen gebaut und getestet werden und die Werkzeuge, Anlagen und Einrichtungen für die Serienproduktion vorbereitet werden, zu unterscheiden.

In den Diagrammen entspricht die Zeit zwischen dem Anfang der Konzeptentwicklung und dem Ende der Produktplanung der Planungszeit. Die Zeit zwischen dem Beginn der Konstruktion und dem Verkauf ist die Entwicklungszeit. Wir sahen früher die beträchtlichen Unterschiede in der Gesamtentwicklungszeit. Hier ist der Durchschnitt der japanischen Auswahlmenge deutlich niedriger als der ihrer japanischen und europäischen Pendants, sowohl in der Planung als auch in der Durchführung: 14 Monate gegenüber 22–23 Monaten für die Planung und 30 gegenüber 40–42 Monaten für die Umsetzung. Die generellen Abläufe von amerikanischen und europäischen Projekten sind ähnlich.[4]

Die Zeitverbrauchsdaten je Stufe erhellen, daß der japanische Vor-

Abb. 4.3: Durchschnittliche Projektlaufzeit nach Stufen

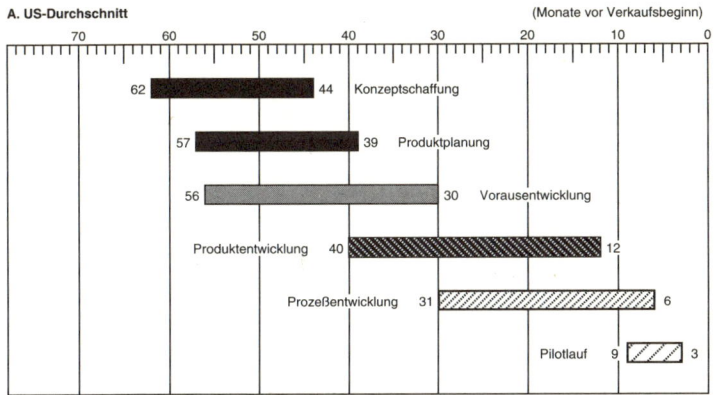

A. US-Durchschnitt (Monate vor Verkaufsbeginn)

Anmerkung: Durchschnittliche Entwicklungszeit von 6 amerikanischen Projekten.

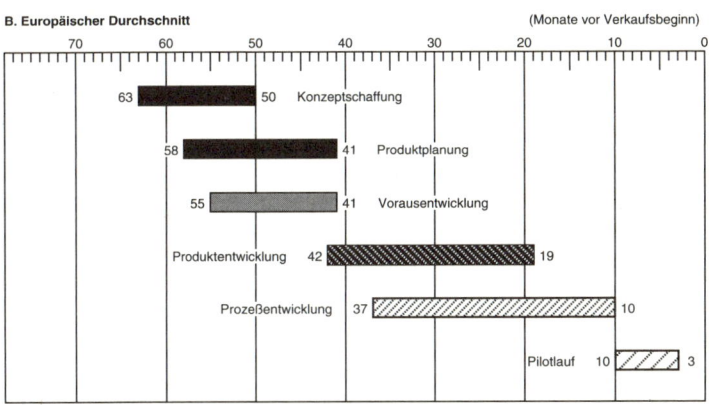

B. Europäischer Durchschnitt (Monate vor Verkaufsbeginn)

Anmerkung: Durchschnittliche Entwicklungszeit von 11 europäischen Projekten.

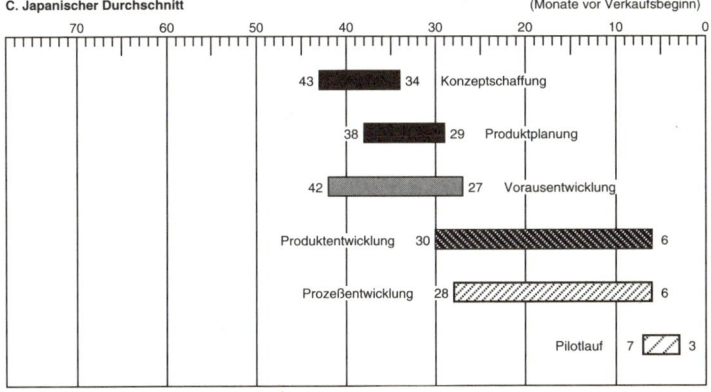

C. Japanischer Durchschnitt (Monate vor Verkaufsbeginn)

Anmerkung: Durchschnittliche Entwicklungszeit von 12 japanischen Projekten.

sprung durch schnelle Planung und schnelle Ausführung zustande kommt. Aber das Schema der Überlappungen innerhalb von Planung und Entwicklung legt nahe, daß diese Vorteile in den beiden Phasen auf verschiedene Weise erzielt werden. Am Projektanfang z. B. ist der Grad der Überlappung zwischen Konzeptfindung und Produktplanung in allen Regionen vergleichbar. Verschieden ist jedoch die Länge jeder Stufe. Es scheint, daß japanische Firmen entweder von Anfang an ein weniger komplexes Planungsproblem haben oder daß sie einfach den Planungsprozeß effizienter durchführen.

Im Gegensatz dazu scheint der Grad der Überlappung zwischen Produkt- und Prozeßentwicklung ausschlaggebend für die Unterschiede in der Entwicklungszeit zu sein. Der Zeitaufwand für die Produkt- und Prozeßentwicklungsstufen variiert zwischen den Regionen nur um wenige Monate. Aber japanische Firmen beginnen und beenden Produkt- und Prozeßentwicklung fast gleichzeitig, während US-Firmen die Prozeßentwicklung neun Monate später beginnen und sechs Monate später beenden als die Produktentwicklung. Europäische Firmen, die bei der Produktentwicklung am schnellsten sind, beginnen die Prozeßentwicklung fünf Monate nach der Produktentwicklung und beenden sie neun Monate später. Diese Praktiken legen die Annahme nahe, daß die Unterschiede in der Entwicklungszeit auf der Fähigkeit beruhen, wirkungsvoll parallel zu arbeiten.

Bei Gesamtentwicklungszeit und Zeitverbrauch je Stufe haben japanische Firmen einen beträchtlichen Vorsprung. Um herauszufinden, wieviel davon auf das Konto von Produktumfang und -komplexität und wieviel auf das von Organisation und Management geht, haben wir die Rohzeitdaten an Unterschiede in Projektinhalt und -umfang mittels der im Anhang erläuterten statistischen Analysen angepaßt. Die in Abb. 4.4 dargestellten Ergebnisse zeigen eine Verkleinerung des Unterschiedes, aber ein beträchtlicher Abstand verbleibt. Wir schätzen, daß der durchschnittliche japanische Massenhersteller für das Durchschnittsprojekt in unserem Beispiel 46 Monate benötigen würde, d. h. knapp vier Jahre, und die durchschnittliche amerikanische oder europäische Firma 60 Monate, d. h. fünf Jahre. Die Korrekturen verringern den japanischen Vorsprung von 18 Monaten auf ein Jahr. Weil Umfang und Komplexität fast ein Jahr des ursprünglichen Abstandes von 29 Monaten ausmachen, beträgt der japanische Vorsprung vor den High-end-Spezialisten nach der Korrektur 18 Monate. Die Rangliste der einzelnen Firmen spiegelt diese Gruppenunterschiede in ausgeprägten Ballungen nach Region wider. Tabelle 4.3 stellt die Rangfolge der Firmen nach Entwicklungszeit für das Durchschnittsprojekt dar. Wie bei der Produktivitätsanalyse gibt es einige Überlappungen zwischen den Regionen, aber japanische Firmen dominieren deutlich unter den besten. Deshalb scheint schnelle Produktentwicklung trotz Unterschieden zwischen den Firmen in Fähigkeiten begründet zu liegen, die zum großen Teil allen japanischen Herstellern zu eigen sind. Das stimmt überein mit dem Schema das Wettbewerbs auf dem japanischen Markt. Die Firmen, die überlebt haben, haben gleiche Eigenschaften herausgebildet (vgl. Kap. 3).

Abb. 4.4: Zur Entwicklung eines 14 000-$-Kompaktwagens mit zwei Karosserietypen benötigte Entwicklungszeit

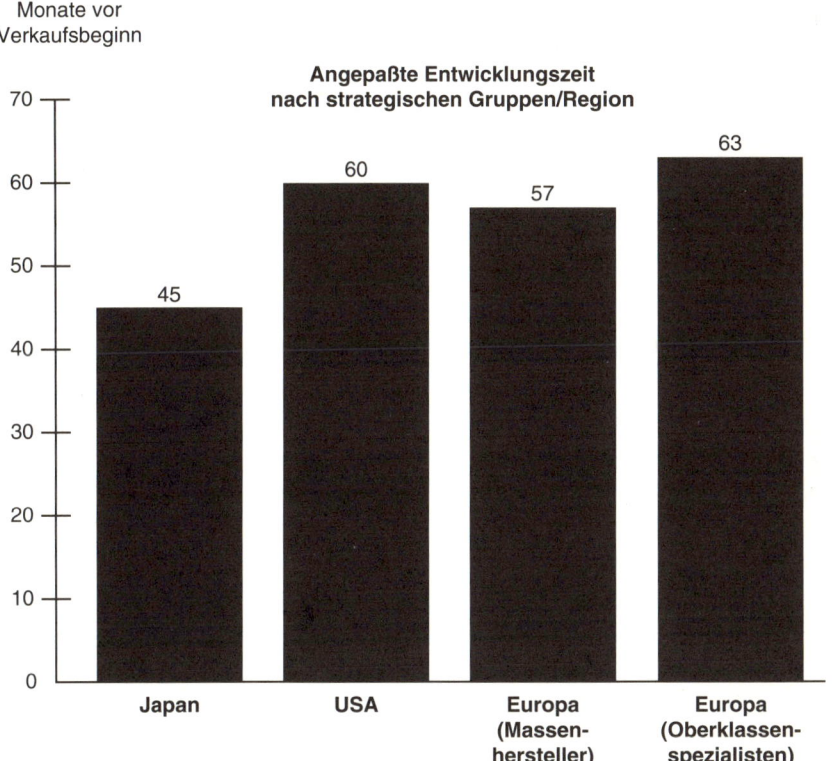

Monate vor
Verkaufsbeginn

**Angepaßte Entwicklungszeit
nach strategischen Gruppen/Region**

Quelle: Regressionsanalyse.

Anmerkung: Die angepaßte Entwicklungszeit ist die Zeit zwischen Konzeptentwicklung und Markteinführung, die vom Durchschnitt der Unternehmen in jeder Region/Gruppe benötigt wurde, um das im Beispiel genannte Durchschnittsprojekt durchzuführen.

Tab. 4.3: Rangfolge der individuellen Firmen in der Entwicklungszeit
(dem Projektinhalt angepaßt)

Rangfolge	Regionaler Ursprung
1	Japan
2	Japan
3	Japan
4	Japan
5	Japan
6	Europa (Massenhersteller)
7	Europa (Oberklasse)
8	Japan
9	Japan
10	Japan
11	Europa (Massenhersteller)
12	USA
13	Europa (Massenhersteller)
14	USA
15	USA
16	Europa (Oberklasse)
17	USA
18	Europa (Massenhersteller)
19	Europa (Oberklasse)
20	Europa (Massenhersteller)
21	Europa (Oberklasse)
22	USA

Quelle: Rangfolge basiert auf der Regressionsanalyse.
(Details siehe Anhang)

Unsere Korrekturen für die Auswirkungen von Größe und Komplexität legen nahe, daß die für schnelle Produktentwicklung kritischen Fähigkeiten in der Produkt- und Prozeßentwicklung liegen. Die Korrekturen für Planungs- und Entwicklungszeit haben sehr unterschiedliche Auswirkungen. Zum Beispiel sind regionale Unterschiede der Planungszeit zwischen Massenherstellern nach den Anpassungen vernachlässigbar. Es scheint, daß Unterschiede zu Projektbeginn mehr auf unterschiedliche Projektstrategien zurückgehen als auf Unterschiede in der Art, wie Planung organisiert und gemanagt wird. Konstruktion und Entwicklung stehen auf einem anderen Blatt. Projektumfang und -komplexität beeinflussen die Unterschiede in der Entwicklungszeit nur minimal. Deshalb muß sich der japanische Vorsprung in der Gesamtentwicklungszeit auf Unterschiede in der Effektivität der geleisteten Ingenieurarbeit gründen. Diese These wird in Kapitel 6 vertieft.

Totale Produktqualität

Die Daten über Entwicklungszeiten und Produktivität weisen einen systematischen Vorsprung der japanischen Massenhersteller aus und annähernde Gleichheit zwischen amerikanischen und europäischen Herstellern. Die Daten über Produktqualität enthalten eine etwas andere Botschaft. Wenn wir zu Tabelle 4.1 zurückkehren, sehen wir die europäischen High-end-Spezialisten hoch auf der Skala unserer Qualitätswertung, und japanische Firmen weisen trotz guter Gesamtwertung beträchtliche Unterschiede auf. Durch die Betonung von subtileren, ganzheitlichen Produktdimensionen seit Mitte der 80er Jahre wurde es für japanische Hersteller schwieriger, Kunden allein auf der Basis von Produktionskriterien wie Passung und Finish – ihrer gemeinsamen Stärke – zu gewinnen.

Abb. 4.5 zeigt die Indikatoren der Konformitätsqualität(d. h., wie gut an Kunden ausgelieferte Produkte mit dem Entwurf bzw. den Spezifikationen übereinstimmen, einschließlich Zuverlässigkeit, Pannen, Verarbeitungsqualität und Haltbarkeit) und Entwurfsqualität (d. h. den Grad, zu dem ein Entwurf den Kundenerwartungen entspricht). Wir präsentieren auch Daten aus Kundenzufriedenheitsumfragen (ein Indikator der totalen Qualität) und langfristiger Veränderung von Marktanteilen. (Detaillierte Definitionen und statistische Analysen der Produktqualität befinden sich im Anhang.) Wenn ein Produkt perfekt mit dem Entwurf übereinstimmt, sind Entwurfsqualität und totale Produktqualität gleich. Was in Abb. 4.5 auffällt, ist die Dominanz japanischer Firmen in der Umsetzungsqualität und die starke Position europäischer Hersteller in der Entwurfsqualität. Nur die Oberklassenhersteller und einige japanische Hersteller sind in beiden Dimensionen stark. Europäische Massenhersteller sind relativ schwach in der Umsetzungsqualität, und japanische und amerikanische Massenhersteller zeigen Schwächen in der Entwurfsqualität. Diese Befunde stimmen mit den Ergebnissen der Kundenzufriedenheitsumfragen überein und mit den Daten über Marktanteilsänderungen, die zeigen, daß Firmen mit starker Leistung bei allen Qualitätsindikatoren ihre Marktposition in den 80ern verbessert haben.

In der letzten Spalte von Abb. 4.5 sind diese Zustände in einer Indexzahl für TPQ zusammengefaßt. Diese Zahl weist einen klaren Vorsprung – bezogen auf überlegene Leistung bei Entwurfs- und Umsetzungsqualität – der Oberklasse und einiger japanischer Hersteller aus. Sie läßt auch große Unterschiede in TPQ zwischen den Firmen erkennen.

Die Rangfolge der einzelnen Firmen nach TPQ-Zahlen in Tab 4.4 steht in krassem Widerspruch zu den früheren Erkenntnissen. Hier fehlt die starke regionale Gruppierung, wie wir sie bei Entwicklungszeit und Produktivität (besonders unter den japanischen Firmen) gesehen haben. Firmen aus allen Regionen sind auf allen Stufen der Rangliste zu finden. Dies läßt darauf schließen, daß die relativ starke Position der japanischen

Abb. 4.5: Bewertung nach ausgewählten Indikatoren der totalen Produktqualität

Region und Strategie	Totale Qualitätsbewertung			Übereinstimmungsqualitätsbewertung		Entwurfsqualitätsbewertung							Veränderung der Basismarktanteile	Totaler Produktqualitätsindex
	Verbraucherberichte 1	Verbraucherberichte 2	J.D.Power-Befragung	J.D.Power (1985)	J.D.Power (1987)	Konzept	Styling	Leistung	Komfort	Preis-Leistungsverhältnis	Gesamtwertung	Bewertung nach Wertanpassung		
Japan (Massenhersteller)	●	●	●	●	●	●	◐	●	●	●	●	●	●	100
	◐	●	◐	●	●					◐				40
	●	●	●	●	●	◐	◐	◐	◐	●	◐	◐	●	80
	●	●	●	●	●	●	●	●	●	◐	●	●	●	100
	◐	◐		◐	◐									25
				n.a.	n.a.	◐							◐	23
	n.a.	n.a.	n.a.	n.a.	n.a.	◐	◐	◐			◐	◐	◐	58
	◐	◐	●		●									35
USA (Massenhersteller)								◐	●	◐				15
		◐	◐					◐	●	◐				24
	◐	◐	◐	●	◐	◐	●	◐	◐	●	●	●	●	75
	◐	◐	◐	●	◐	◐	●	◐	◐	●	●	●	●	75
						◐	◐							14
Europa (Massenhersteller)	◐	◐	n.a.	n.a.	n.a.	◐	◐	◐	◐		◐	◐		47
	n.a.	n.a.	n.a.	n.a.	n.a.	●	◐			◐	◐			39
						◐	●		●		◐	◐		30
	◐					●	●	◐	◐	◐	◐	●		35
	◐	◐		●		●	◐			◐	◐	◐	●	55
Europa (Oberklassehersteller)	◐	◐	◐	◐	●	●	●					●	●	70
	●	●	●			◐			◐	◐	◐	◐	●	73
	●	◐	●	◐	●	●	◐	●	●	●	●	●	●	93
	●	●	●	●	●	●	◐	●	●	●	●	●	●	100

Anmerkungen: Die Eintragungen im Plan sind wie folgt definiert:
1 – 3: Reihenfolge in der totalen Qualität (3 Indikatoren), Übereinstimmungsqualität und Designqualität (7 Indikatoren)
● = oberes Drittel;   ◐ = mittleres Drittel;   leer = unteres Drittel
4: Langfristige Marktanteilsveränderungen
● = Anstieg;   ◐ = gleicher Stand;   leer = Abnahme
5: Zusammenfassender Index der Rangfolge aller Qualitätsindikatoren (Näheres im Anhang).
n.a. = nicht anwendbar

Firmen in TPQ in Tab. 4.1 darauf zurückgeht, daß einige der Firmen herausragend sowohl bei der Entwurfs- als auch bei der Umsetzungsqualität sind. Weniger starke Firmen, japanische und andere, erlauben keine schlüssigen Folgerungen. Sie sind entweder bei der Umsetzungsqualität gut und schwach in der Entwurfsqualität, oder umgekehrt. Die wettbewerbsstarken Firmen heben sich durch gleichbleibend hohes Niveau in allen Qualitätsdimensionen ab. Die Rangfolge in Tab. 4.4 läßt darauf

Tab. 4.4: Rangfolge individueller Firmen beim TPQ-Index

Rangfolge	Ursprungsregion	Punkte
1	Europa (Oberklasse)	100
1	Japan	100
1	Japan	100
2	Europa (Oberklasse)	93
3	Japan	80
4	USA	75
4	USA	75
5	Europa (Oberklasse)	73
6	Europa (Oberklasse)	70
7	Japan	58
8	Europa (Massenhersteller)	55
9	Europa (Massenhersteller)	47
10	Japan	40
11	Europa (Massenhersteller)	39
12	Europa (Massenhersteller)	35
12	Japan	35
13	Europa (Massenhersteller)	30
14	Japan	25
15	USA	24
16	Japan	23
17	USA	15
18	USA	14

Quelle: Die Rangfolge basiert auf den Daten in Abb. 4.5.
(Details siehe Anhang)

schließen, daß diese Leistung mehr auf individuelle Firmenfähigkeiten als auf regionale Ursprünge zurückgeht.

Der Zusammenhang zwischen Entwicklungszeit und Produktivität

Bis jetzt haben wir die regionalen Einflüsse und die individuellen Firmenqualifikationen nach einzelnen Leistungsdimensionen untersucht (d. h. Entwicklungsstunden, Entwicklungszeit und TPQ). Jetzt betrachten wir die Leistung der Firmen in mehreren Dimensionen gleichzeitig. Zu wissen, ob Firmen mit hohem Qualitätsniveau auch schnell und effizient sind – oder ob es wichtige Kompensationskriterien zwischen diesen Dimensionen gibt –, führt zu einem besseren Verständnis der Ursachen herausragender Leistung.

Angenommen, man könnte Entwicklungszeit durch zusätzliche Mittel »kaufen«, eine übliche Unterstellung in F&E-Managementmodellen, die sich oft in Managementpraktiken niederschlägt.[5] Durch mehr Ingenieure, so besagt diese Theorie, kann man Aufgaben entlang des kritischen Pfades, dessen Länge die Entwicklungszeit bestimmt, aufteilen und parallel durchführen. Mehr Ingenieurstunden würden so kürzere

91

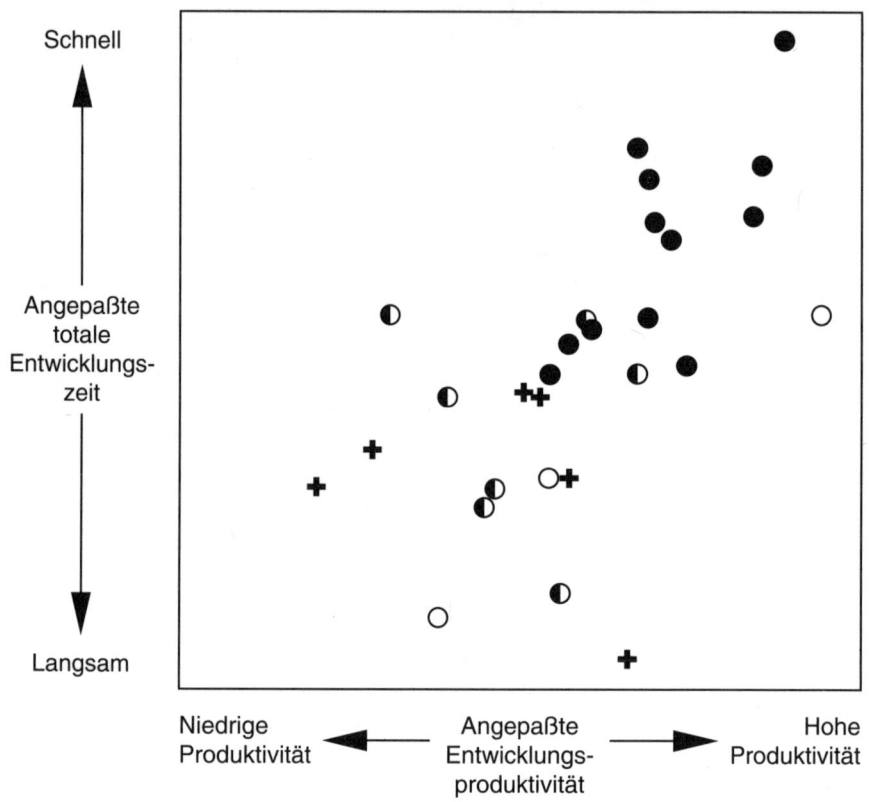

Abb. 4.6: Korrelation zwischen Entwicklungszeit und Entwicklungsproduktivität

Schnell

Angepaßte totale Entwicklungs- zeit

Langsam

Niedrige Produktivität ← Angepaßte Entwicklungs- produktivität → Hohe Produktivität

Anmerkung: „Langsam" weist auf eine lange Entwicklungszeit hin und „niedrige Produktivität" auf eine hohe Anzahl von Konstruktions- stunden.

● Japanische Hersteller

✚ US-Hersteller

○ Europäische Oberklassenhersteller

◖ Europäische Massenhersteller

Entwicklungszeiten bedeuten, aber wir haben gesehen, daß japanische Firmen im Durchschnitt höhere Produktivität und kürzere Entwicklungszeiten aufweisen. Es muß also noch an etwas anderem liegen. Wenn wir die Beziehung zwischen Zeit und Aufwand in Abb. 4.6 betrachten, in der beide Leistungsdimensionen für jede Firma dargestellt sind, finden wir keine negativen Kompensationen, sondern eine positive Korrelation zwischen diesen Dimensionen, besonders bei japanischen Firmen. Schnelle Firmen sind auch effizient, langsame Firmen haben niedrige Produktivität. Zwei Faktoren sind hierfür verantwortlich. Der eine ist die Arbeitsweise der Ingenieure, der andere die enge Verknüpfung zwischen den Entwicklungstätigkeiten.

Eine Universalkonstante bei den untersuchten Entwicklungsprojekten ist die technische Änderung. In jeder Firma, in allen Ländern, sind technische Änderungen die Regel und nicht die Ausnahme, und sie beanspruchen einen beträchtlichen Teil der Ingenieurkapazität. Weil Ingenieure ihre Konstruktionen immer wieder überarbeiten, solange man sie läßt, ist ein Entwurf nie abgeschlossen; lediglich die Zeit geht irgendwann zu Ende. Über eine Mindestzeit hinaus hängt die verbrauchte Zeit also von einem Endtermin ab. Je länger also die zugestandene Zeit ist, desto mehr Ingenieurstunden werden verbraucht. In dem Maße, in dem Ingenieurarbeiten eng voneinander abhängen, verursacht eine Änderung an einer Stelle auch Überarbeitungen an anderen. Diese Wechselwirkung wird noch verstärkt, wenn (wie in Japan üblich) Personen einem Projekt fest zugeordnet sind. Wenn nicht viel Schlupf im System ist und Personen nicht auf andere Projekte ausweichen können, überträgt sich eine Verzögerung an einer Stelle auf das ganze System. Obwohl EZ und Ingenieurstunden zusammenhängen, wäre es falsch zu glauben, daß sich die Produktivität allein durch Verschieben von Terminen steigern oder sich eine Verkürzung der Entwicklungszeit durch eine Erhöhung der Anzahl von Personen in einem Projekt erreichen läßt. Solche Maßnahmen mögen eine derartige Wirkung haben, aber die Daten in Abb. 4.6 reflektieren auch die Einflüsse von Erfahrung, Fähigkeiten und Systemen. Die enge Verknüpfung zwischen Zeit und Produktivität bei japanischen Firmen liegt an deren gewachsenen Fähigkeiten, durch enge Koppelung der Fachbereiche und paralleles Arbeiten kurze Entwicklungszeiten zu erreichen. Sind diese Fähigkeiten nicht vorhanden, so kann eine Fristverkürzung oder Personalreduzierung schwerwiegende Folgen für die Produktqualität haben.

Abb. 4.7: Totale Produktqualität, Entwicklungszeit und Entwicklungsproduktivität

Totale Produktqualität und Entwicklungsproduktivität

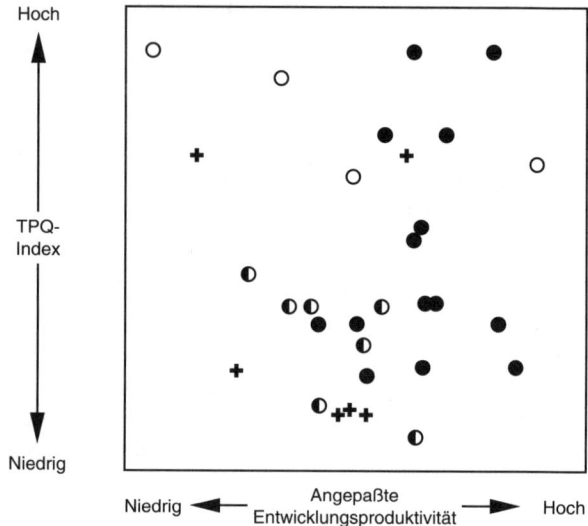

Totale Produktqualität und Entwicklungszeit

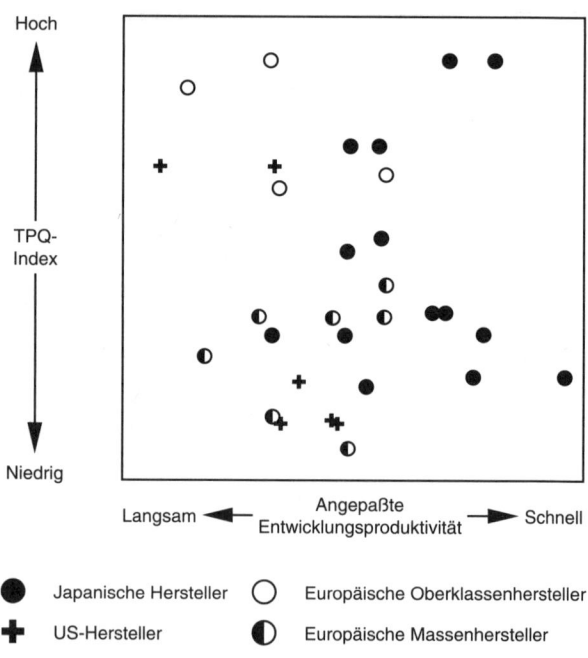

Abb. 4.7 zeichnet den TPQ-Index gegen Entwicklungszeit und Produktivität auf. Wir sehen keinen starken Zusammenhang zwischen Qualität und Produktivität. Die Firmen liegen verstreut, ohne erkennbares Muster, unabhängig von der Region. Zwischen den beiden strategischen Gruppen sind die Oberklassenhersteller weniger produktiv, aber unter den Massenherstellern gibt es kein Muster. Dasselbe gilt für Zeit und Qualität mit Ausnahme einiger Firmen mit Produkten sehr hoher Qualität. Beispielsweise sind die zwei Oberklassenhersteller an der Spitze der Wettbewerbsskala relativ langsam und ineffizient, während Konkurrenten mit Produkten geringerer Qualität gemischte Resultate erzielen. Der eine ist schnell und relativ effizient, der andere mittelmäßig effizient und relativ langsam. Aber diese letzten Firmen liegen weit hinter den Führern bei Entwurfs- und Konformitätsqualität und Gesamtkundenzufriedenheit. Das spricht dafür, daß überragende Qualität bei den Spitzenfirmen der Oberklasse aus einem langen und teuren Prozeß erwächst.

Wir finden auch ein sonderbares Muster bei den herausragenden Massenherstellern. Die zwei japanischen Firmen, die das höchste Qualitätsniveau erreichen, sind gleichzeitig schnell und effizient, doch andere schnelle und effiziente Japaner erreichen nicht das Qualitätsniveau der Führer. Diese haben etwas Besonderes an sich, auf das das Zusammenfallen von Schnelligkeit, Effizienz und Qualität zurückzuführen ist.

Verbindung zwischen Leistung und Wettbewerbsumfeld

Das bisher präsentierte Bild stimmt mit den regionalen Unterschieden von Märkten und Wettbewerb überein, die sich aus der Analyse in Kapitel 3 ergeben haben. Japanische Firmen sind relativ schnell und effizient bei der Produktentwicklung. Die Stärke europäischer Firmen, besonders der Oberklasse, liegt in Produktinhalt und Entwurfsqualität. US-Firmen ragen in keiner der Leistungsdimensionen hervor, zum Teil wegen der Umstellungen in den 80er Jahren. Über diese regionalen Unterschiede hinaus sehen wir, daß die individuellen Fähigkeiten der Unternehmen zu Buche schlagen. Besonders bei der Produktqualität, aber auch bei den anderen Leistungsdimensionen finden wir größere Unterschiede zwischen Firmen einer Region, die auf Unterschiede in grundlegenden Fähigkeiten zurückgehen, die bei sämtlichen Projekten der von uns untersuchten Firmen eine Rolle spielen.

Die in Tabelle 4.5 gezeigten Daten über Produkterneuerung und Produktvielfalt lassen uns die Unterschiede direkter untersuchen.[6] Wir sahen einen dramatischen Unterschied bei der Anzahl der zwischen 1982 und 1987 eingeführten neuen Produkte zwischen japanischen Firmen und deren westlichen Gegenspielern. Während US- und europäische Firmen 21 respektive 38 neue Produkte einführten, brachten es die Japaner auf 72. Solch ein gewaltiger Unterschied könnte darauf zurückzuführen sein, daß die Japaner entweder sehr viel mehr Geld für Entwicklung ausgeben oder viel mehr Autos produzieren als US- oder europäische Firmen. Aber beides ist nicht der Fall. Das Produktionsniveau war zwischen Japan und Amerika vergleichbar, und europäische Hersteller produzierten weit mehr Fahrzeuge als japanische Firmen bei etwa gleichen Ausgaben für Forschung und Entwicklung. Japanische Firmen bezogen ihren Vorsprung aus höherer Produktivität von Konstruktion und Entwicklung.

Tab. 4.5: Muster der Produktpalette und Modellwechsel nach Regionen (1982–1987)

Muster Region	USA	Europa	Japan
Durchschnittliche Zahl der Automodelle	28	77	55
Anzahl neuentwickelter Automodelle	21	38	72
Durchschnittliche Hauptmodellwechsel-häufigkeit (Jahre)	8,1	12,2	4,6
Expansion der Produktpalette / Produkterneuerung (regionaler Durchschnitt)			
Gesamtentwicklungsindex	123	73	198
Erweiterungsindex	59	12	66
Ersatzindex	65	62	132

Quelle: Siehe Anhang.

Japanische Firmen haben eine durchschnittliche Modellaufzeit von weniger als fünf, amerikanische von acht und europäische von über zehn Jahren. Diese Daten unterstreichen nicht nur die Schnelligkeit japanischer Firmen, sondern auch die Unterschiede in Entwicklungszeit und Produkterneuerungsstrategie. Wenn die Entwicklung von Produktgenerationen nacheinander durchgeführt wird (d. h. Entwicklung der nächsten Generation beginnt nach Markteinführung der laufenden Generation), dann stellt die Entwicklungszeit die untere Grenze der Modellebensdauer dar. Eine Firma kann die Modellaufzeit aus anderen Gründen

– wie in Europa auf zehn Jahre – verlängern, selbst wenn die Entwicklungszeit fünf bis sechs Jahre beträgt. In Japan liegen Entwicklungszeit und Modellzyklus dicht beieinander. Japanische Firmen sind in der Lage, schnell auf den Markt zu kommen. Sie nutzen diese Fähigkeit für kurze Modellaufzeiten und häufige Produkterneuerungen.

Die Daten legen eine starke Verbindung zwischen Entwicklungsleistung und langfristiger Produktstrategie nahe[7]. Um diesen Zusammenhang näher zu prüfen, untersuchen wir in Tab. 4.5 drei Maße der Produktstrategie. Das erste, der Volumenindex, ist ein Gesamtmaß der Entwicklungsaktivität an neuen Produkten (konkret: die Zahl der neuen Modelle, die zwischen 1982 und 1987 eingeführt wurden, geteilt durch die Anzahl der 1981 auf dem Markt befindlichen Modelle). Dieses Maß wird unterteilt in einen Expansionsindex als Maß der Modellpalettenverbreiterung und den Ersatzindex als Maß der Produkterneuerung. Wie zu erwarten, waren die Japaner am aktivsten bei der Einführung neuer Produkte, aber US-Firmen waren in der Produktlinienerweiterung ebenso gut wie die Japaner. Weil viele europäische Firmen in den 80er Jahren ihre Produktlinien strafften, gab es hier nur eine geringe Erweiterung. Bei der Produkterneuerung waren die japanischen Firmen sehr viel aggressiver als Amerikaner oder Europäer, die nur etwa zwei Drittel ihres Modellbestandes von 1981 durch neue Modelle ersetzten. Im gleichen Zeitraum ersetzten die japanischen Firmen alle ihre 1981er Modelle mindestens einmal, manche zweimal. So gaben Produktivitäts- und Entwicklungszeitvorteile den Japanern einen deutlichen Vorsprung bei der Modellerneuerung, auch wenn die US-Firmen bei der relativen Produktlinienerweiterung mithalten konnten.

Entwicklungsleistung und Marktleistung

Aus den bisherigen Daten und Analysen wurde klar, daß die starken Unterschiede in der Entwicklungsleistung zwischen Firmen und Regionen sich aus längerfristig gewachsenen Fähigkeiten ableiten. Wie und auf welche Weise wirken sich diese Unterschiede auf die Wettbewerbslage aus? Um diese Frage zu beantworten, kehren wir zu dem Bezugsrahmen am Anfang dieses Kapitels zurück, der Wettbewerbsfähigkeit als das Vermögen, Kunden anzuziehen und zufriedenzustellen, definiert hat. Wir besitzen einige Daten über die Kundenzufriedenheit, und Attraktivität läßt sich aus der Käufernachfrage ableiten. Wenn überlegene Leistung bezüglich Zeit, Produktivität und Produktqualität sich auf das

Gewinnen von Kunden auswirkt, müßte man das am Marktanteil ablesen können.

Wir untersuchen den Zusammenhang zwischen Entwicklungsleistung und Attraktivität, indem wir die Inlandsmarktanteile der Firmen in den 80er Jahren (1981–86) mit dem Anteil Ende der 70er Jahre und über die gesamte Periode 1975–1986 vergleichen (Details siehe Anhang). Dies gibt uns eine grobe Trendaussage über die Attraktivität.

Die Angaben in Abb. 4.5 zeigten, daß nur wenige Firmen – einige der europäischen Oberklasse und wenige japanische Massenhersteller – ihre Marktanteile Mitte der 80er Jahre ausweiten konnten. Die meisten der untersuchten Firmen verloren Binnenmarktanteile während dieser Zeit. Diese negativen Verschiebungen der Marktposition gehen einher mit der Globalisierung des Automarktes in den 80er Jahren. Besonders für Europa und die USA fiel die Globalisierung mit einem Anstieg der Importe zusammen, der es durchschnittlichen Herstellern schwer-machte, ihre Marktposition zu behaupten. In dieser Phase des Übergangs zu einem Weltmarkt sollte eine Abnahme des Inlandsmarktanteils nicht als Anzeichen für unterdurchschnittliche Leistung gewertet werden, eine Steigerung dagegen als ungewöhnlich starke Leistung.

Die Leistungsdaten von Firmen mit Marktwachstum in den 80er Jahren in Tab. 4.6 unterstreichen die starken Zusammenhänge zwischen Wettbewerbsfähigkeit und Entwicklungsleistung, besonders hinsichtlich der Produktqualität. Sowohl in der Oberklasse als auch bei den Massen-herstellern liegen diese Firmen an der Spitze der Qualitätsskala mit Indexwerten zwischen 83,8 und 88,7, bei einem Durchschnitt von nur 40. Diese enge Verbindung zwischen Kundenzufriedenheit und Produktat-traktivität leuchtet bei einem Produkt wie einem neuen Auto ein. Bei der

Tab. 4.6: Leistung und langfristiger Marktanteil

Leistungs-dimensionen / Firmen-kategorien	Durchschnitt für Firmen, die langfristige Marktanteile gewannen		Durchschnitt für Firmen, die langfristige Marktanteile verloren
	Massen-hersteller	Oberklassen-hersteller	
Angepaßte Konstruktionsstunden	2.463,3	3.912,5	2.500,0
Angepaßte Entwicklungszeit (Monate)	54,4	68,7	53,0
TPQ-Index	83,8	88,7	40

Quelle: Die Berechnungen basieren auf Regressionsschätzungen (siehe Anhang).

kritischen Bedeutung der Mundpropaganda und relativ anspruchsvollen Käufern müssen Firmen ihre vorhandenen Kunden zufrieden halten, wenn sie längerfristig neue Kunden hinzugewinnen wollen.

Der Zusammenhang zwischen Entwicklungszeit und Produktivität ist weniger deutlich. In der Oberklasse führt die Stabilität der Märkte und der Produktkonzepte die Hersteller dazu, besonderes Gewicht auf herausragende Konstruktionen und technische Raffinessen zu legen. Die Zeit bis zur Markteinführung und die Breite des Produktangebotes sind weit weniger wichtig, wie die relative Langsamkeit und Ineffizienz der herausragenden Firmen der Oberklasse bezeugen. Worauf es hier letztlich ankommt, ist die totale Produktqualität.

Bei den Massenherstellern hingegen reichten Geschwindigkeit und Effizienz als Garanten für den Markterfolg nicht aus. Japanische Firmen mit kurzen Entwicklungszeiten und wenigen Ingenieurstunden haben Marktanteile verloren, wenn es ihnen nicht gelang, ein hohes Niveau an Entwicklungsqualität zu erreichen. Aber obwohl die schnellsten unter ihnen ihre Marktstellung dadurch hätten verbessern können, daß sie sich mehr Zeit für die Entwicklung nahmen, war hohe Entwurfsqualität auch kein Garant für wachsenden Marktanteil. Einige europäische Massenhersteller, deren Entwurfsqualität hohes Ansehen besaß, haben in den 80er Jahren Marktanteile verloren. Diese Firmen waren relativ schwerfällig, brauchten viel mehr Ingenieurstunden als die besten und hatten relativ niedrige Konformitätsqualität. Ihnen gelangen großartige Entwürfe, aber sie versagten bei der Abstimmung mit der Fertigung, der Integration und der Breite der Produktlinie.

Ausgewogene Höchstleistung auf vielen Gebieten kennzeichnete die herausragenden Massenhersteller der 80er Jahre. Das rauhe Wettbewerbsklima dieser Zeit zwang sie, schnell und effizient zu sein, eingeführte Modelle frisch und attraktiv zu halten, sich in neue Marktsegmente und -nischen auszudehnen und qualitativ hochwertige Produkte zu vermarkten. Wenige Firmen gewannen Marktanteile, und die, denen es gelang, hatten besondere Fähigkeiten. Obwohl die Besten im Massensektor Japaner waren, erreichten nicht alle japanischen Firmen hohe Leistungen. Es handelt sich also nicht einfach um einen »Japan-Effekt«. Vielmehr müssen wir über den jeweiligen gemeinsamen regionalen Hintergrund hinaus die Strategien und Fähigkeiten der einzelnen Firmen betrachten, um Einblicke in die Quellen der Hochleistung zu gewinnen.

Zusammenfassung

Wir begannen dieses Kapitel mit Fragen über die Natur der Produktentwicklungsleistung in der Weltautoindustrie. Unsere Suche nach Antworten hat deutliche regionale Unterschiede bei Entwicklungszeit, Produktivität und Produktqualität zutage gefördert. Wir haben japanische Firmen gefunden, die Produkte ein Jahr schneller und mit fast der doppelten Produktivität entwerfen und entwickeln konnten wie der durchschnittliche amerikanische und europäische Hersteller. Schließlich erkannten wir, daß europäische Firmen, speziell die Oberklassenhersteller, einen Vorsprung in der Entwicklungsqualität haben, während japanische Firmen in der Ausführungsqualität gut sind und damit bei der totalen Produktqualität etwas besser abschneiden.

Regionale Unterschiede in der Entwicklungsleistung wurden auch in unterschiedlichen Produktstrategien sichtbar. Japanische Massenhersteller führten weit mehr neue Produkte ein, behielten viel kürzere Modellzyklen bei und dehnten ihre Produktlinien schneller aus als ihre westlichen Kollegen. Die europäischen Oberklassenhersteller erreichten überlegene TPQ-Werte, obwohl sie weit weniger Produkte einführten. Wir haben gefolgert, daß dieses Leistungsverhalten auf fundamentale Fähigkeiten der einzelnen Firmen zurückgeht, die diese während der 80er Jahre genutzt haben, und daß diese Fähigkeiten den Unterschied im Wettbewerb ausmachen. Massenhersteller, die ihren Inlandsmarktanteil trotz der Globalisierung erweitern konnten, sind generell schnell und effizient und verkaufen Produkte hoher Qualität. Herausragende Oberklassenhersteller sind wirklich Spitze. Sie vermarkten Produkte mit aufwendiger Technik und absolut überlegenem Produktdesign.

Anmerkungen

1 Das Entwurfs- und Übereinstimmungsqualitätskonzept findet sich z. B. bei Juran, Gryna und Bingham Jr. (1975), Juran und Gryna (1980) und Fujimoto (1989, Kapitel 5).
2 Siehe Clark und Fujimoto (1989 a).
3 Siehe Sheriff (1988) zur weiteren Diskussion.
4 Zur weiteren Analyse der Planungs- und Entwicklungszeit siehe Clark und Fujimoto (1988 b).
5 Bezüglich Wirtschaftlichkeitsrechnung auf der Basis von Zeit-/Kostenabwägung siehe Scherer (1966, 1984), Kamien und Schwartz (1982) und Waterson (1984).
6 Siehe Sheriff (1988) zur weiteren Analyse.
7 Siehe Clark und Fujimoto (1989 a) und Fujimoto und Sheriff (1989).

Kapitel 5

Der Entwicklungsprozeß: Vom Konzept zum Markt

Tagtäglich beschäftigen sich Automobilingenieure in Tokio, München, Paris, Detroit und anderswo damit, Autos zu konstruieren und entwickeln. Sie führen Konzeptstudien durch, bauen Tonmodelle, testen Prototypen, lösen Probleme in Pilotwerken und bereiten neue Modelle für die Serienfertigung vor. Alle haben Zugriff auf die neuesten Computersysteme, arbeiten mit vielen gleichen Zulieferern, gehören den gleichen Ingenieurgesellschaften an, und viele haben die gleichen Ausbildungsstätten besucht.

Trotz all dieser Ähnlichkeiten sind die Resultate dieser Anstrengungen sehr unterschiedlich, nicht nur was die Konzepte und Entwürfe angeht (wo man Unterschiede erwarten würde), sondern auch bei den Begleiterscheinungen des Entwicklungsprozesses – dem Zeitverbrauch, bis ein Produkt marktreif ist, Entwicklungsproduktivität und Qualität der Ausführung. Das letztere interessiert in dieser Betrachtung. Wir wollen die Ursachen der bedeutenden Leistungsunterschiede identifizieren, die in Kapitel 4 dargelegt wurden.

Vor Beginn einer detaillierten Analyse ist es jedoch nützlich, eine Vorstellung von der Natur des Produktentwicklungsprozesses zu entwickeln. Für Leser, die mit der Automobilentwicklung nicht vertraut sind, verdeutlicht die Beschreibung der Art, wie die Entwicklung organisiert und gemanagt wird, die Entscheidungen, mit denen Firmen bei der Durchführung der Arbeiten konfrontiert sind, und etabliert einen Bezugsrahmen für die folgenden analysierenden Kapitel. Lesern, die mit der Materie vertraut sind, bietet dieses Kapitel eine Vergleichsperspektive dieses Prozesses bei unterschiedlichen Firmen.

Deshalb wird zunächst eine Grobuntersuchung des Produktentwicklungsprozesses vorgenommen. Unter Verwendung des Informationsrahmens aus Kapitel 2 identifizieren wir für jede der vier Hauptentwicklungsstufen – Konzeptentwicklung, Produktplanung, Konstruktion und Entwicklung und Fertigungsvorbereitung – die Informationswerte, die entwickelt, und deren Verbindungen, die gemanagt werden müssen. Wir achten auf Unterschiede, die wir in unseren Studien festgestellt haben, kommen aber erst in späteren Kapiteln zu einer Deutung von deren Auswirkungen auf die Entwicklungsleistung.

Organisationsmuster

Obwohl jede der von uns untersuchten Firmen neue Produkte in diesen vier Stufen entwickelt, hat jede eine andere Art, die Verbindungen herzustellen und zu managen. Ob dies wirksam erreicht wird, hängt in starkem Maße ab von 1) der Fähigkeit einer Firma, Kommunikationskanäle aufzubauen, 2) der Einstellung zur Zusammenarbeit und 3) den Fertigkeiten der Ingenieure. Aber wie eine Firma die Entwicklung organisiert, wie sie die Arbeiten aufteilt und koordiniert, ist ebenfalls von entscheidender Bedeutung. Bei unserer Untersuchung des Entwicklungsprozesses betrachten wir zunächst zwei Dimensionen der Organisation: Spezialisierung und Bereichsintegration.

Spezialisierung

Alle größeren Autohersteller gruppieren technische und planerische Fachleute in einzelne Untergruppen unter fachlichen Leitern (z. B. Chefingenieure). Obwohl die Namen hierfür variieren, haben alle Entwicklungsorganisationen die üblichen Abteilungen, die entweder nach Fahrzeugkomponenten oder Entwicklungsstufen ausgerichtet sind. Beispiele sind Karosseriekonstruktion, Chassis- und Antriebsstrangkonstruktion, Versuch, Produktionsvorbereitung, technische Verwaltung, Planung, Styling und Vorausentwicklung. Jede Fachabteilung und ihre Untergruppen erzeugen und kontrollieren einen Informationswert, der einer spezifischen Komponente oder einem System und einem Entwicklungsschritt entspricht. So überlagert die Organisationsstruktur das Informationswertediagramm.[1]

Unter den Entwicklungsstufen haben wir die Hauptphasen der Beteiligung der Fachbereiche dargestellt. Diese Diagramme lassen klare Unterschiede in der Struktur erkennen. Größere Firmen beispielsweise haben mehr Abteilungen mit größerem Spezialisierungsgrad; europäi-

Abb. 5.1: Vier unterschiedliche Organisationsstrukturen nach Reihenfolge der Entwicklungstätigkeiten

(1) Europäischer Oberklassenspezialist

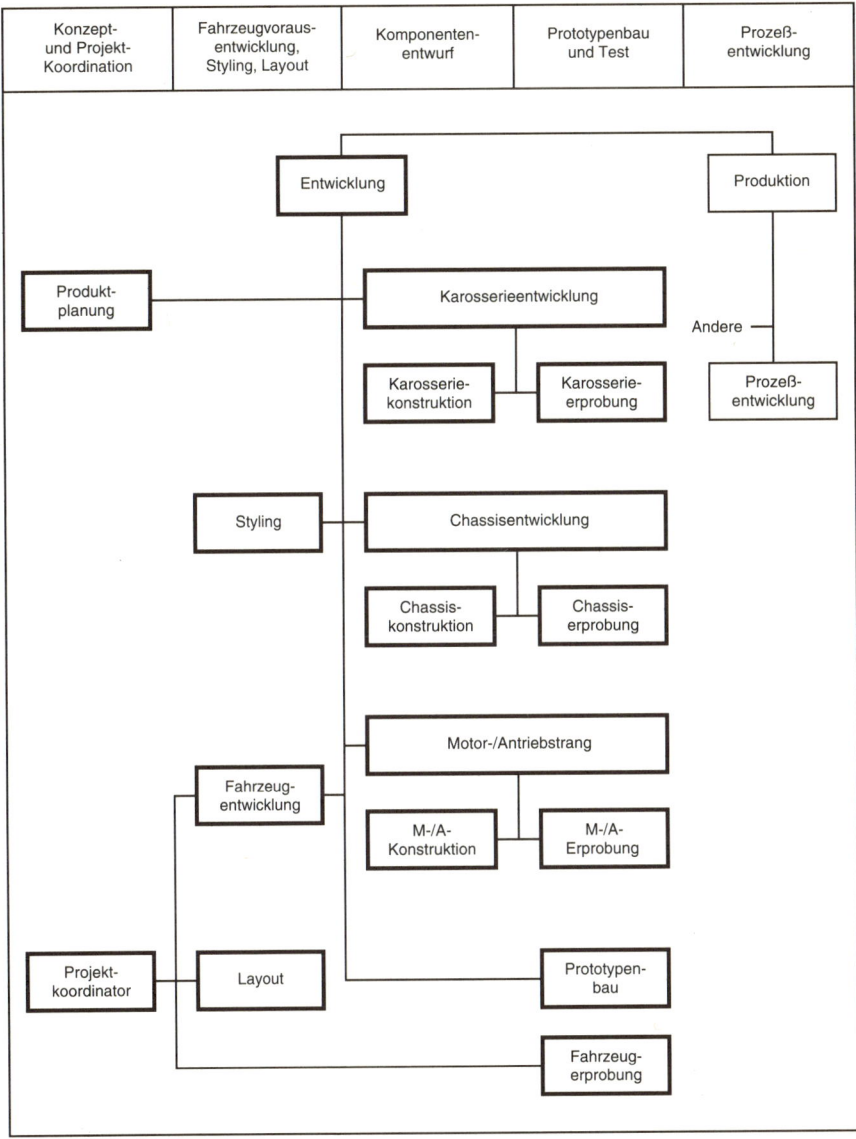

103

Abb. 5.1: Vier unterschiedliche Organisationsstrukturen nach Reihenfolge der Entwicklungstätigkeiten

(2) Europäischer Massenhersteller

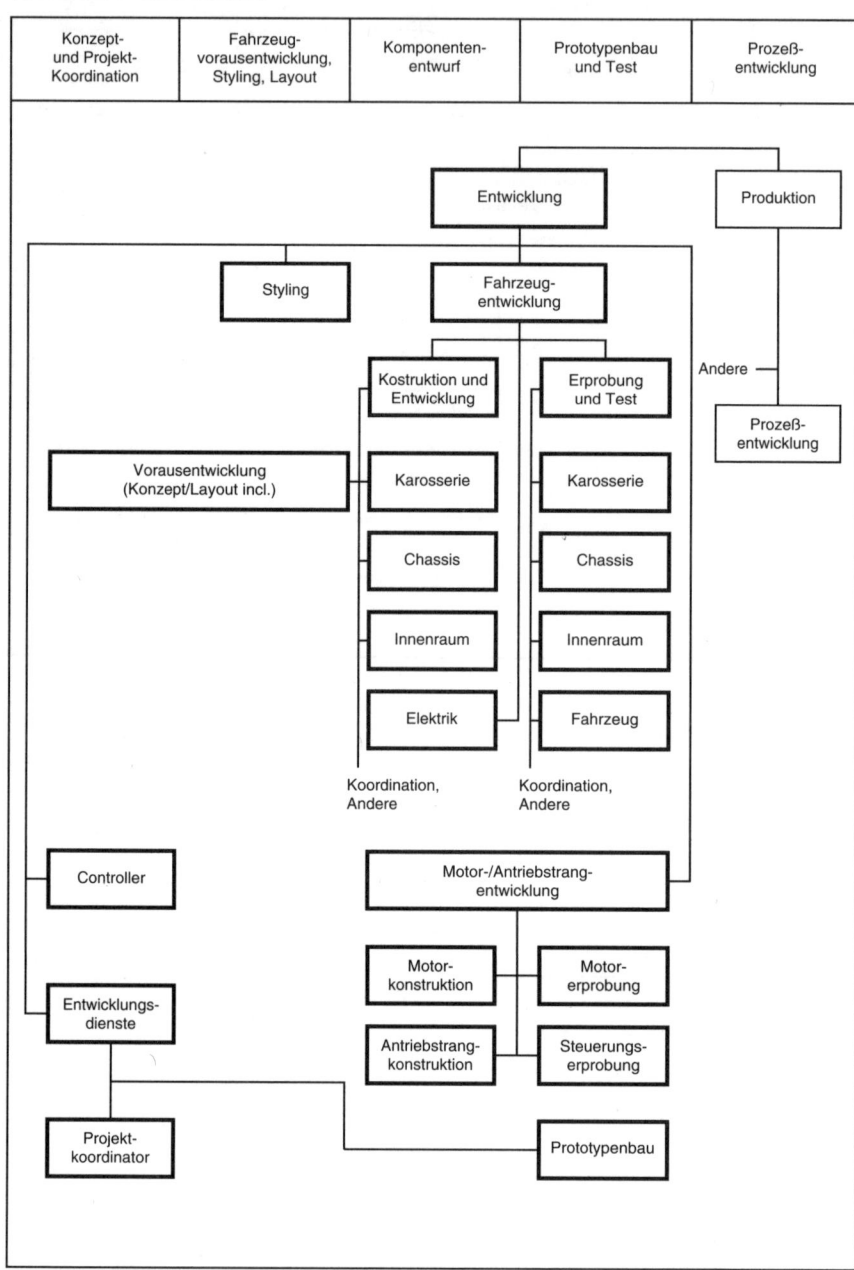

104

Abb. 5.1: Vier unterschiedliche Organisationsstrukturen nach Reihenfolge der Entwicklungstätigkeiten

(3) US-Massenhersteller

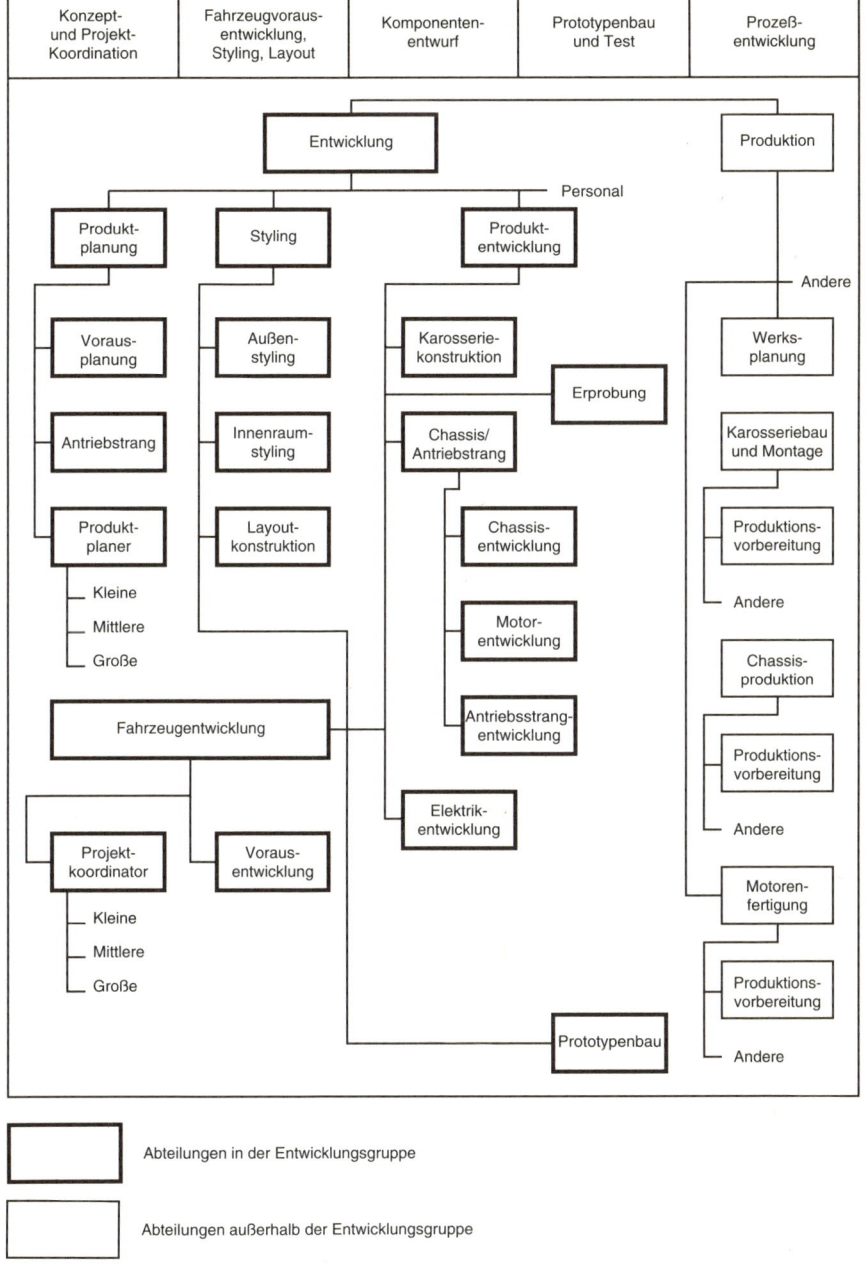

Abteilungen in der Entwicklungsgruppe

Abteilungen außerhalb der Entwicklungsgruppe

105

Abb. 5.1: Vier unterschiedliche Organisationsstrukturen nach Reihenfolge der Entwicklungstätigkeiten

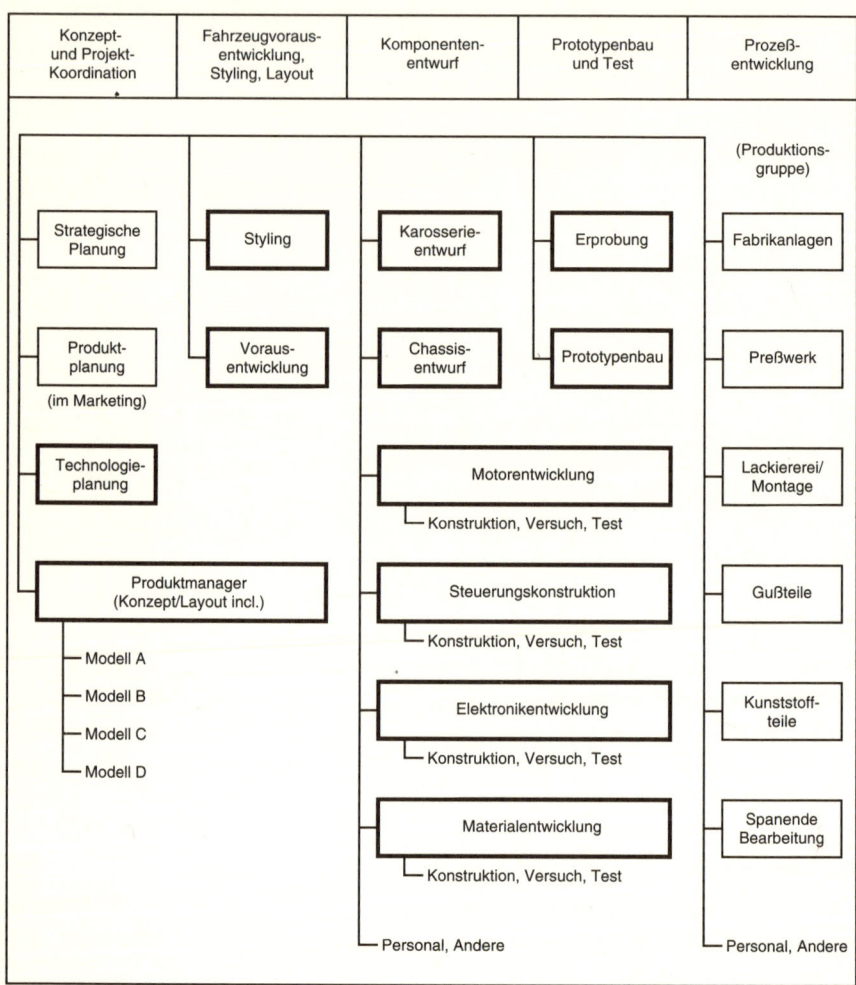

(4) Japanischer Massenhersteller

Konzept- und Projekt- Koordination	Fahrzeugvoraus- entwicklung, Styling, Layout	Komponenten- entwurf	Prototypenbau und Test	Prozeß- entwicklung
				(Produktions- gruppe)
Strategische Planung	Styling	Karosserie- entwurf	Erprobung	Fabrikanlagen
Produkt- planung (im Marketing)	Voraus- entwicklung	Chassis- entwurf	Prototypenbau	Preßwerk
Technologie- planung		Motorentwicklung └ Konstruktion, Versuch, Test		Lackiererei/ Montage
Produktmanager (Konzept/Layout incl.) ├ Modell A ├ Modell B ├ Modell C └ Modell D		Steuerungskonstruktion └ Konstruktion, Versuch, Test		Gußteile
		Elektronikentwicklung └ Konstruktion, Versuch, Test		Kunststoff- teile
		Materialentwicklung └ Konstruktion, Versuch, Test		Spanende Bearbeitung
		└ Personal, Andere		└ Personal, Andere

sche Firmen haben sehr rationale, hierarchische Strukturen mit Betonung der Funktionalität; japanische Organisationsstrukturen sind einfacher und flacher, während amerikanische sehr viel komplizierter sind,
mit vielen Untereinheiten und Bereichen, getrennt durch organisatorische und geographische Schranken, die von einer erdrückenden Hierarchie vorgegeben sind.

106

Auf der Detailebene finden wir feinere Unterschiede. Versuch kann z. B. entweder Teil der Produktentwicklung sein, wegen der engeren Koppelung von Konstruktion und Test, oder aber eine unabhängige Funktion bleiben, um einwandfreie Prüfungen und Kontrollen zu gewährleisten. Ähnlich kann die Prototypwerkstatt als Teil der Produktentwicklung den Durchlauf der Schleife Konstruktion – Versuchsteil – Test beschleunigen, wohingegen sie, bei der Produktionsvorbereitung angesiedelt, den Wissenstransfer vom Prototyp zur Serienfertigung erleichtert. Das Pakkaging (d. h. die Fahrzeugauslegung) kann von Vorausentwicklung, Karosseriekonstruktion, Styling oder den Projektleitern ausgeführt werden, je nachdem auf welche Informationskoppelungen die Firma besonderen Wert legt.

Funktionsübergreifende Integration

Die Verlagerung von rein funktionalen Organisationsformen zu mehr integrierten Strukturen ist ein allgemeiner Trend. Die rein funktionalen Organisationen der 60er Jahre haben bis Ende der 80er Jahre formale Mechanismen der abteilungsübergreifenden Koordinierung geschaffen. Überall fanden wir Ingenieure, deren Hauptaufgabe es war, Verbindung zwischen einer Abteilung (z. B. Chassis) und einer oder mehreren benachbarten Abteilungen (z. B. Karosserie, Motor und / oder Produktion) zu halten. Diese »Liaison-Ingenieure«, deren Aufgabe es war sicherzustellen, daß die Wünsche ihrer eigenen Abteilungen nach außen kommuniziert und relevante Informationen zurückgeführt wurden, trafen sich oft in formalen Ausschüssen, um Informationen auszutauschen und Aktivitäten abzustimmen. Diese Meetings wurden oft von einer Abteilung ausgerichtet (z. B. dem Terminbüro), die Zeitpläne verfolgte und Tätigkeiten koordinierte. Multifunktionale Task Forces und kleine um Komponenten oder Problemkreise organisierte Teams waren üblich, und die meisten der Firmen hatten hauptamtliche Projektkoordinatoren, die wir »Produktmanager« nennen.

Angesichts der weitgehenden Ähnlichkeit der Strukturen müssen wir feinere Unterschiede in Tätigkeiten, Praktiken, Haltungen, Werten und Fertigkeiten betrachten, um auf Aspekte von Organisation und Management zu stoßen, die die Unterschiede in Integration und Leistung erklären. Es gibt z. B. eine gewisse Art der Integration, die in Organigrammen nie zutage tritt und doch höchst wichtig für die Produktintegrität ist: der formlose direkte Kontakt zwischen Ingenieuren und Managern. Die formale Struktur ist nur ein Teil des gesamten Systems. Unsere Suche nach wirkungsvollen Organisationsformen für die Produktentwicklung muß die detaillierte Analyse der eigentlichen Arbeitsweise einschließen. (Eine systematischere Analyse wird in Kapitel 9 vorgenommen.) Zwei Beispiele beleuchten die Art der Fragestellungen, mit denen wir uns auseinandersetzen müssen, und die Art der notwendigen Analysen.

Was ist ein Produktmanager?

Produktmanager gibt es in fast allen Automobilfirmen, doch ihre Tätig-keiten und Geisteshaltungen variieren stark. In einer der europäischen Firmen sahen sich die Produktmanager als neutrale Koordinatoren oder »Konfliktlöser«. Sie hatten recht niedrigen Rang, wenig Durchsetzungs-kraft und koordinierten nur innerhalb der Entwicklungsgruppe. Sie beeinflußten die Ingenieure nur über Liaison-Meetings, arbeiteten an Produktplänen von anderen Leuten und verbrachten die meiste Zeit an ihrem Schreibtisch mit Papierkrieg. Dagegen rangierten Produktmana-ger in einer der japanischen Firmen bis zur Ebene eines Chefingenieurs, waren starke Führungsnaturen, koordinierten gesamte Projekte ein-schließlich Produktion und Vertrieb, wiesen die Ingenieure bei Bedarf direkt an, waren verantwortlich für Produktkonzepte und -pläne und verbrachten viel Zeit in Gesprächen mit Ingenieuren, Designern, Te-stern, Meistern, Händlern und Kunden. Sie betrachteten sich generell als »Produkt-Champions« und Intrapreneure, statt als bloße Koordinato-ren. Obwohl beide Stellen den Titel eines Produktmanagers tragen, waren die Funktionen und die Personen, die sie innehatten, höchst verschieden. Noch wichtiger: die Art und Qualität der Beziehungen, die sie aufbauten, waren grundverschieden.

Teams und Teamarbeit

Funktionsübergreifende Projektteams, so verbreitet sie sind, garantieren noch keine effektive Entwicklung. Selbst gute »Teamarbeit« reicht oft nicht aus. In einer amerikanischen Firma fanden wir ein sehr kohärentes »Projektteam« mit viel Teamgeist. Aber das Team bestand nur aus Liaison-Personen aller Abteilungen. Keiner der eigentlichen Ingenieure, die die Zeichnungen und Prototypen erstellten, war dabei. Das Liaison-team war praktisch eine Enklave, isoliert von den aktiven Ingenieuren, von denen es als »die Teamleute« bezeichnet wurde. Es bedurfte ausge-dehnter Diagnosen, um zu erkennen, daß diese starke Integration auf der Liaisonebene den Mangel an Integration quer durch die Entwicklungsor-ganisation schwer erkennbar gemacht hat.

108

Als wir erkannt hatten, daß wirksame Organisationsformen nicht nur auf formalen Strukturen und Integration auf hohem Niveau basieren, sondern auch auf allgemeinen Verhaltensmustern, der Firmenkultur und den informellen Beziehungen, begannen wir diese weiteren Dimensionen in unseren Felduntersuchungen unter die Lupe zu nehmen. Diese Erkenntnisse stellen wir vor, angefangen bei den vorgelagerten Aktivitäten von Konzeptentwicklung und Entwurf.

Gesamtfahrzeug als Wettbewerbswaffe

Die Entwicklung eines Autos beginnt mit der Konzepterarbeitung. In dieser Phase werden Informationen über zukünftige Markterfordernisse, technologische Möglichkeiten und wirtschaftliche Machbarkeit zusammengeführt und in eine Produktbeschreibung übersetzt, die die Erfahrungen verkörpert, die das Produkt den Kunden vermittelt. Ein Produktkonzept gibt an, wie Basisfunktionen, Strukturen und/oder mit dem Gesamtfahrzeug zusammenhängende Funktionen die Zielkunden ansprechen und zufriedenstellen. Wenn Produkte nur nach wenigen gut definierten, objektiven Kriterien beurteilt werden, kann ein Produktkonzept durch eine allgemeine Produktkategorie und einen Satz von Spezifikationen festgelegt sein. »Produkt X, unsere nächste Generation Feuerstuhl, wird eine 500-PS-Maschine mit halbem Verbrauch sein.« Wenn ein Produkt komplex ist und Kunden subjektiv die ganzheitliche Erfahrung mit dem Produkt bewerten, muß das Produktkonzept darstellen, wie der Kunde das Produkt als Ganzes erfährt; es muß Charakter, Persönlichkeit und Image des Produkts umfassen.

Bei der Konzeptentwicklung für eine sportliche Variante eines Kleinstwagens kann das Grundkonzept in einem Begriff eingefangen werden: »Taschenrakete«. Im Klartext heißt das, daß das Fahrzeug klein, leicht und sehr schnell sein muß. Aber es braucht auch reaktionsschnelles Handling und ein aggressives Design. Das Fahrzeug soll teurer sein als das Basismodell, aber noch erschwinglich. Und das Fahrerlebnis sollte Spaß vermitteln. Schnelle Ampelstarts, gutes Kurvenverhalten und sehr schnell auf der Geraden. Natürlich müßten viele andere Details von Design und Konstruktion festgelegt werden, damit das Produkt seine Zielvorgaben erfüllt, aber das Grundkonzept einer »erschwinglichen, Spaß machenden Taschenrakete« wäre ausschlaggebend, um kreative Ideen und Entscheidungen in die richtige Richtung zu lenken. Tatsächlich ist die klare Formulierung eines attraktiven, konsistenten und sich abhebenden Konzepts zu Beginn eines Projekts entscheidend für den Markterfolg.

Aber Produktkonzepte sind oft schwer greifbar und mehrdeutig. Wenn man maßgebliche Projektmitarbeiter nach dem Konzept des Fahrzeugs fragt, das sie gerade entwickelt haben, wird man weit auseinandergehende Vorstellungen über die Art von Werten hören, die sie den Kunden bieten. Diejenigen, für die das Produktkonzept bedeutet, was das Produkt macht, werden ihre Beschreibungen auf Leistungsdaten und technische Funktionen beziehen. Andere, für die das Produktkonzept bedeutet, was das Produkt ausmacht, werden das Packaging, die Konfiguration und die Technologie der wesentlichen Komponenten beschreiben. Von anderen, denen Produktkonzept bedeutet, wem das Produkt dient, wird man eine Beschreibung des Zielkunden bekommen. Noch andere deuten das Produktkonzept als »Was bedeutet das Produkt für die Kunden?« und werden Leitideen beschreiben, in denen sich der Charakter, die Persönlichkeit, das Gefühl und das Image des Produkts widerspiegeln. Ein mögliches Produktkonzept schließt alle diese Dimensionen ein. Es ist ein vielseitiges Ding. Aber wir haben festgestellt, daß verschiedene Firmen unterschiedliche Aspekte des Produktkonzepts betonen. Diese Betonung wiederum beeinflußt zutiefst den Charakter des Produkts. Deshalb ist die Konzeptentwicklung so entscheidend für die Wettbewerbsfähigkeit des Produkts. Ein wirksames Produktkonzept schaffen heißt, die Eingaben in das Produktkonzept und den Prozeß der Konzepterzeugung selbst effektiv zu managen.

Das Management der Eingabedaten in das Produktkonzept

Die Inputs in das Produktkonzept richtig zu managen erfordert feine Abstimmung zwischen Produktschöpfern und den Quellen kritischer Informationen und Einsichten. Drei Inputs sind wichtig: Marktinformation, strategische Pläne und Ergebnisse der Vorausentwicklung, Marktinputs. Marktinputs können die Konzeptschöpfer direkt vom Markt aufnehmen oder indirekt über Fachleute im Vertrieb, die den Konzeptentwicklern Ergebnisse von Marktforschung und Produktuntersuchungen und Feedbacks von Händlern zuführen. Manche Firmen benutzen beide Arten der Informationsbeschaffung, aber viele geben einer den Vorzug. Firmen, die die Marketingfunktion hervorheben, vertrauen Organisationen, die auf Marktkontakte spezialisiert ist. Diese Organisationen sind meist gut ausgerüstet mit dem Instrumentarium und den Erfahrungen für formale Marktforschung, einschließlich Brennpunktgruppen, Kundenintensivbefragungen und detaillierte statistische Analysen. Produktplaner in der Marketingorganisation benutzen Marktforschung zur Entwicklung von Kundenprofilen und legen attraktive Produktkonzepte hierzu fest. In Märkten, in denen Kunden reiche Produkterfahrung besitzen, haben sich solche formalen Methoden beim Erkennen von Kundenwünschen bewährt.

Firmen, die die Verantwortung für Konzeptentwicklung in die Hände eines Produktmanagers legen (oft unterstützt von einem Produktplanungsstab), sehen mehr die dynamische Natur der Kunde-Produkt-Beziehung. Produktmanager können Marktforschungen als Input verwenden, pflegen aber meist eigene direkte Kontakte zu gegenwärtigen und potentiellen Kunden. Sie sehen sich als »Konzeptschöpfer«. Ihre Mission ist nicht, zurückzublicken auf das, was sich in der Vergangenheit verkaufen ließ, sondern vorausschauend sich abzeichnende Trends zu erahnen und die Zukunft zu gestalten. Solch eine Rolle wird wichtig bei komplexen Produkten und veränderlichem Kundengeschmack.

Strategische Pläne. Langfristige strategische Pläne für ein gesamtes Produktprogramm, oft Zykluspläne genannt, werden erstellt und periodisch revidiert, um zeitliche Abstimmung zwischen neuen Produkteinführungen zu erreichen. Kapazitätsgrenzen, Markttrends und die Verfügbarkeit von Technologie und Komponenten werden in den Zyklusplänen berücksichtigt, die meist einen Zehnjahreshorizont haben. Strategische Pläne können auch Produktspezifikationen wie Preisgruppe, Positionierung, Image, Motorenangebot, Zielkunden usw. beinhalten.

Wie vieles andere bei der Konzeptfindung, geht es auch bei der strategischen Planung um Ausgewogenheit. Kohärente strategische Pläne erleichtern reibungslose und schnelle Konzeption und Planung und helfen einer Produktlinie, ihre Corporate Identity und Konsistenz über die Modelle hinweg zu wahren, ein immer wichtigeres Wettbewerbselement. Zentrale strategische Planung kann aber auch übertriebene Beschränkungen auferlegen, die die Kreativität und die Phantasie der einzelnen Konzeptschöpfer ersticken. Wenn Konzeptionisten demoralisiert und ihrer Anpassungsfähigkeit an geänderte Marktbedürfnisse beraubt sind, leidet meist die Ausdruckskraft ebenso wie die Vielfalt der Produkte.

So bedeutet wirksame strategische Planung, einen Ausgleich zu treffen zwischen genereller strategischer Ausrichtung und der Flexibilität, auf Konkurrenzsituationen in einem spezifischen Markt zu reagieren. Traditionell haben viele Autohersteller Zykluspläne dazu benutzt, die Kapazität und die Modelleinführungstermine zu verfolgen, aber nicht, um einzelne Projekte darüber hinaus zu beeinflussen. Mit wachsender

Turbulenz des Umfeldes und komplexeren Produktlinien hat der Wert detaillierterer zusammenhängender Pläne zugenommen.

Technologieinputs. Technologische Fortschritte können die Entwicklung eines Produktkonzepts prägen. Die Verfügbarkeit eines Mehrventil-V-8-Hochleistungsmotors für einen Luxuswagen erlaubt beispielsweise eine andere Produkterfahrung und ein anderes Image, als das mit einem kleineren V-6-Motor möglich wäre. Das Wissen um verfügbare Technik beeinflußt deshalb die Arbeit von Produktplanern und Produktmanagern.

Umgekehrt können Produkte auch die Entwicklung von Technologie anstoßen. Ein Konzept, das eine leichte, aber tragfähige und steife Karosserie verlangt, kann z. B. die Entwicklung neuer Werkstoffe und eines neuen Herstellverfahrens bedingen. In einem Markt, wo Kunden für Produktintegrität und Fahrzeugtechnik empfänglich sind, scheint konzeptgetriebene Technologieentwicklung sinnvoll. Aber sie ist nur möglich, wenn die Entwicklungszeit für eine Technologie kürzer ist als die für das Produkt selbst. Wenn sie, wie so oft, länger ist, muß sie bereits entwickelt sein oder sich in Entwicklung befinden, wenn die Arbeit an einem neuen Produkt beginnt.

Um das Problem langer Technologieentwicklungszeiten zu lösen, entwickeln Firmen häufig Technologie im voraus und bewahren sie in einem »Technologiekühlschrank« auf. Um ein Mißverhältnis zwischen dem, was im Kühlschrank ist, und dem Bedarf neuer Produkte zu vermeiden, muß die Vorausentwicklung sich abzeichnende Produktkonzepte erahnen. Technologieinputs in die Konzeptentwicklung zu managen ist eine Frage der Verbindung neuer Technologie mit zukünftigen Produkten an beiden Enden der Vorausentwicklung – zunächst Vorausentwicklung mit Blick auf zukünftige Produkte auszurichten und dann die Produktmanager an die Ergebnisse dieser Entwicklung gebunden zu halten.

Management des Konzeptentwicklungsprozesses

Konzeptschöpfung ist ein kognitiver Prozeß, der an einzelne Personen gebunden ist. Bei der Konzeptentwicklung kommt es darauf an, die individuelle Kreativität mit der Notwendigkeit eines Konsenses der Gesamtorganisation in Einklang zu bringen. Auf der Ebene des einzelnen ist die wichtigste Frage: »Wer ist dafür verantwortlich?« Wir haben drei Alternativen gesehen:

1) Spezialisten eines Bereichs, etwa Marketing oder Vorausentwick-

112

lung, für die Konzeptentwicklung sämtlicher Modelle verantwortlich zu machen. Dies hilft, gleichförmige Konzeptqualität für alle Modelle zu erreichen, aber der Übergang zu nachgeschalteten Funktionen leidet, wenn die Spezialisten nur die Konzeptvorschläge weiterreichen und sich nicht mehr weiter um das Projekt kümmern.

2) Produktplaner (üblicherweise bei Marketing, aber gelegentlich auch in der Entwicklung) spezialisieren sich auf Konzeptentwicklung für einzelne Modelle. Das mag angebracht sein bei Firmen, die eine Anzahl differenzierter Produkte für Nischenmärkte anbieten wollen, aber weil das Problem der schwachen Kontinuität zu nachgeschalteten Bereichen fortbesteht, können aus guten Konzepten mittelmäßige Produkte werden, die zu spät auf den Markt kommen.

3) Die Verantwortung für das Konzept liegt bei einem Produktmanager. Wenn Produktmanager engen Kontakt zum Markt haben, ist dieses Vorgehen von Vorteil in einem turbulenten Umfeld. Wenn der Produktmanager eine tragende Rolle beim weiteren Werdegang des Produkts spielt, wird die Verbindung zwischen Konzept und nachgeschalteten Aktivitäten gut aufrechterhalten. Auf der Negativseite ist es schwierig, Corporate Identity und Konzeptkonsistenz über viele Modelle hinweg zu gewährleisten.

Die zentrale Herausforderung für den Prozeß der Konzeptentwicklung ist es, die richtige Balance zwischen Führung und individueller Kreativität zu finden und dabei andere Bereiche möglichst tief einzubinden. Ein Produktkonzept entwickeln kann nach unserer Informationskarte heißen, alle nachgeschalteten Aktivitäten einzubeziehen – Konstruktion und Entwicklung, Komponentenauswahl, Styling, Herstellbarkeit, Produktionsrahmenbedingungen, Kostenannahmen, Vermarktbarkeit usw. Weil diese sich auf die Kundenzufriedenheit auswirken, ist es wünschenswert, Vertreter dieser Aufgabenfelder in den Konzeptentwicklungsprozeß einzubeziehen (d. h. spätere Information vorwegzunehmen). Die Belange der nachgeschalteten Bereiche zu vernachlässigen kann Desaster heraufbeschwören. Zu starke Einmischung von unten zu einem zu frühen Zeitpunkt kann andererseits die Kohärenz und die Originalität von Produktkonzepten gefährden. Verhandlungen und Kämpfe zwischen starken Bereichen können zu politischen Kompromissen und Flickwerklösungen führen, die ein Konzept seines eigenständigen Charakters berauben. Viele der von uns interviewten Projektleiter sagten, daß Demokratie ohne klare Führungsverantwortung der Hauptfeind charaktervoller Produkte ist.

Viele Firmen unterscheiden zwischen Beteiligung der Bereiche und Konzeptführerschaft. Einige Hersteller gaben einer Sonderfunktion meist innerhalb von Marketing die Verantwortung für Konzeptentwicklung mit minimaler Beteiligung anderer Funktionen. Andere begannen ein Projekt mit Bereichsverhandlungen auf hoher Ebene. Im ersten Fall leidet die Kongruenz zwischen Konzept und Produkt, im zweiten Fall die Klarheit des Konzepts.

Andere Firmen haben starke Konzeptführung mit starker Einbeziehung der Bereiche verbunden. In einem Unternehmen bekommt eine kleine Gruppe von Konzeptentwicklern ca. sechs Monate Zeit, um ein Produktkonzept oder einen -plan zu erarbeiten, bevor die Verhandlungen mit den Bereichen beginnen. Das ergibt eine Reifezeit, in der der Konzeptführer seinen Konzeptembryo hätscheln kann. Eine andere Firma bildet ein multifunktionales Konzeptteam, das die Bereiche von Anfang an stark einbezieht, aber gibt dem Konzeptschöpfer eine klare Führungsrolle. Besonders während der ersten Monate eines Projekts scheint klare Konzeptführerschaft, gepaart mit weitgehender Einbindung anderer Bereiche, ein wichtiger Aspekt der Konzepterstellung zu sein.

Produktplanung

Ein vollständiges Produktkonzept muß in schrittweise detailliertere Spezifikationen übersetzt werden – einschließlich Kosten- und Leistungszielen, Komponentenauswahl, Styling und Gesamtentwurf –, bevor die Detailkonstruktion beginnen kann. Diese Stufe, die die Brücke zwischen Konzept und Konstruktion und Entwicklung darstellt, wird meist Produktplanung genannt. Die Genehmigung des Produktprogramms durch die Geschäftsleitung am Ende dieser Stufe stellt den Beginn der eigentlichen Entwicklungsarbeit dar.

Zwei Anforderungen müssen erfüllt werden, um erstklassige Ergebnisse bei der Produktplanung zu erzielen. Erstens müssen Spezifikationen, Komponentenauswahl, Styling und Layout die Absicht des Produktkonzepts genau widerspiegeln. Weil das Produktkonzept eigentlich eine Aussage darüber darstellt, was Kunden attraktiv finden, bedeutet die Übereinstimmung von Produktplänen mit dem Produktkonzept, daß externe Konsistenz erreicht wurde.

Interne Konsistenz – die Verträglichkeit von Spezifikationen, Komponentenauswahl, Styling und Layout – ist gleichfalls wesentlich. Beide zusammen zu erreichen ist nicht einfach, wie das folgende Beispiel zeigt.

Planung einer Familienlimousine

Eine führende japanische Automobilfirma wollte eine charakteristische Limousine herstellen. Das Fahrzeugkonzept umfaßte maximalen Raum und beste Sicht für die Passagiere, minimalen Raum für die Technik, breite und niedrige Karosserie für die Ästhetik, überragendes Handling und niedrige Betriebskosten. Im Styling übersetzten die Designer das Konzept in eine sehr niedrige Haube, die die Auswahl der Radaufhängung einschränkte. Gängige Aufhängungen, wie das McPherson-Federbein, kamen nicht in Frage. Die Lösung, eine Doppelquerlenkeraufhängung (niedrig und hervorragende Straßenführung unter normalen Bedingungen), war teuer und überstieg die Kostenziele. Zusätzlich verbrauchte die Aufhängung horizontalen Raum, was den Motoreinbauraum verengte. Es gab noch andere Konflikte. Die Lösung des Gegensatzes zwischen geringerem Fahrzeuggewicht und steiferer Karosserie (aus Stabilitätsgründen) ergab eine komplexe innere Karosseriestruktur, die dünnere Bleche verwendete, die ebenfalls den Motorraum nach innen drückten. Für die Fahrgastzelle bedeutete die niedrige Haube gute Rundumsicht und eine größere Glasfläche, die eine stärkere Klimaanlage bedingte. Dies wiederum erforderte zusätzliche Motor-kW, um die Leistungsziele einzuhalten. Der lange, niedrige Fahrgastraum erzwang eine Frontantriebsauslegung mit dem Motor am vorderen Ende, wodurch sich eine Gewichtsverteilung ergab, die das Handling beeinträchtigen konnte, wenn der Motor nicht extrem leicht war. Ein leichter, kompakter Hochleistungsmotor mußte eigens deshalb entwickelt werden – eine relativ teure Lösung.

Bei der Produktplanung gibt es ein kompliziertes Gewebe von Anpassungen zwischen Konzept, Spezifikationen, Komponentenauswahl, Kostenzielen, Layout und Styling. Das Planen eines neuen Autos ist wie das Lösen eines riesigen simultanen Gleichungssystems. Organisationskonflikte und schwierige Verhandlungen sind unvermeidlich. Im Falle der Familienlimousine war die Höhe der Haube der Hauptstreitpunkt. Stylisten und Konzeptführer wollten sie niedriger, Motorkonstrukteure verschoben sie nach oben, Karosseriekonstrukteure beanspruchten Platz für Verstrebungen dazwischen. Die Höhe ging während dieser Auseinandersetzung buchstäblich um Millimeter nach oben oder unten. Es gab viele weitere Konfliktfelder zwischen Baugruppenkonstrukteuren, Designern, Produktmanagern, Testern, Controllern, Werksleitern, Preßwerkzeugkonstrukteuren und anderen.

Um interne und externe Konsistenz am Ende der Produktplanung zu erzielen, ist eine enge Abstimmung und Kommunikation unter den Planungsstellen – und zwischen Planungsstellen und Konzeptschöpfern – wichtig. Wie eine Firma die Aufgaben und Verantwortlichkeiten aufteilt, hat großen Einfluß auf die Produktintegrität. Drei Bereiche sind besonders kritisch: Styling, Layout und Komponentenauswahl.

Styling

Styling von Karosserie und Innenraum wird meist von verschiedenen Designabteilungen durchgeführt, die aus Industriedesignern, Modellierern, Technikern und Ingenieuren für Aerodynamik und Ergonomie bestehen. Der Stylingprozeß ist eine Kette von Problemlösungsschleifen, in denen die Designer Ideen, die in zwei Dimensionen ausgedrückt sind (wie Skizzen, Perspektivzeichnungen und Linienzeichnungen) in drei Dimensionen übersetzen (Ton- oder Plastikmodelle). Stylinginformationen werden letztlich als CAD-Daten gespeichert, die für die Karosserieentwicklung verwendet werden.

Wie andere Elemente der Produktplanung spielt das Design eine wichtige Rolle als Brücke zwischen Konzept und Detailkonstruktion. In dieser Rolle hängt die Effektivität von den Verbindungen zu Konzeptentwicklung und Konstruktion ab. Konzeptseitig verlangen Kundenerwartungen feste Integration von Designthema und technischen und Marketing-Konzepten, wodurch das Design ein integraler Bestandteil des Gesamtfahrzeugkonzepts wird. Die geforderte Integration zu erreichen ist nicht einfach. Organisatorisch setzt es intensive Zweiwegekommunikation zwischen Konzeptentwicklern und der Designgruppe voraus, um die Absichten beider Seiten von Beginn des Projekts an präzise zu reflektieren. Während des Austausches kommt es auf Genauigkeit der Konzept-Design-Kommunikation an. Während ein Produktkonzept abstrakt und verbal ist, ist Styling durch und durch visuell, dreidimensional und schwer in Worten darzustellen. Weil es unmöglich ist, feine Nuancen eines Konzepts durch schriftliche Dokumente auszudrücken, sind häufige persönliche Kontakte notwendig. Die Wahl von geeigneten Schlüsselausdrücken kann hierbei genauso hilfreich sein wie eine kurze Beschreibung des gewünschten Produktimages. Die Designer müssen sich mehr um den Geschmack der Kunden kümmern als um den ihrer Vorgesetzten. Kurz, Konzeptschöpfer und Designer müssen dieselbe Sprache sprechen, trotz organisatorischer Hürden.

Seitens der Produktentwicklung ist es wichtig, auf den Grad der

Differenzierung zwischen Designern und Konstrukteuren zu achten. Designer sind oft in Designstudios organisiert, wo jeder einer speziellen Produktkategorie oder Marke zugeordnet ist. Einige regionale Unterschiede gibt es hierbei. Designabteilungen in den USA heben sich stark von den Konstrukteuren ab hinsichtlich Sprache, Haltung, Kleidung und Lebensstil. Konstrukteure arbeiten typischerweise in kleinen, ausdruckslosen Büros, Verschlägen und Labors, während Designer in einer künstlerisch ausstaffierten Umgebung gleich einem inneren Heiligtum arbeiten. In Europa arbeiten Designer und Ingenieure viel enger zusammen. Dieser regionale Unterschied scheint auf unterschiedliche Traditionen im Automobilentwurf zurückzugehen. In Europa hat die Bauhaus-Philosophie (Form folgt Funktion) ein engeres Verhältnis zwischen Design (Form) und Technik (Funktion) nahegelegt; in den USA gab der jährliche Modellwechsel dem Styling eine selbständige Rolle, und die übliche Technik von Karosserie-auf-Chassis machte es auch unabhängig von der Entwicklung. In Japan begann die Designfunktion als Teil der Karosseriekonstruktion und wird heute wie jede andere Ingenieurabteilung behandelt.

Layout

Layout oder Packaging bezieht sich auf den Raumaufteilungsplan für mechanische Komponenten, Karosseriestrukturen, Gepäck und Passagiere. Layout und Styling sind so eng verbunden wie Haut und Knochen. Layout beginnt mit der Grundauslegung der Aggregate (z. B. Frontantrieb) und Hauptabmessungen (wie Radstand, Hüftpunkt, Höhe und Scheibenneigung), gefolgt von Verfeinerungen um das Skelett herum.

Obwohl nicht so sichtbar wie Styling, hat Layout eine entscheidende Auswirkung auf die Persönlichkeit eines Autos. Eine geringe Veränderung des Sitz- und Zellenlayouts kann den Eindruck des Fahrers von Geräumigkeit, Sichtverhältnissen und Fahrgefühl gewaltig ändern. Kleine Veränderungen der Schwerpunktlage des Motors zur Vorderachse können die Handling-Eigenschaften ändern. Layout als direkter Ausdruck des Gesamtfahrzeugkonzepts in physikalischen Begriffen ist deshalb sogar noch wichtiger als Styling. Deshalb geht das Grundpackaging in den meisten Firmen dem Styling voraus.

Wenn das Layout die Grundproduktbotschaft und -philosophie vermittelt, kann es großen Einfluß auf das langfristige Schicksal eines Produkts haben. Der Erfolg einiger legendärer europäischer Modelle wie des Käfers, der Ente und des Golfs kann zum Teil deren innovativem

Packaging zugeschrieben werden, und smartes Layout war lebenswichtig bei der Entwicklung der japanischen Kleinstwagen, die um einen zusätzlichen halben Zentimeter Bein- oder Kopffreiheit konkurrieren. Der Hauptvorteil von Chryslers erfolgreichem Minivan scheint mehr sein Layout zu sein (z. B. sein niedriger Boden) als Styling oder Fahrleistungen. Ein Fahrzeug kann wegen seines Layouts untergehen oder überleben; es gibt Fälle, in denen schlechtes Packaging mehr als alles andere den Ruf eines Produkts geschädigt hat.

Zuordnung der Layoutverantwortung besonders für die Grundauslegungen ist also eine wichtige organisatorische Entscheidung. Einige Firmen machen den Konzeptschöpfer für das Grundlayout verantwortlich, eine Konstellation, die die Beziehung Konzept – Layout betont. Andere, besonders japanische Firmen machen den Produktmanager für das Packaging verantwortlich. Dieses Arrangement betont die Rolle des Layouts als ein Mittel der Koordination zwischen den Aggregaten. In wieder anderen Firmen übernimmt eine Gruppe im Design die Verantwortung für das Basispackaging. Hierdurch wird die enge Abhängigkeit von Styling und Layout unterstrichen. Schließlich kann Layout auch von einer speziellen Entwicklungsgruppe, etwa in der Vorausentwicklung oder Karosseriekonstruktion, ausgeführt werden.

Komponentenauswahl

Weil Produkttechnologie meist in die Hauptaggregate eingebettet ist, sind Baugruppenentscheidungen zugleich auch Technologieentscheidungen. Drei Arten von Entscheidungen – neues oder vorhandenes Teil, Fremdbezug oder Eigenentwicklung und Technologieauswahl für die Komponenten – beeinflussen die Wettbewerbsfähigkeit des Produkts durch eine Vielzahl von Abwägungen. Die Verwendung vorhandener Teile (d. h. von anderen Modellen oder von Vorgängern übernommen) spart Werkzeug- und Entwicklungskosten und verringert Zuverlässigkeitsprobleme. Aber sie kann auch eine suboptimale Lösung aus Sicht des Gesamtfahrzeugs bedeuten und dadurch die Entwurfsqualität in Frage stellen. Ähnlich kann die Verwendung von Entwicklungskräften eines Zulieferers zwar zu erhöhter Komponentenentwurfsqualität und niedrigerer Arbeitslast führen, aber auch zu einem Verlust an technischen Fähigkeiten, und bezogen auf Kerngebiete kann das die Verhandlungsposition gegenüber Zulieferern schwächen.

Als Beispiel der Abwägungen, die bei der Komponententechnologie getroffen werden müssen, mag die Auswahl einer Hinterradaufhängung dienen. Einzelradaufhängungen sind heute genauso üblich geworden wie die herkömmliche Starrachse. Unter ihnen bietet die Schräglenkerachse den Vorteil verringerter Straßengeräusche und der Flexibilität bei der Feinabstimmung; das leichte McPherson-Federbein bietet bestes Handling, verbraucht aber viel vertikalen Einbauraum; Doppelquerträger bieten die beste Straßenführung, sind aber schwer und teuer. Die Auswahl der geeigneten Technik hängt von Gesamtfahrzeugkonzept, Kostenzielen, Antriebsauslegung, Packaging und Styling ab. Weil Konstrukteure und Versuchsingenieure an der Komponentenauswahl beteiligt sind, sind Konflikte an der Tagesordnung, weil jede Gruppe andere Gesichtspunkte betont. Die Führungsfähigkeit der Konzeptentwickler und die Kundenorientierung der Ingenieure sind entscheidend für die Beilegung dieser Konflikte.

Das Netz der Kompromisse und der Koordinierung zwischen den vielen Aspekten eines gesamten Fahrzeuges ist komplex. Zielvorgaben, Spezifikationen, Layout, Styling und Komponentenauswahl müssen gleichzeitig optimiert werden. Autohersteller müssen effizient und schnell zu einer Integration des Gesamtfahrzeugs kommen – sowohl intern auch als extern. Konzeptführerschaft, intensive Kommunikation und Kundenorientierung sind der Schlüssel für Effektivität auf dieser Stufe.

Produktentwicklung

Wenn ein Produktplan die Zustimmung des Vorstands erhält (manchmal etwas früher), fängt die eigentliche Produktentwicklung an. Zu diesem Zeitpunkt ist schon viel Arbeit an der Produktarchitektur geleistet worden. Ein Plastikmodell wurde genehmigt, die Attrappen der Innenraumgestaltung sind fertig, Kosten- und Leistungsziele liegen fest, die Gesamtauslegung des Fahrzeugs steht, und die Hauptkomponenten sind ausgewählt. Es könnte so aussehen, als ob die Produktentwicklung den Plan nur noch auszuführen bräuchte.

Wäre es so einfach, gäbe es weit weniger Spannung und Druck bei der Entwicklung. Doch so ist es nicht. Was auf den ersten Blick wie eine wohlausgefeilte, fest etablierte Architektur aussieht, besteht oft nur aus einem groben (vielleicht sogar vagen) Produktkonzept und einem Satz unausgegorener Spezifikationen und vieler, oft gegenläufiger Ziele, die schwer zu realisieren sind. Das Produkt ist unweigerlich komplex, und der Planungsprozeß, unbeschadet seines Detaillierungsgrades, deckt kaum alle potentiellen Konflikte und Probleme im voraus auf. Eine Forderung wie »Die Tür des neuen Luxuswagens soll beim Schließen ein Gefühl von Solidität und Sicherheit vermitteln« mag schwer zu erfüllen sein und erfordert technisches Fachwissen und viele Verhandlungen mit Ingenieuren, die an Karosserie, elektrischen Systemen, Preßteilen und Montage arbeiten. Obgleich die Planung die generelle Richtung und die Architektur vorgibt, bleiben noch genügend Konfliktstoff und die Suche nach Kompromissen bei Komponenten und Subsystemen für die Produktentwicklung übrig.

Organisation der Produktentwicklung

Alle Firmen organisieren ihre Produktentwicklung in ähnlicher Weise. Sie basieren ihre Produktentwicklungsentscheidungen auf einer Reihe von »Konstruieren-Herstellen-Testen«-Schleifen, deren Bestandteile in der Branche fast identisch sind: Detailzeichnungen werden für jede Komponente (und für größere Systeme) erstellt; Prototypteile und -fahrzeuge werden anhand vorläufiger Zeichnungen gebaut; die Prototypen werden gegen die Zielvorgaben getestet; die Tests werden ausgewertet und die Entwürfe bei Bedarf modifiziert. Dieser Kreislauf wiederholt sich, bis akzeptable Ergebnisse erreicht werden.

Um die Komplexität zu managen, unterteilen die Firmen die Projekte in überschaubare Teile. Auf der Fahrzeugebene wird unterteilt nach Eigenentwicklungsgruppen, Ingenieurbüro und Zulieferer. In den Eigenentwicklungsgruppen ist die Entwicklung nach Prozeßstufe und Baugruppe organisiert. Konstruktion und Versuch sind allgemein getrennt; Karosserie, Chassis und Antriebsstrang sind normalerweise getrennte Abteilungen. Die jeweilige Abteilungsorganisation reflektiert die Betonung von zwei möglichen Prinzipien: die Spezialisierung nach Konstruktion und Versuch oder deren Vereinigung in Baugruppenabteilungen. Weitere Spezialisierung findet auf der Arbeitsebene statt. Die einzelnen Ingenieure sind einer Entwicklungsstufe oder einer Baugruppe zugeteilt. In Europa gibt es die Unterscheidung zwischen examinierten Ingenieuren, die nur die Entwürfe machen, und »Technischen Zeichnern«, die als Techniker nur zeichnen. Spezialisierung nach Prozeßstufen (z. B. Entwurf, Detailkonstruktion, Test, Analyse) ist üblich. In japanischen Firmen dagegen gibt es solche Spezialisierungen nur selten. Dort beginnen die Jungingenieure/Techniker (eine klare Unterscheidung gibt es nicht) alle am Reißbrett, unbeschadet des Ausbildungsniveaus, und arbeiten sich im Laufe der Jahre zu Einzelteil- und Baugruppenkonstrukteuren hoch.

Enge Spezialisierung nach Komponenten, die technisches Tiefenwissen fördert, aber die Koordinierung des Gesamtfahrzeugs erschwert, ist in Europa und den USA üblich. Überspezialisierung von Ingenieuren in einigen Firmen (z. B. auf die linke hintere Heckleuchte) hat zu Abstimmungsschwierigkeiten, Doppelarbeit und Mangel an Kundenorientierung und Gesamtfahrzeugperspektive geführt. Unter den Oberklassenanbietern mit stabilen Produktkonzepten und Komponentenentwürfen hat die enge Spezialisierung nicht der Gesamtfahrzeugorientierung geschadet, aber bei anderen europäischen und den meisten amerikanischen Firmen geht der Trend zu breiterer Verantwortlichkeit, abnehmender Spezialisierung und größerer Betonung der Kundensicht bei den einzelnen Ingenieuren.

Unterschiede bei der Abteilungsorganisation, Aufgabenzuordnung und Spezialisierung sind wichtig, aber kritischer ist die Art, wie die Firmen arbeiten und das Prinzip der Spezialisierung umsetzen. Drei Aspekte der Produktentwicklung – die Verbindung von Konzeptentwicklung und Detailkonstruktion, Prototypenfertigung und Test sowie das Management technischer Änderungen – beleuchten die Wichtigkeit der Implementierung.

Konzeptentwicklung und Produktentwicklung

Weil heutige aufgeklärte Kunden Konzeptintegrität bis zur Ebene der einzelnen Komponenten verlangen, müssen die feinen Nuancen des Gesamtfahrzeugkonzepts in jedes Teil des Produkts eingeprägt werden. Das bedarf enger Zusammenarbeit zwischen Konzeptführern und Produktingenieuren, einschließlich der für Komponenten und Test zuständigen. Doch enge Beziehungen zwischen Konzeptschöpfern und Ingenieuren der Arbeitsebene sind selten. Ohne einen Prozeß- oder einen starken Produktmanager, der diese Verbindung herstellt, werden sie schwach bleiben. Obwohl Produktmanager routinemäßig aus Koordinierungsgründen Kontakte mit Produktentwicklungsstellen pflegen, was die Kommunikation zwischen Konzept- und Produktentwicklung erleichtern sollte, ist doch der direkte Kontakt zwischen Produktmanager und der Basis unüblich. Üblicher ist der indirekte Kontakt über Verbindungsingenieure.

Gute Integration von Konzept und Produktdetail läßt sich auf zwei Arten erreichen: durch Projektleiter oder durch Entwicklungstradition.

Integration durch den Projektleiter erwächst durch direkte Intervention auf der Arbeitsebene. Bei kritischen Fragen wie Abstimmung der Radaufhängung sind starke Produktmanager oft direkt an Konstruktionsdetails und Tests beteiligt. Ein Produktmanager benutzte Meinungsverschiedenheiten über Komponentenkonstruktion als Gelegenheit, um mit den Ingenieuren über seine Konzepte zu sprechen. Diese direkte Kommunikation half Konzeptführern in dieser Firma, Produktintegration auf Detailebene zu erreichen.

Sich über Konzepte auszutauschen ist auch wichtig beim Testen, besonders für die Marktakzeptanztester, die das Gesamtfahrzeug aus Kundensicht bewerten. Dabei müssen die Tester genauso repräsentativ sein wie die Prototypen. »Ein gutes Auto kann nicht ohne Testingenieure entwickelt werden, die den Geschmack unserer Zielkunden direkt nachempfinden«, sagte uns der Versuchsleiter einer Firma. »Mein Grundsatz ist es, nur diejenigen in dem Testteam für ein Produkt zu behalten, die sich voll mit dem Produktsystem identifizieren.« Zusätzlich zu den Marktkontakten und der Kundenorientierung müssen Marktakzeptanztester ihre Ansichten über Kundenerwartungen den Konzeptführern mitteilen.

Die zweite Art von Integration, Entwicklungstradition, ist mehr verbreitet unter den Oberklassenherstellern. Weil Produktkonzepte und Entwicklungsphilosophie über Generationen und Modelle hinweg stabil sind, haben die ausführenden Ingenieure bereits ein Gefühl für das Image der Firmenprodukte und die Weise, auf die die gewünschte Leistung erreicht wird. Das ermöglicht Produktintegrität ohne übermäßige Betonung der Kommunikation zwischen Konzept und Entwicklung, genau wie ein erfahrenes Orchester mit kleinem Repertoire gute Musik bei minimaler Beteiligung des Dirigenten hervorbringt. Firmen, die enge Bindung zwischen Konzept und Entwicklung brauchen, lassen sich mit einem Orchester vergleichen, das ein breites, sich änderndes Repertoire hat, bei dem es auf die aktive Einbindung des Dirigenten ankommt, um konzeptionelle Integrität seiner Musik zu erzielen.

Prototypbau und -test

Nachdem die Konstrukteure ihre Detailkonstruktionen fertiggestellt haben, ist der nächste Schritt der Produktentwicklung der Bau und Test von Prototypfahrzeugen. Prototypbau beginnt mit der ersten Freigabe von Teilezeichnungen und geschieht meist in zwei bis drei Blöcken – Serien von Prototypen je Version der Freigabe. Sowie die Prototypen des ersten Blocks fertiggestellt sind, beginnt die Erprobung. Testergebnisse werden an die Konstruktion zurückgeleitet, wo die Änderungen für den nächsten Block gemacht werden.

Obwohl heute Bau und Test von Prototypen durch Computer-aided Engineering (CAE)-Simulationen unterstützt werden, machen die steigenden Kundenanforderungen eine Beurteilung der Gesamtfahrzeugqualität am physischen Modell notwendiger denn je. Geschwindigkeit, Effizienz und Wirklichkeitstreue der Prototypen und deren Erprobung sind wesentlich für das Erkennen von technischen Problemen und die rechtzeitige Verbesserung der Entwurfsqualität, bevor technische Änderungen teuer werden.

Typische Probleme mit Prototypen erinnern an die Erfahrung von Richard III. mit einem Hufnagel seines Pferdes: Wegen mangelnder Disziplin bei der Freigabe von Zeichnungen und verspäteter Auslieferung der Teile sind die ersten Prototypen spät und unsauber gefertigt. Mangels guter, rechtzeitig verfügbarer Prototypen stehen die Tests unter Zeitdruck, sind unvollständig und wenig repräsentativ. Mangels gründlicher Tests bleiben wiederum Konstruktionsprobleme unentdeckt. Oft stellen die Firmen dann auch nicht die vertikalen Verbindungen mit dem Informationsgewebe her, die die Prototypwerkstatt mit der Serienproduktion verknüpfen. Prototeile werden von Spezialfirmen angefertigt, die nichts mit den Zulieferern für die laufende Produktion zu tun haben. Deshalb werden potentielle Produktionsprobleme, die man bei der Prototypherstellung festgestellt hat, selten an die Produktion weitergegeben. Firmen, die die Prototypfertigung nicht so managen, daß sie daraus für die Serienprozesse lernen, vergeben eine goldene Chance, Produktionsprobleme frühzeitig zu lösen.

Ohne Prototypen, die die Konstruktionsabsicht verkörpern, ohne effektive und gründliche Tests und mit schwachen Verbindungen zwischen Prototypen- und Serienfertigung bleiben viele Konstruktions- und Produktionsmängel unerkannt bis zur Pilotserie oder gar dem Serienanlauf. Daraus ergeben sich größere technische Änderungen gegen Ende des Projekts, die die Entwicklungskosten in die Höhe treiben, den Produktionsanlauf und die Markteinführung verzögern und zu einer Fülle von Feldproblemen, Gewährleistungsansprüchen und Rückrufaktionen führen. Das Ansehen des Produkts und die Verkäufe leiden, und als Folge der Beseitigung der Produktionsmängel steigt die Stillstandszeit des Werkes.

Mindestens zwei Managementansätze gibt es für Prototypbau und -test, die auf unterschiedlichen Philosophien und Annahmen basieren. Der eine stellt die Prototypfertigung in den Mittelpunkt des Problemlösungszyklus, wo sie nicht nur die Konstruktion validieren, sondern auch Probleme offenlegen kann, die sich vor Serienanlauf beseitigen lassen. Bei diesem Ansatz sind Disziplin und Schnelligkeit Schlüssel für hohe Leistung. Er erfordert Disziplin bei der Zeichnungsfreigabe und Prototypbeschaffung, rechtzeitige Fertigstellung der ersten Prototypen, Bau und Erprobung vieler Prototypen, früheres und schnelleres Durchführen der Tests, schnellstmögliche Einführung von Konstruktionsverbesserungen, Sicherstellen, daß Prototypen die Konstruktion widerspiegeln und einigermaßen repräsentativ für Fehlersuche sind, daß die Produktionslieferanten die Prototypen herstellen, Erleichterung der Kommunikation und des Wissensaustausches zwischen Prototyp und Serie und Lösen größerer Produkt- und Produktionsprobleme vor Serienanlauf.

Der zweite Ansatz, gerne von europäischen Oberklassenherstellern angewandt, zielt auf Perfektion ab: Bau von Prototypen extrem hoher Qualität und in großer Zahl; hochqualifizierte Tester führen gründliche Tests durch und machen Zeichnungsfreigabe abhängig von ihrer Genehmigung; keine Abstriche am Produkt zugunsten der Produktion.; »Prototypen sind genauere Abbilder der Spezifikationen als die laufende Serie«, sagte ein Leiter der Produktionsvorbereitung. »Nachdem die Prototypen gebaut sind, lehren die Prototypwerkstattwerker die Produktionsarbeiter, wie das Auto zu bauen ist.« Trotz seiner sehr hohen Entwurfsqualität ist dieser Ansatz wegen des hohen Kosten- und Zeitaufwandes nur für Oberklassenhersteller eine Alternative.

Technische Änderungen

Technische Änderungen – Änderungen an Teilen oder Zeichnungen, die bereits freigegeben sind – sind mehr die Regel als die Ausnahme bei der Produktentwicklung. Einige Änderungen (z. B. Korrekturen von Zeichnungsfehlern) sind unnötig und sollten vermieden werden, aber viele andere sind wichtig zur Produktverbesserung. Anstrengungen, sie ganz abzustellen, sind weder wünschenswert noch realisierbar. Wichtiger ist es, Inhalt, Termine und Änderungsmethoden besser zu managen.

Einige Firmen, besonders in den USA und Europa, managen den Änderungsprozeß mit Blick auf Risiko und Kosten. Sie entwickeln aufwendige Prozeduren, die viele Unterschriften erfordern, bevor eine Änderung durchgeführt werden kann. Aber bei einem komplexen Produkt und vielen Änderungen wird solch ein System unhandlich und ineffizient, wenn zusätzliche Leute und mehr Strukturen gebraucht werden, um Verwirrung und Komplexität in den Griff zu bekommen.

Wir fanden eine andere Vorgehensweise, besonders in Japan. Die Vorstellung, daß japanische Hersteller ihre Konstruktionen nach der Produktionsfreigabe nicht ändern, ist ein Mythos. Unsere Vergleichsstudie zeigt, daß das typische japanische Projekt fast genauso viele Änderungen erfährt wie sein westliches Äquivalent. Die Unterschiede in der Vorgehensweise liegen nicht in den Zahlen, sondern in Inhalt und Methode. Prozeduren sind weniger bürokratisch und mehr auf schnelle Durchführung als auf Prüfung und Abgleich ausgerichtet. Dieses Vorgehen legt Gewicht auf früh statt spät, sinnvoll statt unnötig und schnell statt langsam. Ingenieure ändern früher, wenn Kosten und Termindruck noch relativ niedrig sind. Sie reduzieren die Zahl der Änderungen, die auf mangelnde Sorgfalt und schlechte Kommunikation zurückgehen, so daß die letztlich durchgeführten Änderungen den Produktwert erhöhen. Wenn eine Änderung nötig wird, agieren die Konstrukteure schnell und verhandeln formlos auf Arbeitsebene, um unnötigen Papierkrieg zu vermeiden.

Produktionsvorbereitung (PV)

Konstruktionsinformation wird in der Stufe der Produktionsvorbereitung in Informationswerte überführt – die Werkzeuge, Einrichtungen, Prozeßsteuerungssoftware, Fertigkeiten der Werker und standardisierte Verfahrensanweisungen, die in den Produktionsprozeß eingebracht werden. Produktionsvorbereitung gehört allgemein zum Produktionsbereich und ist deshalb organisatorisch getrennt von der Produktentwicklung (obwohl es Versuche gegeben hat, die beiden auf niederen Ebenen zusammenzuführen). Produktionsvorbereiter sind meist nach Fertigungsprozessen organisiert – z.B. Guß, Zerspanung, Verformung, Schweißen, Lackieren und Endmontage – und unterschiedlich in Werken, technischen Zentren, bei Produktingenieuren oder der Zentrale angesiedelt.

Produktionsvorbereitung wie Produktentwicklung besteht aus einer Reihe von Entwerfen-Bauen-Prüfen-Zyklen. Gewöhnlich fängt sie mit einem Gesamtproduktionsplan an. Dann werden Pläne für die einzelnen Prozesse (wie Karosserierohbau) entwickelt, die Werkzeuge und Einrichtungen konstruiert und ein Pilotlauf durchgeführt.* Im Anschluß an

---

* Der Plan für das gesamte Produktionssystem – einschließlich Fabrikzuordnung, Outsourcing, Investition und Belegschaftsplan – ist noch Teil der Produktentwicklung. PV beginnt mit der Planung einzelner Prozesse.

Änderungsdurchläufe und Verbesserungen der Produkt-Prozeßdetails wird der Übergang zur Serienproduktion genehmigt (das wird manchmal »sign-off« genannt), und die Serienfertigung (oft »job one« genannt) beginnt – meist einige Monate vor Verkaufsbeginn, um mit den ersten Produktionsfahrzeugen die Verteiler-Pipeline zu füllen. Weil die Produktionsvorbereitungen das Bindeglied zwischen Produkt und Fabrik darstellt, enden Spannungen, die sich aus gegenläufigen Forderungen nach Produktleistung und Produktionsvereinfachung ergeben, oft in Entscheidungen über den Prozeß. Und bis die Produktionsvorbereitung voll angelaufen ist, taucht der Termin der Markteinführung, den die Geschäftsführung oft als wirkliche »Deadline« ansieht, als Schreckgespenst am Horizont auf. Die Wirksamkeit der PV hängt so in gleichem Maße von der Fähigkeit des Dialogs mit Konstrukteuren und der Fabrik wie von technischen Fähigkeiten ab. Drei Themen kennzeichnen die Art der Interaktion: Simultaneous Engineering von Produkt und Prozeß, Kommunikation und Konfliktlösung zwischen Konstruktion und PV und das Zusammenführen von Prozeßentwicklung und Serienproduktion während des Anlaufs.

Simultane Produkt- und Prozeßentwicklung

Auf Arbeitsebene haben Firmen Entscheidungsmöglichkeiten über den Grad der Gleichzeitigkeit von Produkt- und Prozeßentwicklung. Nehmen wir als Beispiel den Prozeß von Entwurf, Fertigung und Montage von Heckleuchten. Die PV ist logischerweise der Konstruktion nachgeschaltet; eine Möglichkeit für die Ingeniere besteht darin, den Prozeß zu entwickeln, nachdem die Konstruktion abgeschlossen ist. Bei dieser sequentiellen Anordnung benutzen die Fertigungsingenieure die fertige Konstruktion als Eingabe und suchen Wege der Fertigung der Linsen und Leuchtengehäuse und deren Befestigung an der Karosserie. Nacheinander vorzugehen vermeidet Komplikationen durch technische Änderungen und läßt die Ingenieure sich auf ihre Fachgebiete konzentrieren, erfordert aber beachtlichen Zeitaufwand.

Eine andere Möglichkeit ist, an Produkt und Prozeß parallel zu arbeiten. Obwohl hierdurch die Zeit verkürzt werden kann, setzt es die PV-Ingenieure dem Risiko von Fehlern und Ineffizienz aus. Durch einen frühen Beginn können die Formen für die Kunststofflinsen früher fertig werden, aber spätere Änderungen der Linsenkonstruktion können zu Nacharbeit und Verschrottung führen, wodurch Kosten steigen und die Produktion verzögert werden können. Bei extremen Nacharbeitsproblemen kann Parallelarbeit genauso lang dauern wie sequentielles Arbeiten, oder gar länger.

Parallelarbeit unterstreicht die Wichtigkeit von Koordinierung und Kommunikation zwischen Konstruktion und PV. Die Konstruktion muß die Konsequenzen ihrer Entwürfe für die Fertigung verstehen, und die PV muß Grenzen und Möglichkeiten von Prozessen klarstellen und ein gutes Maß an Flexibilität für unvermeidliche technische Änderungen entwickeln.

Obwohl leichte Herstellbarkeit zu besserer Produktqualität und niedrigeren Kosten führen kann, kann ihre Überbetonung ohne gleichzeitige Flexibilität in der Geisteshaltung und den Fertigkeiten der Prozeßingenieure die Wettbewerbsfähigkeit eines Produkts beeinträchtigen. Produktionsvorbereiter träumen von Konstrukteuren, die Herstellbarkeit in einer frühen Entwicklungsstufe voll berücksichtigen und dann den Entwurf einfrieren. Aber ein Prozeßingenieur sagte sinngemäß über diesen Traum: Wenn die Stimme der Fertigung über die Konstruktion dominiert, dann mag das Auto großartig herzustellen sein, aber schwer zu verkaufen.

Produkt-Prozeßkommunikation und Konfliktlösung

Konflikte zwischen Konstruktion und PV liegen in der Natur der Entwicklung eines Produkts und des Produktionsprozesses. Vielfältige Vorgaben und Beschränkungen sowie Marktunsicherheiten führen zu Meinungsverschiedenheiten selbst zwischen Leuten mit den besten Absichten und Motiven. Die Herausforderung ist, Konflikte zu vermeiden, die auf Mißverständnissen beruhen, und die wirksam zu lösen, die sachlich bedingt sind. Dies erfordert ständige wechselseitige Kommunikation von den frühen Entwicklungsstadien an, einschließlich früher Freigabe von Produktvorabinformation nach unten und frühen Feedback von Produktionstauglichkeit nach oben.

Verbesserung dieser Kommunikation setzt fundamentale Änderungen in den Einstellungen beider Seiten voraus. Der typische Konstrukteur ist ein Produktperfektionist, der an seiner eigenen Konstruktion so lange herumändert, wie es Termine erlauben, der aber von der Produktion erzwungene Änderungen in letzter Minute verabscheut. Der typische Produktionsvorbereiter sieht nur die Herstellbarkeit von Konstruktionen und haßt späte Änderungen, außer denen, die die Fertigung erleichtern.

In einer solchen Atmosphäre formale Kommunikationsmittel einzuführen kann leicht sogar die traditionelle Gegensätzlichkeit der Funktionen verstärken. Von Konstrukteuren z. B. zu verlangen, daß sie Vorabinformationen an die Prozeßingenieure weitergeben, macht ihre Konstruktionsunsicherheit sichtbar. Wenn die Prozeßingenieure darauf mit Vorwürfen wegen häufiger Änderungen reagieren, werden die Konstrukteure zunehmend in die Defensive gedrängt. Aus deren Sicht schafft frühe Kommunikation nur Angriffsflächen und gibt den Prozeßingenieuren Gelegenheit, unter dem Hinweis auf Herstellbarkeit einseitig Bedingungen an die Konstruktion zu stellen. Dies kann die »Sag-ihnen-nichts-zu-früh«-Haltung der Produktentwicklung verstärken. Seitens der PV führt die Vorstellung, daß anfängliche Konstruktionsinformation sich meist noch ändert, dazu, daß man zunächst eine abwartende Haltung einnimmt. Erst eine Grundhaltung von Kundenorientiertheit, gemeinsamer Verantwortung und gegenseitigem Vertrauen schafft die Basis für effektive Kommunikation.

Nur durch sie lassen sich Produkte, die den Kundenvorstellungen entsprechen, rechtzeitig auf den Markt bringen. Produkt-Prozeßkonflikte lassen sich nicht durch abstrakte Argumente über den Nutzen der Kommunikation oder Appelle für die kostengünstigere Fertigung oder Produktfunktionalität an sich lösen. Mehr noch, bei effektiver Kommunikation stehen Konflikte raschem Handeln nicht im Wege. Wenn Konstruktionsfreigaben z. B. verspätet sind, beginnt die PV ihre Arbeit trotzdem, nimmt den Kontakt mit den Inputfunktionen auf, beschafft sich alle verfügbaren Vorabinformationen und übernimmt das Risiko für nachfolgende Änderungen.

Kurz, es kommt darauf an, auf der Arbeitsebene ein gemeinsames Gefühl für die Realitäten des Wettbewerbs und die Erwartungen der Kunden zu vermitteln. Kommunikation ist nichts anderes als die Konsequenz einer derartigen Veränderung der Firmenkultur. Ohne sie bringen Appelle von oben für bessere Kommunikation nur eine Fülle unmotivierter Meetings, die die Ingenieure von ihrer Arbeit abhalten und die Produktivität senken.

Produktionsvorbereitung und Serienproduktion

Konstruktion und Produktionsprozeß treffen sich in der Pilotserienfertigung. Nachdem die Einrichtungen und Werkzeuge abgenommen sind und der Prozeß einen ausreichenden Leistungsgrad erreicht hat, wird der Beginn der Produktion offiziell genehmigt, und die Verantwortung geht von der Konstruktion auf die Produktion über. Aus dieser Folge von

Aktivitäten könnte man auf eine scharfe Trennung zwischen Entwicklung (die mit dem letzten Pilotfahrzeug endet) und der laufenden Produktion schließen.

In Wirklichkeit sind Produktentwicklung und Serienproduktion nicht voneinander zu trennen. Die Randbedingungen der Serienproduktion beeinflussen die Prozeßentwicklung, und ungelöste Konstruktionsprobleme zeigen sich beim Produktionsanlauf. Realistischer gesehen geht die Produktentwicklung stetig in die Produktion über. Das verursacht eine Reihe von Schwierigkeiten, weil die Logistik von Entwicklung und Produktion sehr unterschiedlich ist.

Betrachten wir die Aufgabe, eine neue Konstruktion in Produktion zu bringen. Wenn ein Modell technologisch nicht sehr von seinem Vorgänger abweicht, werden die meisten bestehenden Einrichtungen für das neue Modell übernommen, um Kosten und Fläche zu sparen und bewährte Produktionslinien weitgehend weiter zu nutzen. Das verursacht Probleme in der PV, weil das Vorgängermodell noch läuft, wenn die Pilotserie des neuen Modells beginnt.

Auf drei Arten läßt sich die Pilotfertigung bewerkstelligen. Erstens in einem gesonderten Pilotwerk mit besonderen Fachkräften. Das hat den Vorteil, daß die laufende Produktion möglichst wenig gestört wird, kann aber Probleme verursachen, wenn das Pilotwerk nicht repräsentativ für das Hauptwerk ist. Zweitens durch eine Pilotlinie direkt neben der normalen Produktion im gleichen Werk. Das bringt die Pilotarbeit näher an die Serie heran, kann aber auch mehr Störungen der Serienproduktion verursachen. Die dritte Möglichkeit ist, die Pilotproduktion direkt in die Produktionslinie einzubetten. Firmen, die sich für diese Alternative entscheiden, legen zur Minimierung von Unterbrechungen das Umrüsten auf Wochenenden und in Ferienperioden und machen die Fertigungsstraßen flexibel genug, um gleichzeitig Pilot- und Serienproduktion zu ermöglichen. Firmen mit Erfahrungen in Mehrmodellproduktion (d. h. mehr als ein Modell gleichzeitig auf demselben Band) tun sich besonders leicht mit dem Einführen neuer und dem Auslaufen alter Modelle. Für sie bedeutet der Übergang von Entwicklung zu laufender Produktion eine Routineanwendung ihrer Produktionsfertigkeiten.

Schlußfolgerungen

Wir haben gesehen, daß technische Kompetenz in unterschiedlichen Disziplinen notwendig ist, um hervorragende Produkte schnell und effizient zu entwickeln, aber daß es noch mehr darauf ankommt, wie dieses Wissen angewandt und zusammengeführt wird. Firmen haben Wahlmöglichkeiten bei Struktur, Vorgehensweise, Aufgabenzuordnung und Kommunikation. Effektivität scheint auf Konsistenz und Ausgleich im Management der kritischen Übergänge innerhalb der und quer über die Entwicklungsstufen zu beruhen. Effektive Entwicklung ist keine Sonderaufgabe von Forschung und Entwicklung, sondern eine bereichsübergreifende Aktivität, die das Beste von Strategie, Planung, Beschaffung, Marketing, Engineering, Finanzierung und Produktion erfordert.

Unsere Diskussion in diesem Kapitel liefert den Hintergrund für detailliertere Analysen der Ursprünge überragender Produktentwicklungsleistung. Um die ihr zugrunde liegende Politik und Praktiken zu beleuchten, betrachten wir in den Folgekapiteln vier Themen näher, die sich aus der Beschreibung des Entwicklungsprozesses ergeben haben.

Komplexitätsmanagement. Leistung bei Planung und Engineering wird zum Teil bestimmt durch die Anzahl und Schwierigkeit der Kompromisse, die ein Entwurf beinhaltet, und die Art der Koordinierungsnotwendigkeiten. Komplexität – von Produkt und Projekt – scheint ein wichtiger Faktor der Schwierigkeit des Abgleichs und der Koordinierungsprobleme zu sein. Beispielsweise beeinflußt der Produktinhalt (wie Innovationsgrad, Merkmale, Leistungsziele und Preisklasse) den Entwicklungsaufwand, die Natur der Abwägungen und die Schwierigkeit der Gewichtung von Wechselwirkungen. Entscheidungen über Zulieferereinbindung und Verwendung verfügbarer (Off-the-shelf-)Komponenten bestimmen das Ausmaß der Eigenentwicklung, der Einschränkungen für den Konstrukteur und die Frage, wer mit wem zu koordinieren ist. Aus all diesen Gründen ist Komplexitätsmanagement ein wichtiges Thema für die Entwicklungsleistung.

Fertigungsfähigkeiten. Kreisläufe aus Konstruieren – Anfertigen – Testen bilden den Kern des Entwicklungsprozesses. Die Elemente zum Anfertigen und Testen des Zyklus beinhalten die Anwendung von Fertigungsfähigkeiten. Herausragende Leistung bei der Herstellung von Werkzeugen und Gesenken und der Einführung von Produkten in die Serienfertigung hängt von den Produktionsfertigkeiten ab. Die Kennzeichen der Weltklassefertigung – Disziplin, Einfachheit und Sinnfälligkeit – sind für die effektive Produktentwicklung ausschlaggebend.

Integrierte Problemlösung. Produktkomplexität und Zeitdruck erzwingen paralleles Entwickeln. Aber es geht um mehr als parallele Abläufe, nämlich gemeinsame Problemlösungen zwischen vor- und nachgeschalteten Entwicklungsgruppen. Unsere Diskussion verdeutlicht, daß richtige Kommunikations- und Verhaltensweisen sowie Fertigkeiten wichtig für die Förderung der Integration der Ingenieurleistungen sind.

Organisation und Führung. Produktintegrität – interne Konsistenz der technischen Funktionen und externe Übereinstimmung zwischen Produkterfahrung und Kundenerwartungen – ist das Kennzeichen von Hochleistungsentwicklung. Managementausrichtung und die Organisation der Entwicklung spielen tragende Rollen beim Zustandekommen von Integration und Führungsqualität, die nötig sind, um Produktintegrität zu erreichen und schnell und effizient auf den Markt zu kommen.

Diese Themen bedeuten nicht »vier Stufen zur erfolgreichen Produktentwicklung«. Vielmehr sind sie Hilfsmittel, um dem effektiven Entwicklungsmanagement auf den Grund zu kommen. Hochleistungsentwicklungsmanagement braucht abgestimmte Brillanz auf vielen Gebieten und den Zusammenhalt und die Integrität über alle Entwicklungsaktivitäten. Am Ende ist es eine Manifestation der Entscheidungs- und Handlungsweise über den gesamten Entwicklungsprozeß.

Anmerkungen

1 Zur weiteren Lektüre über die Vermutung, daß Firmen Prozesse überlagern, siehe z. B. Thompson (1967) und Mintzberg (1970).

Kapitel 6

Projektstrategie: Komplexitätsmanagement

Ein Produkt beginnt als Konzept, Teil einer Strategie, Kunden anzuziehen und zufriedenzustellen. Um das Konzept in ein Produkt zu überführen, müssen Entwickler und Planer Festlegungen über den Produktinhalt machen. Für einen Autohersteller beziehen sich diese Entscheidungen u. a. auf die Ausstattungsniveaus, Motor-Karosserie-Kombinationen, den Innovationsgrad von Produkt und Prozeß und die Rolle von Zulieferern und von aus Vorgängermodellen übernommenen Teilen. Diese Entscheidungen bestimmen sowohl die Art, wie eine Firma ein Produktkonzept im Markt verwirklichen will, wie auch die Entscheidung, wer die notwendigen Design- und Entwicklungsaufgaben ausführt. In der Autoindustrie waren die Entscheidungen oft selbst für Produkte, die direkt miteinander konkurrieren, sehr verschieden. Chryslers Eintritt in die von Ford dominierte amerikanische Autoindustrie in den 20er Jahren ist ein Beispiel. Ford bot eine einfache Produktlinie mit wenig Auswahl (»jede Farbe, solange sie schwarz ist«), entwarf und entwickelte fast alles im eigenen Haus und gab dem Begriff Fertigungstiefe eine neue Bedeutung (die Firma besaß eigene Glaswerke, ein Stahlwerk und die Wälder, aus denen das Bauholz für die Autos kam). Chrysler konkurrierte gegen Ford mit größerer Produktvielfalt, Innovation und weit stärkerer Einbindung der Zulieferer. Dreißig Jahre später finden wir auf dem japanischen Markt der 50er Jahre Toyota, wo Entwürfe und Technologien selbst entwickelt wurden, in dichter Konkurrenz zu Nissan, wo man weitgehend britische Konstruktionen und Technologien verwendete.

Festlegungen über Produktinhalt, Teile und Zulieferer können auch die Projektleistung stark beeinflussen. Bei der Produktentwicklung führen nicht alle Wege nach Rom. Entscheidungen über Innovation und Vielfalt wirken sich auf die Produktkomplexität aus. Der Grad der

Zulieferereinbeziehung und die Wiederverwendung von Teilen beeinflussen den Umfang der Eigenentwicklung, den wir Projektumfang nennen. Zusammen bestimmen diese Entscheidungen die Komplexität des Projekts und diese wiederum die Produktivität, Zeit und Gesamt-Produktqualität.

Entscheidungen, wie und durch wen Produktkonzepte realisiert werden, sind strategischer Art, weil sie die fundamentalen Fähigkeiten eines Unternehmens widerspiegeln und dessen Wettbewerbsposition direkt beeinflussen. Deshalb definieren die Festlegungen von Innovation, Vielfalt und Projektumfang die Projektstrategie.

Wir beginnen unsere Analyse der Projektstrategie und von deren Auswirkungen auf die Entwicklungsleistung mit einer Zusammenfassung der Entscheidungsmuster, die wir bei den untersuchten Projekten beobachtet haben. Wenn wir zunächst die Entscheidungen bezüglich Innovation und Vielfalt und dann Zulieferereinbindung und Verwendung verfügbarer Baugruppen betrachten, sehen wir krasse Unterschiede zwischen den US-amerikanischen, japanischen und europäischen Herstellern, besonders bei der Rolle der Zulieferer. Die Untersuchung der Auswirkungen dieser Vorgehensweisen auf die Entwicklungsleistung zeigt, daß größere Projektkomplexität, besonders größerer Projektumfang, zwar Entwicklungszeit und -aufwand vergrößert, aber auch die Gesamtproduktqualität erhöht. Schließlich finden wir, daß, wie vieles andere in der Produktentwicklung, eine wirkungsvolle Projektstrategie eine Frage der Ausgewogenheit bei der Suche nach Kompromissen ist.

Produktvielfalt

Wieviel Vielfalt ein neues Auto haben soll, ist eine wesentliche Frage in einem anspruchsvollen, fragmentierten Markt. Die Vielfalt der Elemente, wie Motoren, Ausstattungsstufen, Zubehör und Farben, erlaubt eine genauere Übereinstimmung zwischen einem Produkt und den Kundenkriterien wie Budget, Geschmack und Lebensstil. Aber Vielfalt kostet Geld in Form von zusätzlichen Ingenieurstunden, Sonderwerkzeugen und möglicherweise Verwirrung von Konstruktion und Produktion. Kosten und Nutzen der Vielfalt hängen von Strategie und Fähigkeitsniveau einer Firma ab. Bei zu wenig Vielfalt wird ein Produkt potentielle Käufer nicht anziehen, bei zu großer Vielfalt kann es durch Komplexität Qualität und Gewinne in Gefahr bringen.

Für das Verständnis der Konkurrenzauswirkungen von Variantenvielfalt fanden wir es nützlich, nach fundamentaler und peripherer Vielfalt zu unterscheiden. Größere Unterschiede der Karosserieformen (Silhouette und Anzahl der Türen) sind fundamentale Varianten; sie bedürfen eines wesentlich größeren Ingenieuraufwandes und sind für den Kunden sehr sichtbar. Karosserie-Motor-Kombinationen und durch Vorschriften entstandene Ausrüstungen wie Airbags, Abgasregelsysteme, sowie Links- oder Rechtslenkung sind weitere Beispiele für fundamentale Varianten. Farbenauswahl, Zierkappen, Polsterung, besondere Schriftzüge, zusätzliches Chrom und Innenbeleuchtung gehören zu den peripheren Varianten, weil sie den Grundentwurf des Fahrzeugs nicht beeinträchtigen. Theoretisch läßt sich aus einem Karosserietyp samt Motor, Getriebe und Chassis mittels der peripheren Varianten eine Anzahl von Fahrzeugausführungen schaffen, die in die Millionen geht.

Eine Firma kann beschließen, auf eine Variante größeres Gewicht zu legen als auf andere. Betrachten wir die traditionelle Betonung der Variantenvielfalt amerikanischer Hersteller. Planer in Vertrieb und Marketing bemühten sich ständig um mehr Sonderausstattungen, weil die Händler stets mehr Vielfalt verlangten. Es war nicht unüblich, daß ein Modell so viele Ausstattungsmöglichkeiten besaß, daß eine Fertigungslinie über lange Zeiträume nicht zwei gleiche Fahrzeuge produzierte. Auf die Spitze getrieben, bringen Peripherievarianten kaum zusätzliche Verkäufe und führen zu Ineffizienz der Produktion und zu Produktmängeln.

Nachdem sie gemerkt hatten, daß ihre japanischen Konkurrenten absichtlich periphere Varianten einschränken (besonders bei Exportausführungen), indem sie Kombinationen von Sonderausstattungen zur Standardausrüstung machen, implementieren US-Hersteller in jüngster Zeit sogenannte »Variantenreduktionsprogramme«.

Vergleiche der durchschnittlichen Anzahl von Karosserietypen, Karosserie-Motor-Kombinationen und der geographischen Verbreitung aus unseren Beispielen zeigen in Abb. 6.1, daß japanische Produkte nicht weniger Gesamtvielfalt bieten.*

Bezogen auf die Marktabdeckung, in der sich die Vielfalt gesetzlicher Vorschriften und Marktgegebenheiten widerspiegelt, sind japanische Firmen sehr viel aktiver als ihre US-Kollegen und fast so breit gefächert wie die europäischen Hersteller. Die Daten zeigen auch, daß die Zahl von Grundvarianten in japanischen und europäischen Projekten größer

---

* Japanische Hersteller beschränken die Vielfalt in Export-Versionen, aber bieten relativ große Vielfalt im Binnenmarkt. So sind etwa Sondermodelle üblich, mit unterschiedlichen peripheren Varianten.

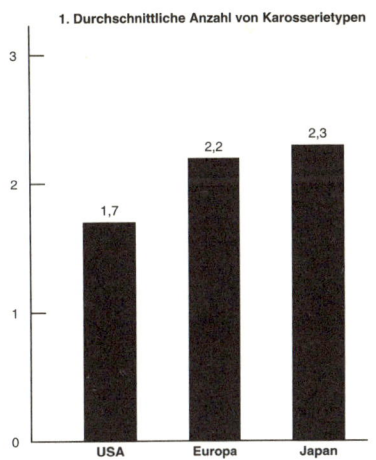

1. Durchschnittliche Anzahl von Karosserietypen

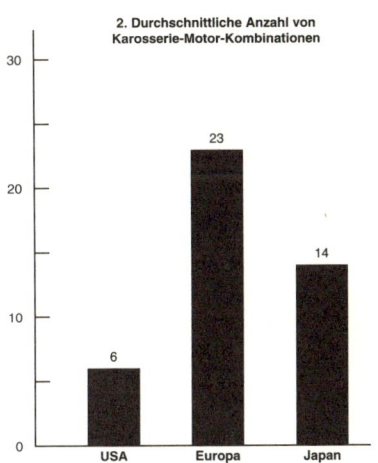

2. Durchschnittliche Anzahl von Karosserie-Motor-Kombinationen

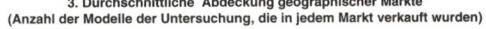

3. Durchschnittliche Abdeckung geographischer Märkte
(Anzahl der Modelle der Untersuchung, die in jedem Markt verkauft wurden)

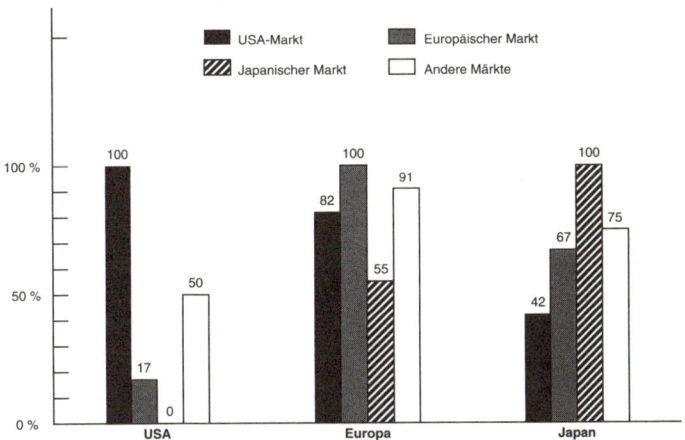

ist. Europäische Firmen sind besonders aggresiv im Angebot von Motor-Karosserie-Kombinationen. US-Modelle legen Gewicht auf Peripherie-varianten und begrenzen Grundvarianten. Die geringe Motorenauswahl bei US-Modellen reflektiert das niedrige Niveau der Motorentwicklung während der 80er Jahre, in denen sich die US-Hersteller auf Karosserie- und Fahrwerkentwicklungen konzentrierten.

Produkt- und Prozeßinnovation

Der Innovationsgrad neuer Komponententechnik und neuer Produkt-prozesse hat weitreichende Folgen. Neue Komponententechnik kann Kunden begeistern und den Absatz erhöhen. Begriffe wie »Permanenter Allradantrieb«, »4-Rad-Lenkung«, »16-Ventile«, »Intercooler-Turbo«, »DOHC«, »Elektronische Einspritzung«, die oft in dekorativer Form an der Karosserie angebracht sind, um das Ego ihrer Besitzer zu befriedigen, ziehen junge Kunden an, die nicht einmal immer verstehen, was sie zu bedeuten haben. ABS mag sicherheitsbewußte Kunden trotz des Aufpreises anziehen. Ähnlich können innovative Fertigungsprozesse die Produktivität und Qualität erhöhen. Aber sie verbrauchen Zeit und Mittel für ihre Entwicklung und können das Gesamtgleichgewicht von Produkten und Prozessen auf der Basis alter Technik stören. Eine neue Technologie auf den Markt zu bringen kann viel Feinabstimmung und viele Tests bedingen und ein Risiko in puncto Haltbarkeit und Zuverlässigkeit darstellen.

Fahrzeughersteller gehen sehr unterschiedliche Wege bezüglich des Wo und Wann von Neuerungen. Einige Firmen setzen jede neue Technologie sofort im nächsten Modell ein. Diese Strategie erzeugt Begeisterung bei Kunden, aber ohne ein klares Produktkonzept führt Innovation zu einem unzusammenhängenden Neuheiten-Mosaik, das Kunden schlicht verwirrt. Andere konservative Firmen setzen eine neue Technik erst ein, wenn die Kombination vorhandener Technik ausgereizt ist. Daimler-Benz z. B. war sehr konservativ bei der Einführung von Elektronik, obwohl ein riesiger Vorrat an solcher Technologie zur Verfügung stand.

Abb. 6.2 kennzeichnet regionale Innovationsmuster im Sinne einer durchschnittlichen »Neuheit« von Produkten und Prozessen. Für Produkttechnik haben wir zwei Indikatoren entwickelt. Der eine, eine interne Beurteilung der Neuheit eines Produkts nach Hauptkomponenten verglichen mit den derzeitigen Modellen, ist ein Maß der Aufwendungen für Serien- und Vorausentwicklung. Der andere mißt Produktneuheit im Vergleich zu konkurrierenden Modellen. Für die Produktionstechnik haben wir eine interne Bewertung der Neuheit durch Vergleich mit den vorhandenen Prozessen benutzt. Sie drückt den Aufwand an Ingenieurarbeit aus, der bis zur Produktionsreife erbracht werden muß.

Sowohl beim Produkt wie auch beim Prozeß liegt die größte Innovation bei der Karosserie, gefolgt von Elektrik/Chassis und Antriebsstrang. Innerhalb dieses generellen Schemas gibt es wichtige regionale Unter-

Abb. 6.2: Innovative Produkt-/Prozeßtechnologie

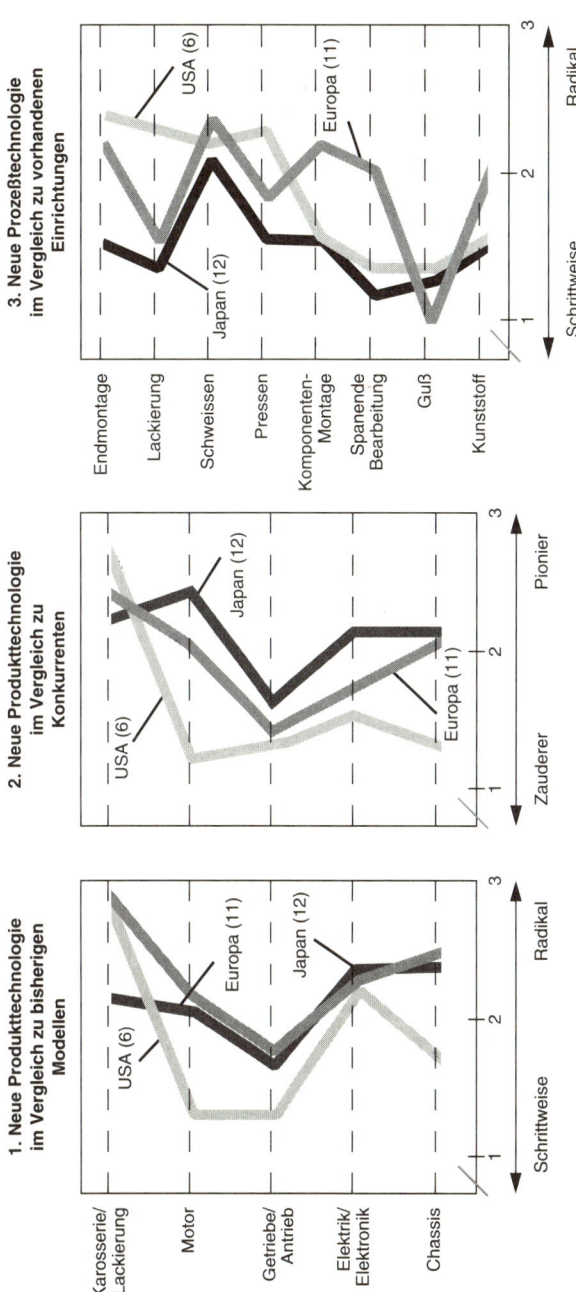

Anmerkungen:
Anzahl der Fälle in Klammern.
Chassis beinhaltet Lenkung, Bremsen, Radaufhängung als Hauptkomponenten.
Die Bewertung des Neuheitsgrades, verglichen mit vorhandenen Modellen

basiert auf: (1) Fast alle Zeichnungen bereits vorhanden, geringerer Entwicklungsaufwand außer Schnittstellen; (2) Geringe Änderungen, Mischung aus Zeichnungen vorhandener Untergruppen und neuen Teilen; (3) vollständig neue Zeichnungen, aber keine größere Vorausentwicklung; (4) bedeutende Vorausentwicklung nötig.

137

schiede. US-Projekte betonen die Karosserieinnovation – einschließlich der Bindung beträchtlicher Mittel für die Entwicklung fortgeschrittener Systeme für Montage, Lackierung, Rohbau und Blechumformung –, aber sie hinken auf anderen Produktgebieten hinterher. Europäische Projekte sind durch ein höheres Innovationsniveau bei Komponenten und Prozessen und größere technische Sprünge als US- oder japanische Projekte ausgewogener. Japanische Projekte kontrastieren kraß zu denen ihrer Konkurrenten in bezug auf Mittelzusagen und Neuerungen. Bei der Produkt- und vor allem bei der Prozeßtechnik bemühen sich japanische Firmen um kleinere Technologiesprünge und begrenzen den Mitteleinsatz. Chassis- und Elektrikentwicklung geschieht in vorhandenen Werken mit vorhandenen Einrichtungen, die schrittweise verbessert werden.

Trotz dieses Schemas begrenzter Mittelverwendung enthalten japanische Autos häufiger als erste ihrer Klasse technische Neuerungen, besonders bei Motoren und Elektronik. Es war die Strategie japanischer Hersteller, ihren Technikstand durch häufige, aber kleine Produktinnovationen leicht über dem der Konkurrenten zu halten. Diese Politik der kleinen Schritte japanischer Firmen bietet einige potentielle Vorteile gegenüber derjenigen westlicher Firmen, die auf seltene, aber große Sprünge setzen. Weil ihre Konstruktionen der nächsten Generation bereits etablierte Fertigungskonzepte verwenden, gelingt es japanischen Firmen, Störungen beim Produktionsanlauf zu vermeiden. Darüber hinaus ermöglichen regelmäßige und häufige Technologieänderungen dem Produktentwicklungsmanagement, einen »Rhythmus« aus Entwicklung, Straffung des Entwicklungsprozesses und Ausrichtung der gesamten Organisation auf kontinuierliches Lernen und Verbessern aufzubauen.

Einbindung der Zulieferer

Wenn ein Zielmarkt und das Niveau von Variantenvielfalt und Innovation festgelegt sind, muß eine Firma entscheiden, wie und durch wen die Entwicklungsarbeiten ausgeführt werden. Diese Entscheidungen bestimmen den Projektumfang, d. h. den Teil des Gesamtentwicklungsaufwandes, der auf Eigenentwicklung (Teile und Koordination) entfällt. Den Projektumfang in den Griff zu bekommen heißt (1) Aufteilung der Arbeit in einzelne Aufgaben und deren Zuordnung innerhalb oder außerhalb des Projekts und (2) Koordinierung der Aktivitäten von Projektmitarbeitern und externen Kräften. Zwei Hauptgruppen außerhalb eines Projekts führen Entwicklungsarbeit aus: andere Projektteams innerhalb der Firma und andere Firmen wie Teilelieferanten, Ingenieurbüros, Spezialfirmen für Design und Prototypherstellung und Werkzeugmacher. Unter den externen Firmen sind die Teilelieferanten mit Abstand am wichtigsten. Sie reichen von Familienbetrieben mit einer einzigen Maschine bis zu Unternehmen der Größe von Automobilherstellern. Einige sind Tochterunternehmen von Herstellern, andere Teil der Zulieferergruppe eines Produzenten (etwa eines Kyoryoku-Kai in Japan), wieder andere sind unabhängig. Zulieferer ersten Grades arbeiten direkt

Abb. 6.3: Der Anteil der Zulieferer am Konstruktionsaufwand

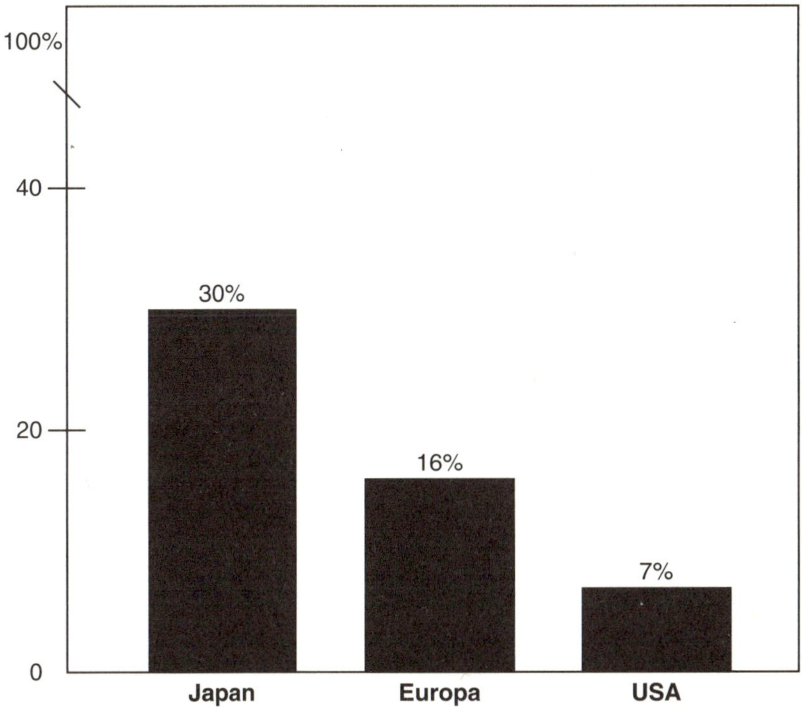

Quelle: siehe Abb. 6.2, Spalte 4

Anmerkung: Die Prozentzahlen stellen das Verhältnis des Zuliefererkonstruktionsaufwandes gegenüber dem Gesamtaufwand dar.
Dies wurde errechnet als das Produkt aus Anteil der Zuliefererentwicklung an der gesamten Teileentwicklung nach dem Verhältnis der Teileentwicklung zum gesamten Projektaufwand.

mit den Herstellern, Zulieferer unterer Ränge sind Unterlieferanten für die nächsthöhere Stufe.

Abb. 6.3 veranschaulicht die drastischen Unterschiede der Zulieferereinbindung bei japanischen, europäischen und US-Firmen. Japanische Zulieferer übernehmen viermal soviel Arbeit bei einem durchschnittlichen Projekt wie US-Zulieferer. Europäische Zulieferer liegen dazwischen. Während 30% der Ingenieurarbeit an einem Toyota Camry, Nissan Maxima oder Mazda 626 von Zulieferern durchgeführt wurden, ist davon auszugehen, daß fast die gesamte Arbeit an einem Chevrolet Cavalier, Buick Le Sabre, Ford Taurus oder Plymouth Caravan von den Herstellern ausgeführt wurde.

Die Unterschiede in Abb. 6.3 reflektieren Zulieferer sehr unterschiedlicher Leistungsfähigkeit und unterschiedliche Beziehungssysteme zum Zulieferer einschließlich der Kommunikationskanäle, der Vertragsgestaltung und der Anreize. Die Rolle der Zulieferer bei Konstruktion und Entwicklung ist Teil eines größeren Schemas der Zuliefererbeteiligung innerhalb der Branche. Die von Firmen getroffenen Entscheidungen über den Projektumfang hängen von diesem größeren Zulieferersystem ab.

Zulieferersysteme in den USA und Japan

Die Zulieferersysteme in den USA und Japan sind grundverschieden. (Das europäische System ähnelt mehr dem amerikanischen.) Das traditionelle US-System ist gekennzeichnet durch eine große Anzahl von Zulieferern, die direkt mit den Autofirmen Geschäfte auf der Basis kurzfristiger Verträge tätigen (siehe Abb. 6.4 unten). Außer einigen sehr tüchtigen Firmen haben US-Zulieferer geringe Entwicklungsfähigkeiten, und weil die Zulieferer-Hersteller-Beziehungen wie ein Spiel mit der Regel »Alles oder nichts« behandelt werden (d. h., du gewinnst, ich verliere), vollziehen sich Kommunikation und Wechselbeziehungen distanziert, und die Parteien verhalten sich wie Gegner. Der Informationsaustausch beschränkt sich auf Preise und Daten über Anforderungen und Spezifikationen. Zulieferer werden wie eine Fertigungskapazität behandelt. Die Hersteller legen die Anforderungen fest und spielen dann die Zulieferer im Kampf um Jahresaufträge gegeneinander aus.

Das japanische System baut auf völlig anderen Annahmen auf (siehe Abb. 6.4 oben). Es hat eine Stufenstruktur und legt Wert auf langfristige Beziehungen. Wenige sehr fähige Primärzulieferer liefern vormontierte Einheiten (z. B. Armaturenbretter und komplette Sitze) aus Teilen (z. B. Anzeigen, Auflagen und Rahmen), die Sekundärzulieferer produzieren.

Abb. 6.4: Typische japanische und amerikanische Zuliefersysteme

1. Japanisches Zuliefersystem in den 80er Jahren

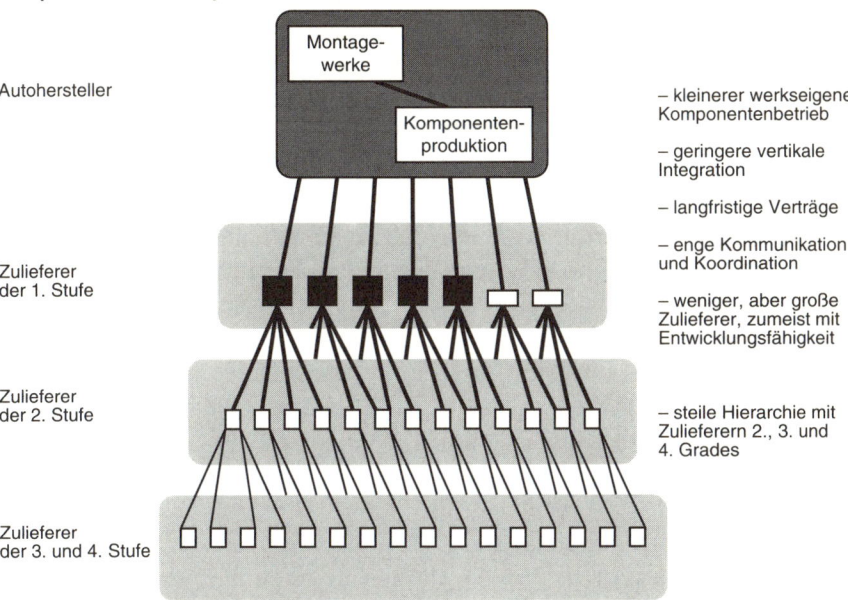

Autohersteller

Zulieferer
der 1. Stufe

Zulieferer
der 2. Stufe

Zulieferer
der 3. und 4. Stufe

– kleinerer werkseigener
Komponentenbetrieb

– geringere vertikale
Integration

– langfristige Verträge

– enge Kommunikation
und Koordination

– weniger, aber große
Zulieferer, zumeist mit
Entwicklungsfähigkeit

– steile Hierarchie mit
Zulieferern 2., 3. und
4. Grades

2. Traditionelles US-Zuliefersystem

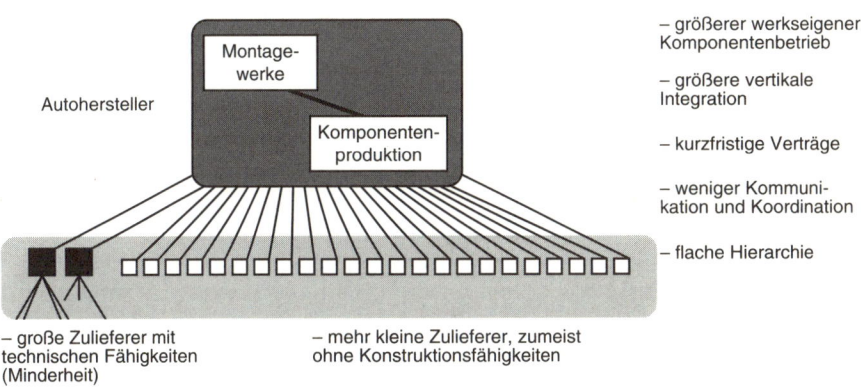

Autohersteller

– größerer werkseigener
Komponentenbetrieb

– größere vertikale
Integration

– kurzfristige Verträge

– weniger Kommuni-
kation und Koordination

– flache Hierarchie

– große Zulieferer mit
technischen Fähigkeiten
(Minderheit)

– mehr kleine Zulieferer, zumeist
ohne Konstruktionsfähigkeiten

Anmerkung: Das Diagramm stellt mehr Idealtypen der Zuliefersysteme dar als die Realität.
Größe und Anzahl der Zulieferer im Diagramm spiegeln keine aktuellen Daten wieder.
In jedem Fall geht man nur von einem Hersteller aus.

■ Autohersteller   ■ Zulieferer mit Entwicklungsfähigkeit

☐ Zulieferer ohne Entwicklungsfähigkeit

Das Verhalten Primärzulieferer – Hersteller ist durch gegenseitige Verpflichtung gekennzeichnet. Zwei Beispiele verdeutlichen die Unterschiede zum US-System: Im japanischen System werden die Kosten eines Zulieferers für Preßwerkzeuge über das voraussichtliche Gesamtproduktionsvolumen einer Modellaufzeit abgeschrieben und gehen in den Preis ein, den der Hersteller für das Teil bezahlt. Wenn die Gesamtproduktionsmenge geringer ausfällt als geplant, kompensiert der Hersteller den Zulieferern die Differenz und übernimmt so deren Investitionsrisiko. Japanische Hersteller erlegen ihren Zulieferern hohe Kosten- und Qualitätsziele auf. Jährliche oder halbjährliche Preissenkungen sind üblich (die Hersteller gehen davon aus, daß die Zulieferer ihre Produktivität hinreichend steigern, um ihre Gewinnspanne zu halten), und Zulieferer sind verantwortlich für die Teilequalität. Hersteller führen kaum Wareneingangskontrollen durch; Zulieferer zahlen eine Strafe für fehlerhafte Teile und die mit Nacharbeit verbundenen Montagekosten. Hersteller geben Zulieferern langfristige Zusagen, erwarten aber im Gegenzug, daß diese große Verantwortung übernehmen. Wegen der Probleme, die einem Hersteller dadurch entstehen können, riskieren Zulieferer, die dieser Verantwortung nicht gerecht werden, die Herunterstufung auf eine niedrigere Ebene, vielleicht für immer. Diese gegenseitige Abhängigkeit zwischen Zulieferern und Herstellern motiviert zu enger Koordinierung und Kommunikation. Kontakte sind häufig, es ist üblich, Personal auszutauschen, und die Informationen fließen zügig. Die Hersteller sind über die Kosten eines Zulieferers gut informiert und besitzen detaillierte Kenntnisse über dessen Produktionsprozesse.

Zulieferer und der Entwicklungsprozeß

Die Zulieferer nehmen auf verschiedene Weise an Entwurf und Entwicklung von Automobilen teil. Abb. 6.5 benutzt vereinfachte Informationsdiagramme, um typische Beispiele der Zuliefererbeteiligung zu illustrieren. Drei verschiedene Schemata der Informationswerteerzeugung für eine bestimmte Komponente sind dargestellt: Zulieferereigenentwicklungen, Black-Box-Teile und Herstellereigenentwicklungen (mechanische und Karosserieteile). Alle führen zu Produktionsteilen für die Serienfertigung, aber ihre Auswirkungen auf Zuliefererseinbindung, Entwicklungsprozeß und Entwicklungsleistung sind deutlich verschieden. Bevor wir Daten über die relative Bedeutung dieser Schemata betrachten, beschreiben wir kurz jedes Schema und die impliziten Vor- und Nachteile.

Abb. 6.5: Typischer Informationsfluß mit Teilezulieferern

1. Zulieferer-eigene Seite

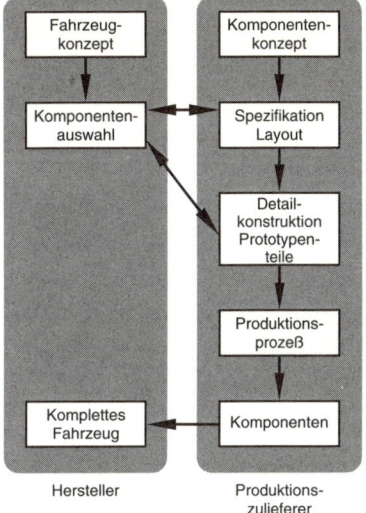

2. Black Box-Teile

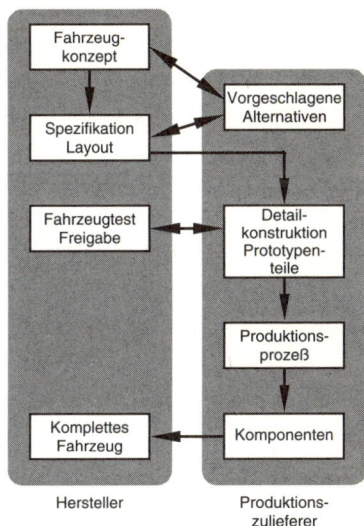

3. Detailkontrollierte Teile (funktionelle Teile)

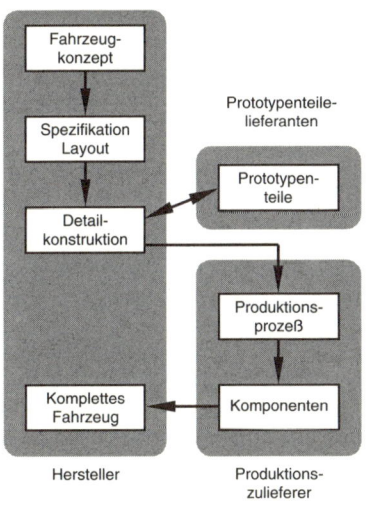

4. Detailkontrollierte Teile (Karosserieteile)

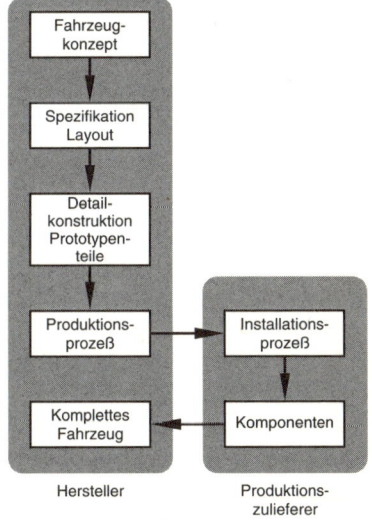

☐ Hauptinformationswert geschaffen   ▸ Hauptinformationsfluß

143

Vom Zulieferer entwickelte Teile sind Serienprodukte, die vom Zulieferer vom Konzept bis zur Produktion entwickelt und dem Hersteller über einen Katalog verkauft werden. Zu Beginn der Autoindustrie bezogen die vielen kleinen Hersteller, die Autos in extrem kleinen Stückzahlen produzierten, ihre Standardteile von Zulieferern. Ein offensichtlicher Nutzen dieses Vorgehens ist Wirtschaftlichkeit: die gleiche Konstruktion kann in vielen Fahrzeugen verwendet werden, und dadurch werden die Fixkosten verteilt. Sein Nachteil aus Sicht der Entwurfsqualität ist Mangel an Einfluß auf den Produktinhalt des Bauteils.

Mit wachsenden Forderungen an die Produktintegrität passen die Standardbauteile der Zulieferer immer weniger gut zu den Fahrzeugen. Batterien und Zündkerzen mögen noch angehen, aber schon Reifen und Audiogeräte werden nach Angaben der Fahrzeughersteller entwickelt. Die Daten unserer Projektauswahl weisen aus, daß die Zuliefererstandardteile weniger als 10 % der gesamten Beschaffungskosten ausmachen, also einen relativ kleinen Teil.

Black-Box-Teile. Wenn die Entwicklungsarbeit zwischen Herstellern und Zulieferern aufgeteilt wird, kommen Black-Box-Teile heraus. Ein Hersteller erstellt typischerweise Kosten/Leistungs-Anforderungen, Außenformen, Schnittstellendetails und andere Grundentwurfsinformationen basierend auf der Gesamt-Fahrzeugplanung und dem Layout. Funktionsteile und Baugruppen fallen in diese Kategorie.

Im japanischen Fall wird die Lastenheftinformation gewöhnlich an zwei oder drei potentielle Zulieferer gegeben, die sich um diese Arbeit bewerben.[1] Diese kleine Gruppe führt die Entwicklung einer bestimmten Komponente für die Summe aller Modelle des Herstellers durch. Dieser Ausleseprozeß, »Entwicklungswettbewerb« genannt, dauert normalerweise sechs bis zwölf Monate.[2] In einigen Fällen warten die Zulieferer nicht erst auf die Anfragen der Hersteller. Auf der Basis ihres Wissens über neue Technologien und Produktzykluspläne initiieren sie Entwicklungsschritte und Vorschläge. Der ausgewählte Zulieferer führt dann die Detailentwicklung durch, einschließlich Zeichnungserstellung, Prototypherstellung und Komponententest. Der Hersteller kontrolliert die Zeichnungen testet die Teile in Prototypfahrzeugen daraufhin, daß die Anforderungen erfüllt sind, und genehmigt den Entwurf – daher der japanische Begriff für dieses Vorgehen: »Zeichnungsgenehmigungssystem« (Shonin-zu). Obwohl der von Zulieferern übernommene Anteil an dem gesamten Entwicklungsaufwand schwankt, beziffern ihn die Ingenieure aus unserer Untersuchung auf 70 %.

Die Verwendung von Black-Box-Teilen erlaubt den Herstellern, die Erfahrungen und das Personal eines Zulieferers zu nutzen und doch die

Kontrolle über Konstruktionsprinzip und Fahrzeugintegrität zu behalten. In dem Maße, in dem ein Zulieferer Erfahrungen mit der Entwicklung einer bestimmten Art von Teilen gewinnt, ziehen die Hersteller daraus Nutzen in Form von höherer Entwurfsqualität und niedrigeren Kosten. Die angesammelte Erfahrung wird zum Konkurrenzvorteil eines Zulieferers. Darüber hinaus erleichtert eine einzige Quelle für Prototyp und Produktionsteile den Wissensaustausch zwischen diesen zwei Ebenen; sie gestattet dem Zulieferer, potentielle Produktionsprobleme früh zu erkennen und dadurch die Komponentenqualität zu steigern.

Das Black-Box-System ist aber nicht ohne Risiken. Zum Beispiel können Hersteller, die auf die Entwicklungsfähigkeiten von Zulieferern angewiesen sind, an Verhandlungsstärke verlieren. Weiter können durch die Lieferanten neue Konstruktions- und Stylingideen an die Konkurrenz gelangen. Schließlich kann der Verlust von eigener Expertise bei Kernkomponenten die technischen Fähigkeiten eines Herstellers auf längere Sicht gefährden.

Effektives Management des Black-Box-Systems erfordert sorgfältiges Abwägen. Hersteller müssen den Wert langfristiger Zusammenarbeit mit Zulieferern mit der Notwendigkeit, Wettbewerb zwischen Zulieferern aufrechtzuerhalten, indem sie andere Zulieferer zur Teilnahme an »Entwicklungswettbewerben« einladen, in Einklang bringen. Sie müssen ferner darauf achten, daß sie Schlüsseltechnologien (wie Elektronik) für sich behalten, um die Entwurfsqualität richtig beurteilen zu können, während sie Zulieferern technische Unterstützung geben und Grundkonstruktionen auf die Gesamtfahrzeugintegrität hin überwachen. Die Verwendung des Black-Box-Systems bedeutet nicht, die Eigenentwicklung von Komponenten gänzlich abzuschaffen; einige Anwender und Forscher unterscheiden sogar zwischen Black-Box und »Gray-Box«-Teilen, je nach Detailkenntnissen bei Teilen.

Entwicklung von bis ins Detail kontrollierter Teile. Der Großteil der im Detail kontrollierten Teile einschließlich Zeichnungserstellung wird im Hause besorgt. Dadurch wird die Grund- und Detailkonstruktion in den Händen des Herstellers konzentriert. Zulieferer, die durch Anfragen und Angebote ausgewählt wurden, übernehmen die Produktionsvorbereitung und Produktion anhand von Herstellerzeichnungen – daher der japanische Begriff »Gelieferte Zeichnungen« (Taiyo-zu). Für die Prototypherstellung können spezialisierte Zulieferersysteme herangezogen werden. Im Falle von Karosserieteilen führen einige Hersteller auch die Prozeßentwicklung durch und bauen die Werkzeuge und Einrichtungen, die sie den Zulieferern leihweise überlassen. In diesem Fall sind Zulieferer wenig mehr als Bereitsteller von Produktionskapazität.

Das System detailkontrollierter Teile ist vorteilhaft, wenn ein Hersteller in einem besonderen Komponentengebiet seine technischen Fähigkeiten erhalten, Komponentenentwurf und -qualität sorgfältig kontrollieren und seine Verhandlungsstärke bezüglich Zuliefererteilpreisen bewahren will. Auf der anderen Seite kompliziert sich die Organisation und die Koordinierung zwischen Teileentwicklungen, wenn man alle benötigten Baugruppen selbst entwickelt. Darüber hinaus kann Detailarbeit an vielen Komponenten die Entwicklungsorganisation von ihrem Blick auf das Gesamtfahrzeug ablenken. Schließlich riskiert die Firma, gegenüber den Entwicklungen von Zulieferern zurückzufallen, die sich auf bestimmte Komponentenbereiche konzentrieren.

Regionale Unterschiede der Zulieferereinbindung

Alle drei Schemata – Zulieferer-, Black-box- und detailkontrollierte Eigenentwicklung – wurden von den untersuchten Firmen angewandt, aber mit deutlich unterschiedlicher Gewichtung. Im Durchschnitt aller Projekte lag der Anteil von Zuliefererteilen bei unter 10 % (der Kosten), der Black-Box-Teil bei 40 % und der der detailkontrollierten Teile bei 50 %. Die 80er Jahre waren Zeuge einer weltweiten Verschiebung in Richtung starker Zulieferereinbindung. Besonders die Beliebtheit von Black-Boxes nahm zu, als viele amerikanische und europäische Autohersteller dem japanischen Vorbild in bezug auf leistungsfähige Primärzulieferer folgten. Japanische Hersteller haben sich seit einigen Jahrzehnten von den detailkontrollierten zu den Black-Box-Teilen hin bewegt. Westliche Hersteller vollziehen diesen Wandel teils, indem sie Komponenten von japanischen Black-Box-Zulieferern beziehen, und teils durch Modifikationen ihres lokalen Zulieferersystems. Dieser Transformationsprozeß brauchte Zeit, und Ende der 80er Jahre sieht man immer noch große regionale Unterschiede in den Zulieferersystemen.

Abb. 6.6, die das durchschnittliche Verhältnis der Teiletypen je Region aufzeigt, spricht für sich selbst. Das durchschnittliche japanische Projekt stützt sich stark auf Black-Box-Teile, das durchschnittliche US-Projekt auf detailkontrollierte Teile. Europäische Projekte liegen dazwischen. Einschließlich zuliefererentwickelter Teile enthalten japanische Projekte 70 % Kaufteile, verglichen mit 20 % in US- und 50 % in europäischen Projekten. Die Beschaffungskosten in Prozent der Produktionskosten betragen in Japan durchschnittlich 70 %, 70 % in den USA (einschließlich der Teile der Komponentendivisionen)* und 60 % in Europa.

---

* Mitsubishi Research Institute (1987), das Teiledivisions als Eigenentwicklung zählt, schätzt durchschnittlich 52–55% US-Kaufteile.

146

Abb. 6.6: Von Zulieferern produzierte Teilearten

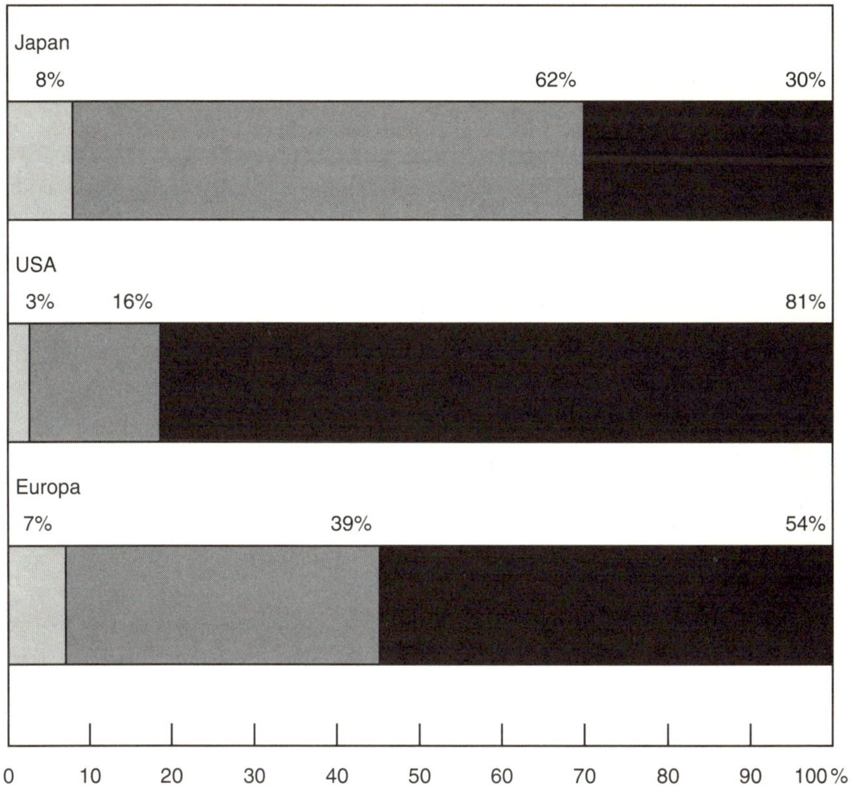

Japan
8%
62%
30%
USA
3%
16%
81%
Europa
7%
39%
54%
0
10
20
30
40
50
60
70
80
90
100%

Anmerkung: Die gezeigten Prozentzahlen stellen Anteile an den gesamten Beschaffungskosten dar.

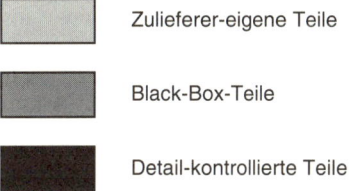

Zulieferer-eigene Teile
Black-Box-Teile
Detail-kontrollierte Teile

Die Übereinstimmung dieser Muster innerhalb der Regionen deutet darauf hin, daß Zuliefererfähigkeiten und Zulieferernetze regionspezifische und nicht firmenspezifische Gegebenheiten sind.[3] Selbst in Japan, wo die meisten Zulieferer kohärente Gruppen um Hersteller bilden (Keiretsu), ist es üblich, daß ein Zulieferer gleichzeitig für mehrere

Firmen arbeitet.[4] Die Überlappung der Zulieferernetze über die Hersteller reflektiert die Rolle der Zulieferer als gemeinsames »Kapital« für japanische Hersteller, statt der Zugehörigkeit zu einer einzelnen Firma[5]. Das Vertrauen der Hersteller auf ein hohes Maß von Zulieferereinbindung spiegelt die relativ großen Entwicklungsfähigkeiten und die wirkungsvolle Zusammenarbeit wider, die das japanische Zulieferernetz kennzeichnen.

Aber effektive Zulieferereinbindung und das Management des Black-Box-Teilesystems gehen über formale Organisationen und Verträge hinaus. Nehmen wir die Kommunikation. In den erfolgreicheren japanischen Fällen sehen wir tägliche Kontakte auf Arbeitsebene zwischen Hersteller und Zulieferer. Ingenieure und Vertriebsleute der Zulieferer gehen ständig im Entwicklungszentrum des Herstellers ein und aus, mit Zeichnungen und Versuchsteilen in der Hand. Neben dem Eingang ist häufig ein großer, mit vielen Tischen und Stühlen ausgerüsteter Verhandlungsraum. Meist ist er voller Menschen, die miteinander diskutieren, Zeichnungen ausbreiten, Spezifikationen überprüfen, Änderungen verhandeln, Prototypen inspizieren usw. Die Kommunikation ist wechselseitig, und beide Seiten machen Vorschläge und bringen Wünsche vor. Um technische und geschäftliche Dinge gleichzeitig zu diskutieren, nehmen manchmal an den Verhandlungen Einkäufer und Verkaufspersonal des Zulieferers sowie Ingenieure beider Seiten teil. Eine wachsende Zahl von Zuliefereringenieuren, sogenannte »Gastingenieure«, arbeiten auf dem Gelände des Herstellers. Studienteams aus Ingenieuren beider Seiten arbeiten an der Entwicklung bestimmter Komponenten. Schließlich beginnt die Kommunikation mit den Zulieferern nach und nach zu einem früheren Zeitpunkt der Entwicklung.*

Das Ausmaß der Zulieferereinbindung kann auch Form und Inhalt der Informationsflüsse beeinflussen. Zum Beispiel löst die informelle die formale Kommunikation ab, wenn das Black-Box-Teilesystem vorherrscht. Zeichnungen werden einfacher, denn viel von dem, was sonst auf der Zeichnung angegeben werden müßte, wird jetzt in informellen Diskussionen kommuniziert. So fand beispielsweise ein japanischer Hersteller, der unlängst eine Entwicklungsstelle in den USA eingerichtet hatte, daß auf Teilezeichnungen, die er in Japan verwendete, wichtige Informationen über Spezifikationen und Toleranzen fehlten, die die US-Zulieferer benötigten. Diese Informationen waren den japanischen Zu-

---

* Mitsubishi Research Institute (1987) schätzt, daß Teileentwicklung in Japan für Strukturteile und Motorenkomponenten drei bis vier Jahre vor Serienbeginn anfängt und zwei bis drei Jahre vorher für andere Teile.

lieferern durch die Diskussionen mit den Ingenieuren des Herstellers bekannt.

Einsatz von Gleich- und Wiederverwendungs-Teilen

Die Strategie der Verwendung alter Teile und das Übernehmen von Teilen aus anderen Modellen, um daraus ein neues Modell zu machen, geht zurück auf die 20er Jahre, als GM erstmals seine Politik eines kompletten Fahrzeugprogramms mit geschlossenem Aufbau auf Basis der Massenfertigung einführte. Die Industriedesignergruppe unter Harley Earl war zentralisiert, um die Gleichheit von Karosserieteilen über

Abb. 6.7: Anteil neu konstruierter Teile

Japan   82%

USA   62%

Europa   71%

0   10   20   30   40   50   60   70   80   90   100%

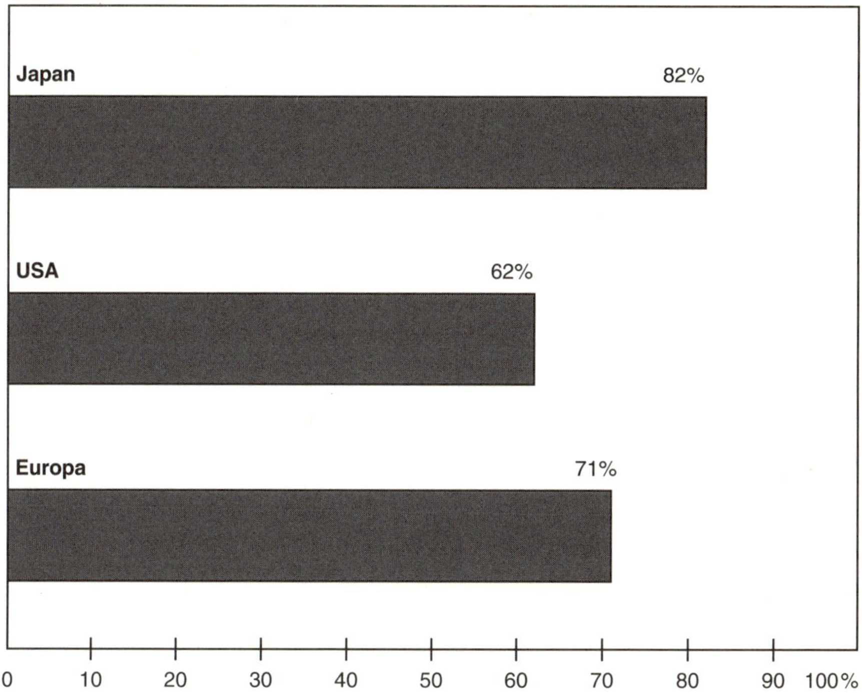

Anmerkung: Die Zahlen stellen den Anteil neu konstruierter Teile im Vergleich zur Gesamtzahl der Teile in den untersuchten Fahrzeugen dar.

149

alle Modelle zu erleichtern und der Explosion der Kosten für Großpreß-
werkzeuge entgegenzuwirken. Autos aus lauter neuen, eigens konstru-
ierten Teilen zu bauen ist eine Strategie mit einer noch längeren Tradition. In dem Wettbewerbsklima der 80er Jahre ging es darum, welche
Mischung beider Strategien es für ein bestimmtes Modell anzuwenden
galt – wie viele neue, eigens entwickelte, wie viele vorhandene Teile. Die
Wahl hatte spürbare Auswirkungen auf die Entwurfsqualität, die Entwicklungszeit und die Entwicklungsproduktivität.

Abb. 6.7 zeigt den durchschnittlichen Anteil neu entwickelter Teile
(als Bruchteil aller Konstruktionsteile) je Region für die untersuchten
Projekte. Danach benutzen US-Entwürfe über doppelt so viele alte Teile
wie japanische (38% gegenüber 18%). Europäische liegen zwischen
diesen Extremen. Diese krassen Unterschiede stehen für sehr unterschiedliche Trade-Offs zwischen Entwurfsindividualität und Einsparungen bei Werkzeugen und in der Großserienfertigung.

Vor- und Nachteile von Gleichteilen

Die Verwendung vorhandener Schubladenteile verteilt die Fixkosten
von Entwicklung und Fertigung auf mehrere Modelle. Ferner sind Zuverlässigkeit und Haltbarkeit solcher Teile bereits ausgiebig im Markt
getestet, wodurch das Risiko von Kundenunzufriedenheit wegen Ent-
wurfs- oder Fertigungsmängeln reduziert wird. Vorhandene Teile wirken
sich auch auf Entwicklungszeit und -aufwand aus. Weniger Ingenieure
werden benötigt, es sei denn, Gleich- und Wiederverwendungsteile
passen nicht zum neuen Entwurf. Entsprechende vorhandene Teile
können leicht die »Zeit zum Markt« verkürzen. Aber der Segen ist nicht
ungetrübt. Wenn Teile verwendet werden, die nicht eigens für ein
bestimmtes Modell entwickelt wurden, können Parameter und Funktionen der Baugruppen, in denen sie verwendet werden, aus Gesamtfahr-
zeugsicht suboptimiert werden. In anderen Worten: die Verwendung
gemeinsamer Teile kann der Integrität des Gesamtfahrzeugs schaden.
Übertriebene Verwendung von Gleichteilen, besonders der Karosserie-
außenhaut, kann auch die Produktdifferenzierung gefährden; das neue
Modell kann einem laufenden zu ähnlich werden. Die Verwendung von
Gleichteilen kann Entwicklungszeit und -aufwand sowohl erhöhen als
auch senken. Existierende Konstruktionen, die unflexible Randbedingungen auferlegen, machen zusätzlichen Aufwand bei anderen Teilen
des Fahrzeugs nötig. Schließlich kann die Entscheidung, vorhandene
Komponenten zu verwenden, eine vergebene Chance darstellen, eine

neue Technologie einzuführen, was der Wettbewerbsfähigkeit des Produkts auf längere Sicht schaden kann.

In unserer Projektauswahl wurden ungefähr 30 % vorhandene Teile verwendet, 10 % wurden von Vorgängermodellen übernommen, 20 % auch bei anderen laufenden Modellen verwendet. Karosserieteile sind meist modellspezifisch. Motoren und integrierte Funktionsteile werden eher auch in andere Modellen eingebaut. Teils, weil die Karosserie direkt die Produktdifferenzierung bewirkt, aber auch weil die Autohersteller die Technik des Einpassens vorhandener funktionaler Teile in neue Fahrzeugkonstruktionen verbessert haben. Insgesamt ist es schwieriger geworden, die Vor- und Nachteile der Verwendung von Gleichteilen abzuwägen, weil die Kundenerwartungen bezüglich Produktvielfalt, -integrität und -individualität gleichzeitig gewachsen sind. Die Kosten für gleiche Karosserieteile wirken sich seit dem Übergang zu selbsttragenden Karosserien besonders stark aus. Weil Karosserieteile eng mit dem Chassis und anderen Systemen verbunden sind, sorgen größere Karosserieänderungen fast sicher für größere Änderungen am gesamten Fahrzeug. Der jährliche Modellwechsel, den Alfred Sloan eingeführt hat, ist heute ein viel größerer Luxus. Außenteile stellen allgemein schwierige Abwägungsfragen.

Im heutigen aufgeklärten Markt ist das Risiko, Styling-Integrität und Individualität zu verlieren, mindestens so groß wie potentielle Einsparungen bei Werkzeugkosten, die man durch Verwendung gleicher Teile erzielen kann. GMs aggressives Festhalten an gemeinsamen Bodengruppen und anderen Karosserieteilen als Weg der Kostenbegrenzung bei der Entwicklung einer Reihe von sparsamen Modellen in den 70er und 80er Jahren hat der Produktdifferenzierung ernsthaft geschadet. Andere Firmen, besonders in den USA und Japan, haben während der 80er Jahre unter den Nebenwirkungen von Karosserieteilgleichheit gelitten. Jedoch ist die Erfahrung, wie man mit gleichen Karosserieaußenhautteilen doch Produktabgrenzungen erreichen kann, gewachsen. Unlängst gelang es Stylisten und Ingenieuren, bei gemeinsamen Projekten zwischen weltweiten Herstellern Identität und Originalität zu erhalten, trotz gemeinsamer Verwendung von Bodengruppen und Karosserieteilen durch verschiedene Firmen.

Regionale Modelle der Projektumfangsstrategie

Die Daten über neu entwickelte Teile aus Abb. 6.7 zeigen, daß japanische Firmen mehr auf Neuentwicklung setzen, wohingegen US- (und zu einem geringeren Teil europäische) Firmen um Reduzierung der Werkzeugkosten bemüht sind und daher das Ausmaß von Neuentwicklungen begrenzen. Beide Vorgehensweisen sind auf die begleitenden Strategien von Vielfalt, Innovation und Zuliefereinbindung abgestimmt.

Für US- und europäische Firmen hatten die großen Innovationssprünge und die Investitionen in Karosserietechnologie und -bearbeitung (wie neue Lackiersysteme, Schweißausrüstung und bündige Scheiben) die Kapitaldecke und Entwicklungsressourcen in den 80er Jahren so beansprucht, daß Einsparungen bei Werkzeugen für neue Teile wünschenswert, wenn nicht zwingend notwendig wurden. Weil in der Strategie der großen Sprünge ein neues Teil absolut neu ist (ein altes Teil ist dafür meist sehr alt, in vielen Fällen 12–15 Jahre), bedeutet die Entscheidung für ein neues Teil die Entscheidung für einen bedeutenden Entwicklungsaufwand.

In der japanischen Strategie der häufigen kleinen Schritte dagegen ist der Entwurf einer neuen Generation von Teilen sehr eng mit der Vorgängergeneration verwandt, und die daraus resultierende Prozeßkontinuität verspricht niedrigere Kosten. Ein »neues« Teil herzustellen bedeutet für einen japanischen Unternehmer also eine viel geringere Belastung von Ingenieuren und Kapitalbudget.

Die Rolle der Zulieferer wirkt sich ebenfalls auf Entwicklungsaufwand und Kapitalinvestitionen aus. Bei der Wahl zwischen vorhandenen und neu zu entwickelnden Teilen kann eine Firma mit einem starken, eingebundenen Stamm von Zulieferern einen Großteil der neuen Arbeit auf die Zulieferer verlagern. Ohne diese Basis bedeutet die Verwendung neuer Teile eine Bindung von raren, höchst wertvollen Ingenieuren. Eine Veränderung existenter Teile oder die Verlagerung auf Zulieferer sind somit alternative Möglichkeiten, eigene Ingenieurkapazitäten zu schonen.

Die Verbindung zwischen Zuliefereinbindung und Wiederverwendung von Teilen wird aus Abb. 6.8 deutlich, in der die zwei Hauptelemente des Projektumfangs verglichen werden: Eigenentwicklung und Anteil neuer Teile. Zusätzlich zu den Variablen für jedes Projekt haben wir aus ihnen ein Summenmaß für den Projektumfang berechnet – jenen Bruchteil des gesamten Entwicklungsaufwandes für ein Produkt, der auf das Konto von Neuentwicklung im eigenen Haus geht.* US-Projekte mit geringerer Zuliefereinbeziehung und starker Verwendung von existie-

---

* Für die Berechnung des Projektumfangs beinhaltet neue Eigenentwicklung die Elemente Neue Konstruktionsteile und Gesamtfahrzeugentwicklung, d. h. Schnittstellenentwurf und Testen des Gesamtsystems.

renden Teilen gruppieren sich in der oberen linken Ecke des Diagramms. Japanische Projekte, die im Durchschnitt mehr Entwicklung erfordern, von der aber weniger im eigenen Hause durchgeführt wird, sind rechts unten angesiedelt. Europäische Firmen liegen in der Mitte als Ausdruck einer gemischten Strategie.

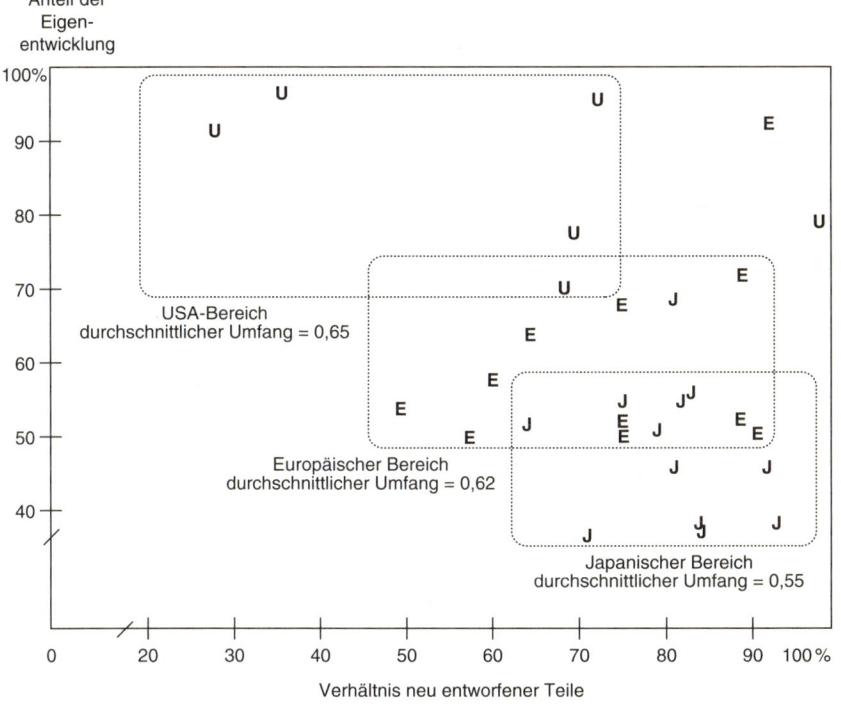

Abb. 6.8: Projektumfangsstrategie
nach Projekten und Regionen

U = USA-Projekt
E = Europäisches Projekt
J = Japanisches Projekt

Diese Daten verdeutlichen, daß Zuliefererereinbindung und Teilewiederverwendung integrierte Elemente einer Projektumfangsstrategie sind und daß Grenzen der Entwicklungs- und Koordinierungskapazität dem Projektumfang Grenzen auferlegen. Aufgrund dieser Tatsache müssen Firmen zwischen der Wiederverwendung von Teilen und der Beschaffung zusätzlicher Ingenieurkapazität bei Lieferanten für die Erstellung neuer Konstruktionen wählen. Japanische Firmen tendieren zu letzterem, US-Firmen zu ersterem, Europäer halten die Balance. Die Verwendung von vorhandenen Teilen und Zuliefererereinbindung sparen eigene Entwickler ein, können aber unterschiedliche Auswirkungen auf die Gesamtentwicklungsleistung haben. Entwicklungsfähigkeiten des Lieferanten und enge Abstimmung mit dem Hersteller gestatten es japanischen Produzenten, sich auf die Zuliefererentwicklungen zu verlassen, ohne ihren Vorsprung bei Umsetzungsqualität und Entwicklungszeit vor ihrer westlichen Konkurrenz zu gefährden. Das wiederum erlaubt japanischen Herstellern und Zulieferern gemeinsam, ihre Entwicklungskapazitäten mehr für Neuentwicklungen einzusetzen. Eine hohe Quote der Teileerneuerung (mehr neue Teile pro Projekt und häufigere Projekte) ist von Vorteil, wenn sich Komponententechnologien rasch ändern und Kundenerwartungen in bezug auf die Gesamtfahrzeugintegrität steigen. In den USA, wo die Entwicklung stark auf die Hersteller konzentriert ist, war die Verwendung gemeinsamer Teile die einzige Möglichkeit, den Projektumfang zu begrenzen.

Worauf gehen diese krassen regionalen Unterschiede bei der Projektumfangsstrategie zurück? Die Anstrengungen einzelner Firmen können sicher nicht ignoriert werden, aber historische Entwicklungen haben eindeutig eine wichtige Rolle gespielt. Die Notwendigkeit, ihre Produktlinie rasch und mit begrenzten Entwicklungsmitteln zu erweitern und zu erneuern, hat die japanischen Hersteller gezwungen, sich in wachsendem Maße auf Zuliefererentwicklungen zu verlassen. Viele japanische Primärlieferanten stellten sich auf diese Situation durch Spezialisierung auf bestimmte Baugruppen und raschen Aufbau von Know-how auf diesem Gebiet ein. Die Hersteller haben vielleicht kurzfristig etwas an Verhandlungsstärke eingebüßt, aber langfristig haben sie den Vorteil gewonnen, daß sie auf ausgedehnte externe Entwicklungskapazitäten für Neuentwicklungen zurückgreifen können. Der japanische Vorteil beim Projektumfang geht also auf die langfristige Anpassung der Hersteller an historische Gegebenheiten zurück. Die Vorstellung, daß japanische Autohersteller die Zuliefererentwicklung als Teil einer bewußten langfristigen Strategie gefördert hätten, um die westliche Konkurrenz zu schlagen, ist ein Mythos.

Auswirkungen der Projektstrategie auf die Leistung

Bis jetzt hat es den Anschein, daß die Produktkomplexität und Projekt
umfangsstrategien der großen Automobilhersteller die Abwägungen
zwischen Kosten, Investitionen und Kundenforderungen reflektieren.
Wir erwarten, daß die Strategiewahl Auswirkungen auf die Entwicklungsleistung hat. Ein komplexeres Produkt mit mehr Ausstattung und
höherem Leistungsniveau z. B. sollte mehr Ingenieurstunden und Zeit
zur Fertigstellung verbrauchen. Ähnlich sollte starke Zuliefereinbindung die Stundenzahl reduzieren. In diesem Kapitel versuchen wir, die
Größe dieser Einflüsse zu bestimmen, und untersuchen, ob es andere,
weniger direkte, aber ebenso wichtige Effekte gibt (wie die Auswirkung
des Projektumfangs auf die Entwurfsqualität). In diesem Abschnitt des
Kapitels untersuchen wir die Auswirkungen der Projektstrategie auf die
Entwicklungsleistung. Zunächst betrachten wir die Auswirkungen der
Produktkomplexität (d. h. Produktinhalt, -vielfalt und -innovation) und
dann der Zuliefereinbindung und der Verwendung vorhandener Teile.

Produktkomplexität und Entwicklungsleistung

Die Zeilen 1–3 von Tabelle 6.1 fassen den Effekt der Produktkomplexität
auf Entwicklungsproduktivität, -zeit und -qualität mittels dreier Indikatoren zusammen: Produktpreis, Anzahl der Karosserievarianten innerhalb des Projekts und Innovationsgrad. Bei Variablen mit starker Aussa-
gekraft haben wir die Größe und Richtung der Auswirkungen und eine
bedeutende Veränderung der Komplexität auf die Entwicklungsleistung
angegeben. Zum Beispiel zeigt unsere Analyse, daß eine Erhöhung des
Preises um 10 000 $ – also die Differenz zwischen einem Mittelklassewa-
gen für 14 000 $ und einem Luxuswagen für 24 000 $ – 30 % Mehraufwand
an Ingenieurstunden bedeutet. Eine zusätzliche Karosserievariante
würde die Zahl der Ingenieurstunden um 35 % erhöhen und die Planungszeit geringfügig verlängern, aber wir finden keine Anzeichen für
eine Veränderung der Gesamtentwicklungszeit. Ebenso fehlt diese Evi-
denz bei den Innovationsvariablen. Außer dem konsistent starken Einfluß (20 %) von Karosserieinnovation auf die Entwicklungszeit gibt es nur
schwache oder unklare Anzeichen.

Tab. 6.1: Der Einfluß von Projektinhalt und -umfang
auf die Entwicklungsleistung

Produktkomplexität und Projektumfang	Konstruktionsstunden	Leistungsdimensionen			Produktqualität
		Entwicklungszeit			
		Total	Planung	Konstruktion	
Komplexität					
Preissteigerung ab 10.000 $	hoch +27 %	niedrig +7 %	●	gemäßigt +11 %	N/A
Hinzufügen einer zusätzlichen Karosserievariante	hoch +35 %	●	gemäßigt +15 %	●	N/A
Innovation					
Einführung neuartiger Teile	●	●	●	●	●
Größere Änderungen der Karosseriefertigungstechnologie	●	●	●	hoch +19 %	●
Umfang					
Steigender Projektumfang von 0.55 bis 0.65	hoch +30 %	niedrig +7 %	hoch +30 %	●	hoch +22 %

Quelle: Siehe Regressionsanalyse im Anhang.

● Kein deutlicher Einfluß

Allgemein hat Produktkomplexität die stärksten Auswirkungen auf die Ingenieurstunden, aber sehr wenig auf Zeit und Qualität. Die Autohersteller haben anscheinend die Fähigkeit entwickelt, mehrere Karosserievarianten parallel zueinander zu entwickeln, so daß eine zusätzliche Variante die Zeit wenig beeinflußt. Das gleiche läßt sich für die größere Produktkomplexität sagen, die implizite in einem teureren Fahrzeug steckt. (Insofern sich die Maße, die wir für die Verfolgung von Entwurfs und Umsetzungsqualität verwenden, auf Vergleiche mit Konkurrenzfahrzeugen beziehen, ist der TPQ-Index bereits an Unterschiede im Projektinhalt angepaßt. Deshalb nehmen wir keine weiteren Korrekturen in Tab. 6.1 vor.) Das Fehlen starker Auswirkungen von Karosserie und Komponenteninnovation zeigt, daß man hohe Produktqualität in jeder Preisklasse erzielen kann, mit einer oder mehreren Karosserievarianten, mit hervorragenden, aber nicht notwendigerweise allerneuesten Komponenten und ebensolcher Karosserietechnologie. Diese Anzeichen stimmen mit der früheren Diskussion der Strategie der »häufigen kleinen Schritte« überein. Es scheint, daß Projekte mit großen Technologiesprüngen bei Komponenten oder Karosserien weder notwendige noch hinreichende Voraussetzungen für die Schaffung von Produkten hoher Qualität sind.

Entwicklungsleistung und Projektumfang

Die Logik, Entscheidungen über den Projektumfang direkt mit Entwicklungsproduktivität zu verknüpfen, ist unkompliziert: Die Verwendung von mehr vorhandenen Teilen und mehr Vergabe von Arbeiten an Zulieferer sollten sich in einer Senkung der Zahl der internen Ingenieurstunden niederschlagen. Umfang kann auch Zeit- und Qualitätsauswirkungen haben. Die Daten in Zeile 4 von Tab. 6.1 zeigen, daß der Umfang beträchtliche Auswirkungen auf alle drei Maße der Leistung hat. Aber wir fanden, daß Unterschiede in der Art der Auswirkungen des Projektumfangs der verschiedenen Modelle wichtig sind für Schlußfolgerungen über die langfristige Wettbewerbsfähigkeit.

Umfang und Ingenieurstunden. In den untersuchten Projekten hatte keine strategische Festlegung größere Auswirkungen auf die Entwicklungsproduktivität als der Projektumfang. Das hat zwei Ursachen: (1) die direkte Auswirkung durch Reduzierung des Arbeitsvolumens der Eigenentwicklung und (2) relative Produktivitätsunterschiede, die mit Unterschieden zwischen neuentwickelten und übernommenen Teilen und interner gegenüber externer Entwicklung zusammenhängen.

Abb. 6.9 stellt dieses Schema der direkten Arbeitsbelastung anhand von Durchschnittsdaten der Untersuchung in einem Schaubild dar. Das Modell verteilt den Gesamtentwicklungsaufwand, der erforderlich gewesen wäre, wenn alle Teile im eigenen Hause neu entwickelt worden wären, nach Quellen der Arbeitsteilung.*

Die Blöcke und ihr durchschnittlicher Anteil am Gesamtaufwand umfassen Gesamtfahrzeugentwicklung (30%), Eigenentwicklung neuer Teile (31%), Entwicklung von Schubladenteilen (19%) und Zuliefererentwicklung neuer Teile (20%). Unser Maß des Projektumfangs ist die Summe der ersten zwei Blöcke, die für unsere Beispiele 61% betrug. D. h., die Eigenentwicklung neuer Teile beträgt 61% des Entwicklungs-

---

* Der Einfachheit halber unterstellen wir gleiche Entwicklungsproduktivität von Herstellern und Zulieferern und zwischen früheren und neuen Projekten. Die Gesamtentwicklungsleistung wird mit 1 beziffert.

Abb. 6.9: Geschätzte Verteilung des Entwicklungsaufwands (Weltdurchschnitt)

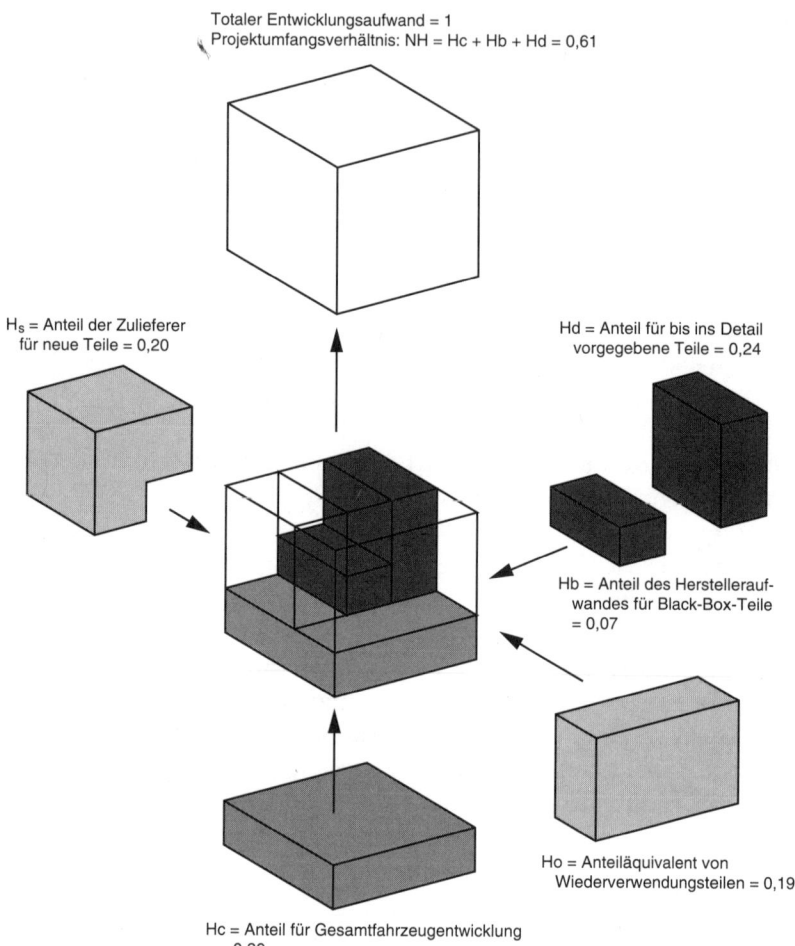

Totaler Entwicklungsaufwand = 1
Projektumfangsverhältnis: NH = Hc + Hb + Hd = 0,61

H_s = Anteil der Zulieferer
für neue Teile = 0,20

Hd = Anteil für bis ins Detail
vorgegebene Teile = 0,24

Hb = Anteil des Herstelleraufwandes für Black-Box-Teile
= 0,07

Ho = Anteiläquivalent von
Wiederverwendungsteilen = 0,19

Hc = Anteil für Gesamtfahrzeugentwicklung
= 0,30

volumens, Tabelle 6.2 faßt die großen regionalen Unterschiede in der Verteilung des Gesamtaufwands zusammen. US-Projekte sind durch einen hohen Anteil an Gleichteilen (26 %) und eigenentwickelten (36 %) Teilen gekennzeichnet. Japanische Projekte haben einen hohen Zuliefereranteil an der Entwicklung (30 %), europäische Projekte liegen dazwischen.

Würde es keine Unterschiede in der Produktivität zwischen Zulieferern und Herstellern geben und keine in der Schwierigkeit bei der

158

Verwendung von vorhandenen und neuen Teilen, so könnten wir aus den Daten von Tab. 6.2 den Aufwand schätzen, den der durchschnittliche Hersteller je Region aufwenden muß, um ein durchschnittliches Produkt zu entwickeln, das nur neue und eigenentwickelte Teile enthält. Aber es bestehen Unterschiede bei Produktivität und Schwierigkeitsgrad. Wenn in der Praxis Arbeit nach draußen verlagert wird, hat das eine größere Auswirkung, als man bei gleicher Produktivität oder Schwierigkeit erwarten könnte.

Tab. 6.2: Gesamtkonstruktionsaufwand nach Regionen

Komponenten des Aufwands / Region	Innerhalb des Projekts		Außerhalb des Projekts		Projekt- umfangs- index (1 + 2)
	Gesamte Fahrzeug- entwicklung (Hc)	Neue Teile vom Hersteller (Hb + Hd)	Aufwands- anteil der Gleichteile (Ho)	Neue Teile vom Zulieferer (Hs)	
USA	30 %	36 %	26 %	7 %	66 %
Europa	30 %	32 %	21 %	16 %	62 %
Japan	30 %	27 %	13 %	30 %	57 %
Durchschnitt	30 %	31 %	19 %	20 %	61 %

Anmerkung: Die Definition jeder Kategorie ist aus Abb. 6.9 ersichtlich.

Aus Tab. 6.1 ersehen wir, daß Unterschiede im Umfang beträchtliche Auswirkungen haben. Wenn sich z. B. der Index des Umfangs von 0.65 auf 0.55 bewegt (was in etwa dem Übergang vom US- zum japanischen Durchschnitt entspricht), sinken die Ingenieurstunden um 30 % im Vergleich zu den durchschnittlichen 2.5 Mio. Personenstunden pro Projekt Weil der Umfang um 15 % sinkt, wenn sich der Index von 0.65 auf 0.55 verringert, würden wir auch eine Abnahme der Ingenieurstunden um 15 % erwarten, wenn Zulieferer gleich effizient und Teile gleich schwierig wären. Das heißt, daß Zulieferer viel effizienter und neue Teile viel schwieriger zu handhaben sind. Der Einfluß der Zuliefererproduktivität scheint in Japan besonders stark zu sein (siehe Anhang). Das wird durch unsere Untersuchungen bestätigt, die ergaben, daß langfristige Herstellerbeziehungen und Spezialisierung zu hocheffizienten Zuliefererentwicklungsprozessen geführt haben. Unsere Analyse im Anhang zeigt, daß der Zulieferereinfluß weitgehend ein japanisches Phänomen ist, wohingegen die Verwendung vorhandener Teile in allen Regionen große Auswirkungen zeigt.

Entwicklungszeit und Projektumfang. Der Einfluß des Projektumfangs auf die Entwicklungszeit ist nicht so direkt wie der auf den Stundenaufwand. Angenommen, wir verlagern einige Baugruppen von interner Entwicklung zu Zulieferern: was passiert dann mit der Gesamtprojektentwicklungszeit? Wenn die Komponenten unbedeutend sind, ergeben sich keine Auswirkungen – das Projekt dauert genausolange wie vorher. Sind sie aber von Bedeutung, jedoch die Zulieferer langsamer, oder verlangt die Verlagerung der Arbeit mehr Zeit für Koordinierung, dann wird die Gesamtzeit zunehmen. Nur wenn Zulieferer wichtige Teile schneller entwickeln können oder die Koordinierung durch Verlagerung nach draußen einfacher wird, läßt sich hierdurch die Entwicklungszeit verkürzen.

Wir stellen in der Tat eine Zeitverkürzung fest, aber das Ausmaß ist bescheiden. In Tab. 6.1 drückt eine Umfangsreduktion von 0.65 auf 0.55 die Zeit um 7% oder etwa vier Monate in einem 53-Monate-Projekt. Eine weitere Analyse durch Aufteilung der Gesamtzeit in Zeit für Planung und Zeit für Entwicklung zeigt, daß der Einfluß des Umfangs für jede der beiden anders ist. Erweiterung des Umfangs – d. h. mehr neue Teile im eigenen Haus entwickeln – verlängert den Planungsprozeß, hat aber wenig Einfluß auf die Entwicklungszeit. So ist der Einfluß des Projektumfangs auf die Entwicklungszeit in Wirklichkeit ein Einfluß auf die Planung.

Mehrere Implikationen ergeben sich aus den Entwicklungszeitergebnissen von Tab. 6.1. Erstens: die Tatsache, daß Projektumfang sich positiv auf die Zeit auswirkt, heißt, daß Firmen einige britische Aufgaben und Komponenten nach außen vergeben. Die Vorstellung, daß Automobilhersteller alle wichtigen Aufgaben selbst ausführen und nur periphere vergeben, wird durch unsere Erhebungen nicht bestätigt.

Zweitens: die technischen Fähigkeiten der Zulieferer für eine rasche Produktentwicklung sind häufig ebenso gut wie die der Hersteller. Die Benutzung des Zulieferernetzes führt auch nicht unbedingt zu einem Verlust an straffer Koordinierung; es scheint, als ob Hersteller sich der Zuliefererentwicklung ohne Zeitzugaben für die Ausführung bedienen können. Dies stimmt mit unseren Erkenntnissen über die Entwicklung von Zuliefererfähigkeiten überein.

Eines der wichtigsten Kriterien japanischer Hersteller für die Lieferantenauswahl ist die Fähigkeit, Produktivität und Qualität »einbauen« zu können. Das heißt die Fähigkeit, Kosten- und Qualitätsziele zu erreichen und trotzdem flexibel auf die laufenden Änderungswünsche der Hersteller einzugehen.[6] Kurz: Eigenentwicklung ist keine Garantie für bessere Ausführung oder Koordinierung der Entwicklung.

160

Schließlich haben wir herausgefunden, daß die Einengung des Projektumfangs die Koordinierungsnetze vereinfacht und dadurch die Koordinierungszeit verringert. Diese Vereinfachung geschieht in dem Planungsprozeß, dessen Hauptaufgabe die Koordinierung zwischen den Komponenten ist, und nicht in der Entwicklung, wo die Zeit von den Problemen der Koordinierung von Produkt- und Prozeßentwicklungsschritten innerhalb eines Komponentenfeldes abhängt. Obwohl gängige Logik behauptet, daß externe Kontakte solche Koordinierungsprobleme verkomplizieren, finden wir im Gegenteil, daß das Herausnehmen von Komponenten aus dem internen Netz das Problem vereinfacht und die Koordinierungszeit verringert. Sowohl vorhandene Teile als auch Zulieferer spielen eine Rolle.

Das Grundproblem bei der Plankoordinierung ist, daß die einzelnen Teile voneinander abhängen und von Fachabteilungen entwickelt werden. Die Koordinierung der Komponenten innerhalb eines Projekts schließt Verhandlungen mit vielen Entwicklungsgruppen ein, von denen jede das Sagen für ein bestimmtes Zuständigkeitsgebiet mit gleichem Status wie die anderen beansprucht.

Im Extremfall verhandelt jeder mit jedem. So löst eine Änderung bei einer Baugruppe Gegenmaßnahmen anderswo aus, und die Kettenreaktion der gegenseitigen Anpassungen macht die Koordinierung über das gesamte Fahrzeug zeitraubend.

Die Verwendung eines vorhandenen Teils friert dessen Inhalt ein und entzieht ihn jeder Verhandlung. Dadurch verringern sich die Anzahl der Interaktionen und das Ausmaß von Verhandlungen drastisch.

Ebenso vereinfacht das Herausnehmen einer Komponente aus dem internen Netzwerk den Verhandlungsprozeß, wenn die Zulieferer die Fähigkeit entwickelt haben, Produktivität und Qualität »einzubauen« (d. h. Kosten- und Qualitätsziele zu erfüllen und dennoch auf Änderungswünsche einzugehen). In Wirklichkeit suchen sich die Zulieferer nicht die Aufgaben aus und haben auch nicht das gleiche Stimmrecht. Verglichen mit internen Ingenieuren sind sie flexibler, eher bereit, auf Wünsche einzugehen. Zuliefererfähigkeiten wie die in Japan verringern die Koordinierungsprobleme und gestatten den Herstellern, sich mehr auf die internen Fragen zu konzentrieren, im Wissen, daß die Zulieferer die Auswirkungen interner technischer Änderungen auffangen.

Projektumfang und totale Produktqualität. Arbeit an das Zuliefernetz zu vergeben oder vorhandene Teile zu verwenden verbessert die Entwicklungsproduktivität und -zeit, nicht aber die Produktqualität. Früher haben wir gesehen, daß die Verwendung vorhandener Teile und die Abhängigkeit von Lieferanten der totalen Produktqualität schaden können, wenn die Zulieferer weniger qualifiziert waren oder die Wiederverwendungsteile dem Entwurf Beschränkungen auferlegten. Das schien bei den untersuchten Projekten der Fall zu sein.

Tabelle 6.1 zeigt, daß die Produktqualität unter einer Verringerung des Projektumfangs leidet. Eine Veränderung des Indexes von 0.65 auf 0.55 führt zu einem Absinken des Qualitätsindexes von 51 auf 40 Punkte oder um 20 %. Daraus geht hervor, daß man bei der Festlegung des Projektumfangs die Belange von Qualität, Zeit und Produktivität gegeneinander abwägen muß.

Bei starker Zulieferereinbindung und Verwendung wichtiger fertiger Teile führt eine Umfangsverringerung zu kürzeren Entwicklungszeiten und geringerem Aufwand, aber auf Kosten geringerer Produktqualität. Das Management hat eine Zwei-Stufen-Wahl bei der Entscheidung über den Umfang: (1) die Wahl des Gesamtprojektumfangs, der die Größe des internen Aufwands festlegt, und (2) die Wahl der Zusammensetzung, d. h. die Mischung von Teilewiederverwendung und Zulieferereinbindung, die die Vorgabe des Gesamtaufwands erfüllt. Die Wirksamkeit dieser Entscheidungen hängt davon ab, die richtige Balance zwischen Entwicklungszeit, Produktivität und Qualität zu halten, und diese hängt wiederum davon ab, welche Teile ein Hersteller nach außen vergibt und wie die Entscheidungen umgesetzt werden.

Es geht hierbei darum, aus der Zulieferereinbindung Einsparungen bei Zeit und Ingenieurstunden zu erzielen, bei minimalen Abstrichen an der Produktqualität. Wie wir gesehen haben, verlangt dies enge Zusammenarbeit vom Beginn des Projekts an und den bewußten Aufbau eines starken Entwicklungs-Know-hows beim Zuliefererstamm. In ähnlicher Weise erfordert der wirkungsvolle Einsatz von vorhandenen Teilen nicht nur sorgfältige Auswahl, sondern auch ein Augenmerk auf notwendige Angleichungen, um einen integrierten Entwurf erstellen zu können. Oft geht die Entscheidung für die Wiederverwendung von Teilen auf den Wunsch zurück, Investitionen zu minimieren. Aber die genaue Betrachtung der Auswirkungen eines existierenden Teils auf die Produktintegrität kann Chancen zur Verbesserung der Konstruktion ergeben, entweder durch geringfügige Überarbeitung der zu übernehmenden Teile oder durch entsprechende Anpassungen bei den neuen Teilen.

Zusammenfassung

Wir haben gesehen, daß die Projektstrategie – Entscheidungen über Produktkomplexität und Projektumfang – eine wichtige Rolle für die Entwicklungsleistung spielt und daß Entwicklungsproduktivität, Zeit und Produktqualität von der Wahl von Produktinhalt, Wiederverwendungsteilen und Zulieferereinbindung abhängen. Mehr noch, die Unterschiede in Umfang und Komplexität sind ausschlaggebend für die regionalen Leistungsunterschiede und damit für den internationalen Wettbe-

Abb. 6.10: Regionale Leistungsunterschiede

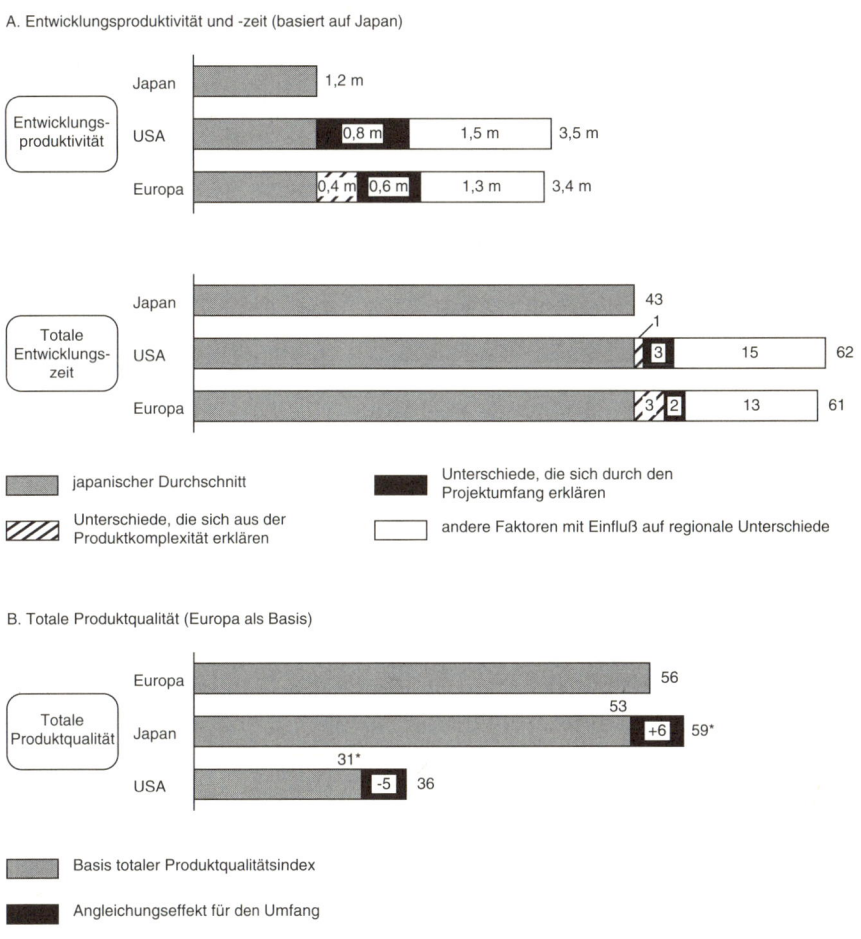

A. Entwicklungsproduktivität und -zeit (basiert auf Japan)

Entwicklungs-produktivität

- Japan: 1,2 m
- USA: 0,8 m / 1,5 m / 3,5 m
- Europa: 0,4 m / 0,6 m / 1,3 m / 3,4 m

Totale Entwicklungs-zeit

- Japan: 43
- USA: 1 / 3 / 15 / 62
- Europa: 3 / 2 / 13 / 61

japanischer Durchschnitt

Unterschiede, die sich aus der Produktkomplexität erklären

Unterschiede, die sich durch den Projektumfang erklären

andere Faktoren mit Einfluß auf regionale Unterschiede

B. Totale Produktqualität (Europa als Basis)

Totale Produktqualität

- Europa: 56
- Japan: 53 / +6 / 59*
- USA: 31* / -5 / 36

Basis totaler Produktqualitätsindex

Angleichungseffekt für den Umfang

* Angepaßter Wert der totalen Produktqualität

163

werb. Ein großer Teil des japanischen Vorsprungs bei Entwicklungszeit und -produktivität gründet auf Unterschieden in Umfang und Komplexität.

Die relative Auswirkung der Elemente der Projektstrategie ist in Abb. 6.10 zusammengefaßt, die die Zeit- und Aufwandsunterschiede zwischen japanischen Firmen und deren westlichen Konkurrenten in ihre Bestandteile zerlegt. Panel A zeigt, daß Unterschiede in der Projektstrategie 30–40 % des japanischen Produktivitätsvorteils ausmachen, wobei der Umfang die größte Rolle spielt. Dessen Wichtigkeit fällt besonders in den USA auf, wo große Unterschiede in der Rolle der Zulieferer und der Teilestrategie für mehr als ein Drittel der ursprünglichen Leistungslücke verantwortlich sind. In Europa spielt der Umfang eine nicht ganz so starke Rolle. Ein Viertel des Unterschiedes zu Japan geht auf ihn zurück.

Produktkomplexität spielt ebenso eine Rolle. Während die Produkte, die wir im Vergleich Japan – USA studiert haben, in etwa dem Inhalt nach vergleichbar waren, enthält die europäische Auswahl auch Hochleistungsluxusfahrzeuge und Familienlimousinen der gehobenen Preisklasse. Diese Unterschiede im Produktinhalt erklären 15 % der Lücke zwischen Japan und Europa. Bei Unterscheidung nach Umfang und Komplexität verringert sich die Lücke von 2,2 auf 1,3 Mio. Entwicklungsstunden.

Die Auswirkungen der Projektstrategie auf den Zeitverbrauch sind viel geringer. Unterschiede in Umfang und Inhalt sind nur für vier bis fünf Monate der 18-Monatslücke verantwortlich. Die Daten über Produktqualität in Panel B enthalten eine andere Aussage. Unterschiede im Produktinhalt drücken sich im regionalen TPQ-Durchschnittsindex gleich aus, beide haben einen Vorsprung vor den USA. Das Einbeziehen des Projektumfangs ändert das Bild nur wenig. Die Korrekturen bringen die Japaner ein wenig vor die Europäer, die Amerikaner fallen noch etwas zurück. Es bleibt festzustellen, daß Unterschiede zwischen Firmen einer Region (besonders in Japan und Europa) bei der Produktqualität größer sind, d. h., die Abstände zwischen den Regionen sind nicht so ausgeprägt wie bei Produktivität und Zeit. Firmenunterschiede spielen, wie wir ihn Kapitel 4 festgestellt haben, eine kritische Rolle bei der Erklärung der Qualitätsunterschiede. Dieser gehen wir in den folgenden Kapiteln näher nach.

In diesem Kapitel haben wir erkannt, daß die Projektstrategie eine »echte« Auswirkung auf Leistung und Wettbewerb hat selbst wenn einige ihrer Elemente, wie Zielmarktbestimmung, Preisniveau und Karosserievarianten, die Projekte nur auf eine vergleichbare Basis stellten. Aber wir haben gesehen, daß miteinander konkurrierende Produkte den

Markt mit unterschiedlichen Vorlaufzeiten und unterschiedlichen Kosten- und Qualitätsniveaus wegen der Entscheidungen der Firmen bezüglich Produktkomplexität und Projektumfang erreichen. Die folgenden Beispiele üblicher Projektstrategien veranschaulichen dies:

Projekt A: Große Vorwärtssprünge und Eigenentwicklungen

Das Produkt, ein Mittelklassewagen, ist der Nachfolger eines vor acht Jahren eingeführten Modelltyps. Die neue Generation enthält bedeutsame neue Komponenten und neue Karosserieschweiß- und Lackiertechnik, aber viele andere Teile und der Motor werden übernommen, so daß nur 65 % der Teile neu sind. Fast die gesamte Entwurfs- und Entwicklungstätigkeit wurde im eigenen Haus ausgeführt.

Projekt B: Häufige kleine Schritte und Black-Box-Konstruktionen

Das Produkt, ein Mittelklassewagen, ist der Nachfolger der 3. Generation eines Modells, das vor acht Jahren eingeführt wurde. Das neue Modell verwendet verbesserte Ausführungen der Grundkomponenten und die Karosserietechnik des Vorgängers, aber das Leistungsniveau ist hervorragend. Obwohl von Vorgängern abgeleitet, sind 85 % der Teile neu konstruiert. Zulieferer übernehmen einen Großteil der Arbeit.

Diese beiden Produkte werden direkt miteinander konkurrieren, aber die Projekte, die sie entstehen lassen, werden sehr verschiedene Leistungen erbringen. A wird länger dauern, mehr Ingenieurstunden verbrauchen und vielleicht etwas geringere Qualität erreichen, wegen der vielen übernommenen Teile und des Zwangs, das Projekt früher zu beginnen als Projekt B. Der gewaltige Aufwand für seine neuen Komponenten steigert deren Leistung möglicherweise nicht genug, um sich beachtliche Vorteile über Projekt B zu verschaffen, in dem die Strategie häufiger kleiner Schritte dafür sorgt, daß oft neue Ideen auf den Markt kommen, und dem Zulieferer-Know-how erlaubt, den Umfang in Grenzen zu halten, obwohl die meisten Teile neu sind.

Leistungsunterschiede zwischen Projekt A und B – in Zeit, Produktivität und Qualität – sind echt, nicht das Ergebnis von Zahlenspielereien oder Produktunterschieden. Ein Teil des Vorteils von Projekt B kommt vom besseren Abwägen der Vor- und Nachteile, die in den Wahlmöglichkeiten über Produktkomplexität und -umfang liegen, aber mehr geht auf die hinter der Projektstrategie liegenden Fähigkeiten zurück.

Projektstrategie ist deutlich mehr als Dokumente oder Kästchen, die nur auf Organisationsdiagrammen hin und her geschoben werden, sie ist eine Frage der Fähigkeiten. Im Falle des Projektumfangs z. B. kann die Firma mit Projekt A leicht eine andere Mischung von neuen und übernommenen Teilen wählen, aber ihr steht schwerlich die Wahl eines viel höheren Grades der Zulieferereinbindung offen. Denn wenn die Zulieferer nicht die richtigen Fähigkeiten besitzen und das Beziehungsnetz eine Zusammenarbeit unterstützt, erwüchse hieraus leicht eine Katastrophe. Die Auswirkungen des Projektumfangs, besonders wenn er dazu dient, den japanischen Vorteil zu erläutern, basieren auf weit mehr als dem Unterschied im Anteil der Teile, die von Zulieferern entwickelt werden. Vielmehr geht es um Unterschiede in den Fähigkeiten der Zulieferer und im Verhältnis zueinander. Dieses ist in Japan langfristiger und partnerschaftlicher als in traditionellen US-Systemen, in denen Zulieferer nur eine geringe Rolle bei der Entwicklung spielen und auf Distanz zum Hersteller anbieten. Die hier präsentierten Beweise und Interviews in japanischen Firmen zeigen, daß viele der Unterschiede mit der Leistungsfähigkeit des Zuliefernetzes zu tun haben und dem Vermögen des Herstellers, die Entwicklung dieser Fähigkeiten zu fördern und aus ihnen Nutzen zu ziehen. Sie profitieren in der Tat vom Know-how ihrer Zulieferer und beziehen es effektiver in den Entwurf ihrer Produkte und den Ablauf des Entwicklungsprozesses mit ein.

In diesem Beziehungsgefüge gibt es ein wichtiges Element der Gegenseitigkeit. Autohersteller kultivieren die Entwicklung ihrer Zulieferer und managen diesen Prozeß, so daß Fähigkeiten eine wichtige Rolle spielen. Das schließt Investitionen, Wissensaustausch, Raum und Ausrüstung für »Gastingenieure« und Hilfe bei Problemlösung ein. Auf seiten der Zulieferer besteht die Verpflichtung zum Ausbau der Fähigkeiten und die Bereitschaft, eine entscheidende Rolle im Entwicklungsprozeß zu übernehmen. Die besseren Zulieferer sind serviceorientiert. Ihre Ingenieure suchen nach neuen Wegen, den Anforderungen der Konstruktions- und Entwicklungsprozesse ihrer Kunden zu entsprechen. Ja, sie suchen geradezu nach Gelegenheiten, für ihre Kunden Wertschöpfung zu erzeugen. Das ist etwas völlig anderes, als spezifizierte Lastenhefte mit minimalem Aufwand zu erfüllen.

Fähigkeiten sind auch der Schlüssel für die Strategie der häufigen kurzen Innovationsschritte. Es gibt hier so eine Art »Circulus virtuosus«.

Die Strategie erbringt einen Gewinn an Zeit und Produktivität, weil der Aufwand, die Technologie den nächsten kleinen Schritt anzuheben, nicht so groß ist und schneller bewerkstelligt werden kann. Aber damit die Strategie der kleinen Schritte funktionieren kann, muß die Firma in der Lage sein, neue Projekte schnell auf die Beine zu stellen, und jedes Projekt muß schnell beendet sein. Weiter muß die Arbeit gut integriert sein, damit die TPQ hoch wird. Die »Häufige-kleine-Schritte«-Strategie ist also nur möglich, wenn die Entwicklungsproduktivität hoch, die Entwicklungszeit niedrig und Entwürfe effektiv sind. Einmal implementiert, hilft sie einem Unternehmen, hohe Produktivität und rasche, wirksame Entwicklung zu erzielen. Das ist mit dem »Circulus virtuosus« gemeint, also dem Kreislauf der Tugend. Projekt B ist also effektiv, weil die Strategie sich auf Fähigkeiten der Hochleistungsentwicklung stützt und diese deshalb verstärkt.

In den nächsten drei Kapiteln untersuchen wir drei Quellen der Hochleistungsentwicklung – Produktionsfähigkeiten, integrierte Problemlösung und Projektführung –, die eine zentrale Rolle für Geschwindigkeit, Qualität und Produktivität der Entwicklung spielen.

Anmerkungen

1 Siehe Mitsubishi Research Institute (1987), S. 7.
2 Ibid., Seite 11.
3 Matsui (1988, S. 124) legt dar, daß 1987 beträchtliche Leistungsunterschiede zwischen den Gruppenzulieferern von Toyota und Nissan vorlagen; erstere neigten dazu, profitabler zu sein, und es liefen höhere R&D-Ausgaben je Verkauf auf als bei letzteren. Dies spiegelt sich in der Leistungskluft zwischen den beiden Herstellern in der gleichen Periode wider. Die Basisstruktur der Netzwerke ist im wesentlichen für beide Hersteller ähnlich.
4 Eine Studie des japanischen Außenhandelsministeriums (MITI) zeigt, daß japanische Zulieferer mit mehr als 20 % Beteiligung eines Autoherstellers durchschnittlich fünf Hersteller beliefern. Siehe Mitsubishi Research Institute (1987).
5 Nishiguchi (1987) bezeichnet das Überlappungsmuster in den japanischen Zulieferernetzwerken als »Alpenstruktur«, da es überlappten Hierarchien gleicht.
6 Mitsubishi Research Institute (1987), S. 12–13.

Kapitel 7

Produktionsfähigkeit:
Eine versteckte Quelle
der Verbesserung

Gängige Darstellungen der Entwicklung neuer Automobile konzentrieren sich ausnahmslos auf den Entwurfsprozeß und die Lösung technischer Probleme. Jede Autozeitschrift in jedem Land bringt Geschichten über frühe Entwürfe, die Qual der Wahl technischer Alternativen, technische Neuheiten. In Japan, Europa und den USA sind die Stars dieser Geschichten die Designer und Ingenieure. Selbst viele Spitzenmanager der Branche betrachten Produktentwicklung als einen schöpferischen Akt, etwas, das weitgehend innerhalb von Styling und Konstruktion und Entwicklung passiert. Aber nur diese kognitiven Prozesse innerhalb der Produktentwicklung zu sehen heißt, die sehr realen Beiträge der Produktion zu übersehen.

Unsere Studie der Autoindustrie hat uns gezeigt, daß die Fähigkeit, Dinge schnell und effizient herzustellen – Material in Teile, Komponenten und Montagegruppen zu transformieren –, ein wesentlicher Erfolgsfaktor in der Produktentwicklung ist. Fertigungsfähigkeiten sind offensichtlich wichtig für die Serienproduktion, spielen aber auch eine Rolle innerhalb des Entwicklungsprozesses. Wir untersuchen diese Rolle in diesem Kapitel. Nach einer allgemeinen Diskussion des Zusammenhangs zwischen Fertigungsfähigkeiten und Produktentwicklungsleistungen betrachten wir drei Fertigungsaktivitäten innerhalb des Entwicklungsprozesses aus der Nähe: Prototypfertigung, Herstellung von Preßwerkzeugen für Karosseriebleche und die Produktion von Fahrzeugen während der Pilotserie und während des Serienanlaufs.

Jenseits der Zweiteilung F&E versus Produktion

Wenn man im Karosserierohbau einer Automobilfabrik steht, werden einem die gravierenden Unterschiede zwischen den sehr frühen und den späten Stufen der Produktentwicklung vergegenwärtigt. Große Pressen stampfen rhythmisch Karosserieteile aus Blechplatinen. Zahlreiche Roboter wenden, tauchen und schweißen. Transfergeräte bewegen und positionieren geschweißte Karosserieteile mit Präzision und Regelmäßigkeit. Inmitten dieses lauten, angespannten und reglementierten Prozesses befinden sich Menschen, die überwachen und reparieren, be- und entladen. Ihre Leistung wird nach Teilen pro Stunde gemessen.

Vergleichen wir das mit den hohen Stylingstudios, mit ihren großen Fenstern und der hellen, aber indirekten Beleuchtung. Die Designer sitzen an großen Zeichenbrettern und entwerfen neue Konzepte, die geübte Modellwerkstatt-Techniker in Ton, Kunststoff oder Glasfaser ausformen. Nach Fertigstellung messen, studieren, betrachten und bewerten die Designer die Attrappen. Die Atmosphäre kann hektisch und angespannt sein, besonders vor einer Vorstandsbegutachtung, aber niemand mißt Skizzen (oder irgend etwas anderes) pro Stunde. Leistung ist eine Frage von Kreativität, Einblick und neuen Ideen.

Solche krassen Unterschiede im Umfeld machen deutlich, daß das Management von Forschung und Entwicklung (F&E) von dem der Produktion stark abweicht. Die Begründung geht ungefähr folgendermaßen: Wesentlich für effektives Produktionsmanagement sind Stabilität, Wirkungsgrad, Disziplin und straffe Kontrolle, wohingegen wirkungsvolles F&E-Management Dynamik, Flexibilität, Kreativität und lose Kontrolle erfordert. Deshalb müssen die beiden Funktionen nach völlig unterschiedlichen Prinzipien gemanagt werden. Diese Zweiteilung zwischen Forschung und Praxis stammt aus einer traditionellen Betonung der jeweiligen Endpunkte des F&E-Produktionsspektrums.

In Abb. 7.1 sehen wir an einem Ende das Taylorsche Modell des Fertigungsprozesses, das die wiederholte Ausführung nach einer vorgegebenen Norm durch eine optimierte Menge von Verfahrensanweisungen betont. In dieser Welt sind die Schlüssel guter Leistung (d. h. Einhalten der Norm) Stabilität, Wiederholung, Standardisierung und bürokratische Kontrolle von oben. Hierbei liegt die Aufgabe der Änderung der Produktionssystems zur Verbesserung seiner Leistung außerhalb der Produktionsfunktion.

Abb. 7.1: Das Spektrum F&E–Produktion

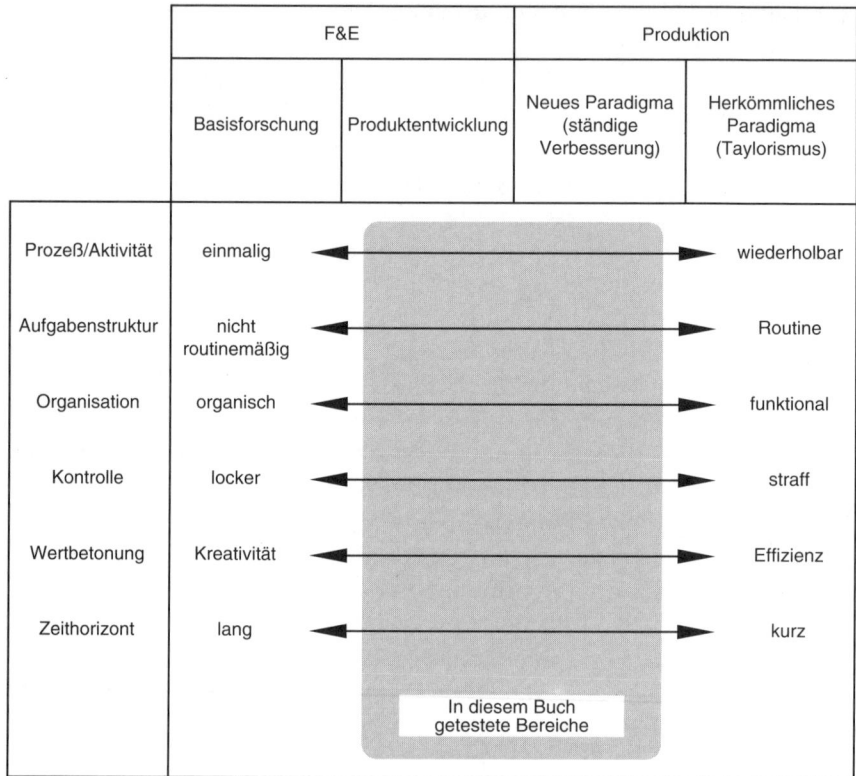

	F&E		Produktion	
	Basisforschung	Produktentwicklung	Neues Paradigma (ständige Verbesserung)	Herkömmliches Paradigma (Taylorismus)
Prozeß/Aktivität	einmalig			wiederholbar
Aufgabenstruktur	nicht routinemäßig			Routine
Organisation	organisch			funktional
Kontrolle	locker			straff
Wertbetonung	Kreativität			Effizienz
Zeithorizont	lang			kurz

In diesem Buch getestete Bereiche

Die Prinzipien effektiven Managements für das andere Ende des Spektrums werden von Gelehrten und Managern entwickelt, die sich Laboratorien für Grundlagenforschung zum Vorbild nahmen anstelle von Entwicklungsprojekten, die auf sofortige Vermarktung eines Produkts ausgerichtet waren. Die Schlüssel zur Leistungserbringung in dieser fluiden Welt sind organische Struktur, Selbstkontrolle, Selbstmotivation, individuelle Kreativität und jede Menge Ressourcen. Es überrascht nicht, daß wir keine Gemeinsamkeiten finden zwischen dem Management einer Handvoll promovierter Wissenschaftler, die neue Formeln erdenken, und dem einer Menge von Fabrikarbeitern, die repetitiv ausführen, was man ihnen gesagt hat.

Beide haben aber mit den Realitäten der Weltautoindustrie nichts gemein. Um in den 80er und 90er Jahren erfolgreich zu sein, mußte das Produktionsmanagement dynamischer werden.[1] Hervorragende Lei-

Abb. 7.2: Montageproduktivität und Produktentwicklungsleistung

1. Montage- und Entwicklungsproduktivität

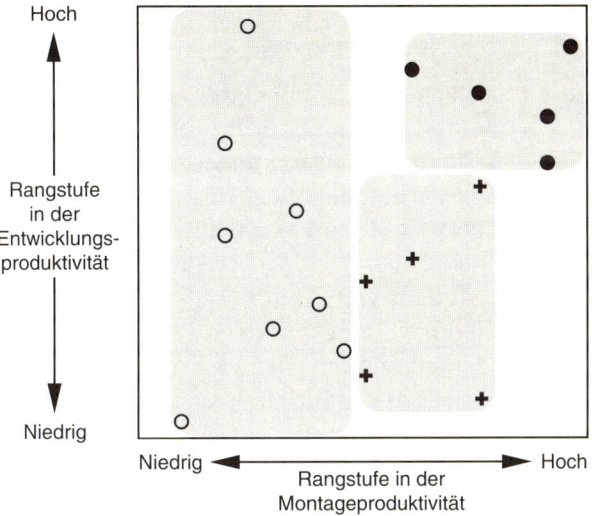

2. Montageproduktivität und Entwicklungszeit

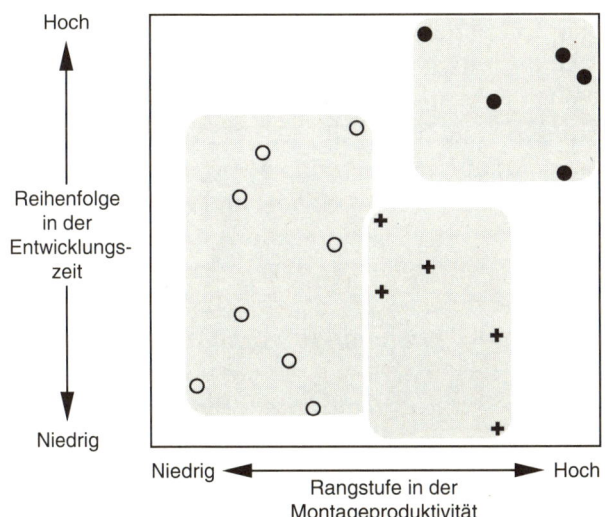

Anmerkung: Die Einstufungen basieren auf angepaßten Entwicklungsstunden, angepaßter Entwicklungszeit mit angepaßten Montagestunden pro Fahrzeug. Letztere stammen aus der IMVP-Studie des MIT. Schattierte Flächen kennzeichnen die regionalen Gruppen.

● Japan ✚ USA ○ Europa

stung erfordert fortwährendes Verbessern der Prozesse, Lernen und Problemelösen auf der Arbeitsebene. Diese werden durch sich dynamisch anpassende Organisationen erreicht. Produktionsvorbereitung ist ein untrennbarer Teil der Fertigung in dem neuen Denkmodell der Produktion. Die heutige erfolgreiche Entwicklungsorganisation ist nicht nur gekennzeichnet durch Kreativität und Freiheit, sondern auch durch Disziplin und Kontrolle von Terminen, Ressourcenverbrauch und Produktqualität. Die Herausforderung der Produktentwicklung ist nicht so sehr das einseitige Festhalten an funktionalen Strukturen und tolerantem Führungsstil, sondern das Finden einer Ausgewogenheit zwischen Kontrolle und Freiheit, Präzision und Flexibilität, Individualität und Teamarbeit.

Indem die neuen Modelle von Produktion und Entwicklung viel näher an der Mitte des F&E-Produktionsspektrums liegen, können wir ein viel größeres Maß an Gemeinsamkeit zwischen erfolgreicher Produktentwicklung und erfolgreicher Produktion erwarten. Und in der Tat finden wir, daß Firmen, die in der Produktion gut sind, auch hohe Entwicklungsleistungen erbringen. Der Beweis hierfür ist in Abb. 7.2 dargestellt, in der man eine einigermaßen positive Korrelation zwischen Fertigungsproduktivität und Entwicklungsleistungen erkennen kann (in Ingenieurstunden und Zeitverbrauch). Die schraffierten Flächen lassen regionale Gruppierungen erkennen. Japanische Hersteller rangieren höher bei Produktions- und Entwicklungseffizienz. Westliche Hersteller liegen auf beiden Skalen spürbar niedriger. Europa ist besonders schwach in der Fertigungsproduktivität. Innerhalb der Regionen ist keine Korrelation erkennbar, was darauf hindeutet, daß Mitte der 80er Jahre der Zusammenhang zwischen Effizienz in Fertigung und Entwicklung ein regionales Phänomen war.

Entwicklung als Produktionsprozeß

Fertigung und Entwicklung können viele Elemente gemeinsam anwenden, so daß eine Firma, die auf dem einen Gebiet gut ist, auch auf dem anderen gut sein kann. Das Hauptanliegen des Produktentwicklungsprozesses ist, wie unser Informationsrahmen betont, die »Produktion« von Informationen. Gewisse Prinzipien erfolgreichen Produktionsmanagements lassen sich deshalb im Entwicklungsmanagement anwenden und umgekehrt. Tab. 7.1 identifiziert einige der Parallelen zwischen dem Modell der Produktion, das aus Just-in-Time- und Totaler Qualitätskontrolle (TQC) entstand, und dem neuen Paradigma der Produktentwicklung, das wir aus unserer Studie abgeleitet haben[2]. Wir sehen, daß beide Modelle viele Grundmerkmale gemeinsam haben, einschließlich häufigen »Umrüstens«, schnelleren Durchlaufs, verringerter Bestände, früher Rückkoppelung von hinten nach vorn innerhalb der Prozeßkette, rascher Problemlösung, gleichzeitigen Erreichens hoher Leistung, Qualität, Geschwindigkeit und Effizienz, der Fähigkeit, von vornherein »die richtigen Dinge zu tun« und mit unerwarteten Änderungen fertig zu werden, breiter Aufgabenstellungen sowie einer Kultur, die zu laufenden Verbesserungen ermuntert.

Tab. 7.1: Ähnlichkeit der neuen Paradigmen in Produktion und Entwicklung

Produktion (JIT-TQC-Paradigma)	Entwicklung (neues Paradigma)
Prozeßfluß-Muster	
– Häufiges Umrüsten	– Häufiger Modellwechsel
– Kurze Fertigungsdurchlaufzeit	– Kurze Entwicklungszeit
– Verringerung der in Bearbeitung befindlichen Bestände zwischen Bearbeitungsstufen	– Verringerung der Informations-Bestände zwischen Produktionsentwicklungsschritten
– Stück-für-Stück-(kein Stapel-) Transfer von Teilen entlang der Prozeßkette	– Häufige (nicht stapelweise) Übermittlung von vorläufiger Information von vorgelagerten zu nachgelagerten Stellen
– Schnelle Rückmeldung von Informationen über Fertigungsprobleme	– Frühzeitige Rückmeldung von Informationen über mögliche spätere Probleme
– Rasche Problemlösung in der Fertigung	– Rasche Problemlösung in der Entwicklung
– Vorgelagerte Aktivitäten werden durch sofortigen nachgelagerten Bedarf ausgelöst (Pull-System)	– Vorgelagerte Aktivitäten werden durch nachgelagerte Markteinführungstermine begründet
Organisatorische Fähigkeiten	
– Gleichzeitige Verbesserung von Qualität, Lieferzeit und Fertigungsproduktivität	– Gleichzeitige Verbesserung von Qualität, Entwicklungszeit und Entwicklungsproduktivität
– Fähigkeit des vorgelagerten Prozesses, verkaufsfähige Produkte auf Anhieb herzustellen	– Fähigkeit der Entwicklung (d. h. vorgelagert), auf Anhieb herstellbare Produkte zu entwickeln
– Flexibilität bei Änderungen von Mengen, Produktmix, Konstruktion usw.	– Flexibilität bei Änderungen von Konstruktion, Terminen, Kostenzielen usw.
– Breites Aufgabenspektrum der Arbeiter für höhere Produktivität	– Breites Aufgabenspektrum der Ingenieure für höhere Produktivität
– Einstellung und Fähigkeit zu kontinuierlicher Verbesserung und schneller Problemlösung	– Einstellung und Fähigkeit zu häufigen schrittweisen Neuerungen
– Reduktion von Beständen (Puffer-Ressourcen) erzwingt mehr Informationsflüsse für Problemlösungen und Verbesserungen	– Reduktion von Vorlaufzeiten (Puffer-Ressourcen) erzwingt mehr Informationsflüsse zwischen den Stufen für integrierte Problemlösung

Nehmen wir Bestandsreduzierung. Wie Just-in-Time-Produktionssysteme gezeigt haben, kann die Verminderung von Werksaufträgen, richtig gemanagt, Durchlaufzeiten verkürzen, Produktionsprobleme früher offenlegen und die gesamte Produktionsorganisation auf rasche Fehlerbeseitigung und ständige Verbesserung ausrichten.[3] In der Entwicklung ist eine Blaupause auf dem Schreibtisch eines Ingenieurs, an der eine Änderung durchgeführt werden soll, ein Informationspuffer zwischen Entwicklungsstufen. Solche »in Bearbeitung befindlichen Bestände« z. B. durch Vereinfachung des Papierkriegs zu verringern kann den Entwicklungsprozeß straffen, die Problemlösung beschleunigen und Produktqualität und Zeitverbrauch gleichzeitig verbessern.

Weil sie integrierte Problemlösung und Wissensaustausch fördert, ist enge bilaterale Kommunikation zwischen vor- und nachgelagerten Funktionen in Produktion und Entwicklung ebenso wichtig. Sofortige Meldung eines erkannten Fehlers durch einen Montagearbeiter kann z. B. Arbeitern weiter oben in der Fertigung helfen, dessen Ursache zu beseitigen. Ähnlich ist oft in der Produktentwicklung ständige Kommunikation zwischen Produkt- und Prozeßingenieuren der Schlüssel zur Früherkennung potentieller Konstruktionsmängel, besonders in bezug auf die Herstellbarkeit.

Die zwei Modelle haben auch die Grundphilosophie der Qualitätsverbesserung gemein. Beide betonen, »von vornherein das Richtige zu tun«. In der Produktion werden Montagefehler durch Selbstkontrolle und narrensichere Mechanismen sofort erkannt, anstatt darauf zu warten, daß sie von der Endkontrolle entdeckt werden. In der Entwicklung konstruieren Produktingenieure die Komponenten so, daß sie von vornherein leicht zu montieren sind, statt den Entwurf später zu überarbeiten oder die Probleme den Fabriken und der Produktionsvorbereitung zu überlassen.

Wir könnten viele Fälle anführen, in denen Produktionsprinzipien sich für Aufgaben der Produktentwicklung anwenden lassen, aber der Punkt ist, daß Firmen, die so gut in dynamischer Produktion sind, daß sie die relevanten Fertigkeiten und Geisteshaltungen zu F&E transferieren können, auch gut in dynamischer Entwicklung sind. Das neue Paradigma herrscht in Produktion und F&E vor, und Firmen, die es in dem einen Gebiet beherrschen, werden dies auch in dem anderen tun.

Wir haben gezeigt, daß Fertigungsfähigkeiten wichtig sind, weil effiziente Entwicklung auf vielen der Prinzipien effizienter Produktion aufbaut. Aber es gibt noch eine direktere Verbindung: Produktentwicklung umfaßt eine Reihe von Aktivitäten, die eigentlich Produktion sind. Diese »versteckte Produktion« in der Produktentwicklung schließt Prototyp-Fertigung, den Bau von Werkzeugen und die Implementierung der Pilotserie ein. Firmen, die in der Produktion gut sind, werden auch bei diesen Aufgaben gut sein.

Nehmen wir z. B. die Proto-Typfertigung. Prototypen zu bauen ist eine offensichtliche Produktionstätigkeit, die mitten im Entwicklungsprozeß liegt. Prototypwerkstätten sind Produktionsfunktionen, obwohl sie ganz anders aussehen als Massenproduktionswerke. Sie benutzen Fertigungssysteme, die für Kleinserienproduktion geeignet sind – Universalmaschinen, Allround-Techniker, weiche Preßwerkzeuge (soft dies), Handform- und Schweißverfahren und stationäre Montagestände oder sehr kurze, langsame Montagelinien. Serien von 50 bis 100 Entwicklungsprototypen werden üblicherweise in zwei oder drei Serien oder Generationen montiert, wobei durch Testergebnisse bedingte Konstruktionsänderungen in den Nachfolgergenerationen realisiert sind. Der Bau von Werkzeugen für die spätere Serienproduktion ist eine weitere versteckte Produktionsaktivität. Betrachten wir nur die Preßwerkzeuge für Karosserieblechteile. Eine typische Karosserie besteht aus 100 bis 150 Großpreßteilen. Jedes größere Blechteil benötigt vier bis fünf und mehr Werkzeuge. Die Anzahl von Preßwerkzeugen, die für ein Projekt produziert werden, kann von einigen hundert bis über tausend pro Karosserietyp reichen. Die Zahl nimmt mit der Anzahl der Karosserievarianten, der Preßwerke und der Reservewerkzeuge zu.

Der Prozeß verläuft ähnlich, ob ihn der eigene Werkzeugbau oder Zulieferer ausführen. Die Gesenke werden in Werkstattmanier unter Verwendung hochwertiger Universaleinrichtungen gegossen und geschmiedet, bearbeitet, poliert und zusammengebaut. Obwohl N/C, CNC, CAD und andere computergestützte Hilfsmittel einen großen Effekt auf die Gesenkfertigung erzielt haben, erfordert eine sehr gute Passung zwischen Gesenkober- und -unterteil immer noch eine manuelle Präzisionsnachbearbeitung durch hochqualifizierte Kräfte. Um den hohen Anforderungen der Hersteller zu entsprechen und die vielen Änderungen zu verkraften, die typischerweise mitten in die Produktion hineinplatzen, verlangt der Werkzeugbau eine große Ballung technischer Fertigkeiten und Fertigungs-Know-how. Es ist ein viel höher entwickelter und weit komplizierterer Prozeß, als viele Außenstehende sich das vorstellen.

Pilotserie und Serienanlauf, unser letztes Beispiel einer Fertigungsaktivität, die in den Entwicklungsprozeß eingebettet ist, liegt der Serienproduktion viel näher als die Prototyp-Fertigung und der Werkzeugbau. In unserer Definition der Produktentwicklung, die bis zum Verkaufsbeginn reicht, sehen wir die Serienanlaufperiode als Schlußphase der Produktentwicklung. Ein Pilotlauf ist die physische Simulation oder eine Probe der Serienproduktion mit Pilotwerkzeugen. Er testet die Funktion des gesamten Produktionssystems. Pilotläufe werden in eigenen Pilotwerken, auf separaten Pilotlinien innerhalb des Hauptwerks oder auf Serienproduktionslinien durchgeführt. Die Benutzung einer vorhandenen Linie ergibt die realistischste Simulation, kann aber die laufende Produktion stören und gestaltet sich schwieriger auf Bändern mit vielen Sondereinrichtungen (z. B. Karosserie- und Schweißstraßen) als auf Universalbändern (z. B. Endmontage). Selten stehen alle Produktionswerkzeuge für ein neues Modell rechtzeitig für die Pilotläufe zur Verfügung, die deshalb gewöhnlich mit einer Mischung aus Produktionswerkzeugen, Prototypwerkzeugen und Handoperationen durchgeführt werden. Die Pilotproduktion ist folglich viel langsamer als die Serienproduktion. Zwei oder drei Läufe gehen dem Serienanlauf normalerweise voraus.

Der Serienanlauf geschieht drei Monate vor Verkaufsbeginn, so daß die Hersteller ihre Distributions-Pipeline füllen können. Genau wie bei den Pilotserien gibt es unterschiedliche Strategien der Markteinführung neuer Modelle. Serienanlauf kann in einem neuen Werk geschehen. In diesem Fall liegt die Schwierigkeit im Hochfahren der Geschwindigkeit, während noch die Kinderkrankheiten behoben werden. Oder die alte Produktion wird entweder abrupt oder allmählich durch die neue abgelöst. Mit verschiedenen Methoden des »Hochfahrens« sind unterschiedliche Risiken verbunden (z. B. das der Unterbrechung der Produktion des alten Modells oder das der verzögerten Markteinführung) und verlangen unterschiedliche Fähigkeiten. Wie diese für das Hochfahren und die Pilotläufe genutzt werden, beeinflußt Markteinführungstermin, Investitionsniveau und die Qualität des Feedbacks an die Entwicklung.

Das gängige Bild der Fahrzeugentwicklung als einer Tätigkeit, die sich in Designstudios und auf Versuchsstrecken abspielt, übersieht die kritischen, in den Entwicklungsprozeß eingebetteten Produktionsaktivitäten. Weil diese, trotz der Unterschiede in Größe und Struktur zur laufenden Produktion, physische Objekte herstellen, kann eine Firma mit herausragender Produktion einen Entwicklungsvorteil genießen.

Wir betrachten jetzt jede dieser verdeckten Fertigungsaktivitäten der Reihe nach.

Prototyp-Fertigung

Im Kern war Konstruktion und Entwicklung eines neuen Autos von jeher eine Serie von Konstruieren-Anfertigen-Testen-Zyklen. In jüngster Zeit wurden große Anstrengungen zur Verbesserung des Konstruktionsprozesses unternommen, um Schwachstellen und Fehler in der frühen Entwurfsphase entdecken zu können. Fortgeschrittene CAE (Computer-Aided Engineering)-Werkzeuge wie Solid Modelling und dynamische Simulation haben die Frühentdeckung von einigen Problemen durch rasches Testen und Analysieren von Konstruktionen erleichtert. Beispiele aus mehreren Branchen haben gezeigt, daß frühe Erkennung und Vermeidung von Konstruktionsproblemen weit wirksamer ist, als darauf zu warten, daß man sie später entdeckt. Bei der derzeitigen Leistungsfähigkeit der Werkzeuge und Komplexität der Autos gibt es jedoch Produktmerkmale, die nur getestet, und Produkt- und Prozeßprobleme, die nur durch das Bauen und Testen eines Prototyps entdeckt werden können. Ingenieure benutzen unterschiedliche Arten von Prototypen, um verschiedene Dimensionen einer Fahrzeugkonstruktion zu testen. Fahrwerkhardware wie Radaufhängungen, Bremsen, Lenkungen und Antriebsstrang werden zu einem frühen Stadium der Produktentwicklung an einem mechanischen Prototyp getestet. Ein vollständiger Entwicklungsprototyp – das erste physische Objekt, das das gesamte Produkt in bezug auf Struktur, Material, Aussehen und Funktion repräsentiert – folgt später. Frühere Versionen, wie Plastikmodelle, Attrappen und mechanische Prototypen, stellen das Produkt nur teilweise dar. Ein Tonmodell mag wie ein richtiges Auto aussehen, kann aber nicht fahren, ein mechanischer Prototyp kann das Fahr- und Handlingverhalten eines neuen Modells wiedergeben, aber repräsentiert weder sein Äußeres noch die Karosseriestruktur. Der Entwicklungsprototyp bietet die erste Gelegenheit, die Gesamtfahrzeugleistung zu bewerten.

Welche Art von Information erzeugt wird und welche Arten von Problemen durch Prototypen gelöst werden, hängt von der Rolle ab, die der Prototyp-Prozeß spielt. Prototypen können z. B. benutzt werden für die endgültige Konstruktionsverifizierung. Nach ausgiebigen Tests und Analysen könnten Ingenieure einen Prototyp bauen, um das gute Zusammenspiel der Einzelteile sicherzustellen. Wahlweise kann der Prototyp ein integraler Bestandteil des Konstruktionsprozesses sein. In diesem Fall bauen die Ingenieure einen weniger »endgültigen« Prototyp nach Fertigstellung des vorläufigen Entwurfs und testen ihn auf ganz andere Weise.

Leistung in der Prototypentwicklung

Die Leistung der Prototypentwicklung – einschließlich Produktionszeit, Anzahl und Kosten je Einheit und Qualität der Prototypen – hängt von

Abb. 7.3: Vorlaufzeit für den ersten Entwicklungsprototyp

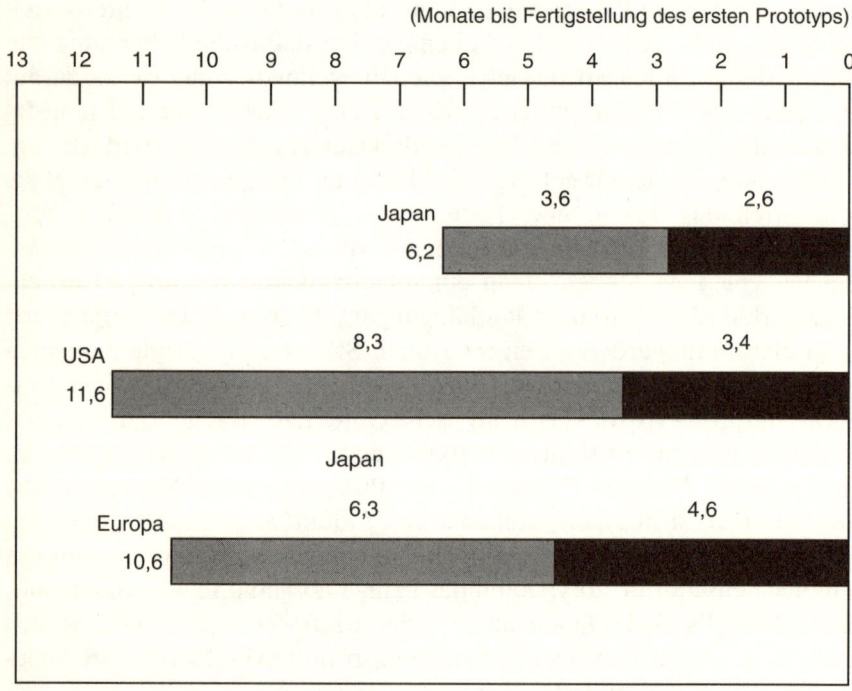

(Monate bis Fertigstellung des ersten Prototyps)

Anmerkung: Zahlen addieren sich nicht genau, weil einige der Befragten nur Gesamtvorlaufzeiten angegeben haben.

Zeichnungsfreigabe (erste bis letzte Komponente)

Nach-Freigabe (Freigabe der letzten Zeichnung bis Fertigstellung des ersten Prototyps)

der Rolle ab, die der Prototyp in der Entwicklung spielen soll. Aber auch davon, wie der Prozeß organisiert und gemanagt wird und welche Fertigungsmöglichkeiten vorhanden sind. Unsere Erhebungen zeigen, daß Firmen das »Prototyping« sehr verschieden betreiben, was auf unterschiedliche Vorgehensweisen und Gegebenheiten zurückgeht.

Abb. 7.3 vergleicht regionale Durchschnittszeiten für den Bau eines ersten Entwicklungsprototyps. Zeit in dieser Definition besteht aus Zeichnungsfreigabezeit und Nach-Freigabeperiode. Die Freigabe von Prototypzeichnungen an eine Prototypwerkstatt oder einen Prototypteilezulieferer nacheinander anstelle von »alle auf einmal« erklärt die Länge der Zeichnungsfreigabezeit, in die auch die Beschaffungszeit für Prototypteile eingeht. Die Nach-Freigabeperiode stellt die Zeit zwischen der Freigabe der letzten Zeichnung und der Fertigstellung des ersten Prototyps dar.

Die Daten zeigen erhebliche regionale Unterschiede. Die Gesamtprototypzeit in einem durchschnittlichen japanischen Projekt beträgt sechs Monate, also wesentlich weniger als die der durchschnittlichen US- und europäischen Projekte (ca. zwölf bzw. elf Monate).[4] Der Vorsprung japanischer Firmen stammt aus Unterschieden im Freigabeprozeß und der Art, wie der Prototyp-Produktionsprozeß gemanagt wird. Daß die größte Abweichung in der Zeichnungsfreigabeperiode liegt, läßt darauf schließen, daß die Steuerung der Teilebeschaffung und die Wechselwirkungen von technischen Änderungen und Prototyp-Fertigung weitgehend für den Unterschied verantwortlich sind. Unsere Interviews ergaben, daß westliche Firmen relativ weniger auf die Zeit als kritischen Faktor des Prototyp-Prozesses achteten. Besonders US-Firmen leiden unter mangelnder Termintreue von Prototyplieferanten und bei der Zeichnungsfreigabe. Auch bewegen sich Informationen zwischen Konstruktion und Prototyp-Funktion weniger schnell. Wenn eine Konstruktion sich während des Prototyp-Prozesses in einer japanischen Firma ändert, begeben sich die Konstrukteure sofort in die Prototypwerkstatt und informieren die Techniker über die Änderung. Sie warten nicht auf das formale Papier. Dies steht in scharfem Kontrast zur US-Praxis, in der Konstruktionsänderungsaufträge erst nach einer Reihe von schriftlichen Genehmigungen an die Prototypwerkstatt weitergeleitet werden.

Wenn man die Daten über Anzahl und Kosten der Prototypen untersucht, stechen die europäischen Oberklassenhersteller heraus. Tab. 7.2 zeigt, daß sie 50 % mehr Prototypen zu Stückkosten, die doppelt so hoch sind wie die der übrigen Firmen. Diese Feststellung stimmt mit den ausgedehnteren Tests überein, die diese Firmen betreiben. Aber sie reflektiert auch sehr verschiedene Festlegungen bezüglich der Qualität von Prototypen. Für Oberklassenhersteller und auch viele europäische und amerikanische Massenhersteller war das primäre Kriterium für die Prototypbewertung das Maß der Übereinstimmung mit den Konstruktionszeichnungen. In dieser Sicht stehen die Prototypen in der Mitte des Zyklus von »Konstruieren–Herstellen–Testen« und sollen Testingenieuren helfen herauszufinden, wie gut die Konstruktion ist. Ein qualitativ hochwertiger Prototyp ist deshalb einer, der möglichst genau die in den Zeichnungen ausgedrückte Entwurfsabsicht verkörpert. Oberklassenhersteller setzen erfahrene Techniker ein, die langsam und sorgfältig Prototypen sehr hoher Qualität bauen. Aber Übereinstimmung mit den Zeichnungen ist nur ein Teil der Gesamtqualität des Prototyps. Aus Sicht eines zukünftigen Kunden wird Prototypqualität gemessen am Grad der Übereinstimmung mit einem in Serie gefertigten Produkt. Hier ragen wiederum die Oberklassenproduzenten heraus.

Tab. 7.2: Merkmale und Muster der Prototyp-Herstellung

Region〜Merkmale	Japan	USA	Europa (Massenhersteller)	Europa (Nobelmarken)
Vorlaufzeit	kurz (6 Mo.)	lang (12 Mo.)	lang	lang (11 Mo.)
Anzahl	mittel 38/Modell	mittel 34/Modell	mittel 37/Modell	hoch 54/Modell
Stückkosten	mittel (0,3 Mio. $)	mittel (0,3 Mio. $)	mittel bis hoch (0,3–0,5 Mio. $)	hoch (0,6 Mio. $)
Wirklichkeitstreue und Übereinstimmung mit Entwurf	ausreichende Verkörperung und Übereinstimmung	manchmal gering in beiden Dimensionen	ausreichend hoch in beiden Dimensionen	sehr hoch in beiden Dimensionen
Prototypteile-Zulieferer	meist Produktions-zulieferer	meist Prototypteile-spezialisten	gemischt	gemischt
Muster	Prototyp als Problementdecker (für Produkt und Prozeß)	Prototyp als Werkzeug zur Erprobung des Entwurfs	geteilt zwischen Urmodell und Erprobung des Entwurfs	Prototyp als Urmodell

Die Unterscheidung zwischen Übereinstimmungsqualität (mit den Konstruktionszeichnungen) und Repräsentativität (Wirklichkeitstreue gegenüber der laufenden Produktion) ist entscheidend für die Bewertung der Gesamtqualität des Prototyps. Beide sind für die Problembeseitigung wichtig. Einen Prototyp zu testen, der zusammengeschustert wurde und nicht die Konstruktionsabsicht widerspiegelt, kann zu Störungen und Verzögerung führen und Probleme unerkannt lassen. Dies ist speziell bei

US-Firmen der Fall, wo die von uns befragten Ingenieure sich oft über die schlechte Qualität der getesteten Prototypen ausließen.

Aber ein Prototyp kann auch zu gut gebaut sein, mit hoher Übereinstimmungsqualität, aber schlechter Repräsentativität. Überqualität eines Prototyps verschleiert Probleme, die später in der Produktion auftauchen. Nehmen wir an, die Passung zweier innerer Karosserieblechteile und das Erreichen der benötigten Festigkeit werfen unterschwellige Konstruktions- und Produktionsprobleme auf. Der erfahrene Techniker in der Prototypwerkstatt kann vielleicht durch manuelles Einpassen der Bleche und Verstärkung der Verbindungen durch zusätzliche Schweißpunkte ein Karosseriegerippe anfertigen, das perfekt mit den Zeichnungen übereinstimmt. Derselbe Grad an Übereinstimmung wird dann aber möglicherweise auf den schnellen Serienproduktionslinien von Robotern und Spannvorrichtungen nicht erreicht und die Diskrepanz erst nach Serienanlauf entdeckt, es sei denn, die Techniker geben weiter, was sie getan haben.

In der Vergangenheit haben Autohersteller Prototypen nur selten benutzt, um Produktionsprobleme aufzuspüren und zu lösen. Mangel an Kommunikation verhinderte, daß wertvolles Wissen aus der Prototyp-Fertigung in die Fabriken gelangte. Eine ähnliche Kommunikationslücke existiert oft zwischen Prototypteilelieferanten und den Zulieferern für Produktionsteile, die in den USA, wie in Kapitel 6 ausgeführt, oft verschiedene Firmen sind.

Weitergabe und Austausch von Wissen zwischen Prototypwerkstatt und Produktionswerk sind besonders wichtig wegen der Unterschiede zwischen beiden (vgl. Informationswertekarte – Abb. 2.4 in Kap.2): Die Herausforderung für die erstere ist, trotz Verwendung von nicht repräsentativen Werkzeugen für die Prototypherstellung, potentielle Probleme in der Massenfertigung aufzuspüren. Wissensaustausch ist von höchster Bedeutung. Nehmen wir noch einmal den Fall der Karosseriebleche. Prototypteile, einst von Hand gehämmert, werden heute mit sog. weichen Formwerkzeugen (Gesenke, aus nachgiebigem Material wie manche Zinklegierungen) angefertigt. Obwohl diese Änderung den Karosserieprototyp-Prozeß dem der echten Produktion näherbringt, bleiben wichtige Unterschiede. Zum Beispiel unterscheidet sich die Metallstruktur von Blech, das auf weichen Werkzeugen langsam gepreßt wurde, von der eines auf einer Schnellpresse geformten Bleches. Wenn das Prototypteam nicht dem Fabrikpersonal das Wissen weitergibt, daß Bleche von Weichwerkzeugen schwächer sind als die von Produktionswerkzeugen, könnte sich das folgende Szenario abspielen: Die von Weichwerkzeugen hergestellte Karosserie fällt beim Crashtest durch.

Produktingenieure, die den Unterschied zwischen den zwei Werkzeugarten nicht verstehen, beschließen, ein dickeres Blech zu verwenden, als für den Produktionsprozeß notwendig wäre. Das Ergebnis ist ein übergewichtiges Serienmodell.

Unsere Erhebungen zeigen, daß Prototyp-Repräsentativität bei den europäischen Oberklassenherstellern am größten ist, gefolgt von europäischen und japanischen Massenproduzenten. US-Ingenieure waren oft unzufrieden mit der Repräsentativität ihrer Prototypen, weshalb sich die US-Produzenten in jüngster Zeit verstärkt hierum bemühen.

Modelle der Prototypentwicklung

Unsere Untersuchungen haben zwei gegensätzliche Modelle der PrototypHerstellung offenbart: »Prototyp als früher Problemerkenner« und »Prototyp als Urmodell«. Europäische Oberklassenhersteller sehen den Prototyp als Urmodell, das von dem Produktionsmodell zu kopieren ist. In diesem Urmodellparadigma wird weder Geld noch Zeit gespart, um sicherzustellen, daß der Prototyp vollständig und qualitativ hochwertig ist. Produktionsmodelle werden an das Urmodell angepaßt anstatt umgekehrt, kurz, diese Sicht des perfekten Prototyps und einer etwas minderwertigeren Serienkopie paßt gut in die Strategie der Nobelhersteller, die kompromißlose Perfektion der Produktfunktionen betont.

Im Gegensatz dazu betrachtet das »frühere Problemerkennungsmodell«, dem viele japanische Hersteller anhängen, den Prototyp als ein Werkzeug zum Aufspüren und Lösen von Konstruktions- und Fertigungsproblemen in frühen Stadien der Produktentwicklung. Der Prototyp soll das Produktionsmodell so weit vorwegnehmen, daß dessen Test Produkt- und Prozeßschwächen offenbart. Deshalb wird zwar eine angemessene Qualität und Repräsentativität angestrebt, jedoch keine Perfektion. Schneller Bau vieler Prototypen ist auch wichtig, weil er mehr Gelegenheiten zur Identifikation und Abstellung von Problemen bietet. Der frühzeitige »Problemdetektor« ist wie ein »Rohentwurf« einer Serienausgabe, anstatt des voll ausgereiften »Vorbilds« des Urmodelldenkmusters.

Aus Tab. 7.2 ersehen wir, daß die Merkmale der japanischen Prototypentwicklung – kurze Herstellzeit und ausreichende Qualität und Abbildfunktion – mit dem Modell der frühzeitigen Problemerkennung übereinstimmen. Die Betonung schnellen Prototypbaus und enger nikation zwischen Prototypwerkstatt und Produktionseinrichtungen fördert frühe und genaue Problemerkennung. Im Wettbewerbsumfeld der

90er Jahre sind dies entscheidende Fähigkeiten. Bei kürzeren Entwicklungszeiten und hochrepräsentativen Protoypen können Testingenieure früher mit der Erprobung beginnen, und mehr der aus den Tests resultierenden Änderungen können rechtzeitig vor der Entwicklung der Werkzeuge und Einrichtungen vollzogen werden. Hierdurch werden die negativen Auswirkungen auf Kosten, Zeit und Qualität späterer Änderungen drastisch reduziert. Unsere Einsichten belegen, daß die Verkürzung der Prototypentwicklung um einen Monat sich in der Verkürzung der Gesamtentwicklungszeit von einem Monat niederschlägt. Dieses Ergebnis deckt sich mit der Annahme, daß der Bau des ersten Prototyps auf dem kritischen Pfad der Produktentwicklung liegt.

Die Zukunft des Prototyps

Wir haben bereits die Wichtigkeit der Problemvermeidung und der Verwendung von computergestützten Hilfsmitteln für frühe Tests und Analysen in der Konstruktion festgestellt. Was bedeuten nun die Weiterentwicklung computergestützter Simulationswerkzeuge und mächtige grafische Fähigkeiten von Computer-Aided Engineering Workstations (CAE) für die zukünftige Rolle des Prototyps bei der Problemlösung und Fahrzeugbewertung? Obwohl Autohersteller in den 80er Jahren in großem Stil in CAE investiert haben und die bedeutenderen unter ihnen heute mit mindestens einem Supercomputer und Hunderten von CAD-Arbeitsplätzen für technische Simulationen und andere Entwicklungsaufgaben ausgerüstet sind, hat die Wichtigkeit von Prototypen nicht abgenommen. Wie Abb. 7.4 zeigt, bleiben sie das primäre Instrument der Fahrzeugerprobung, trotz der enormen Fortschritte der Computertechnik. Zu einem gewissen Grad liegt das daran, daß die zu bewertenden Faktoren komplizierter, subtiler und ganzheitlicher geworden sind. Oft übernehmen Computer die traditionellen Aufgaben und erlauben dadurch den Menschen in der Organisation eine stärkere Konzentration auf Problemlösungstätigkeiten. Weil die Simulation von Gesamtfahrzeugdynamik, Geräuschen und Handling auch mit den fortgeschrittensten Computersystemen sehr schwierig ist, wird der physische Prototyp auch in den 90er Jahren das primäre Werkzeug der Entwicklung bleiben.

Abb. 7.4: Relative Verwendung von Prototypen zum Leistungstest

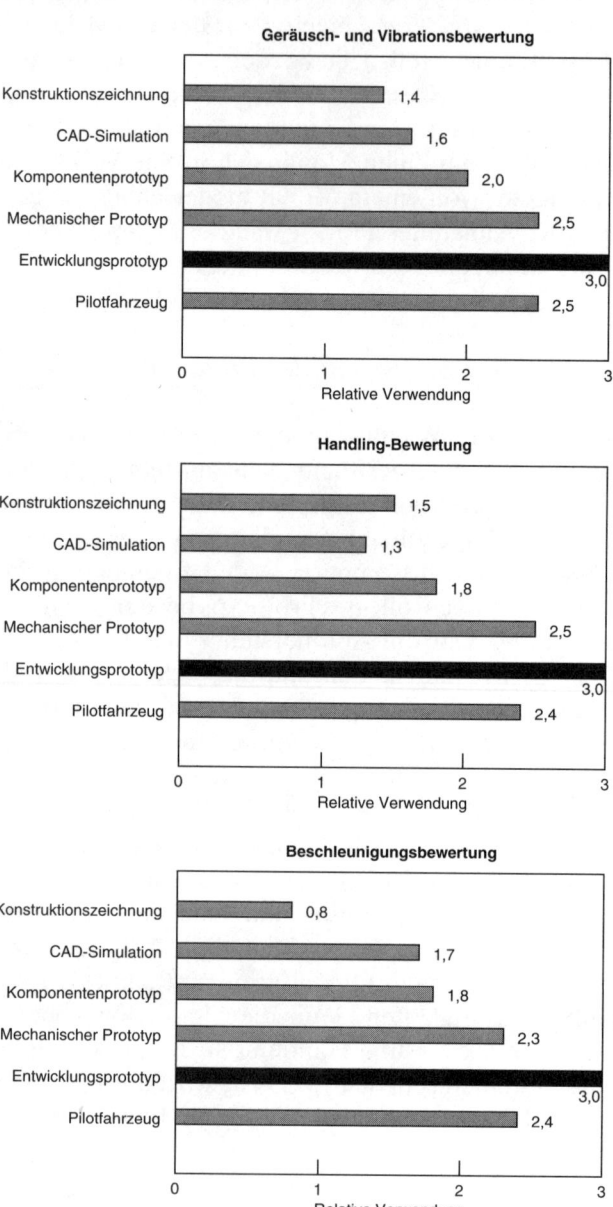

Quelle: Fragebogenerhebung

Preßwerkzeugentwicklung

Die Herstellung von Preßwerkzeugen für Karosserieblechteile ist für einen großen Teil der Gesamtinvestitionen in ein neues Fahrzeugprogramm und den größten Teil des Zeitbedarfs im Entwicklungsprozeß verantwortlich. Folglich ergibt eine überragende Leistung bei der Preßwerkzeugherstellung einen bedeutenden Gewinn in der Gesamtleistung.

Die Preßwerkzeugentwicklung besteht aus vier größeren Schritten: Planen, Konstruieren, Anfertigen und Erproben (Tryout). Sie ist somit selbst ein Konstruieren-Herstellen-Erproben-Zyklus. Wir betrachten hier auch die Herstellungsphase, das Zerspanen, Feinbearbeiten und die Montage, die der Konstruktion und dem Gießen des Rohlings folgt. Der Prozeß wird allgemein in einem hochflexiblen Fertigungssystem von gelernten Fachkräften unter Verwendung von Universalmaschinen durchgeführt. Wir beurteilen die Prozeßleistung nach Zeitverbrauch und Kosten.

Zeitbedarf

Abb. 7.5 vergleicht den Gesamtzeitbedarf für Konstruktion, Herstellung und Tryout von einem Satz Preßwerkzeuge für ein Karosserieblechteil nach Regionen. Die Werkzeugentwicklung beginnt mit der ersten Zeichnungsfreigabe der Blechteile und setzt sich fort bis zur endgültigen Zeichnungsfreigabe. Sie endet mit dem Abschluß des Tryout in der Produktion. Obwohl wir Zeitunterschiede bei jeder der Komponenten dieses Prozesses sehen, ergibt sich doch die Hauptkluft zwischen japanischen und westlichen Herstellern in der Herstellungsphase – dem Zeitraum zwischen endgültiger Freigabe und Werkzeuglieferung.

Warum dauert die Werkzeugherstellung in einem japanischen Werkzeug- und Schnittbau sechs Monate und 14–16 Monate in einem westlichen An der Automationstechnik liegt es nicht. Wir haben sogar bei US- und europäischen Herstellern High-Tech-Werkzeugmaschinen gefunden, die es in Japan nicht gab. Auf jeden Fall ist die reine Metallbearbeitungszeit ein kleiner Bruchteil der Werkzeugherstellzeit. Wie so häufig in der Produktion müssen wir uns um die Nichtbearbeitungszeiten kümmern (Stillstandszeiten, Liegezeiten), wenn wir die Durchlaufzeit verringern wollen. Unsere Interviews und Beobachtungen ergaben, daß der japanische Vorsprung in der Werkzeugfertigstellungszeit aus der Vorgehensweise bei der Produktion stammt, einschließlich des Managements technischer Änderungen. In Kapitel 8 gehen wir auf die systemimmanen-

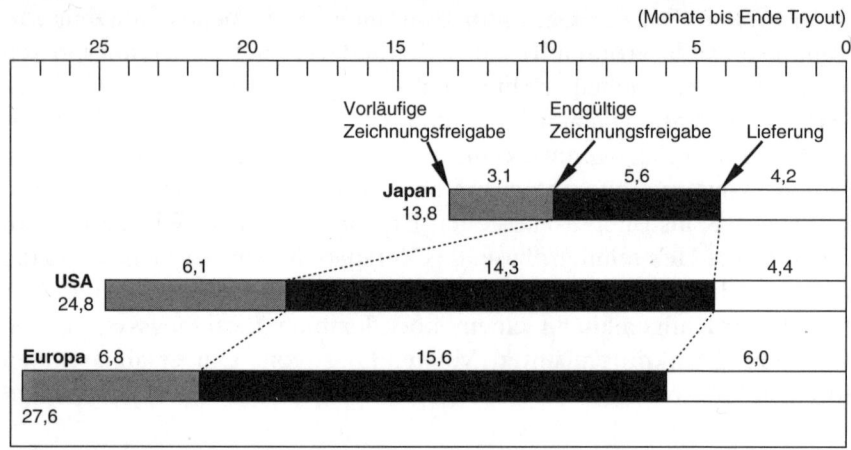

Abb. 7.5: Vorlaufzeit für einen Satz Preßwerkzeuge für ein größeres Karosserieblechteil

(Monate bis Ende Tryout)

Vorläufige Zeichnungsfreigabe — Endgültige Zeichnungsfreigabe — Lieferung

Japan 13,8 — 3,1 — 5,6 — 4,2

USA 24,8 — 6,1 — 14,3 — 4,4

Europa 6,8 — 15,6 — 6,0 — 27,6

Anmerkung: Zahlen addieren sich nicht genau, weil einige der Befragten nur Gesamtvorlaufzeiten angegeben haben.

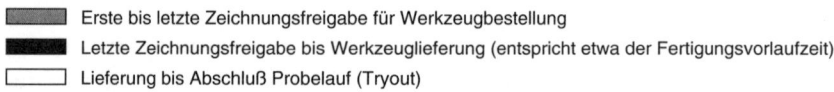 Erste bis letzte Zeichnungsfreigabe für Werkzeugbestellung

Letzte Zeichnungsfreigabe bis Werkzeuglieferung (entspricht etwa der Fertigungsvorlaufzeit)

Lieferung bis Abschluß Probelauf (Tryout)

ten Aspekte ein. Hier betrachten wir zwei Faktoren, die direkt mit der Fertigungsfähigkeit verbunden sind: die Anwendung der JIT-Philosophie und die Einbeziehung externer Lieferanten.

Just-in-Time im Werkzeugbau. Japanische Hersteller haben eine lange Tradition von JIT in der Massenproduktion und haben viel von dieser Philosophie in ihre Werkzeugbaubetriebe übertragen. Wir haben dort wohlgemerkt kein Kanban, Andon, keine U-förmigen Linien oder andere typische Instrumente der JIT-Massenproduktion gesehen, aber die Werkstätten schienen stark von der JIT-Philosophie beeinflußt zu sein. Beispielsweise sahen wir dort viel weniger angearbeitete Werkzeuge vor den Bearbeitungsmaschinen oder im Finishingbereich lagern als in US- oder europäischen Werkstätten.

Der sichtlich gestraffte Betriebsablauf der Japaner kontrastiert stark zu der konventionellen Werkstattfertigkeit im US- und europäischen Werkzeugbau.[5] Werkstattmanager, die auf die Auslastung der teuren Bearbeitungsmaschinen bedacht sind, obwohl Arbeitsabläufe unvorher-

186

sehbar und nicht repetitiv sind, neigen dazu, Pufferbestände aufzutürmen, in der Hoffnung, dadurch Terminierungsunsicherheiten abzufangen. Diese hohen Pufferbestände verlängern die Durchlaufzeit.

Das Zulieferernetz. Unterschiede im Netz der Werkzeugzulieferer erklären einen Teil des japanischen Zeitgewinns. US-Autobauer haben traditionell mit verschiedenen Firmen unpersönliche Verträge für einzelne Fertigungsschritte (wie Formenzulieferer für Formen, Gußspezialisten für Gußteile, mechanische Werkstätten für Bearbeitung und Finishing und Vorrichtungslieferanten für Vorrichtungen) abgeschlossen. Eine solche Aufsplitterung macht es schwer, Werkzeugherstellungsschritte parallel zueinander auszuführen und dadurch die Herstellzeit zu komprimieren. Im Gegensatz dazu bieten in Japan einige große Werkzeuglieferanten den gesamten Werkzeugentwicklungsprozeß als Paket an, einschließlich Planung, Konstruktion und Fertigung. Diese Zulieferer schalten auch Unterlieferanten ein, aber das enge, langfristige Beziehungsnetz erlaubt die Integration und Überlappung von Schritten. Hier trägt wieder die Fertigungsfähigkeit des Zulieferers zu größerer Leistung in der Produktentwicklung bei.

Werkzeugkosten

Die Kosten der Karosseriepreßwerkzeuge sind ein wesentliches Element der Investitionskosten für ein neues Modell. Unsere und andere Untersuchungen haben ergeben, daß sie 50 % dieser Investitionen betragen, wenn das Modell den Antriebsstrang übernimmt und in einem bestehenden Werk produziert wird.

Die Werkzeugkosten hängen von den durchschnittlichen Kosten eines Werkzeugs und der Anzahl der benötigten Werkzeuge ab. Beide wiederum werden nicht nur durch Größe und Komplexität der Werkzeuge, die Anzahl der Reservegesenke und die Art der Aufteilung der Karosserie in einzelne Bleche bestimmt, sondern auch von dem Fertigungs-Know-how, das sich auf zwei kritische Kostengrößen auswirkt: die Anzahl der Preßstufen pro Teil und die Kosten technischer Änderungen.

Anzahl der Preßstufen. Eine Stahlblechplatine wird durch eine Reihe von Preßoperationen in das fertige Karosserieteil umgeformt, von denen jede ein anderes Werkzeug benutzt (z. B. Trimm-, Zieh-, Bördel- und Stanzwerkzeuge), um das Metall auf eine bestimmte Art zu bearbeiten. Die Zahl der für ein spezielles Blechteil benötigten Werkzeuge hängt von der Zahl der Stufen ab, die nötig sind, um dem Teil die gewünschte Form und Eigenschaft zu geben (wie Festigkeit). Durch ständige Verbesserung der

Preßpraktiken, einschließlich Betriebspraktiken, Veränderungen an den Einrichtungen, geänderte Oberflächenqualität des Stahls und geeignete Schmierstoffe, können die besseren japanischen Betriebe große Pressen und komplexere Werkzeuge verwenden und trotzdem hohe Maschinenstandzeit und Produktqualität erzielen. So braucht ein typisches japanisches Preßwerk nur fünf Umformstufen (fünf Gesenke und fünf Doppelpressen) für ein kompliziertes Karosserieteil (wie hinterer Kotflügel), für das typische US- oder europäische Werke sieben Stufen benötigen. Ein höheres Fertigungsniveau – in diesem Fall Prozeßsteuerung in der Serienproduktion – kann also von deutlichem Nutzen für die Entwicklungsproduktivität sein.

Kosten einer technischen Änderung. Ohne Änderungen wären die Kosten eines Preßwerkzeugsatzes bestimmt durch die Anzahl der Werkzeuge und den Aufwand an Arbeit, Material und Kapital für einmalige Anfertigung. Aber trotz aller Anstrengungen der Karosseriekonstrukteure bringen die Prototypen fast regelmäßig Probleme mit Passung, Aussehen und Festigkeit zutage, die eine Änderung des Preßwerkzeugs notwendig machen – manchmal mehrmals.

In den USA machen Änderungen 30–50 % der Werkzeugkosten aus, in Japan höchstens 20 %. Dieser Unterschied läßt sich auf die Zahl der Änderungen (die wir in Kapitel 8 näher untersuchen) und die Kosten der Durchführung zurückführen, die beide in Japan niedriger sind.

Der japanische Kostenvorteil kommt nicht von niedrigeren Löhnen oder Materialkosten, sondern von grundsätzlichen Unterschieden in der Einstellung der Konstrukteure und Werkzeugmacher gegenüber Änderungen und der Art ihrer Durchführung. In japanischen Firmen scheint es eine stillschweigende Richtlinie zu geben, an die sich Konstrukteure und Werkzeugbauer halten, nach der die Änderungen nicht mehr als 10–20 % der ursprünglichen Kosten betragen sollen. In USA dagegen werden Änderungen von den Werkzeugherstellern als Gewinnchance gesehen. In einigen Verträgen war vorgesehen, daß der Werkzeuglieferant dem Autohersteller einen festgesetzten Betrag je Änderung in Rechnung stellt, ohne jeden Richtwert für Gesamtkosten von Änderungen. In anderen Verträgen war der Preis für Änderungen mit einem viel höheren Zuschlag versehen als der ursprüngliche Vertragspreis.

Die Unterschiede in der Einstellung zeigen sich auch in der Durchführung. Wenn in Japan ein Werkzeug sein Kostenziel zu übersteigen droht, suchen Werkzeugkonstrukteur und Werkzeugbauer nach Wegen der Kompensation an anderen Stellen. So genehmigt der Werkzeugkonstrukteur z. B. Abweichungen von der Konstruktion in unkritischen Bereichen, durch die der Werkzeugmacher Bearbeitungs- und Einpaß-

zeit einspart. Noch fundamentaler hilft die Betonung von direkter Zusammenarbeit der Ingenieure und langfristiger, Partnerschaft im japanischen System, Fehler und Nacharbeit zu vermeiden und Änderungen mit
weniger Transaktionen und Bürokratie zu handhaben. Das traditionelle
Zuliefererverhältnis in den USA – distanziert, gegensätzlich, kurzfristig
und bürokratisch – bewirkt einen komplexeren und teureren Prozeß, weil
er weniger Anreize zur Anpassung und Kooperation bietet.

Noch einmal sehen wir die Macht der Fertigungsfähigkeit, insbesondere in dem japanischen Zuliefererstamm. In puncto Zeit und Werkzeugkosten stellt ein integriertes Netz von fähigen Werkzeugbauern einen
großen Vorteil für die japanischen Autohersteller dar, die ihre internen
Operationen so organisieren und managen, daß sie Nutzen aus diesen
Zuliefererfähigkeiten ziehen. Das Ergebnis ist ein Preßwerkzeugferti-
gungssystem, das bei den besten Firmen im Vergleich zu westlichen
Systemen Werkzeuge zu den halben Kosten und in der Hälfte der Zeit
herstellt.

Pilotlauf und Serienanlauf

Wenn die Entwicklung die Konstruktion genehmigt hat, Prototypen
gebaut und getestet worden und die Produktionswerkzeuge hergestellt
sind, bleibt uns noch, alles zusammenzubringen, um zu sehen, ob es so
funktioniert wie geplant. Der erste Schritt ist der Pilotlauf – eine Generalprobe der kommerziellen Produktion unter Einbeziehung der Teile,
Werkzeuge und Montage. Einem erfolgreichen Pilotlauf folgt der Serienanlauf, der langsam beginnt und schrittweise bis zur Sollproduktion
beschleunigt wird. Zweck von Pilotlauf und Serienanlauf ist es, Probleme
zu entdecken und zu beheben, die in Prototyp-Fertigung und Test
unentdeckt geblieben sind. Wie gut und schnell diese Mission erledigt
wird, kann den Produkterfolg beeinflußen.

Weil sie am Ende des Produktentwicklungsprozesses direkt vor Beginn des Verkaufs stattfinden, haben Pilotserie und Serienanlauf kritische Auswirkungen auf Marktakzeptanz und wirtschaftlichen Erfolg.
Fehler und Zuverlässigkeitsprobleme, die während der Markteinführung
auftreten, können Ruf und Image eines Produkts auf alle Zeit ruinieren.
Presseberichte und Flüsterpropaganda über ein neues Produkt heben ab
auf wiederkehrende Mängel, wie Quietsch- und Rattergeräusche,
schlechte Lackqualität und nicht fluchtende Verkleidungen. Um den Ruf
ihres Produkts zu schützen und zukünftigen Absatz zu sichern, unterneh-

men die Hersteller große Anstrengungen, um nur qualitativ hochwertige Wagen auf den Markt zu bringen.

Autohersteller stehen noch vor einem anderen eng damit verwandten Problem: Verkäufe und Umsätze heute zu verlieren. Wenn seine Entwicklungs- und Fertigungsorganisationen Produktivitäts- und Qualitätsprobleme nicht schnell beheben können, kann der Hersteller potentielle Kunden verlieren. Mehr noch: weil die Investitionen für das neue Modell bereits getätigt sind, verschieben Verzögerungen beim Erreichen der Produktions- und Qualitätsziele auch die Kapitalrückflüsse in die Zukunft. Deshalb müssen die Hersteller in der Lage sein, innerhalb vertretbarer Kosten und Zeit Probleme präzise und schnell zu lösen und daraus zu lernen.

Pilotläufe in der Endmontage

Die Endmontage ist einer der umfangreichsten und am wenigsten automatisierten Prozesse in der modernen Automobilfertigung. Sie besteht typischerweise aus einer Hauptmontagelinie mit einigen hundert Stationen, komplizierten Verzweigungen und Vormontagelinien, Tausenden von Teilebehältern entlang der Linie und Hunderten von Montagearbeitern je Schicht. Die Anforderung an den Pilotlauf ist es, diesen komplexen Prozeß genau zu simulieren und die Montagearbeiter angemessen anzulernen, bei mimimalen Kosten- und Zeitverlusten.

Zeitpläne für Pilotläufe von drei US-, vier japanischen und drei europäischen Entwicklungsprojekten sind in Abb. 7.6 dargestellt. Schwarze Balken bedeuten Hochfahren der Serienproduktion. Pilotläufe sind nach dem Ort der Durchführung unterschieden: in getrennten Pilotwerken (weiße Balken), auf separaten Pilotlinien innerhalb der Hauptwerke (leicht schraffierte Balken) oder auf den Produktionsbändern (dunkel schraffierte Balken). Die Abbildung zeigt, daß einige Pilotläufe zunächst in separaten Linien oder Pilotwerken und später auf der Produktionsmontagelinie durchgeführt werden. Der Anteil an echten Produktionswerkzeugen und damit die Ähnlichkeit der Probe mit der späteren Produktion wird in späteren Pilotserien größer. Außer bei den Projekten US1 und US3, in denen das Werk für den Pilotlauf des neuen Wagens gänzlich renoviert wurde, wurden bestehende Linien mit geringen Änderungen für die Pilotläufe verwendet.

Abb. 7.6: Zeitplan der Pilotläufe für ausgewählte Projekte

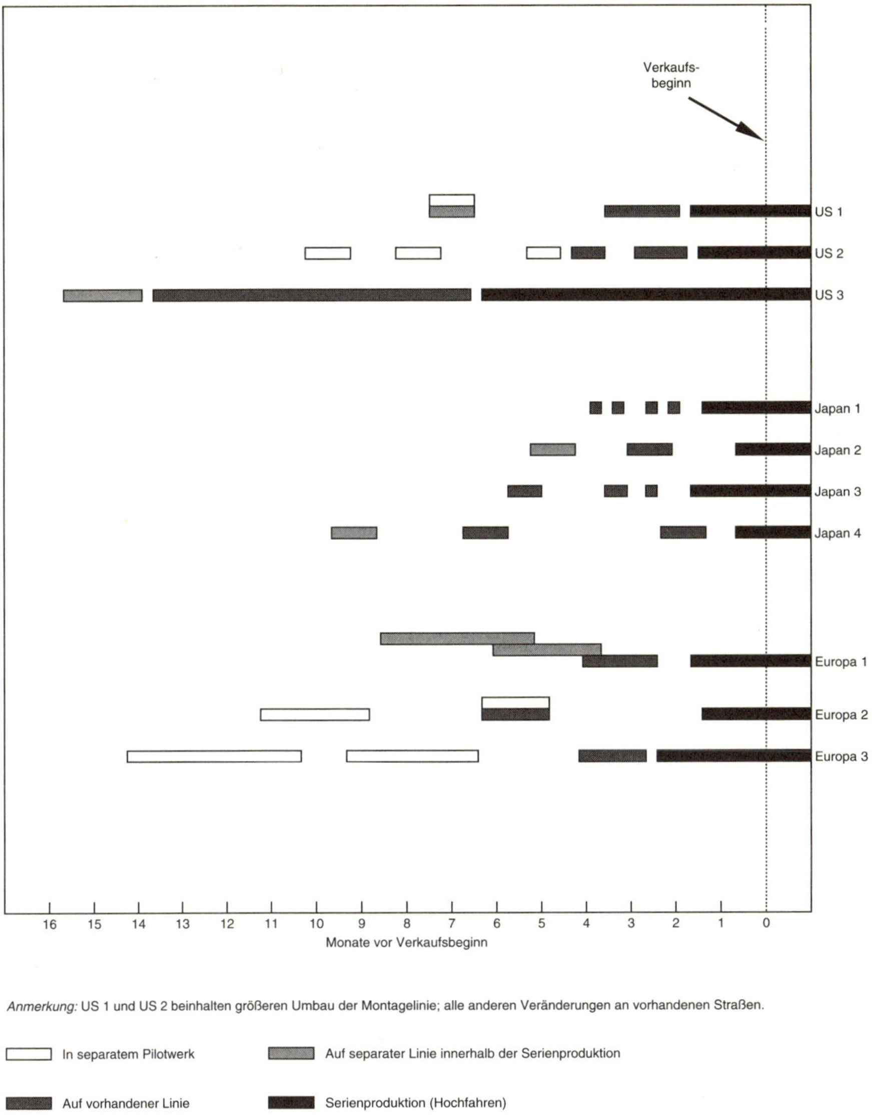

Verkaufs-
beginn

US 1
US 2
US 3

Japan 1
Japan 2
Japan 3
Japan 4

Europa 1
Europa 2
Europa 3

| 16 | 15 | 14 | 13 | 12 | 11 | 10 | 9 | 8 | 7 | 6 | 5 | 4 | 3 | 2 | 1 | 0 |

Monate vor Verkaufsbeginn

Anmerkung: US 1 und US 2 beinhalten größeren Umbau der Montagelinie; alle anderen Veränderungen an vorhandenen Straßen.

☐ In separatem Pilotwerk   ▨ Auf separater Linie innerhalb der Serienproduktion

▨ Auf vorhandener Linie   ▨ Serienproduktion (Hochfahren)

Abb. 7.6 zeigt wesentliche Unterschiede in der Konzeption der Pilotläufe, selbst innerhalb der Regionen. Unter japanischen Herstellern z. B.
variieren Anzahl, Länge und Zeitspanne und Ort der Läufe sehr. Aber
im Vergleich zu US- und europäischen Projekten haben sie einige

191

Merkmale gemein: Pilotläufe sind relativ kurz, ihr Zeitraum komprimiert, und sie werden meist auf der Produktionslinie durchgeführt. Im allgemeinen haben japanische Hersteller kürzere Problemlösungszyklen und realistischere (also produktionsähnlichere) Pilotläufe. Die Neigung westlicher Firmen, Pilotaktivitäten in eigene Anlagen zu verlegen, scheint die Problemlösungszeit zu verlängern und den Wissenstransfer zur Serienproduktion zu erschweren. Keine der untersuchten japanischen Firmen hatte eigene Pilotwerke. Die Pilotläufe begannen im Hauptmontagewerk entweder auf einer kleinen Pilotlinie, die aus Geheimhaltungsgründen durch Wände und Vorhänge abgeschirmt war, oder auf vorhandenen Linien.

Einen Pilotlauf auf einer Massenfertigungslinie für ein laufendes Modell durchzuführen, müßte eigentlich für Verwirrung und Unterbrechungen sorgen. Wie managen das die Japaner? Im Prinzip auf zwei Weisen. Die einfachere, die Serienproduktion für die Dauer der Pilotläufe einzustellen, verursacht beträchtliche Produktionsverluste. Bei der anderen werden laufende Modelle mit Pilotserienfahrzeugen gemischt montiert. Die Werker montieren neue und laufende Modelle an derselben Station, bei gleicher Bandgeschwindigkeit und ähnlicher Aufgabenstellung. Leere »Gehänge« kompensieren Produktivitätsunterschiede. Vor und nach jedem Pilotfahrzeug befinden sich zwei unbesetzte Karosserieträger, so daß den Arbeitern fünf statt eine Minute für das ungewohnte Modell zur Verfügung stehen.

Das »Leergehängeverfahren« als Anwendung der Gemischtmontage verkompliziert unausweichlich Aufgabenstellungen und Teilehandhabung. Trotzdem reduziert dieses Vorgehen die Kosten entgangener Verkäufe für den Pilotlauf, indem es Produktionseinbußen für das derzeitige Modell minimiert. Wichtiger noch, die zukünftigen Monteure werden in einem sehr realistischen Umfeld frühzeitig angelernt, was ihnen und den Vorarbeitern bei der Fehlererkennung hilft. Zusätzlich begeistern sich die Werker für ein neues Modell, das sie am Band sehen, und werden so motiviert, mehr darüber zu lernen.

Die gleichzeitige Ausführung von Pilotläufen und Serienproduktion auf derselben Linie erfordert ein hohes Maß an Produktionsfertigkeiten – einschließlich Disziplin und Klarheit der Materialversorgung und der Produktionsplanung, erfahrener Arbeiter und Meister sowie einer Prozeßsteuerung, die die nötige Flexibilität besitzt, um mit den Komplexitäten, die sich aus dem Modellmix alt–neu ergeben, fertig zu werden. Schlicht ausgedrückt: Überlegene Fertigungsfähigkeit ist hierfür vonnöten.

Die allmähliche Beschleunigung auf volle Produktion spiegelt sich in der sog. Hochfahrkurve wider. Die Zeit hierfür schwankt zwischen einem und sechs Monaten, die Zeit bis zum Erreichen des Zielniveaus von Qualität und Produktivität dagegen von einem Monat bis zu einem Jahr. In beiden Rubriken sind japanische Firmen viel schneller als ihre westlichen Konkurrenten.

Effektives Hochfahren der Produktion hängt stark von den Fähigkeiten der Fertigung ab und wie diese zu den Entscheidungen einer Firma über die Form der Hochfahrkurve, die Betriebsart, wie Bandgeschwindigkeit, und die Montageteams passen. Die Muster des Serienanlaufs in der Montage, die wir beobachtet haben, sind in Abb. 7.7 dargestellt. Wir fanden, daß regionale Unterschiede in der Art des Anlaufs in Bezug standen zu Unterschieden in den Fertigungsgegebenheiten. Im Hinblick auf das Hochfahren z. B. bevorzugen US- und europäische Firmen das Abschaltmodell (1.a). Diese relativ einfache Methode vermeidet Mischproduktion, aber mit dem Risiko möglicherweise hoher Produktions- und Absatzverluste. Um Verluste zu minimieren, muß die Hochfahrkurve steil sein, was Turbulenzen im Betrieb verursachen kann, wenn die Firma nicht große Flexibilität bezüglich Volumenänderungen besitzt. Japanische Firmen bevorzugen das Block- (1.b) oder Stufenmodell (1.c), das einen sanften Übergang ermöglicht und Verkaufsverluste minimiert, aber einen komplizierten Produktionsbetrieb mit sich bringt, mit laufender Anpassung von Materialversorgung, Arbeitszuordnung und Terminierung. (Wir haben Abweichungen gefunden. Eine der japanischen Firmen mit einer einem Modell zugeordneten Montagelinie hat das Abschaltmodell mit sehr steiler Hochfahrkurve angewendet.)

Die besonderen Anforderungen, die jede dieser Strategien stellt – im Abschaltmodell das schnelle Hochfahren mit begrenzter Turbulenz und das Erreichen guter Qualität, im Block- oder Stufenmodell das Beherrschen der komplizierten Logistik und Produktionssteuerung bei fortgesetzter Erfüllung der Qualitäts- und Kostenziele für neue und eingeführte Modelle –, werden beeinflußt durch die Wahl der Betriebsweise und die Belegschaftsanpassung. Betriebsweisen (z. B. Bandgeschwindigkeit, Anzahl der Modelle je Linie, Betriebsstunden) bestimmen die Produktionsrate. Die Art der Belegschaftsanpassung bestimmt die Produktivität und Kosten während des Hochfahrens und die Komplexität der Änderung der Arbeitsinhalte.

Hierbei sehen wir wieder wichtige regionale Unterschiede. Japanische Firmen wenden gewöhnlich das »Leergehängemodell« an, mit

Abb. 7.7: Muster des Serienanlaufs

1. Wahl der Hochfahrkurve

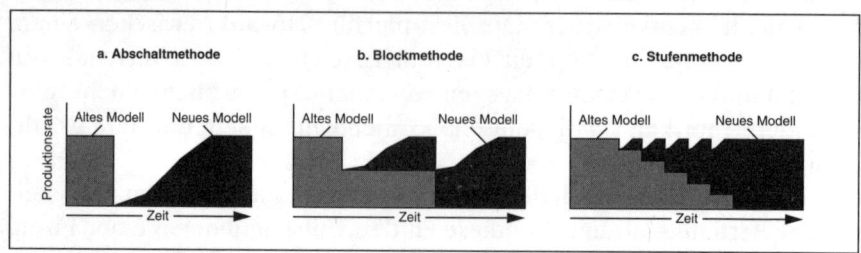

2. Wahl der Betriebsweise

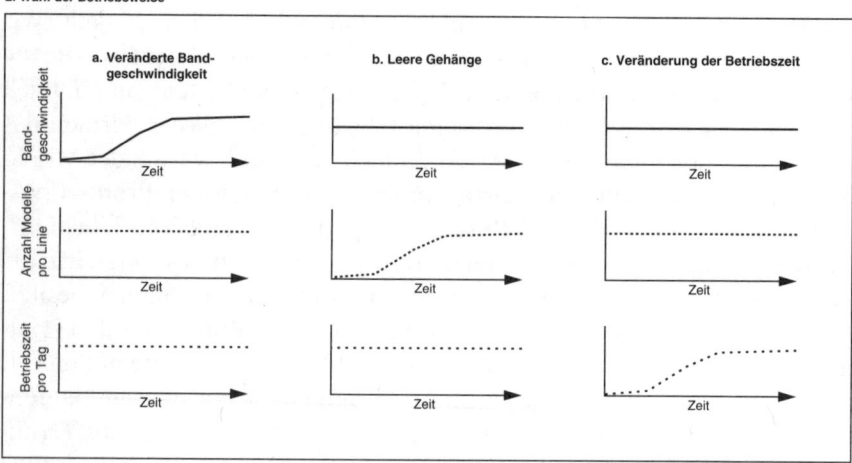

3. Wahl der Belegschaftsanpassung

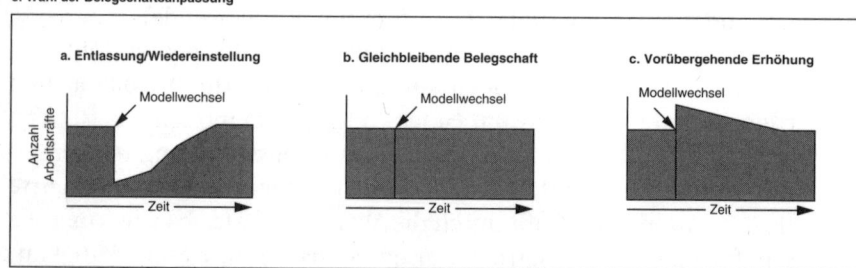

vorübergehender Erhöhung der Belegschaft, während westliche Firmen meist die Bandgeschwindigkeit regulieren und (besonders in den USA) Arbeitskräfte »feuern und heuern«. Im japanischen »Leergehänge – zusätzliche Arbeiter«-System bleiben Bandgeschwindigkeit und Betriebsstunden stabil, aber die Anzahl der Wagen auf dem Band wird

194

reduziert, um die Leerplätze zu schaffen. Die zusätzlichen Arbeitskräfte absorbieren die Auswirkungen der niedrigeren Produktivität (bei dem neuen Modell), so daß sowohl alte wie neue Modelle produziert werden. Mit fortschreitendem Hochfahren nimmt die Anzahl der Leergehänge bis auf Null ab, und die zusätzliche Belegschaft wird abgezogen. Bei der amerikanischen Methode von »Bandgeschwindigkeit erhöhen – Wiedereinstellen« wird mit langsamer Bandgeschwindigkeit begonnen, und wenige erfahrene »Springer« erledigen eine große Bandbreite von Arbeiten. Mit zunehmender Bandgeschwindigkeit werden zusätzliche Werker hereingebracht und die Aufgaben neu verteilt. Mit der Zeit wird die Belegschaft wieder auf volle Stärke gebracht, und die Linie erreicht ihre Sollgeschwindigkeit.

Das generelle US-Modell von »Band stillegen – Bandgeschwindigkeit hochfahren – Entlassen/Wiedereinstellen« versucht den Konflikt zwischen Lernen und Produktion zu lösen, indem es neue und laufende Modelle auseinanderhält und eine geringere Anzahl von erfahrenen und gelernten Fachkräften in den Anfangsphasen des Serienanlaufs einsetzt. Dies vereinfacht die anfängliche Produktion in puncto Materiallogistik und Arbeitsverteilung, aber ergibt geringere Kontinuität der Tätigkeiten und weniger stabile Betriebsbedingungen. Das japanische Modell des »Schrittweisen Hochfahrens – leere Gehänge, zusätzliche Arbeiter« betont Kontinuität und Stabilität der Betriebsbedingungen und Aufgabenverteilung und schafft dadurch ein Umfeld, das rasches Lernen begünstigt. Das überlegene Fertigungs-Know-how (besonders auf dem Gebiet der Prozeßsteuerung), das durch die zusätzliche Komplexität dieses Modells erforderlich wurde, ist typisch für die besten japanischen Firmen. Kontrolle über den Prozeß, zusammen mit der diesem Modell innewohnenden Kontinuität und Flexibilität, minimieren betriebliche Störungen und fördern das Lernen während des Hochfahrens.

Die Auswirkungen der Fertigungsfähigkeit

Wir haben gesehen, wie wichtig herausragende Produktionsfähigkeiten für kurze Prototypzyklen, rasche Preßwerkzeugentwicklung und wirksame Pilot- und Serienanläufe sind. Aber welche Auswirkungen hat die Fertigungsfähigkeit auf die gesamte Entwicklungsleistung? Ergeben kurze Produktionszyklen, intensive Prozeßsteuerung, Materialflußdisziplin und ein integriertes Zulieferernetz kürzere Markteinführungszeiten (time to market), weniger Ingenieurstunden oder höhere Qualität?

Es gibt einige Anzeichen des Stellenwerts der Produktionsfähigkeit in der Verbindung zwischen Zeitbedarf zur Herstellung von Prototypen und Preßwerkzeugen und der Gesamtentwicklungszeit. Unsere Analyse zeigt, daß im Durchschnitt die Verkürzung der Preßwerkzeugherstellzeit um einen Monat die Entwicklungszeit um drei Wochen reduziert. Die Zahlen sind ähnlich für den Prototypzeitaufwand. Zusätzlich sehen wir, daß regionale Unterschiede in der Preßwerkzeug- und Prototyp-Fertigstellungszeit vier bis fünf Monate des Zeitvorsprungs der Japaner bei der Gesamtentwicklunsgzeit ausmachen. Dies unterstreicht die Rolle von Prototypen und Großwerkzeugen auf dem kritischen Pfad eines Produktentwicklungsprogramms und die Auswirkungen, die bessere Leistungen in diesen kritischen Bereichen auf die Markteinführungszeit haben.

Fertigungsfähigkeiten haben auch einen starken Einfluß auf die Gesamtproduktqualität. Dies ist klar für die Serienproduktion, aber hier meinen wir etwas anderes. Eine Firma, die Preßwerkzeuge und Prototypen früher fertigstellt, ist in der Lage, mehr Probleme vor der Pilotserie und dem Hochfahren der Produktion zu entdecken. Wenn die Fertigungsorganisation einer Firma flexibel und schlagkräftig ist und sie diese Probleme schnell abstellen kann, dann geht das Hochfahren schneller, und die Produktqualität bei Markteinführung ist höher. Um die Auswirkung der Fertigungsfähigkeit auf die Entwurfsqualität zu messen, betrachten wir die Vollständigkeit der Konstruktion zum Zeitpunkt der Pilotserie und die Lernrate während des Pilotlaufs und des Serienanlaufs.

Vollständigkeit der Konstruktion bei der Pilotserie

Unsere Beweisführung über Qualitätsauswirkungen beginnt mit dem Vergleich der Länge der Produkt- und Prozeßentwicklungsstufen. US- und japanische Projekte brauchten ungefähr dieselbe Zeit (25 zu 22 Monate), um die Produktionsvorbereitung zu beenden (siehe Anhang). Weil japanische Firmen Prototypen und Preßwerkzeuge in der Hälfte der von US- und europäischen Firmen benötigten Zeit fertigstellen, ist diese Feststellung verblüffend.

Wenn japanische Firmen mit ihren Werkzeugen und Prototypen soviel schneller fertig sind, warum brauchen sie genausolang, um mit der Produktionsvorbereitung (PV) fertig zu werden? Die Antwort liegt in der Vollständigkeit der Konstruktion in dem Augenblick, in dem die PV offiziell endet. Das Ende der PV ist markiert durch die endgültige Freigabe (sign-off) der Konstruktion durch die technischen Funktionen. Das braucht nicht zu bedeuten, daß alle Werkzeuge fertiggestellt sind oder daß es keine technischen Änderungen mehr gibt. Tatsächlich zeigen unsere Untersuchungen, daß es in US-Projekten ganz normal ist, daß die Pilotproduktion mit Teilen beginnt, von denen einige mit Prototypwerkzeugen hergestellt sind. Eine große Anzahl von Änderungen ergibt sich noch nach der Pilotserie und sogar nachdem das Hochfahren der Produktion bereits begonnen hat.

Anzeichen, daß US-Produkt- und Prozeßentwicklung weit weniger ausgereift sind, wenn sie das Pilotwerk erreichen, ergeben sich aus den Daten über Anzahl von Prototypen und Pilotserienfahrzeugen (vgl. Tab. 7.3). Obgleich sich japanische Firmen nur wenig von anderen Massenherstellern in bezug auf Anzahl von Prototypen je Karosserieversion unterscheiden, bauen sie weit weniger Pilotfahrzeuge. Das bedeutet, daß jeder japanische Prototyp ein mächtigeres Problemlösungsinstrument ist und daß folglich Produkt- und Prozeßdetaillierung zu Beginn der Pilotphase sehr viel vollständiger sind.

Tab. 7.3: Anzahl von Prototypen und Pilotfahrzeugen

Anzahl von / Region	Japan	USA	Europa		Total
			Massen-hersteller	Nobel-marken	
Entwicklungsprototypen					
total	82	44	73	61	70
je Karosserievariante	38	34	37	54	39
Pilotfahrzeuge					
total	120	192	233	218	177
je Karosserievariante	53	129	109	205	104

Unterschiede im Reifegrad zeigen sich auch in den Daten über die Prozeßentwicklungsdauer. Wenn wir die Länge korrigieren um die Unterschiede in Produktinhalt, -umfang und Produkt- und Prozeßfähigkeit, stellen wir fest, daß die Japaner sogar mehr Zeit für Prozeßentwicklung aufbringen als ihre US-Konkurrenten. Um den Prozeß für das Durchschnittsauto aus unserer Untersuchung zu entwickeln, benötigt die US-Firma im Durchschnitt 21 Monate (das Durchschnittsauto hier ist weniger aufwendig als das durchschnittliche US-Projekt), wohingegen die durchschnittliche japanische Firma hierfür 27 Monate braucht. Allgemein stellen wir fest, daß die Fähigkeit der rapiden Prototyp- und Werkzeugentwicklung der japanischen Firmen faktisch sechs bis zehn Monate zusätzliche Zeit für Prozeßentwicklung und -verfeinerung ermöglicht.

Dies bedeutet, daß in US- und europäischen Projekten Produkt- und Prozeßentwicklung in Pilot- und Serienanlauf hinüberschwappen, obwohl die Konstruktionen offiziell freigegeben sind. Diese Vorgehensweisen sind in Abb. 7.8 dargestellt, in der die Anzahl der in der Konstruktion verbliebenen Produkt- und Prozeßfehler (vertikale Achse) aufgetragen sind gegen die Zahl der Monate vor und nach der Markteinführung (horizontale Achse). Die fetten Linien in der Mitte stellen ein hypothetisches Problemlösungsmodell dar, das mit den echten Daten übereinstimmt – US- und japanische Firmen beginnen mit der Produktionsvorbereitung ungefähr zur gleichen Zeit, aber japanische Entwicklungen sind

Abb. 7.8: Alternative Modell der Problemlösung:
USA zu Japan

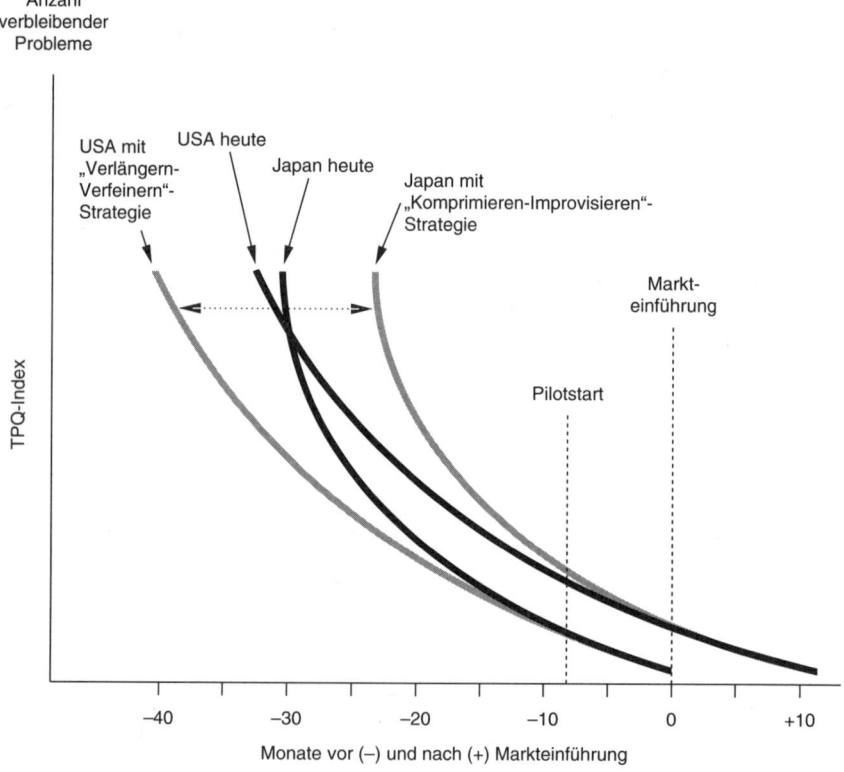

Anmerkung: Das linke Ende jeder Kurve entspricht dem geschätzen Beginn der PV.
Es wird unterstellt, daß die Anzahl verbleibender Probleme zu Beginn der PV gleich ist.

198

zum Zeitpunkt der Pilotserie und der Markteinführung ausgereifter. Die steilere Rate der Problemlösung der Japaner geht auf deren effektivere Entwicklungs- und Produktionsfähigkeit zurück.

Die Abbildung beleuchtet auch alternative zukünftige Strategien. Wenn US-Firmen die japanische Strategie des »Verlängerns und Verfeinerns« ohne Steigerung ihrer Fähigkeiten übernähmen, dann müßten sie die Prozeßentwicklung im 40. Monat beginnen, um einen dem japanischen entsprechenden Reifegrad zu erreichen. Wenn japanische Firmen dagegen ihre bereits vorhandenen Fähigkeiten auf eine amerikanische »Komprimieren-und-improvisieren«-Strategie anwenden würden, könnten sie bis zum 20. Monat mit dem Beginn der Produktionsvorbereitung warten und immer noch einen Reifegrad erzielen, wie er dem heutigen US-Standard entspricht.

Diese Vergleiche veranschaulichen die Bedeutung der Entwicklungs- und Produktionsfähigkeiten. Ohne wesentliche Verbesserung dieser fundamentalen Fähigkeiten sind die US-Firmen gefangen; wenn sie auf mehr Ausgereiftheit Wert legen, um Qualitätsprobleme zu lösen, verlieren sie Zeit. Japanische Firmen dagegen könnten die Zeit bis zur Markteinführung ohne Qualitätseinbußen um ein halbes Jahr verkürzen. Die Daten belegen, daß die durchschnittliche japanische Firma sechs bis zehn Monate zusätzliche Entwicklungszeit aufwendet, um sicherzustellen, daß die Werkzeuge fertig und die Konstruktionen ausgereift sind. Sie bringt trotzdem ein vergleichbares Produkt ein Jahr schneller auf den Markt als ihre westlichen Wettbewerber.

Das Lernen während des Hochfahrens der Produktion

Selbst unter günstigsten Begleitumständen ist der Serienanlauf oft eine Periode der Turbulenz. Die Produktivität sinkt, die Mängelhäufigkeit schnellt in die Höhe, Ausschuß und Nacharbeit wachsen, Maschinen brechen zusammen, Bänder werden angehalten, und Ingenieure und Meister rennen herum, um Pannen zu beheben. Je schneller das Hochfahren, um so turbulenter wird das Geschehen, weil sich die Betriebsbedingungen und Aufgabenverteilungen täglich ändern.

Angesichts des Abwägens zwischen Hochfahrgeschwindigkeit und Grad der Unordnung ist das Verhalten japanischer Projekte bemerkenswert, wie in Abb. 7.9 gezeigt, in der die Zeit bis zur Erreichung der Nennproduktion und die durchschnittliche Beschleunigungsrate während des Hochfahrens dargestellt sind.

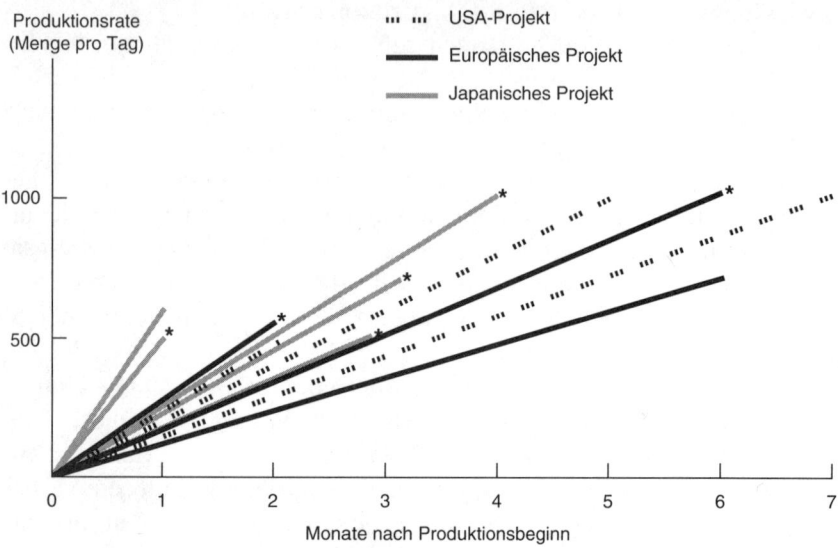

Abb. 7.9: Vergleich der Montagehochfahrgeschwindigkeit

Produktionsrate
(Menge pro Tag)

··· ··· USA-Projekt

Europäisches Projekt

Japanisches Projekt

1000

500

0   1   2   3   4   5   6   7

Monate nach Produktionsbeginn

Anmerkungen: Jede Linie zeigt die Zeit bis zum Erreichen der Nennkapazität. Die Steigung der Linien stellt die Beschleunigung der Produktionsrate dar.
* bedeutet, daß Projekte Mehrmodellmontage beinhalten.

Störungen in japanischen Projekten sollten größer sein, weil sie schneller beschleunigen. Aber die Daten über Anlaufqualität und -produktivität in den Abb. 7.10 und 7.11 enthalten eine kompliziertere Aussage. Verglichen mit dem normalen Leistungsniveau erleiden japanische Projekte zu Beginn des Produktionsanlaufs eine starke Zunahme an Mängeln und Personenstunden pro Einheit, erreichen dann aber schnell die Zielvorgaben. US- und europäische Projekte erfahren geringere Abweichungen von der Nennleistung, aber erreichen die Sollwerte später.

Ein Grund, warum japanische Projekte zunächst mit relativ niedriger Qualität und Produktivität anfangen, ist das hohe Normalniveau. Es ist jetzt wohl bekannt, daß die Fertigungsqualität und -produktivität japanischer Firmen in den 80er Jahren über dem Niveau ihrer westlichen Gegenspieler lag[6]. Arbeiter mit breitem Fertigkeits- und Aufgabenspektrum, sowohl in bezug auf Montageoperationen (innerhalb eines Modells) als auch auf Modellmix, wurden als Hauptfaktor des japanischen Vorsprungs identifiziert.[7] Dies unterstellt, daß japanische Arbeiter mehr Fertigkeiten und Training benötigen, um Nennproduktivität zu erzielen, und daß sich ihre Einsatzbedingungen und Aufgaben häufiger ändern.

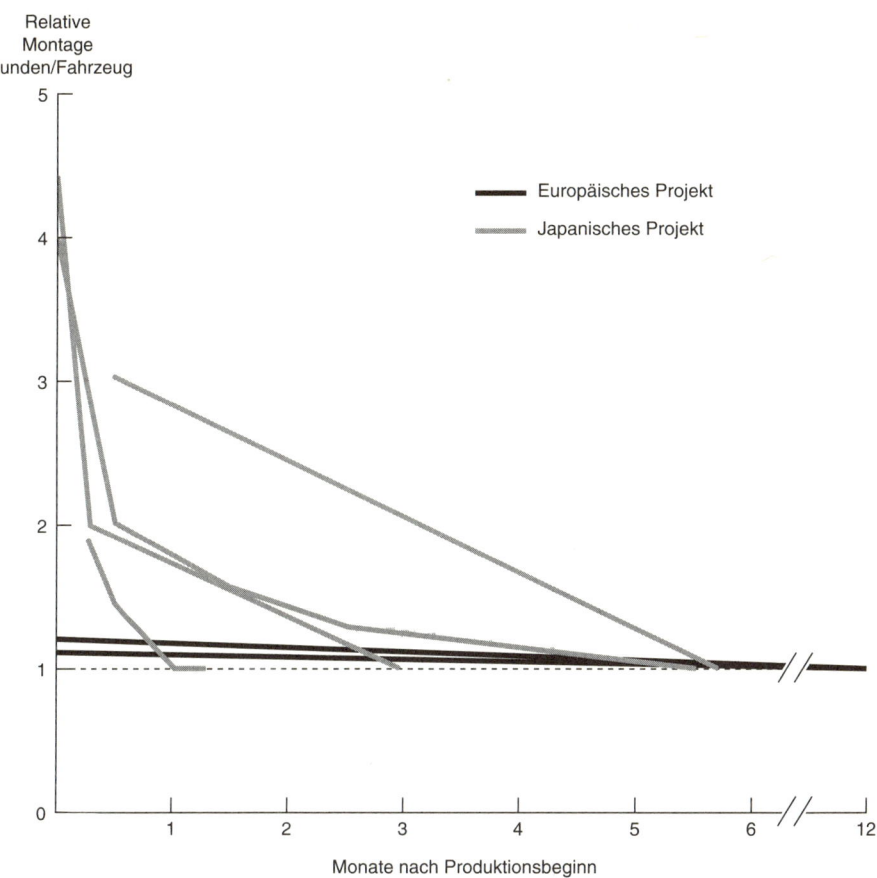

Abb. 7.10: Anfängliche Lernkurve der Montageproduktivität
(1 = Normalniveau bei dem vorherigen Modell)

Relative
Montage
Stunden/Fahrzeug

Europäisches Projekt

Japanisches Projekt

Monate nach Produktionsbeginn

Eines unserer europäischen Projekte verließ sich auf angelernte Hilfskräfte, die innerhalb von nur ein bis zwei Tagen 80 % und innerhalb von drei bis vier Tagen 100 % der Sollproduktivität der jeweiligen Arbeitsschritte erreichten.

Bei japanischen Herstellern besitzt der typische Arbeiter eine Reihe von Fertigkeiten, und man erwartet von ihm, daß er mehrere Arbeitsschritte je Taktzeit (etwa drei statt einen pro Minute) und Arbeiten an mehr als einer Montagestation (typischerweise zwei oder drei Folgestationen) und über den Modellmix hinweg ausführen kann.

Weil die Anforderungen im normalen Betrieb bereits sehr hoch liegen, reagieren Produktivität und Qualität empfindlicher auf Störun-

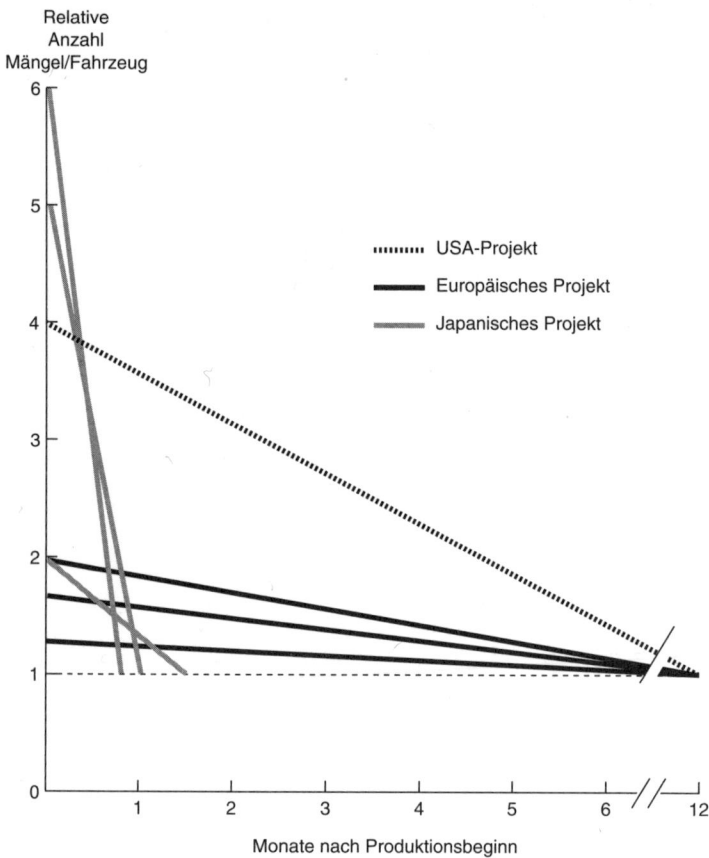

Abb. 7.11: Anfängliche Lernkurve der Mängelrate
(1 = Normalniveau bei dem vorherigen Modell)

Relative
Anzahl
Mängel/Fahrzeug

.... USA-Projekt

Europäisches Projekt

Japanisches Projekt

Monate nach Produktionsbeginn

gen durch einen Modellwechsel. Aber trotz hoher Fertigkeitsanforde-
rungen und schneller Hochfahrrate – beide einer raschen Wiedererlan-
gung der Qualität und Produktivität abträglich – kehren japanische
Produkte recht bald zum Normalniveau zurück. Dies gilt besonders für
Montagefehler, die innerhalb eines Monats wieder auf dem üblichen
Wert liegen.

Schnelles gemeinsames Lernen während des Hochfahrens in japanischen Werken geht zurück auf effektive Sofortkommunikation: Kontinuität des Produktionssystems, Kennenlernen des Produkts während der
Pilotphase und die Fertigkeiten der Problemlösung auf der Arbeitsebene. Wir haben früher schon auf den Lernwert der japanischen Praxis

202

der Pilotläufe im Hauptwerk und der Modelleinführung am gleichen Band verwiesen. Wir fanden auch heraus, daß japanische Firmen aus rascher Kommunikation Nutzen ziehen. Einer der besseren Hersteller verbreitet über Lautsprecher und Anzeigetafeln Informationen über Mängel und Probleme, sobald sie entdeckt worden sind. Zum größten Teil werden sie im Betrieb gelöst. Dabei spielen die Meister und nicht die Ingenieure die zentrale Rolle. Sie sind ständig in Bewegung und besprechen Probleme und Lösungen mit den Arbeitern.

Problemlösung während des Hochfahrens geschieht jedoch nicht in traditionellen »kleinen Gruppen« oder »Qualitätszirkeln«. Ein Ingenieur drückte es so aus: Qualitätskreise sind o.k. für kontinuierliche Verbesserungen während der regulären Produktion, aber ihr Entscheidungsprozeß in der »Kriegszeit« ist zu langsam. Das japanische »Kriegszeitvorgehen«, in dem erfahrene Meister das Geschehen dirigieren, Montagewerker, Techniker und Ingenieure nach Bedarf sofort anweisen und Probleme Stunde um Stunde lösen, – steht in scharfem Kontrast zu den vielen westlichen Produzenten, die als Hauptproblemlöser Ingenieure einsetzen, die in einem offiziellen Anlaufteam zusammengefaßt sind. Bei einem US-Hersteller wurde die Problembeseitigung während des Hochfahrens von einem Team von 250 Ingenieuren bewältigt, die dem Werk vorübergehend zugeordnet wurden. Dieser Unterschied bezüglich der Personen, die die Probleme lösen, deutet darauf hin, daß ernste Fehler, deren Behebung erheblichen Ingenieuraufwand erfordern würde, in japanischen Projekten bereits vor Serienanlauf gelöst werden.

Zusammenfassung

Wir haben dieses Kapitel begonnen mit einer Gegenüberstellung von Atmosphäre und Umgebung eines Designstudios und eines Rohbaus, als Symbole für Anfang und Ende der Produktentwicklung. Aus dieser Perspektive sind Fertigung und Produktentwicklung durch Welten getrennt. Aber aus Sicht der Prototypwerkstatt, des Werkzeug- und Schnittbaus und des Pilotwerks sind Entwicklung und Fertigung eng miteinander verflochten. Hervorragende Leistungen in Produktion und Entwicklung haben nicht nur gemeinsame Wurzeln, sondern Vortrefflichkeit in kritischen Fertigungsbereichen ist auch ein wichtiger Erfolgsfaktor der Entwicklung.

Wir haben gesehen, daß kurze Prototypzyklen und rasche Preßwerkzeugfertigung Vorteile bei Gesamtentwicklungszeit und Entwurfsqualität schaffen. Wirksame Prozeßsteuerung in der Fertigung macht sich in niedrigeren Werkzeugkosten, in der Fähigkeit der Mehrmodellmontage und des schnelleren Hochfahrens der Produktion bemerkbar. Prototypen und Werkzeuge schnell zu bekommen gibt japanischen Firmen die Chance, Probleme vor dem Pilotlauf zu lösen, wodurch spätere technische Änderungen reduziert und der Wirkungsgrad von Produkt- und Prozeßentwicklung gesteigert werden. Ein Großteil des japanischen Vorsprungs bei Zeitverbrauch, Produktivität und Qualität stammt von den ausgezeichneten Fähigkeiten der Produktion. Das heißt nicht, daß es diese hervorragenden Fähigkeiten nur in Japan gibt. Einige europäische und US-Firmen besitzen sie auch, aber die Tatsachen deuten darauf hin, daß sie Mitte bis Ende der 80er Jahre beständiger bei japanischen Herstellern anzutreffen waren.

Die Auswirkung der Produktionsfähigkeiten auf die Entwicklung ergibt sich nicht einfach aus guten Fertigungspraktiken. Sie erwächst vielmehr aus der Integration dieser Fähigkeit mit anderen Fertigkeiten und Möglichkeiten der Organisation. Einen Prototyp schnell herstellen zu können ist von geringem Wert, wenn nicht Produkt- und Versuchsingenieure in den Prototypzyklus eingebunden sind und wirksam miteinander kommunizieren. Gleichermaßen hängt die schnelle Preßwerkzeugherstellung ebensosehr von der Zusammenarbeit zwischen Karosseriekonstrukteur und Werkzeugmacher ab wie von den Produktionsfertigkeiten.

Um also die Rolle der Fertigung vollständiger zu erfassen und ein tieferes Gefühl für die Quellen hoher Entwicklungsleistung zu gewinnen, müssen wir deshalb die Natur der Problemlösung und der funktionalen Integration innerhalb der Produktentwicklung verstehen.

Anmerkungen

1 Siehe z. B. Hayes, Wheelwright und Clark (1988), Bohn und Jaikumar (1986) und Imai (1986).
2 Zu weiteren Details des Produktionsparadigmas siehe z. B. Monden (1983), Hall (1983) und Schonberger (1982).
3 Siehe z. B. Monden (1983), Schonberger (1982) und Hall (1983).
4 Zu weiteren Details der Prototypenentwicklungszeit siehe Clark und Fujimoto (1987) und Clark (1989).
5 Zur Reform der Werkstattfertigung siehe z. B. Ashton und Cook (1989).
6 Siehe z. B. Abernathy, Clark und Kantrow (1983) und Krafcik (1988).
7 Siehe z. B. Fujimoto (1986) und Krafcik (1988).

Kapitel 8

Integration der Problemlösungszyklen

Eines der zentralen Anliegen eines effizienten Entwicklungsmanagements ist die Verknüpfung von Wissen und Informationen, die in den verschiedenen Abteilungen und Fachgebieten vorhanden sind. Dies sei an folgender Begebenheit aus der Frühzeit der Honda-Geschichte erläutert. Ein junger, frisch von der Universität Tokio kommender Ingenieur reduzierte aus Gewichtsgründen die Zylinderwände eines Motors, der für ein bedeutendes Motorradrennen entwickelt wurde. Im Rennen streikte der Motor. Im Anschluß daran rief Shoichiro Honda alle Ingenieure zu einer Manöverkritik zusammen. Als Ursache des Motorversagens wurden die zu dünnen Zylinderwände identifiziert. Honda konfrontierte den verantwortlichen Ingenieur mit diesem Ergebnis. Die sich daraus ergebende Aussprache verlief wie folgt:

»Haben Sie diesen Motor konstruiert?«
»Ja.«
»Was hat Sie zu dieser Lösung bewogen?«
»Aufgrund meiner Berechnungen hätte er durchhalten müssen.«
»Jedermann in der Fabrik hätte Ihnen sagen können, daß das nicht funktionieren würde. Haben Sie jemanden gefragt?«
»Nein.«

Der Ingenieur wurde angewiesen, die fraglichen Teile den Projektbeteiligten, also fast allen Fabrikmitarbeitern, vorzulegen und sich zu entschuldigen. Der Ingenieur befolgte diese Anweisungen, blieb Mitarbeiter des Unternehmens und wurde schließlich einer der maßgeblichen Spitzenmanager von Honda.

Die Suche nach einem Bezugsrahmen

Die Bedeutung der Informationsverknüpfung von zeitlich aufeinander folgenden Aktivitäten, also z. B. Konstruktion (vorgelagert) und Fertigung (nachgelagert), und zwar in beiden Richtungen, führte beim Produktentwurf und der Produktionsvorbereitung zu einer Reihe neuer Methoden und Vorgehensweisen. Dazu zählen »Simultaneous Engineering«, die fertigungsgerechte Konstruktion und eine sehr frühzeitige Einbeziehung der Fertigung. Dies alles dient einer engeren Integration der vor- und nachgelagerten Abteilungen. Unsere Studie der Produkt- und Prozeßentwicklung in der Autoindustrie veranlaßte uns, nach einem Bezugsrahmen zu suchen, in dem wir die alternativen Integrationsmethoden miteinander verbinden.

Der Problemlösungszyklus

Der von uns entwickelte Bezugsrahmen basiert auf den in Kapitel 2 beschriebenen Verfahren zur Problemlösung und Informationsverarbeitung. Im Mittelpunkt steht dabei der Problemlösungszyklus. Normalerweise besteht dieser aus mindestens vier Schritten (vgl. Abb. 8.1),[1] und zwar: Problem erkennen, Erarbeiten von Alternativen, Bewerten und Entscheiden (Annahme/Ablehnung). Die Ablehnung einer Alternative führt zu einem neuen Zyklus. Das wiederholte Durchlaufen von Zyklen stellt im wesentlichen einen Lernprozeß dar, bei dem das Wissen über die Probleme bzw. die Lösungen im Laufe der Zeit zunimmt. Diese Wiederholung wird so lange fortgesetzt, bis eine akzeptable Lösung gefunden wurde.

In diesem Buch haben wir wiederholt ausgeführt, daß die Produktentwicklung einschließlich der Konstruktion und der Fertigungsvorbereitung als ein System von miteinander vernetzten Problemlösungszyklen beschrieben und analysiert werden kann. Alle wesentlichen Ingenieurtätigkeiten wie Entwurf, Konstruktion, Prototypenbau, Testen, Bewerten der Entwürfe, Zeichnungsfreigabe, technische Änderung, Fertigungsvorbereitung, Herstellen der Werkzeuge, Nullserie und Produktionsfreigabe sind Elemente eines Problemlösungszyklus. Unser Bezugsrahmen erlaubt die Untersuchung der Integration der Problemzyklen an beiden Enden des Entwicklungsprozesses. Er unterscheidet zwischen der Integration im Sinne, wann etwas getan werden muß, und der Integration im Sinne von Kommunikationsmodellen zwischen den vor- und nachgelagerten Gruppen am Anfang und Ende der Prozeßkette.

206

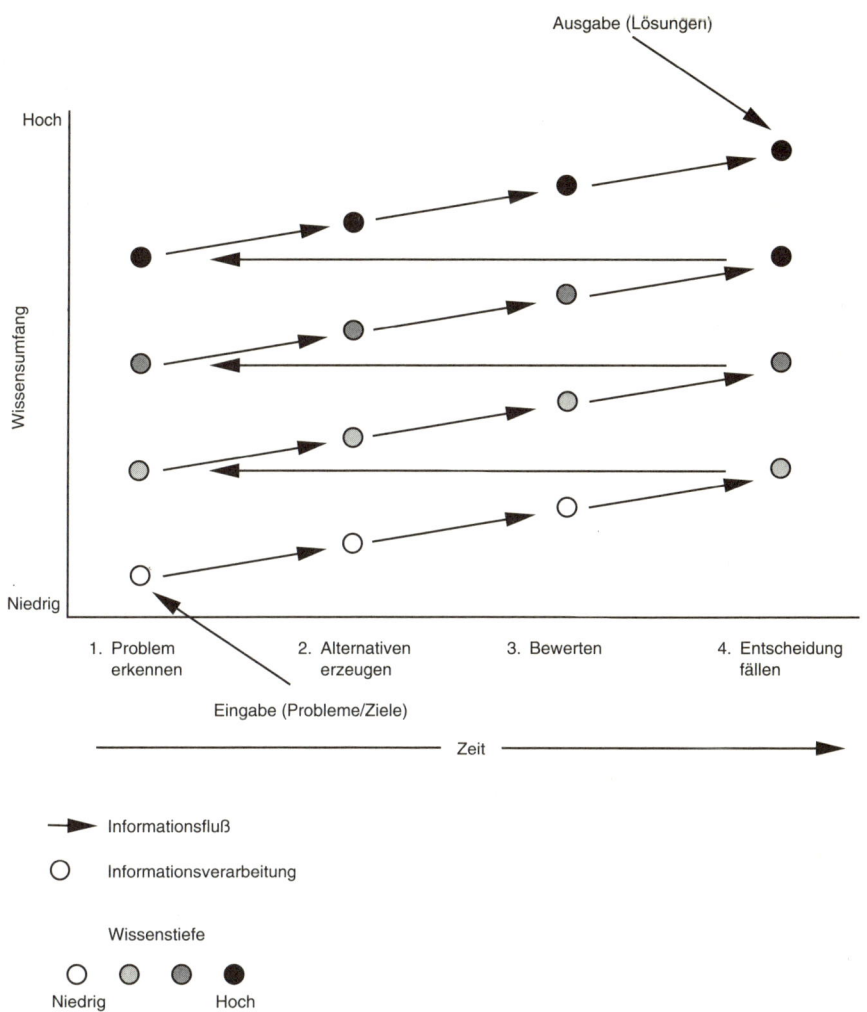

Abb. 8.1: Problemlösungszyklus

Eine der zentralen Thesen, die sich aus der Untersuchung der regionalen Unterschiede von Integrationsgrad und dessen Auswirkung auf die Entwicklungsleistung ergaben, war die Bedeutung von Fertigkeiten, Geisteshaltungen und Managementphilosophie für das Funktionieren eines bestimmten Integrationsmodells.

Um die Bedeutung der Integration in der Praxis zu illustrieren, werden wir am Ende des Kapitels nochmals eine bestimmte Verbindung von vor-/nachgelagerten Abteilungen, nämlich den Entwurf und die Entwicklung von Karosserieblechen und den dazugehörigen Preßwerkzeugen, genauer untersuchen. Nach unseren Erkenntnissen ist für eine außergewöhnliche Leistung in der Autoindustrie nicht die Beherrschung einer speziellen Technik, sondern eine abgestimmte Vorgehensweise bei Prozeß, Struktur, Einstellung und Fertigkeit entscheidend, die wir integrierte Problemlösung nennen.

Es ist kein Geheimnis, daß wirksame Integration von verschiedenen Fachbereichen und Ingenieurdisziplinen von kritischer Bedeutung für erfolgreiche Produktentwicklung ist.

In der Fachpresse werden die Vorzüge funktionsübergreifender Teams, das »Simultaneous Engineering« und die verschiedenen Methoden für fertigungsgerechte und auf die Kundenbedürfnisse zugeschnittene Produktentwürfe ausführlich dargestellt. Alle zielen auf Integration von Tätigkeiten über traditionelle Bereichsgrenzen hinweg. Die Herausforderung besteht darin zu verstehen, was »effektive Integration« wirklich bedeutet und wie sie zu verwirklichen ist. In einigen Unternehmen wird bereits ein überarbeiteter zeitlicher Ablauf mit einigen parallelen Arbeitsgängen als »Integration« bezeichnet. In anderen Firmen führten Integrationsüberlegungen zum Einsatz neuer Werkzeuge, dem Erlernen neuer Entwurfsverfahren und geänderten Prozeduren für eine Projektbeurteilung und Projektgenehmigung.

Fünf Schnittstellendimensionen. In den 80er Jahren haben die Automobilunternehmen weltweit neue Verfahren und Methoden zur funktionsübergreifenden Integration, insbesondere zwischen der Konstruktion und der Fertigungsvorbereitung, entwickelt und ausprobiert.

Die Anstrengungen zur Verknüpfung funktionaler Gruppen illustrieren das Spektrum der zur Verfügung stehenden Möglichkeiten. Diese Bemühungen beinhalteten breit angelegte funktionale Beziehungen (z. B. die Schnittstelle »Konstruktion/Fertigung«). Es erschien uns sinnvoll, uns auf eine einzige Schnittstelle zwischen Problemlösungszyklen in einer vor- und nachgelagerten Gruppe – also zwischen dem Entwurf eines Teiles und der Entwicklung des dazugehörigen Herstellungsprozesses – zu konzentrieren. Wir fanden fünf Dimensionen der Schnittstelle, die die Art der Integration kennzeichnen. Diese Dimensionen und deren Palette von Möglichkeiten sind in Abb. 8.2 dargestellt.

Die Enden der Spektren in Abb. 8.2 kennzeichnen jeweils die Gegenpole der Integration. Auf der linken Seite befinden sich serielle Aktivitäten, die durch eine begrenzte Kommunikation gekennzeichnet sind; rechts sehen wir parallele Aktivitäten, untereinander verbunden durch häufigen, umfangreichen und frühzeitigen Gedankenaustausch. Berück-

Abb. 8.2: Dimensionen der integrierten Problemlösung

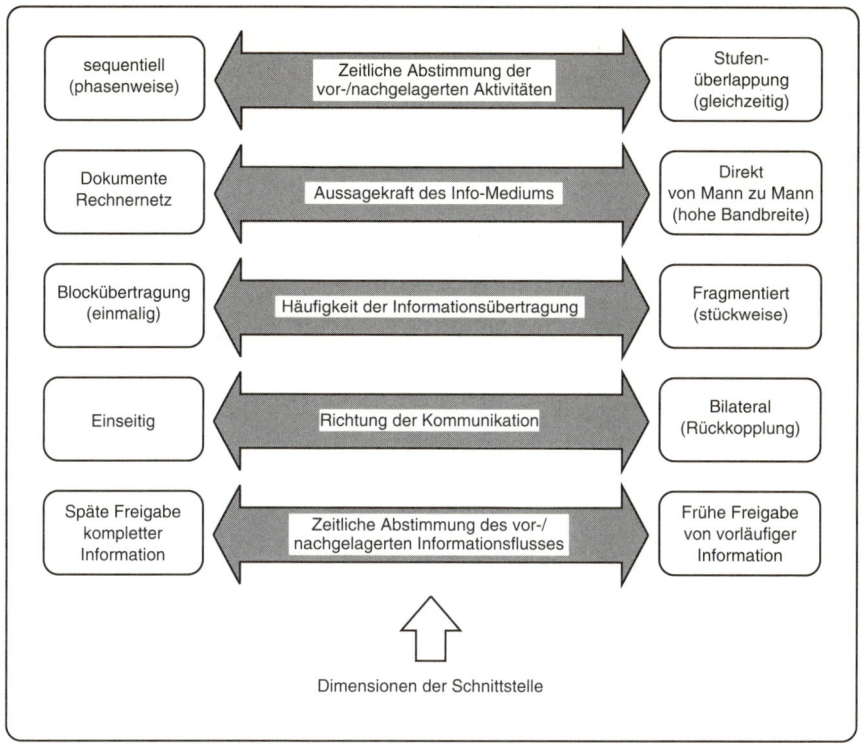

sichtigt man alles, was zwischen diesen Polen liegt, so erhält man eine Vorstellung von dem breiten Spektrum von Aktivitäten in allen fünf Dimensionen. Zusammengefaßt ergeben die Dimensionen einen Bezugsrahmen für die Beschreibung und die Analyse verschiedener Integrationsansätze.

Abb. 8.3 benutzt die fünf Dimensionen zur Beschreibung eines idealisierten Beispiels. Durch eine systematische Hinwendung nach rechts in der jeweiligen Dimension kann ein Unternehmen die Durchlaufzeit drastisch verkürzen. Der Einfachheit halber zeigen wir nur einen vorgelagerten (Entwicklung/Konstruktion) und einen nachgelagerten Prozeß (Produktionsvorbereitung).

Wir beginnen bei Abb. 8.3 oben mit einem Modell, das typisch ist für traditionelle Autoentwicklungsprojekte bei westlichen Herstellern. Vor- und nachgelagerte Prozesse werden seriell durchgeführt; der Informationsfluß verläuft in einer Richtung, vom vor- zum nachgelagerten Pro-

Abb. 8.3: Integration der Problemlösungszyklen

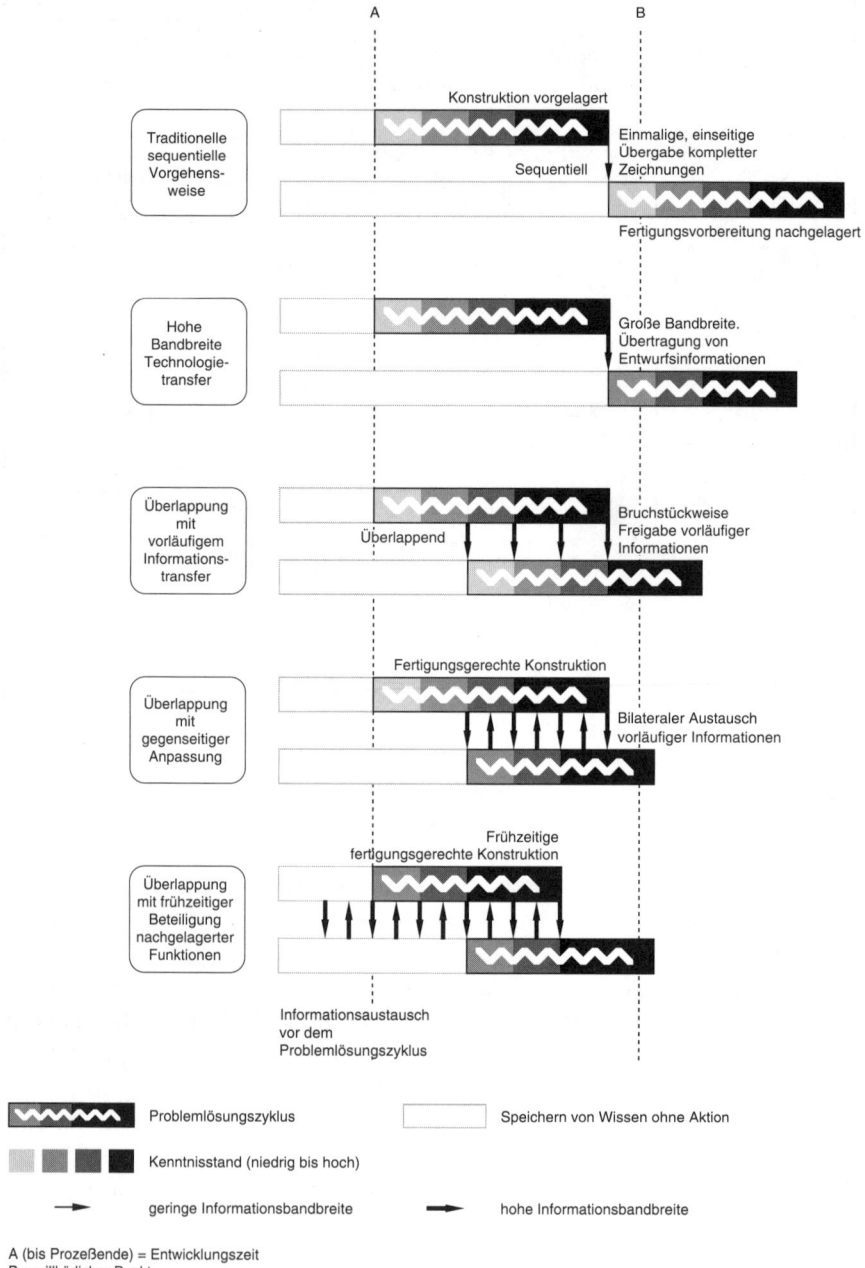

210

zeß. In praxi bedeutet dies, daß am Ende des Konstruktionsprozesses ein kompletter Satz von Konstruktionsinformationen zur Verfügung steht. Die Prozeßentwicklung beginnt erst nach Vorliegen der vollständigen Zeichnungen.

Theoretisch sollte diese Prozedur die mit einer technischen Änderung verbundenen Risiken vermindern. Tatsächlich kommen aber sehr viele Änderungen vor, mit denen man fertig werden muß. Andere potentielle Vorteile wie »Direktheit« und einfaches Management werden durch bestimmte Nachteile aufgehoben.

Sequentielle Prozesse erfordern in einer Ära rascher Produktänderungen einfach zuviel Zeit. Ferner ermutigt eine einseitige, stapelweise Informationsübermittlung einen Konstrukteur nicht dazu, von Beginn an »fertigungsgerecht« zu konstruieren. Dies bedeutet eine erhöhte Belastung bei der Problemlösung für die nachgelagerten Prozesse. Schließlich besteht die Gefahr, daß subtile Nuancen bei der Informationsübermittlung von den nachgelagerten Gruppen nicht zur Kenntnis genommen werden und somit in der Fertigung weitere Probleme entstehen.

Was passiert, wenn wir die Integration in einer Dimension verbessern? Begibt man sich in Abb. 8.3 eine Ebene tiefer, so bemerkt man die Konsequenzen eines verbesserten Informationsmediums. Das bedeutet: Die herkömmliche Arbeitsweise, Zeichnungen »über die Mauer« zu werfen, wird durch Diskussionen »von Mann zu Mann«, direkte Beobachtungen und das Arbeiten mit echten Prototypen und rechnergestützten Darstellungen ersetzt.*

Die direkte Kommunikation, eine bedeutende Facette von Gruppen- und Teamarbeit, war das Ziel des »Kriegszimmers« vieler japanischer Firmen. Auch wenn die ergiebigere Kommunikation erst am Ende des

---

* Den elektronischen Medien kommt in dem Zusammenspiel Konstruktion–Fertigung zunehmend eine wichtige Rolle zu. Die Weitergabe rechnergestützter (CAD/CAM-)Daten einer komplexen Karosserieoberfläche an die Arbeitsvorbereitung ist im Gegensatz zur konventionellen Weitergabe von Zeichnungen oder Modellen heutzutage fast problemlos. Dies ist teilweise darauf zurückzuführen, daß digitale (CAD-CAM-)Informationen im Gegensatz zu analogen (Zeichnungen, Modelle) weniger anfällig für die Akkumulation von Fehlern sind (z. B. wie bei Fotokopien), und zum anderen darauf, daß CAD/CAM weniger Schritte als konventionelle Verfahren benötigt und somit die Länge der Kommunikationskette verkürzt wird. Der Trend in der Autoindustrie geht dahin, daß sowohl die verbalen als auch die elektronischen Medien zunehmend eine bedeutende Rolle in der Produkt-/Prozeßtechnologie spielen. Somit werden »high tech« und »high touch« gleichzeitig als besonders wichtig für eine bessere Handhabung der Produkt/Prozeß-Schnittstelle eingestuft.

vorgelagerten Zyklus zustande kommt, wie in dem Modell geschehen, kann die Effizienz des Transfers die Durchlaufzeit für eine Problemlösung signifikant verkürzen.

Im mittleren Bereich der Darstellung erkennt man, was passiert, wenn die Häufigkeit der Informationsübermittlungen zunimmt und eine Überlappung von Ingenieurtätigkeiten eingeführt wird. Weitet man den Informationsfluß über die Zeit aus und gibt partielle Produktentwurfsinformationen frei sobald sie verfügbar werden, so ermöglicht dies eine Überlappung vor- und nachgelagerter Prozesse und verhilft somit den Prozeßingenieuren zu einem fliegenden Start. Gleichzeitig wird eine Verkürzung der Durchlaufzeit für die Problemlösung erreicht. Obwohl sehr ansprechend, ist Simultaneous Engineering sehr schwer zu erreichen. Ingenieure tendieren zur Perfektion. Sie zögern, unvollständige Arbeiten freizugeben. Ist die Atmosphäre feindlich, wird eine vorgelagerte Gruppe noch weniger bereit sein, Informationen frühzeitig zu verteilen, da Entwurfsänderungen zwangsläufig als Schlampigkeit bzw. Inkompetenz ausgelegt werden. Falls die Konstrukteure die Einstellung einnehmen: »Ich gebe dir jetzt nichts, da ich weiß, daß ich es später ändern muß und dann die Verantwortung dafür zu tragen habe«, hat das Management die schwierige Aufgabe, einen fundamentalen Sinneswandel aller beteiligten Ingenieure herbeizuführen, und zwar sowohl in den vor- als auch in den nachgelagerten Gruppen.

Auf der nächsten Ebene (s. Abb. 8.3) ist die einseitige Kommunikation durch eine bilaterale ersetzt. Dies dient als Basis für eine gegenseitige Abstimmung der vor- und nachgelagerten Ingenieurtätigkeiten. Sobald die Fertigungsingenieure einen ersten Karosserieentwurf in Händen haben, können sie z. B. die Konstrukteure sofort über schwer zu bearbeitende Konturen informieren. Die Konstrukteure ihrerseits können ggf. ihre Entwürfe umgehend an die Fertigungsgegebenheiten anpassen. Bilaterale Kommunikation ist eine Grundvoraussetzung in den Unternehmen, um bessere Entwürfe und eine engere Zusammenarbeit und Teamwork zu erreichen.

Zusätzlich zu Simultaneous Engineering und einem besseren Informationsfluß kann eine bilaterale Kommunikation zu einer besseren Problemlösung führen, indem die Verantwortung dafür zwischen vor- und nachgelagerten Abteilungen entsprechend aufgeteilt wird. Ob von dieser Möglichkeit Gebrauch gemacht wird, hängt von der Einstellung und Philosophie der beteiligten Ingenieurabteilungen ab. Falls die Konstrukteure nicht bereit sind, Kompromisse bei den Produktfunktionen, dem Leistungsumfang und der Ästhetik zugunsten einer leichteren Fertigung zu machen, oder falls die Fertigung bei neuen Produkten stereotyp mit dem Slogan reagiert: »Das können wir nicht produzieren«, wird auch bilaterale Kommunikation lediglich dazu führen, die Gegensätze offensichtlicher zu machen.

Der Fall, daß die Kommunikation nicht nur häufig und bilateral, sondern zusätzlich auch noch früh im Problemlösungszyklus stattfindet, ist in Abb. 8.3 ganz unten dargestellt. Hier geht es um eine synchrone Koordination der vor- und nachgelagerten Aktivitäten. Dies ist die Quintessenz einer gegenseitigen Abstimmung. Ein Konstrukteur wird dadurch unmittelbar in die Lage versetzt, unter Berücksichtigung der Ergebnisse einer Problemanalyse der Fertigungsingenieure leichter und und preiswerter herzustellende Produkte zu konstruieren. Diese Anpassung kann erst nach Beginn der Problemanalyse in den nachgelagerten Abteilungen stattfinden.

Die unterste Ebene in der Abb. 8.3 erläutert die Konsequenzen einer frühzeitigen Einbindung nachgelagerter Abteilungen. Frühzeitige Einbindung bedeutet nicht nur einen frühen Start. Sie bedeutet Informationsaustausch und wichtige Einblicke vor Beginn des Problemlösungszyklus. Das bedeutet: Fertigungsinformationen vorab an die Konstruktion vor Beginn der eigentlichen Arbeiten zu geben. Das verhilft den vorgelagerten Abteilungen dazu, daß »schon der erste Schuß sitzt«. Es ermöglicht andererseits, daß die Fertigung durch Tonmodelle und Spezifikationen früh informiert wird. Dies führt zu einer weiteren Verkürzung der Problemlösungs-Durchlaufzeit, einer Qualitätssteigerung und zur Kostensenkung.

Der Erfolg einer frühen Einbindung hängt davon ab, wieviel über das Problem vor Beginn des Lösungszyklus bekannt ist. Da viel von diesem Wissen außerhalb des Projekts gewonnen wurde (z. B. in früheren Entwicklungsprojekten), ist ein projektübergreifender Wissenstransfer spielentscheidend. Dies betrifft die Mechanismen, mit denen wie ein Unternehmen Erkenntnisse über frühere Ingenieurprobleme speichert und neuen Projekten zur Verfügung stellt.

Die Beachtung dieser fünf Dimensionen kann die Wettbewerbsposition eines Unternehmens entscheidend stärken. Aus Abb. 8.3 folgt, daß sich die Entwicklungszeit von Punkt A bis zum Prozeßende erstreckt.

Die progressive Reduktion der Entwicklungszeit ist durch die einzelnen Darstellungen in Abb. 8.3 klar ersichtlich. Sie wird durch Erhöhen der Intensität und der Häufigkeit des Informationsaustausches sowie durch bilaterale Informationskanäle und die Gleichzeitigkeit von Aktionen und Informationsaustausch erreicht. Angenommen, ein Unternehmen muß aufgrund von Marktveränderungen oder von Angriffen eines Mitbewerbers ein Produkt zum Zeitpunkt B auf den Markt bringen. Ein

Unternehmen mit einem Integrationsgrad, wie er in dem untersten Modell der Abbildung dargestellt ist, würde deutlich das Rennen machen. Ein Unternehmen mit einem Integrationsgrad der darüberliegenden Darstellung würde es mit einem besonderen Einsatz vielleicht gerade noch schaffen. Ein Unternehmen mit einer geringeren Integration der Problemlösung würde hingegen mit seinem Produkt zu spät auf dem Markt erscheinen und daher Wettbewerbsnachteile erleiden.

Überlappen der Stufen und intensive Kommunikation

Die zeitliche Abstimmung der nachgelagerten Aktivitäten sowie die Intensität, Häufigkeit und Richtung des Informationsflusses sind eng miteinander verbunden. Leider treten sie nicht immer in einer effektiven Kombination auf. In Abb. 8.4 werden zwei Integrationsmodelle verglichen. In der oberen Darstellung tauschen die vor- und nachgelagert arbeitenden Ingenieure häufig Informationen aus, um die Konfusion und die Unsicherheit, die durch die enge Abhängigkeit der beiden Gruppen entstehen können, zu minimieren. Veränderungen werden auf beiden Seiten kontinuierlich fortgeschrieben und der jeweils anderen Gruppe durch tägliche Kontakte, Meetings, durch Produktmanager und andere Integrationsmechanismen mitgeteilt. Betrachten wir nun die untere Darstellung in Abb. 8.4. Sie charakterisiert die Einführung von Simultaneous Engineering unter Beibehaltung der stapelweisen Informationsübertragung. Dies ist dann der Fall, wenn das Topmanagement einen neuen Standard-Zeitplan einführt, der den parallelen Ablauf von unterschiedlichen Ingenieurphasen vorschreibt. Nach wie vor »werfen« die Konstrukteure nach Abschluß ihrer Arbeit die Zeichnungen »über die Wand«, während die Fertigungsingenieure aufgrund des neuen Zeitplans ihre Arbeit früher, aber »blind«, also ohne eine Hilfestellung von der Konstruktion beginnen. Plötzlich erhält dann die Produktionsvorbereitung einen ganzen Stapel endgültiger Konstruktionsinformationen. Produkt/Prozeß-Unstimmigkeiten werden aufgedeckt, Preßwerkzeuge werden verschrottet, Fertigungsabläufe verändert, und Teile sind nachzuarbeiten. Die sich daraus ergebenden Störungen verlängern den zweiten Teil des Ingenieurprozesses, wodurch viel vom potentiellen Vorteil von Simultaneous Engineering verloren geht.

Eine integrierte Problemlösung ist nur dann möglich, wenn zwei Bedingungen erfüllt sind: zum einen ein hoher Grad von Gleichzeitigkeit, den wir als Überlappen der Ingenieurtätigkeiten bezeichnen, und zum

214

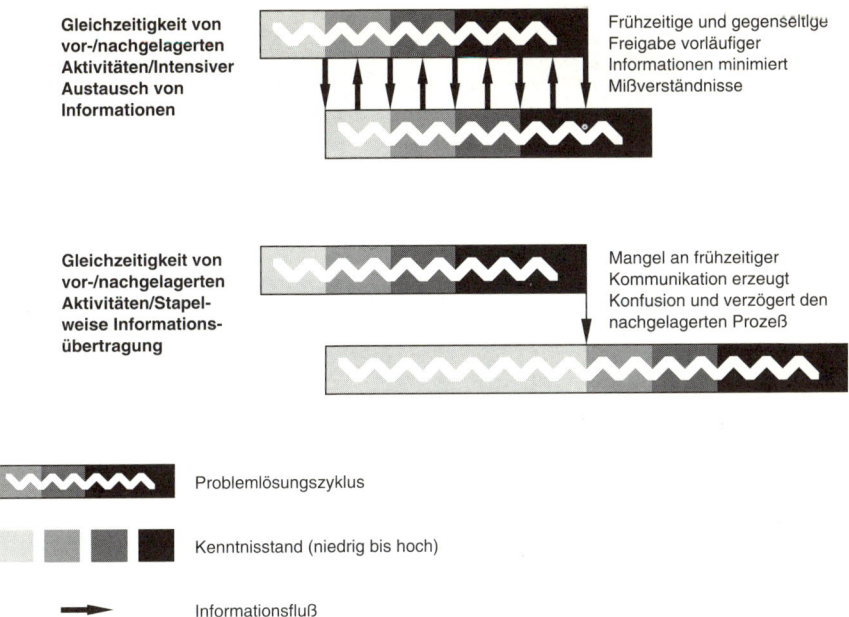

anderen ein ergiebiger, häufiger und zweiseitiger Informationsfluß, den wir in Zukunft als »intensive Kommunikation« bezeichnen. Beim Überlappen der Ingenieurtätigkeiten ohne intensive Kommunikation zwischen den vor- und nachgelagerten Abteilungen geht ein großer Teil der möglichen Vorteile einer integrierten Problemlösung wieder verloren. In den folgenden Abschnitten untersuchen wir näher die beiden entscheidenden Bedingungen für die integrierte Problemlösung und ihre Auswirkungen auf die Entwicklungsleistung.

Stufenüberlappung

Die Darstellungen in Abb. 8.5 vergleichen die durchschnittlichen Zeitpläne für die Konstruktion und die Produktionsvorbereitung in den USA, Europa und Japan. Daraus folgt, daß der japanische Entwicklungsprozeß wesentlich überlappter abläuft als bei anderen westlichen Herstellern.

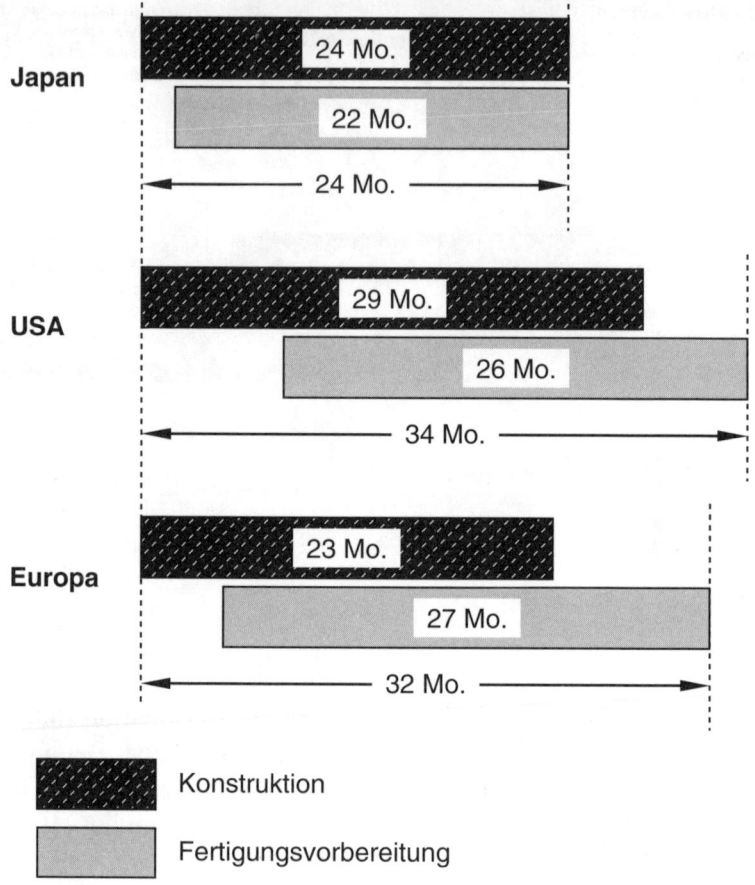

Abb. 8.5: Regionale Mittelwerte von Entwicklungsphasen

Japan
24 Mo.
22 Mo.
24 Mo.

USA
29 Mo.
26 Mo.
34 Mo.

Europa
23 Mo.
27 Mo.
32 Mo.

Konstruktion

Fertigungsvorbereitung

Unterstellt man ein entsprechend komplexes und weitreichendes Projekt, so ergaben unsere Üntersuchungen, daß die Durchlaufzeit bei einer totalen Überlappung der Ingenieurtätigkeiten gegenüber einer sequentiellen um etwa ein Jahr verkürzt werden könnte.

Konstruktion und Fertigungsvorbereitung benötigen jeweils etwa zwei Jahre. Ginge man von einer sequentiellen Arbeitsweise (das bedeutet eine Durchlaufzeit von vier Jahren) zu einer totalen Parallelität über, könnte die Durchlaufzeit um zwei Jahre verkürzt werden. Es sieht jedoch so aus, als ob ein Teil dieses potentiellen Gewinns aus vollständiger Prozeßüberlappung durch Koordinierungsprobleme wieder verlorengeht.

216

Intensive Kommunikation

Die Ergebnisse von umfangreichen Interviews in den Unternehmen und die Auswertung von Fragebögen über spezifische Projekte bei unserer Befragung ergaben eine Reihe von Anhaltspunkten über die Intensität der Kommunikation zwischen der Konstruktion und den Fertigungsingenieuren. Die regionalen Muster in diesen Indikatoren sind in Tab. 8.1 zusammengestellt.

Tab. 8.1: Effektivität der Kommunikation Produkt / Prozeß nach Region

Effektivität Region	Anzahl der Organisationen		
	Besser	Neutral	Schlechter
Japan	7	1	2
USA	0	3	2
Europa	4	4	1

Unsere Interviews ergaben übereinstimmende regionale Muster der Wirksamkeit der Kommunikation zwischen Konstruktion und Fertigung. Diskussionen über die Häufigkeit von später auftauchenden Konflikten infolge mangelhafter Kommunikation und Angaben über die Zahl der technischen Änderungen sowie Kommentare über die Qualität und die Häufigkeit der Kommunikation brachten uns zu der Überzeugung, daß die Japaner bei der Durchführung ihrer Projekte besser und intensiver miteinander kommunizieren. Das Wichtigste, was wir bei unseren Studien in Japan herausfanden, wurde von dem Leiter der Fertigungsvorbereitung in einem japanischen Unternehmen wie folgt zusammengefaßt:

»Die Kommunikation zwischen der Konstruktion und der Fertigungsvorbereitung umfaßt sowohl reguläre Zusammenkünfte auf Managementebene als auch informelle Kontakte auf der ausführenden Ebene. Im letzteren Fall diskutieren die Konstrukteure aus eigenem Antrieb mit den Fertigungsingenieuren über erste Entwürfe. In jedem Fall arbeiten beide Gruppen auch räumlich sehr nahe beieinander, und die Kommunikation ist von Anfang an sehr eng.«

Im Gegensatz dazu berichteten die Befragten in den US-Firmen von einem heillosen Durcheinander aufgrund einer mangelhaften Kommunikation. Ferner beklagten die Konstrukteure das Fehlen von Informationen aus der Fertigung und umgekehrt. Obwohl wir in einigen europäischen Unternehmen ähnliche Klagen hörten, registrierten wir bei anderen, insbesondere bei Anbietern der Oberklasse, innerhalb der Ingenieurorganisation einen intensiven Gedankenaustausch. Insgesamt erhielten wir den Eindruck von einem intensiven Gedankenaustausch in japanischen Firmen und einer Art »stapelweisen« Gedankenaustausches in den USA und in gewissem Sinne auch in Europa. Gewisse Anzeichen deuten darauf hin, daß die Gründe für eine wirksame Kommunikation zwischen Konstrukteuren und Fertigungsingenieuren komplex und subtil sind. Angenommen, es findet eine frühzeitige Rückkoppelung von der Fertigung statt. Auf der ganzen Welt werden während der Konzeptentwicklung und der Fertigungsvorbereitung praktisch die gleichen Prozeduren für die Bewertung der Herstellbarkeit angewendet. Bei näherer Betrachtung entdeckt man Unterschiede bei der Rückkoppelung in anderen Phasen sowie bezüglich der Machbarkeit. In japanischen Firmen machen z. B. die Fertigungsingenieure den Konstrukteuren häufig Gegenvorschläge. Auf diese Art von Gegenseitigkeit (Entwurfs-Gegenvorschläge) wird von den europäischen Firmen, entsprechend ihrer Philosophie eines sequentiellen Engineering, kein Wert gelegt. Großer Wert wird statt dessen auf Kosteninformationen gelegt, ein Beleg für die wichtige Rolle, die Kalkulatoren und Controller in einem europäischen Unternehmen spielen. In US-Projekten werden Herstellbarkeits- bewertungen routinemäßig durchgeführt. Echte Rückkoppelungen erfolgen viel später. Die Rückkoppelung in der Konzeptphase ist in US-Projekten signifikant geringer als in japanischen. In der Konstruktionsphase fließen im Gegensatz zu den USA in japanischen Projekten sehr viel mehr Informationen von der Fertigung zurück in die Konstruktion.

Insgesamt gesehen neigen die Japaner mehr zu einem aktiven, ausgeglichenen und kontinuierlichen gegenseitigen Gedankenaustausch, ein Beleg für die relativ starke Position der Fertigungsvorbereitung während der Entwicklungsphase eines Projekts. Fertigungsingenieure in europäischen und US-Firmen besitzen häufig ein formales Vetorecht gegen Entscheidungen bei Produktentwürfen. Im Gegensatz dazu haben japanische Ingenieure ein starkes, wenn auch informelles Mitspracherecht. So gesehen ist also nicht ein Mangel an formaler Autorität die Ursache für Kommunikationsprobleme in amerikanischen Unternehmen.

Das Problem scheint mehr in dem Fehlen eines informellen Einflusses zu liegen. Der größere Einfluß japanischer Fertigungsingenieure auf den Produktentwurf kommt offenbar durch eine enge Kommunikation und gegenseitige Abstimmung zwischen der Konstruktion und der Fertigung zustande. Das formal größere Mitspracherecht der US-Fertigungsingenieure (z. B. bei der Fertigungsfreigabe) behindert ironischerweise einen wirkungsvollen Gedankenaustausch zwischen den vor und nachgelagerten Abteilungen. Fertigungsingenieure mit einem formalen Vetorecht als letzte Instanz könnten weniger motiviert sein, sich frühzeitig in den Entwurfsprozeß einzuschalten. Andererseits könnten Konstrukteure aus Furcht vor der Auslösung eines Vetos zögern, einen frühzeitigen Informationsaustausch in Gang zu setzen. An die Stelle einer gemeinsamen Problemlösungsinitiative tritt eine »Wir/ihr«-Beziehung zwischen Konstruktion und Fertigung. Eine formale Freigabeprozedur ohne ein informelles System gegenseitigen Vertrauens und gegenseitiger Absprache behindert eine effektive Einführung eines integrierten Problemlösungsverfahrens.

Wir fanden bei unseren Studien in fast allen untersuchten Projekten formale Integrationsmechanismen und Systeme wie etwa sogenannte Task Forces, Liaisons, Projektteams und CAD/CAM-Verbindungen vor. Dies gilt vermutlich für alle Automobilfirmen auf der Welt. Der Charakter dieser Mechanismen und Systeme unterscheidet sich regional. So wurden z. B. funktionsübergreifende Teams in Japan in allen und in Europa in den meisten von uns untersuchten Projekten eingesetzt. In den USA waren es lediglich 50 %. Betrachtet man die Zusammensetzung der Teams, so beobachtet man einen Widerspruch. Im Gegensatz zu japanischen Firmen sind in westlichen Unternehmen sehr viel mehr Mitarbeiter aus der Fertigung (Fertigungsingenieure und Fabrikmitarbeiter) offizielle Mitglieder in den Projektteams. Der intensivere Informationsaustausch zwischen der Konstruktion und der Fertigung in Japan beruht also offenbar auf den engen, informellen Kontakten auf der ausführenden Ebene.

Die Tatsache, daß die japanischen Fertigungsingenieure intensivere und wirkungsvollere Kontakte mit den Konstrukteuren unterhalten als ihre amerikanischen Kollegen, stützt die These von der Bedeutung informeller Beziehungen für die Integration. Dies ist ein wichtiger Aspekt für die Lösung von Konstruktions- und Fertigungskonflikten. Die Art der Konfliktbewältigung über Bereichsgrenzen hinweg ist ein Indiz für die wahre Einstellung der Ingenieure zu der angestrebten Beziehung Konstruktion/Fertigung. Wir fanden heraus, daß Konflikte in allen Projekten die Regel sind.

Konflikte zwischen den Konstrukteuren und den Fertigungsingenieuren drehen sich um die Fertigungsmöglichkeiten der Produktentwürfe. Wie bei anderen Vergleichen zwischen japanischen und US-Projekten fanden wir Unterschiede in der Einstellung zur Kommunikation, d. h. »Stapel-Modus« versus »Intensiv-Modus«.

Effektive, intensive Kommunikation erfordert marktorientierte Fertigungsingenieure. Eine Betonung der Herstellbarkeit ist zwar ein Schlüssel für bessere Übereinstimmungsqualität. Eine Überbetonung kann jedoch zur Zerstörung des Konzepts oder Schwierigkeiten bei der Vermarktung eines neuen Produkts führen. Die notwendige Balance zwischen der Herstellbarkeit und der Konzept-/Entwurfsqualität beruht offenbar auf der Koexistenz von konzeptorientierten Fertigungsingenieuren und fertigungsorientierten Konstrukteuren. Diese gemeinsame Orientierung, diese Fähigkeit, die Problemstellung der anderen Seite zu sehen, ist die Grundlage für den informellen Einfluß auf der ausführenden Ebene und hebt die Interaktion Konstruktion/Fertigung in japanischen Projekten heraus.

Muster von Überlappung und Kommunikation:
Der Einfluß auf die Leistung

Regionale Unterschiede der »Gleichzeitigkeit« von Konstruktion und Fertigung sowie der Intensität der Kommunikation sind in Abb. 8.6 dargestellt. Wir bemerken eine Übereinstimmung zwischen Intensität und Gleichzeitigkeit entlang der Diagonalen, am unteren Ende links beginnend. Dort entspricht ein serieller Prozeß einer einseitigen, stapelweisen Informationsweitergabe. Am anderen Ende der Diagonalen ist die Zone der integrierten Problemlösung. Dort ist die Kommunikation intensiv, die Problemlösung erfolgt parallel. Punkte außerhalb der schraffierten Diagonalen leiden unter zwei Problemen. Unterhalb der Diagonalen unterstützten die Kommunikationsmuster nicht den Grad der Gleichzeitigkeit bei der Problemlösung. Oberhalb der Diagonalen ist die Problemlösung weniger gleichzeitig (und damit vermutlich langsamer), als das Kommunikationsmuster erlauben würde. Die japanischen Autohersteller nehmen in der Abbildung hinsichtlich der integrierten Problemlösung eine optimale Position mit einem hohen Grad an Überlappung und intensiver Kommunikation ein. US-Firmen arbeiten weniger überlappt und tendieren zu Positionen unterhalb der Diagonalen. Dies deutet auf eine fehlende Übereinstimmung zwischen Überlappung und Kommunikation hin. Europäische Firmen arbeiten eher sequentiell, betreiben aber eine intensivere Kommunikation zwischen den einzelnen Phasen. Sie liegen, wenn auch etwas schlechter als die Japaner, ebenfalls in der schraffierten Zone. (In einigen europäischen Firmen, speziell in einigen Firmen der Oberklasse, findet innerhalb der Ingenieurdisziplinen ein intensiver Gedankenaustausch zur Qualitätssteigerung statt. Er

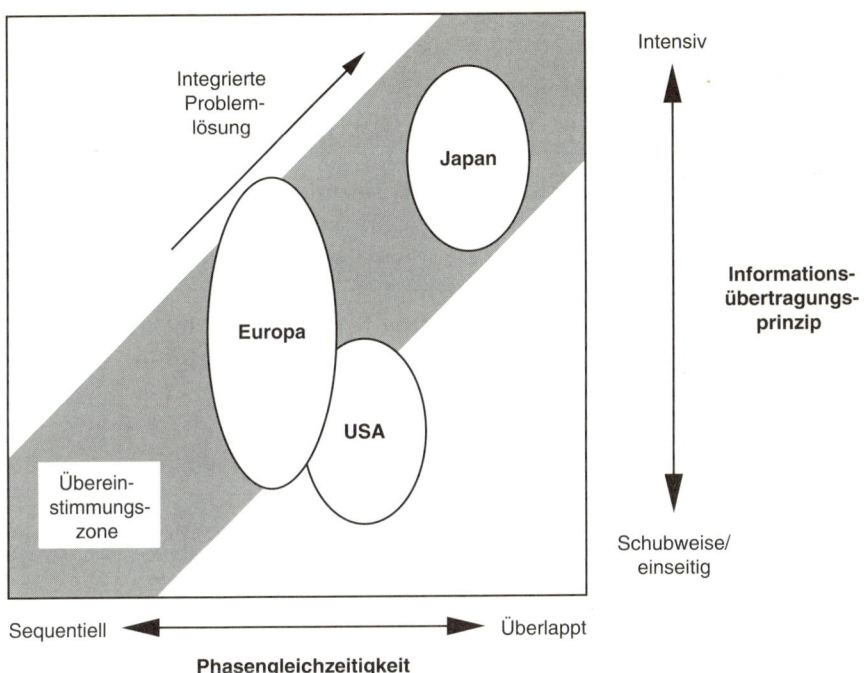

dient jedoch weder der Abstimmung noch der Durchführung paralleler Aktivitäten in der Fertigung.)

Welche Einflüsse haben diese Muster auf die Produktentwicklung? Bedeutet integrierte Problemlösung eine kürzere Durchlaufzeit? Hat sie irgendeinen Einfluß auf die Produktivität oder Qualität? Problemlösungs-Prozeduren haben einen direkten Einfluß auf die Durchlaufzeit. Ein intensiver Gedankenaustausch zwischen der Konstruktion und der Fertigung sollte zu einer Überlappung führen und somit weniger Zeit für eine gemeinsame Lösung erfordern. Falls Integration die Zahl der unnötigen Wiederholungen (aufgrund mangelhafter Kommunikation) für technische Änderungen verringert, kann die Zahl der Ingenieurstunden ebenfalls gesenkt werden. Die Auswirkungen auf die gesamte Produktqualität sind jedoch ungeklärt. Eine intensive Zusammenarbeit Konstruktion – Fertigung sollte zu einer besseren Konformitätsqualität und zu weniger Produktmängeln führen. Die Auswirkungen der Integration auf die Entwurfsqualität können unterschiedlich sein. Falls miteinander verknüpfte Problemlösungszyklen zu einem besseren Verständnis der technischen Beschränkungen und Möglichkeiten führen, kann dadurch auch die Entwurfsqualität verbessert werden. Integration kann aber auch zu Kompromissen führen, d. h., daß innovative Entwürfe zugunsten einer besseren Herstellbarkeit geopfert werden. Im Gegensatz dazu kann ein kostspieligerer (und langsamerer) sequentieller Prozeß durchaus einen attraktiven Entwurf hervorbringen. Wie diese Strömungen auszubalancieren sind, muß die Praxis lehren.

Eine integrierte Problemlösungs-Prozedur kann somit Vorteile quer durch alle drei Leistungsdimensionen erbringen. Miteinander verbundene Problemlösungszyklen mit einer wirksamen Kommunikation erlauben nicht nur parallele Operationen, d. h. Verkürzung der Durchlaufzeit, sondern auch eine Verringerung der Fehler und Verluste. Erhöhung der Fehler bedeutet zusätzliche Ingenieurzeit und Gefährdung der Produktzuverlässigkeit. Um Fehler und Verluste ohne Qualitätseinbußen der Entwürfe zu vermeiden, benötigt man marktorientierte Fertigungsingenieure und fertigungsorientierte Konstrukteure. Falls die Durchlaufzeit bezüglich des Wettbewerbs kritisch ist, handelt es sich um einen turbulenten Käufermarkt. Hier kann die integrierte Problemlösung Abhilfe schaffen.

Integration in der Praxis:
Preßwerkzeug-Entwicklung in Japan und den USA

Die integrierte Problemlösung verlangt parallele Aktivitäten und häufige und intensive bilaterale Kommunikation. Um effektiv zu sein, erfordert eine Integration ein gemeinsames Verständnis und ein gemeinsames Verantwortungsbewußtsein der vor- und nachgelagerten Ingenieurgruppen sowie deren Fertigkeit und Fähigkeit, aus einem intensiven, frühzeitigen Gedankenaustausch Kapital zu schlagen. Eine erfolgreiche Tätigkeit beruht auf Integration auf der ausführenden Ebene. Bis hierher haben wir eine breite Palette von Problemlösungen nach Grad der Überlappung und Intensität der Kommunikation aufgezeigt. Zur Vertiefung unseres Verständnisses von der Rolle spezieller Beziehungen und Fähigkeiten wollen wir die Integration auf der ausführenden Ebene in der Praxis näher betrachten. Wir untersuchen, wie eine für die Entwicklung eines neuen Autos äußerst wichtige Schnittstelle funktioniert, nämlich die Schnittstelle zwischen Entwurf und Entwicklung von Preßwerkzeugen für Karosseriebleche.[2]

Abb. 8.7: Der Entwicklungsprozeß bei einem typischen japanischen Preßwerkzeughersteller

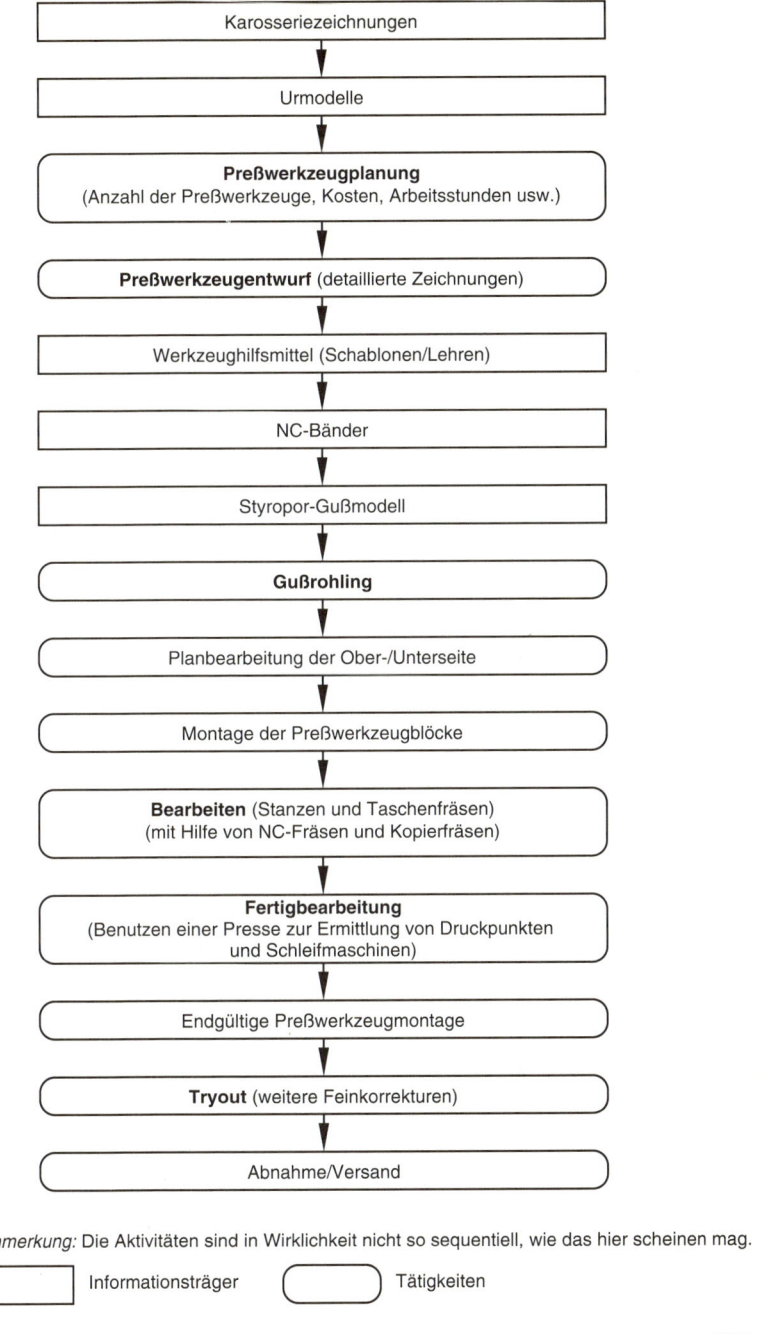

Karosseriezeichnungen

↓

Urmodelle

↓

Preßwerkzeugplanung
(Anzahl der Preßwerkzeuge, Kosten, Arbeitsstunden usw.)

↓

Preßwerkzeugentwurf (detaillierte Zeichnungen)

↓

Werkzeughilfsmittel (Schablonen/Lehren)

↓

NC-Bänder

↓

Styropor-Gußmodell

↓

Gußrohling

↓

Planbearbeitung der Ober-/Unterseite

↓

Montage der Preßwerkzeugblöcke

↓

Bearbeiten (Stanzen und Taschenfräsen)
(mit Hilfe von NC-Fräsen und Kopierfräsen)

↓

Fertigbearbeitung
(Benutzen einer Presse zur Ermittlung von Druckpunkten
und Schleifmaschinen)

↓

Endgültige Preßwerkzeugmontage

↓

Tryout (weitere Feinkorrekturen)

↓

Abnahme/Versand

Anmerkung: Die Aktivitäten sind in Wirklichkeit nicht so sequentiell, wie das hier scheinen mag.

☐ Informationsträger   ⬭ Tätigkeiten

223

Die Entwicklung von Karosserieblechen, beginnend mit einem Tonmodell und konventionellen Zeichnungen bis hin zu Preßwerkzeugen aus Stahl, besteht aus einer komplexen Sequenz von informationsverarbeitenden Prozessen. Sie ist ein wesentlicher Bestandteil der Fertigungsvorbereitung. In Abb. 8.7 sind die von einem typischen japanischen Werkzeugmacher ausgeführten Arbeitsschritte skizziert. Da sich die Werkzeugentwicklung auf dem kritischen Weg des Produkt-Entwicklungsprozesses befindet, bedeutet eine Verkürzung dieses Schrittes eine Verkürzung der Gesamt-Entwicklungszeit. Darüber hinaus haben unsere Feldstudien ergeben, daß eine effektive Verkürzung der Durchlaufzeit für die Entwicklung der Preßwerkzeuge von einer Überlappung der Ingenieurtätigkeiten im Werkzeug- und Karosseriebau und einem sorgfältigen Management des Informationsflusses zwischen den beiden Aktivitäten abhängt. Das heißt: Werkzeug- in Verbindung mit der Karosserie-Entwicklung beinhaltet alle wesentlichen Gesichtspunkte, die mit dem Management der Schnittstelle Konstruktion/Fertigung und den integrierenden Engineering-Problemlösungszyklen zusammenhängen. Aus diesem Grund behandeln wir den Entwurf und die Entwicklung von Preßwerkzeugen als eine Welt im kleinen, ein manövrierbares, kompaktes Bündel von Aktivitäten, die typisch sind für die Art, wie Entwicklung insgesamt betrieben wird. Wir untersuchten sehr sorgfältig, wie Preßwerkzeuge in den einzelnen Unternehmen unserer Studie entworfen werden. Unser besonderes Interesse galt den Mustern der Überlappung und der Kommunikation sowie eventuell kritischen Beziehungen und Fertigkeiten. Um die Ergebnisse der Mikro-Studie zu bestätigen, prüften wir, ob eine außerordentlich erfolgreiche Entwicklung der Preßwerkzeuge mit einer außergewöhnlichen Entwicklung insgesamt korrespondiert.

Unsere Untersuchung des zeitlichen Ablaufs und des Informationsflusses bei der Entwicklung der Preßwerkzeuge und in der Karosserie-Entwicklung kombiniert statistische Berechnungen und sehr sorgfältige Interviews. Da die Projekt-Abläufe in Japan und den USA stark voneinander abweichen (die europäischen und die US-Abläufe ähneln einander), haben wir uns auf diese beiden Regionen konzentriert. In Abb. 8.8 und 8.9 sind die Ingenieuraktivitäten bei der Entwicklung von Preßwerkzeugen für ein großes und komplexes Karosserieblech (z. B. einen hinteren Kotflügel oder eine Tür) zusammengefaßt. Die Bilder sind vereinfacht. Von den Entwicklungsterminen, den Prototyp- und Preßwerkzeug-durchlaufzeiten, den Tätigkeitsreihenfolgen, der Kommunikation und den Verhaltensmustern wurden hypothetische Zeit-Schaubilder erstellt.

Die grundsätzlichen Merkmale eines in Abb. 8.8 dargestellten typischen japanischen Prozesses lassen sich folgendermaßen zusammenfassen:

Abb. 8.8: Zeitlicher Ablauf einer Preßwerkzeug-Entwicklung: Ein typisch japanischer Fall

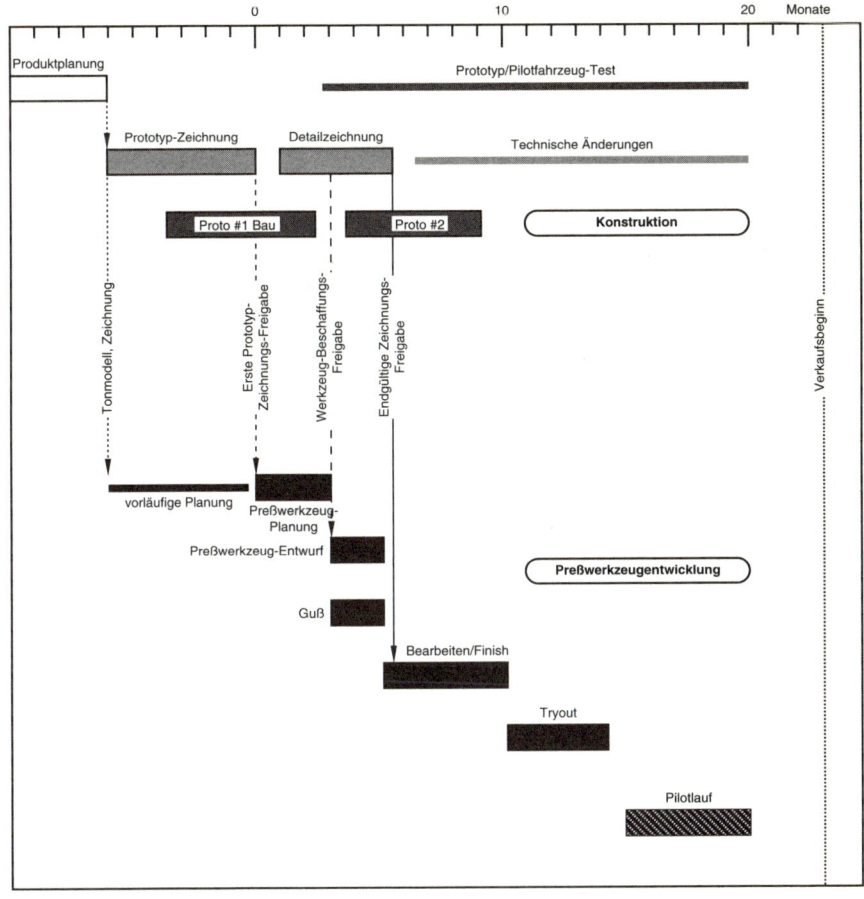

Quelle: Basierend auf Fragebögen (12 Projekte), Interviews (verschiedene Unternehmen) und anderen Daten.

Anmerkungen: Es wurden zwei Serien einer Prototyp-Fertigung angenommen.
Rückkopplungsinformationen wurden der Übersichtlichkeit halber weggelassen.
Die Zeit wurde von der Freigabe der ersten Prototypzeichnung an gerechnet.

1. Der Prozeß insgesamt ist in Japan wesentlich kürzer als in den USA, teilweise wegen der Fertigungsgegebenheiten (z. B. kürzere Preßwerkzeugherstellung und Prototyp-Durchlaufzeit, wie in Kap. 7. ausgeführt). Ursache dafür ist die teilweise beträchtliche Überlappung zwischen der Konstruktion und der Entwicklung der Preßwerkzeuge.

2. Sobald die Konstrukteure ein gewisses Stadium erreicht haben, erhal-

225

ten die Werkzeug-Ingenieure erste Informationen über den Karosse-rieentwurf. Letztere geben schrittweise die eingeplanten Mittel frei.

3. Nach Freigabe der »Erst«-Informationen am Beginn der Karosserie-Entwicklung – diese beinhalten Tonmodelle, Konstruktionszeichnun-gen und digitalisierte Styling-Daten – beginnen die Werkzeugkon-strukteure mit einer ersten Preßwerkzeugplanung.

4. Sobald die ersten Prototyp-Zeichnungen freigegeben werden, beginnt die Werkzeugplanung in großem Stil. Sie beinhaltet die Prozeß-schritte, die Aufteilung der Bleche, die Zahl der Stufen pro Blech und eine Abschätzung der Preßwerkzeug-Kosten und des Ressourcenbe-darfs.

5. Der nächste Meilenstein ist die Zeichnungsfreigabe für die Werkzeug-bestellung. Dies geschieht getrennt von bzw. vor der Freigabe der endgültigen Fertigungszeichnung. Die Freigabe der Werkzeugbestel-lung löst normalerweise den Preßwerkzeug- und den Gußteil-Detail-entwurf aus. Dies ist der Beginn der endgültigen Zuordnung der Ressourcen zur Produktion. In einigen Unternehmen beginnt der Entwurf der Preßwerkzeuge sogar vor der Fertigstellung des ersten Prototyps.

6. Die endgültige Freigabe erfolgt, bevor die letzte Serie von Prototypen fertig ist. Die Werkstatt fertigt die Preßwerkzeuge mit Hilfe von Fräsmaschinen zum Zeitpunkt oder gelegentlich sogar vor der endgül-tigen Freigabe. Die Preßwerkzeug-Herstellung ist insofern riskant, weil eine spätere Karosserieänderung zu teurer Nachtarbeit führen kann.

7. Technische Änderungen werden anhand der Erfahrungen mit Proto-typen und der Null-Serie auch nach der endgültigen Produktionsfrei-gabe durchgeführt.

Lassen Sie uns nun die abweichenden Merkmale eines typischen US-Prozesses (vgl. Abb. 8.9) untersuchen.

1. Der Gesamtprozeß dauert in den USA wesentlich länger als in Japan.

2. Die Planung beginnt zwar mit der Zeichnungsfreigabe des ersten Prototyps, doch werden zu diesem Zeitpunkt nur wenige Ressourcen fest eingeplant.

3. Es gibt neben der endgültigen keine formale Freigabeprozedur für die Werkzeugbestellung.

4. Die detaillierte Entwicklung der Preßwerkzeuge beginnt erst nach der endgültigen Zeichnungsfreigabe.

5. Folglich beginnt die Werkzeugbearbeitung, der kritische Punkt der

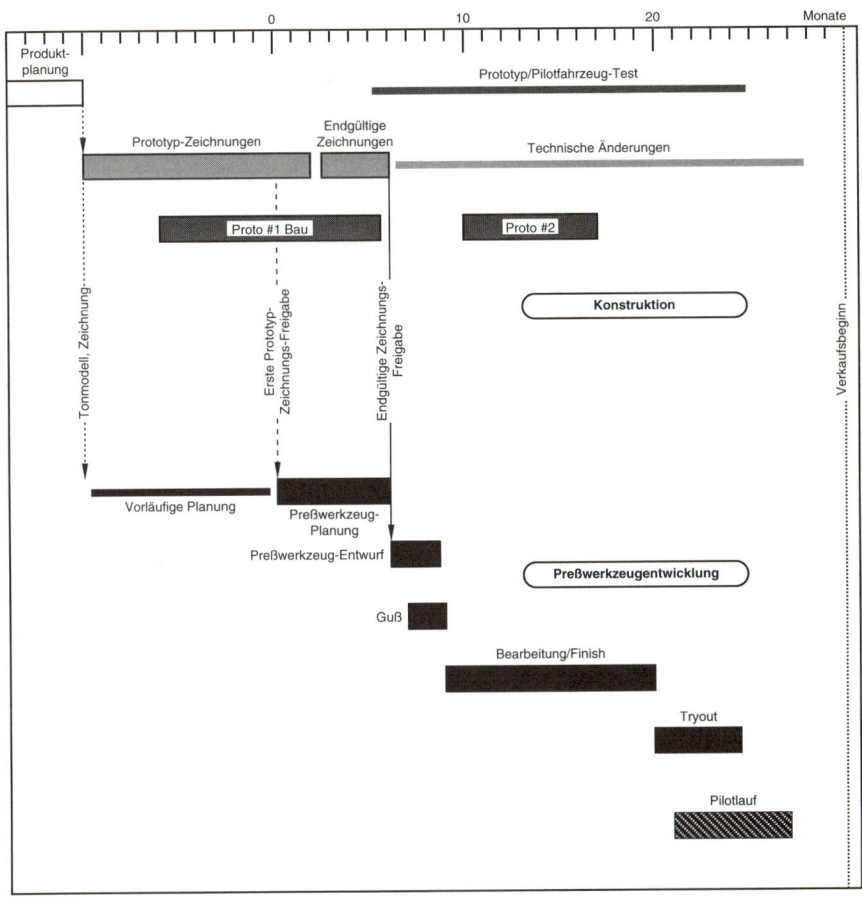

Abb. 8.9: Zeitlicher Ablauf einer Preßwerkzeugentwicklung:
Ein typischer US-Fall

Produktplanung

Prototyp/Pilotfahrzeug-Test

Endgültige Zeichnungen

Prototyp-Zeichnungen

Technische Änderungen

Proto #1 Bau

Proto #2

Konstruktion

Tonmodell, Zeichnung

Erste Prototyp-Zeichnungs-Freigabe

Endgültige Zeichnungs-Freigabe

Verkaufsbeginn

Vorläufige Planung

Preßwerkzeug-Planung

Preßwerkzeug-Entwurf

Preßwerkzeugentwicklung

Guß

Bearbeitung/Finish

Tryout

Pilotlauf

Quelle: Auf der Grundlage von Fragebögen (6 Projekte), Interviews (3 Unternehmen) und anderen Daten.

Anmerkungen: Es wurden zwei Durchläufe bei der Prototypen-Herstellung angenommen.
Feedbackinformationen wurden zugunsten einer vereinfachten graphischen Darstellung weggelassen.
Die Zeit wurde von der ersten Prototypzeichnungsfreigabe an gemessen.

Ressourcen-Zuordnung, wesentlich später als die Zeichnungsfreigabe. Preßwerkzeugentwurf und -Herstellung sind in den USA weniger überlappt als in Japan. Dies trägt zu einer weiteren Verzögerung bei.

6. Längere Durchlaufzeiten für den Bau von Prototypen und die Preßwerkzeug-Herstellung (vgl. Kap. 7) verlängern zusätzlich die Entwicklungszeit.

227

7. Wegen der langen Prototyp- und Werkzeug-Herstellungszyklen erstrecken sich die Versuche bis in die Pilotphase hinein. Dies führt zu einer Überlappung am Prozeßende.

Die Überlappung am Prozeßende trägt keineswegs zu einer verbesserten Entwicklung bei. Dies entspricht einer früheren Feststellung (vgl. Kap. 7). Die Fertigungsvorbereitung ist bei amerikanischen und europäischen Projekten zu kurz. Dies führt zu unvollständigen Werkzeugen in der Pilotphase und technischen Änderungen während der Auslieferung.

Zwei Vorgehensweisen für die Preßwerkzeug-Entwicklung: frühzeitig versus später

Abb. 8.8 läßt vermuten, daß die Preßwerkzeug-Engineering-Zyklen in japanischen Projekten durch eine schnelle Konstruktion von Prototypen und Werkzeugen und durch eine riskant erscheinende Überlappung von Entwurf, Fertigungsvorbereitung und Preßwerkzeug-Konstruktion verkürzt werden. Der scharfe Kontrast zwischen US- und japanischen Überlappungsmustern zeigt sich in der zeitlichen Abstimmung von Entwurf und Bearbeitung der Werkzeuge, also wesentlichen Meilensteinen bei der Betriebsmittel-Zuordnung. Japanische Firmen verfolgen eine »Früh-Entwurf, Frühe Bearbeitung«-Strategie; US-Firmen praktizieren hingegen eine andere Philosophie: »Warte mit dem Entwurf, warte mit der Bearbeitung.« Die Bereitschaft der Japaner, die Preßwerkzeug-Konstruktion sehr früh zu beginnen, folgt aus der Tatsache, daß sie bei ihren Projekten Aufträge für die Werkzeugbeschaffung vor der endgültigen Freigabe erteilen.

Die Festlegung von Ressourcen geschieht also zu einem Zeitpunkt, an dem noch umfangreiche Änderungen an der Karosserie vorgenommen werden. Diese Philosophie bedeutet ein hohes Risiko bezüglich Doppelarbeit und Verschrottung. Sogar in japanischen Firmen kommen technische Änderungen nach der endgültigen Zeichnungsfreigabe vor. In der heißen Phase werden Hunderte von Änderungsaufträgen pro Monat erteilt. Der weitverbreitete Glaube, in japanischen Firmen würden Produktentwürfe sehr früh »eingefroren«, ist ein Mythos.

Hinter der Einstellung »Warte mit dem Entwurf, warte mit der Bearbeitung« in amerikanischen Projekten verbirgt sich der Wunsch, eine teure Werkzeug-Überarbeitung und Schrott zu vermeiden. Dies erscheint bei einer wagemutigen Überlappung nach japanischem Vorbild unvermeidlich. Unsere Studie förderte jedoch ganz andere Tatbestände

228

zutage. Trotz der restriktiven Handhabung der Überlappung geben die Amerikaner mehr Geld für technische Änderungen aus als die Japaner. US-Autohersteller berichteten, daß sie infolge technischer Änderungen 30–50% der ursprünglichen Preßwerkzeug-Kosten für die Nacharbeitung ausgeben. In Japan sind es 10–20%.

Diese Ergebnisse belegen: Ein effektives Überlappungs-Management ist weit mehr als eine einfache Überarbeitung des zeitlichen Ablaufs. Entsprechend organisiert, kann überlapptes Arbeiten sogar bei einer großen Zahl von technischen Änderungen die Durchlaufzeit und gleichzeitig die Kosten für technische Änderungen reduzieren. Dies beruht, wie wir immer wieder betont haben, auf den Beziehungen und den Fertigkeiten, die eine intensive Kommunikation quer durch alle Phasen erleichtern.

Eine genaue Betrachtung der außergewöhnlich leistungsfähigen Preßwerkzeug-Entwicklung bestätigt die Bedeutung der Beziehungen und Fertigkeiten. Wie Abb. 8.8 vermuten läßt, beruht ein effektives Management einer überlappten Lösung von Ingenieurproblemen teilweise auf der frühen Freigabe von vorläufigen Informationen von den vorgelagerten Abteilungen und teilweise auf dem ausgiebigen Gebrauch, den die nachgelagerten Abteilungen für einen »fliegenden Start« davon machen. Dieser Prozeß ist keine Papierübung. Preßwerkzeug-Ingenieure und Werkzeugmacher verarbeiten die erhaltenen Informationen und gehen Verpflichtungen ein, bevor die vorgelagerten Arbeiten offiziell beendet sind.

Die Geschichte der Entwicklung eines Gußteils illustriert die Leistungsfähigkeit und Bedeutung von engen Arbeitsbeziehungen in diesem Prozeß. Bei dieser wahren Geschichte wurden lediglich die Namen der Teilnehmer verändert.

Die Aufgabe bestand darin, ein Preßwerkzeug zu entwickeln sowie ein Prototypteil herzustellen. Frank, ein Entwicklungsingenieur, mit dieser Aufgabe konfrontiert, erkannte sofort, daß dies in der zur Verfügung stehenden Zeit nur unter Umgehung des Dienstweges zu schaffen war. Er telefonierte mit Hans, einem lokalen Werkzeugmacher, und bat ihn, seinen Entwurf in der Mittagspause zu begutachten. Hans empfahl einige Änderungen, um das Preßwerkzeug leichter herstellen und das Teil leichter konstruieren zu können. Einige der Berechnungen wurden auf einer Serviette ausgeführt. Hans verabschiedete sich mit diesem »Doktor-Entwurf« und kam nach kurzer Zeit (einem Bruchteil der sonst üblichen) mit dem Preßwerkzeug und mit einem damit hergestellten Musterteil zurück.

Dies war natürlich nicht die erste Zusammenarbeit der beiden. Ihre

Zusammenarbeit beruhte auch nicht auf vornehmer Distanz und perfekten Zeichnungen. Wie wir bei der Diskussion über Zuliefererbeziehungen sahen, sind gegenseitige Verpflichtungen ein wesentlicher Integrationsbestandteil, seien sie firmen- oder abteilungsübergreifend. Integration bedeutet hier Arbeitsbeziehungen »von Angesicht zu Angesicht« zwischen Ingenieuren aus unterschiedlichen Abteilungen und zwischen Preßwerkzeug-Konstrukteuren und den Werkzeugmachern. In japanischen Unternehmen, die für ihre Entwicklung der Preßwerkzeuge berühmt sind, kennen sich die Personen untereinander und wissen, wie sie optimal miteinander arbeiten.

Integration ist jedoch mehr als nur gutes Betriebsklima und »Von-Mann-zu-Mann«-Diskussionen; dazu gehören ebenfalls Fertigkeiten. Der Preßwerkzeugbau in leistungsfähigen Unternehmen entwickelt know-how-Techniken, um technische Änderungen durch Einsatz von Materialzugaben, Auftragsschweißen und Blockaustausch zu minimalen Kosten durchzuführen. Da ist etwas »Kunst« mit im Spiel, z. B. wenn man in Randzonen eines Preßwerkzeugs, das mit einiger Wahrscheinlichkeit noch geändert werden muß, etwas mehr Material stehenläßt. Oder indem man berücksichtigt, daß die Positionen der Bohrungen in einem Türblech häufiger verändert werden als die Türgeometrie und daß entsprechend zunächst das Ziehwerkzeug und später das Stanzwerkzeug gemacht werden. Es ist sehr wichtig, daß in jeder spezifischen Situation die Kosten und die Vorteile einer frühzeitigen Werkzeug-Herstellung sorgfältig einander gegenübergestellt werden.

Eine sofortige Reaktion auf technische Änderungen ist ein anderes wichtiges Faktum für eine wirksame Überlappung. Angenommen, ein Konstrukteur beschließt, die Karosserie durch einen abgeänderten Entwurf zu verstärken. In den leistungsfähigsten Unternehmen reagieren die Konstrukteure schnell. Sie veranlassen umgehend die Werkzeugmacher, die Bearbeitung der Preßwerkzeuge einzustellen. Der Karosseriekonstrukteur geht, ohne eine formale Prozedur einzuhalten, direkt zu dem Werkzeugkonstrukteur, diskutiert mit ihm die Änderungen, prüft unmittelbar die Herstellbarkeit und ändert seine Konstruktion sofort auf der Basis einer gemeinsamen Entscheidung. Kleinere Änderungen werden auf der ausführenden Ebene durchgeführt. Gewöhnlich wird dann die Arbeit an dem ursprünglichen Preßwerkzeug fortgesetzt. Erst jetzt wird die Änderung dokumentiert und zur endgültigen Zustimmung dem Management vorgelegt. Die durch die Änderung entstandenen Kosten werden nachträglich verhandelt. Die Einstellung ist: »Ändere sofort, verhandle später.« Der Prozeß ähnelt einem Fließbandstopp in einer Just-in-time-Umgebung; ein Problem wird erkannt, die Anlage stoppt, eine Entscheidung wird getroffen und sofort umgesetzt, der Betrieb wird sofort wiederaufgenommen.

In Unternehmen, in denen die Werkzeugentwicklung viel kostet und sehr lange dauert, läuft der Prozeß »Technische Änderung« ganz anders ab. Betrachten wir die Umstände, unter denen Änderungen passieren. In einigen extremen Fällen der traditionellen US-Systeme werden Werkzeug- und Preßwerkzeughersteller über Angebote ausgewählt. Dabei werden unternehmensfremde Werkzeugbetriebe wie Lieferanten von Dienstleistungen als Handelsware behandelt. Die Kontakte zu dem Werkzeughersteller werden von der Einkaufsabteilung wahrgenommen. Die Kommunikation erfolgt durch Kontaktpersonen und Zeichnungen. Die Werkzeug- und Karosseriekonstrukteure haben keinerlei Kontakte zu den Technikern, die diese Werkzeuge später herstellen.

Aus der Sicht des Werkzeugmachers sind es Beziehungen zu einer Bürokratie. Der Werkzeugmacher weiß bereits bei Ankunft der Zeichnung, also vor Arbeitsbeginn, daß er demnächst einen Anruf erhält, seine Arbeit an dem Preßwerkzeug wegen einer bevorstehenden Änderung zu stoppen. Da er keinerlei Vorstellung davon hat, wann der Anruf kommt, noch, wann die Änderung vom Management genehmigt und ihm mitgeteilt wird, neigen Werkzeugmacher dazu, einen Puffer »angearbeiteter« Aufträge vor sich herzuschieben.

Dieses Umfeld kreiert folgendes Szenario: Wenn ein Werkzeugmacher Kenntnis von einer bevorstehenden Entwurfsänderung erhält, werden die Arbeiten an dem Preßwerkzeug eingestellt. Trotzdem werden aber später Entscheidungen über die notwendigen Nacharbeiten sehr langsam getroffen. Karosserie-Ingenieure veranlassen technische Änderungsanträge. Diese Dokumente landen auf dem Schreibtisch eines Prüfers oder des Chefingenieurs, wo sie u. U. einige Zeit unbearbeitet liegenbleiben. In Kenntnis davon, daß eine Entscheidung in einer vorgelagerten Abteilung einige Zeit benötigt, schiebt der Werkzeugmacher das unfertige Preßwerkzeug ans Ende der Warteschlange. Wegen der Notwendigkeit eines Puffers ist diese Schlange lang. Dies führt zu einer weiteren Verzögerung, wenn der genehmigte Änderungsantrag schließlich in der Werkstatt eintrifft.

Eine rechnergestützte Abwicklung dieser Änderungsprozedur kann zwar den Prozeß verkürzen; meist werden aber die alten Verfahren lediglich automatisiert. Die Dokumente bewegen sich zwar schneller von Hand zu Hand, doch die Philosophie einer mehrstufigen Genehmigung wird beibehalten. Ferner macht Druck bei technischen Änderungen wenig Sinn, auch wenn das Verfahren rechnergestützt abläuft. Ein beteiligter Einkaufsleiter hat das so ausgedrückt: »Oh, die Zeit ist kein großes Problem. Alles ist im Rechner und wird schnell abgearbeitet. Es dauert nur etwa vierzehn Tage.« Vergleiche mit dem japanischen System belegen jedoch: Vierzehn Tage hier, vierzehn Tage dort addieren sich zu einer beachtlichen Verzögerung. Verlängerte Informationsdurchlaufzeiten und lange Warteschlangen von Halbfabrikaten tragen gemeinsam zu einer Verlängerung des Änderungsprozesses bei.

Eine genauere Untersuchung der Preßwerkzeug-Entwicklung bestärkt den Eindruck, daß für eine Maximierung der Vorteile einer überlappten Arbeitsweise eine intensive abteilungsübergreifende Kommunikation erforderlich ist. Für diese Kommunikation werden Fertigkeiten und Kontakte auf der Mitarbeiterebene benötigt. Die Einführung von Überlappung ohne die notwendigen Änderungen in der Kommunikation, der Organisation und dem Management bewirkt eher eine Qualitätsminderung, führt zu ungeplanten Verzögerungen und senkt die Moral in der Ingenieurorganisation anstelle der geplanten Leistungsverbesserung.

Auswirkung der Preßwerkzeug-Entwicklung auf die Produktentwicklungszeit

In Kapitel 7 sahen wir, daß die Zeit zur Herstellung von Preßwerkzeugen die Entwicklungszeit beeinflußt. Hier untersuchen wir die Beziehung zwischen der Gesamt-Werkzeugfertigstellungszeit und der Gesamtleistung des Entwicklungsprozesses. Unsere statistische Analyse läßt eine signifikante und positive Korrelation zwischen der Gesamtdurchlaufzeit (von der ersten Zeichnungsfreigabe eines Prototyps bis zum Abschluß der Erprobung) und der Entwicklungszeit erwarten. Wir schätzen, daß eine Verkürzung der Durchlaufzeit bei der Preßwerkzeug-Entwicklung um einen Monat die Produktentwicklungszeit um ca. zwanzig Tage ($\frac{2}{3}$ Monat) verkürzt. Dieses Ergebnis entspricht unseren Erwartungen, nämlich, daß die Entwicklung der Preßwerkzeuge im wesentlichen auf dem kritischen Pfad des Entwicklungsprozesses liegt.

Interessanterweise hat eine kürzere Durchlaufzeit keinen Einfluß auf eine Verkürzung der Konzeptentwicklung noch der Produktplanung. (Die Planungszeiten sind eher abhängig von der Produktkomplexität sowie der Zahl der beteiligten Personen bzw. Abteilungen, die einen Konsens über einen potentiellen Entwurf erzielen müssen.) Ungeachtet dessen stimmt unsere Aussage über die Werkzeugdurchlaufzeit mit den früheren Beobachtungen über die Überlappung und das Kommunikationsmuster überein. Sowohl im Mikrokosmos als auch in den Gesamtdaten fanden wir, daß eine integrierte Problemlösung eine wesentliche Voraussetzung fur eine leistungsfähige Produktentwicklung ist.

Bedingungen für eine integrierte Problemlösung

In diesem Kapitel haben wir die integrierte Problemlösung als einen facettenreichen Prozeß charakterisiert, der Phasenüberlappung und intensive phasenübergreifende Kommunikation miteinander verbindet. Wir haben einen Bezugsrahmen entwickelt. Er behandelt als Elemente der integrierten Problemlösung die Bedingungen für eine Produkt/Prozeß-Integration, wie z. B. Simultaneous Engineering, fertigungsgerechte Konstruktion und funktionsübergreifende Konfliktlösung. Wir haben argumentiert, daß eine integrierte Problemlösung sowohl den Engineering-Prozeß beschleunigt als auch die Qualität verbessert. Basierend auf unseren Studien sowie auf dem Mikrokosmos der Preßwerkzeug-Entwicklung konnten wir beweisen, daß die integrierte Problemlösung eine bedeutende Quelle für Vorteile bei der Produktentwicklung darstellt. Da japanische Hersteller jahrzehntelang in bezug auf verkürzte Modellwechselzyklen und Durchlaufzeiten intensivem Konkurrenzdruck ausgesetzt waren, haben sie ihre Engineering-Zyklen stärker integriert als westliche Hersteller.

Eine wirkungsvolle Integration stellt bezüglich der Kommunikation, der Prozesse, der Fertigkeiten und der Kontakte untereinander hohe Anforderungen an die Organisation. Der Engineering-Prozeß muß die Problemlösungszyklen zeitlich miteinander verknüpfen; die Kommunikation hat mit großer Bandbreite und Intensität zu erfolgen; und die funktionsübergreifenden (und unternehmensübergreifenden) Beziehungen müssen einen frühzeitigen Austausch über vorläufige Rahmenbedingungen, Ideen und Ziele ermöglichen. Entscheidend ist die Geschwindigkeit und Effektivität, mit der Probleme gelöst werden. Daher sind Fertigkeiten im Umgang mit Informationen und in der Handhabe von Parallelverarbeitung von entscheidender Bedeutung. Schließlich stehen die Bedingungen für eine wirksame Integration in Bezug zu den Fähigkeiten, Probleme zu lösen, einschließlich der Einstellung der Mitarbeiter, des Systems und der Strukturen, die enge Arbeitsbeziehungen über die traditionellen Grenzen hinweg unterstützen. Wir beenden dieses Kapitel mit einer Zusammenfassung dieser Erfordernisse der vor- und nachgelagerten Aktivitäten sowie ihrer gemeinsamen Interaktionen.

Vorgelagerte Problemlösung

Die Herausforderung für eine Problemlösung in einer vorgelagerten Phase, etwa der Konstruktion, besteht darin, die unmittelbaren Leistungsziele, z. B. die gewünschte Form und die Festigkeit eines Karosseriebleches, so zu erreichen, daß die Arbeiten einer nachgelagerten Phase, z. B. der Fertigung, erleichtert werden. Wir fanden in diesem Zusammenhang drei Fähigkeiten, nämlich »Nachfolger-freundliche« Lösungen, fehlerfreie Entwürfe und schnelle Engineering-Zyklen.

Motto: Vorgelagerte Lösungen müssen »nachgelagert-freundlich« sein. Eine effektive integrierte Problemlösung erfordert z. B. von der (vorgelagerten) Konstruktion, die Arbeit der (nachgelagerten) Funktion zu erleichtern, d. h., Konstrukteure müssen die Bedingungen, unter denen gefertigt wird, von vornherein berücksichtigen. Dadurch kann z. B. die Anzahl unnötiger technischer Änderungen reduziert werden. Konstrukteure müssen sich entsprechende Kenntnisse über die nachgelagerten Gegebenheiten aneignen. Nur so sind sie in der Lage, die Konsequenzen ihrer Lösungen abschätzen zu können. Techniken zur Förderung einer frühzeitigen und kontinuierlichen Kommunikation und des Transfers von Wissen und Erfahrung aus früheren Projekten sind von entscheidender Bedeutung für spätere benutzerfreundliche vorgelagerte Entscheidungen. Dies beinhaltet Dinge wie fertigungsgerechte Konstruktion, Value Engineering, Fehlermöglichkeit und Einfluß-Analyse (FMEA) sowie Taguchi-Methoden.

Dies beinhaltet jedoch mehr, als lediglich das Leben der nachgelagerten Gruppen zu erleichtern. Die Unkenntnis nachgelagerter Beschränkungen behindert eine integrierte Problemlösung. Andererseits kann eine Überbetonung der Fertigungserfordernisse durch die Konstruktion zu nachteiligen Folgen für die Leistung und die Qualität des Entwurfs führen. So kann z. B. eine Überbetonung der »Preßfähigkeit« dazu führen, daß eine elegante Karosserie nicht gebaut wird. Desgleichen kann eine aus Kostengründen vom Management angeordnete Verwendung von Gleichteilen die Produktintegrität beeinträchtigen. Fertigungs-»Freundlichkeit« darf nicht die Konstruktionsentscheidungen dominieren. Die einzelnen Qualitätsaspekte eines Produkts müssen jedoch im Hinblick auf eine optimale Gesamtqualität vorsichtig ausbalanciert werden. Daher müssen Konstrukteure in der Lage sein, Leistung, Entwurfs- und Herstellungsqualität und die Produktkosten sorgfältig gegeneinander abzuwägen.

Die Reduktion wertloser Änderungen. Auf die Möglichkeit, technische Änderungen durch frühzeitige Abstimmung mit den nachgelagerten

Gruppen zu vermeiden, wurde bereits hingewiesen. Fahrlässige Fehler von Konstrukteuren und Technikern können darüber hinaus zu einer weiteren Quelle unnötiger Änderungen werden. Dies schließt Rechenfehler, Widersprüche auf Zeichnungen, z. B. Bemaßungen, fehlende Informationen und die Nichtbeachtung von Zeichnungsstandards, ein. Intern erzeugte Fehler sind reine Verschwendung. Effektive Prüfprozeduren für Entwürfe, Versuche und eine eiserne Disziplin der Ingenieure können Fehler ohne zusätzliche Kosten oder eine Qualitätseinschränkung drastisch reduzieren bzw. eliminieren. Werden Fertigungsingenieure (wie in Japan) funktionsübergreifend als technische Zeichner ausgebildet, können Fehler in Detailzeichnungen schneller und leichter entdeckt werden als dort, wo eine scharfe Trennung zwischen den Disziplinen besteht.

Es ist zwar weder möglich noch wünschenswert, technische Änderungen komplett zu eliminieren, es ist jedoch wichtig, zwischen bedeutungslosen und bedeutsamen, zu einer Produktverbesserung führenden Änderungen zu unterscheiden. Die auf Nachlässigkeit oder fehlenden Absprachen* beruhenden Änderungen müssen eliminiert werden.

Schnelle Engineering-Zyklen. Differenzen zwischen Konstruktion und Fertigung sind bei einem komplexen, für einen anspruchsvollen Kunden entwickelten Produkt unvermeidbar. Ein schneller vorgelagerter Ingenieur-Zyklus trägt zu einer integrierten Problemlösung teilweise dadurch bei, daß die Konstruktion mehr für die Probleme der Fertigung sensibilisiert wird. Schnellere Entwurfs-, Bau- und Testzyklen in den vorgelagerten Gruppen erleichtern kurze Rückkopplungsschleifen und eine schnelle gegenseitige Abstimmung. In dem Maße, in dem vorläufige Ergebnisse von vorgelagerten Stellen früher und häufiger freigegeben werden, können nachgelagerte zu einem früheren Start bewogen werden.

Der Primat der Zeit ist ein zentrales Thema in Entwicklungsgruppen, die durch schnelle Zyklen charakterisiert sind. Das Bestreben, Aufgaben schnell zu erledigen, wird bereits in einem frühen Stadium zu einem Antreiber in der Organisation. Die meisten Produktentwicklungsorganisationen fühlen den Zeitdruck irgendwann im Laufe der Entwicklung. In einer langsamen Organisation ist ein Erstentwurf in zwei anstelle von vier Wochen keine große Angelegenheit. In einer schnellen Organisation sind diese beiden Wochen sehr bedeutsam. Wie wir bei der Diskussion

---

* Bis zu zwei Drittel aller technischen Änderungen fallen in die Kategorie »vermeidbar" durch bessere Kommunikation und Disziplin.

der Prototyp-Durchlaufzeit sahen, hängt die Fähigkeit zur raschen Aufgabenerledigung, sei es beim Bau eines Prototyps, bei den Tests oder bei der Fehlersuche, von den Fertigungsmöglichkeiten und davon ab, daß die Systeme und Einstellungen der Mitarbeiter auf »schnelle Gangart« ausgerichtet sind.

Nachgelagerte Problemlösung

Die Herausforderung für die nachgelagerten Stellen ist ein fliegender Start der Entwicklung, noch bevor die Informationen vollständig vorliegen, und ohne so viele Einschränkungen zu machen, daß das Auto seinen Charakter verliert. Die Fähigkeit, Vorhersagen zu treffen, Risiken zu bewältigen und sich an die unvermeidlichen technischen Änderungen anzupassen, ist für den Erfolg ausschlaggebend.

Vorhersage von vorgelagerten Ergebnissen. Integrierte nachgelagerte Problemlösung bedeutet, daß der Problemlösungszyklus bereits beginnt, bevor das Problem richtig definiert ist. Um ein Ziel (z. B. den Produkt-Entwurf) zu erreichen, das sich, während man es erreichen will, permanent ändert, müssen die Fertigungsingenieure die Fähigkeit besitzen vorherzusehen, was die Konstrukteure wahrscheinlich tun werden.

Zuerst müssen die Fertigungsingenieure Fertigkeiten entwickeln, wie man Hinweise der Konstrukteure aufnimmt und verarbeitet. Diese Hinweise, verbunden mit der Kenntnis von früheren Verhaltensmustern der Konstrukteure, werden die Basis für das Handeln der Fertigungsingenieure. Enge und regelmäßige Kontakte zwischen Konstruktion und Fertigung sind eine wichtige Grundlage, um solche Fertigkeiten zu entwickeln. So ist z. B. bei der Entwicklung von Preßwerkzeugen die Vorhersage des Umfangs der möglichen technischen Änderungen für einen bestimmten Bereich von jedem Werkzeug in jeder Phase der Schlüssel zu einer Entscheidung, wann der Entwurf und wann die NC-Bearbeitung usw. begonnen werden soll. Eine genaue Kenntnis von früheren Integrationsmustern zwischen Karosserie- und Preßwerkzeugingenieuren erlaubt den Konstrukteuren, auf der Basis von unvollständigen vorläufigen Informationen mit ziemlicher Genauigkeit die endgültige Kontur eines vorgegeben Karosserieblechs zu extrapolieren.

Abwägen des zeitlichen Risikos. Ein fliegender Start auf der Grundlage von Mutmaßungen bezüglich der endgültigen Lösung einer vorgelagerten Gruppe birgt immer Risiken in sich. Die nachgelagerten Ingenieure müssen ein Gefühl dafür entwickeln, wie sie die Vorteile eines frühen Starts mit den Risiken einer Änderung in Einklang bringen. Wir erwähnten bereits die Möglichkeit einer Materialzugabe an besonders »änderungsgefährdeten« Stellen. Es wird abgeschätzt, wie groß die mögliche Änderung sein kann. Dazu bedarf es sehr gründlichen Know-Hows. Kühne Überlappungen nachgelagerter Tätigkeiten müssen von sehr sorgfältigen Berechnungen begleitet werden.

Schnelle Anpassung an unerwartete Änderungen. Obwohl Vorhersagen über das vorgelagerte Verhalten wichtig sind, kann man sich nicht voll auf sie verlassen. Unerwartete Änderungen sind beinahe unvermeidlich. Eine nachgelagerte Gruppe muß flexibel und im Erstellen schneller Diagnosen geübt sein und schnelle Abhilfe schaffen können. Wenn der Karosserieentwurf überraschend geändert wird, müssen die Preßwerkzeugkonstrukteure ohne Verzögerung reagieren; die betreffenden Werkzeugentwürfe bzw. Werkzeuge sind zu ändern. Die Fähigkeit für kurze Fertigungszyklen von Werkzeugen und Preßwerkzeugen (vgl. Kap. 7) ist von entscheidender Bedeutung. Kurze Rüstzeiten, kurze Warteschlangen, eine Reduktion der Durchlaufzeit und ein »Begradigen« des Prozeßflusses tragen alle zu einer Verkürzung der nachgelagerten Reaktionszeit auf eine vorgelagerte Änderung bei. Im Fertigungsbereich werden kurzfristige Entscheidungen auf der ausführenden Ebene verlangt.

Auch das »Zeug zum Ingenieur« wird erfordert. Spezielle Fähigkeiten werden zur zügigen Durchführung von Tests, zum schnellen Bau von Werkzeugen benötigt sowie Entscheidungsfreude auf der Arbeitsebene. Wenn jemand jedoch in der Lage ist, eine Situation schnell zu überschauen, eine Lösung zu finden und die geeigneten Tests anzuordnen, so ist dies oft eine reine Frage von Kompetenz. Nachgelagerte Abteilungen mit kurzen Reaktionszeiten haben viele gute Ingenieure. Langsam reagierende (vor- und nachgelagerte) Organisationen beschäftigen häufig Ingenieure, die es gelernt haben, Routineprozeduren und Handbuchspezifikationen zu befolgen. Auch sie können eine Lösung finden, doch steht bei einer integrierten Problemlösung die dafür erforderliche Zeit nicht zur Verfügung.

Einstellungen zum Thema vor-/nachgelagerte Integration

Ein letzter, wenn auch nicht minder wichtiger Faktor für das Gelingen einer funktionsübergreifenden Integration ist die Einstellung aller betrieblichen Mitarbeiter. Da Einstellungen oft nur schwer zu ändern sind, sind entsprechend unserer Studie die informellen Aspekte in einer Ingenieurorganisation eine bedeutende Quelle für langfristige Vorteile einer integrierten Problemlösung.

Mindestens drei Kategorien von Einstellungen sind für Ingenieurgruppen wichtig: Einstellungen gegenüber ihren eigenen Maßnahmen, Einstellungen untereinander und Einstellungen gegenüber den Gruppenzielen. Eine integrierte Problemlösung erfordert Menschen, die auf' frühzeitige Aktionen gedrillt sind. Vorgelagerte Mitarbeiter müssen angehalten werden, vorläufige Informationen freizugeben, sobald sie verfügbar sind. Perfektionismus bzw. Voreingenommenheit unter den Ingenieuren wird dem Geist der integrierten Problemlösung nicht gerecht. Nachgelagerte Mitarbeiter müssen bereit sein, nach bestem Wissen, auf der Basis der Vorhersage, Risiken einzugehen. Sie müssen sich in einer mehrdeutigen Umgebung wohl fühlen. Eine »Abwarten-und-Tee-trinken«-Mentalität mag zwar das Risiko einer möglichen Änderung minimieren, sie ist jedoch ein fundamentales Hindernis für die Einführung der integrierten Problemlösung.

Gegenseitiges Vertrauen und ein gemeinsames Verantwortungsbewußtsein sind weitere wesentliche Voraussetzungen für eine integrierte Problemlösung. Konstrukteure, die sich bereits um die Verringerung überflüssiger Änderungen bemüht haben, müssen der Bereitschaft und der Fähigkeit der Fertigungsingenieure vertrauen, mit den Änderungen, die im Laufe des Entwicklungsprozesses auftauchen, fertig zu werden. Falls zwischen den beiden Ingenieurgruppen kein Vertrauensverhältnis besteht, werden die Konstrukteure keine Vorab-Informationen freigeben.

Gegenseitiges Vertrauen hängt von der gegenseitigen Verpflichtung zum Erfolg des anderen ab. Ingenieure sind ohne derartige Verpflichtungen weniger bereit, persönliche, mit der integrierten Problemlösung verbundene Risiken zu übernehmen. Dazu sind in beiden Ingenieurlagern Mitarbeiter nötig, die bereit sind, sich gegenseitig »in die Karten« schauen zu lassen. Dadurch werden die persönlichen Schwächen, Fehler und allgemeine Grenzen der Fähigkeiten ganz anders sichtbar als bei einer sequentiellen, stapelweisen Arbeitsweise. Frühes Engagement und Austausch unvollständiger Informationen bergen Risiken in sich. Menschen ohne Vertrauen und gegenseitige Verpflichtung könnten sich bemüßigt fühlen, mit den Fingern aufeinander zu zeigen und Vorschläge gegenseitig abzulehnen.

Schließlich basiert eine wirkungsvolle Integration auf einer gemeinsamen Verantwortung für die Ergebnisse der Zusammenarbeit beider Ingenieurlager. Das Ziel von Karosserie-Ingenieuren, die eine integrierte Problemlösung für die Herstellung von Karosserieblechen und der zugehörigen Preßwerkzeuge anstreben, kann nicht nur darin bestehen, fristgerecht »Hochglanzzeichnungen« für die Werkzeugkonstrukteure zu erstellen. Auch ein Karosserieblech-Entwurf, der den Styling-, den Sicherheits- und Kostenzielen entspricht, reicht nicht aus. Karosseriebleche müssen sich durch hohe Qualität und geringe Kosten auszeichnen. Sie müssen gut mit Blechen zusammenpassen, die aus der Pressenlinie in Serienproduktion herauskommen.

Schließlich müssen sie den Kundenerwartungen bezüglich Styling, Oberflächengüte, Kosten und struktureller Integrität entsprechen und zum vorgesehenen Datum für die Markteinführung zur Verfügung stehen.

Diese komplexe Zielsetzung muß von den Werkzeugingenieuren mitgetragen werden. Da jedoch keine der Gruppen die volle Kontrolle über alle Elemente des Produkts und des Prozesses ausübt, müssen sie gemeinsam für ihr gemeinsames Projekt verantwortlich sein. Ingenieure, die sich für eine gemeinsame Sache verantwortlich fühlen, können bei der Lösung von Produkt/Prozeß-Konflikten konstruktiv zusammenarbeiten, um einen sinnvollen Ausgleich zwischen frühzeitiger Markteinführung, Entwurfsqualität und fertigungsgerechter Konstruktion zu erreichen.

Effektive Integration: Kombination von harten Fakten und Intuition

Einstellungen haben schwerwiegende Auswirkungen auf die Integration, aber sie sind nur ein Teil der Geschichte. Wirkungsvolle Integration verlangt Fähigkeiten zur kurzfristigen Problemlösung und zur Voraussicht sowie Methoden zur Eingrenzung von Problemen und Werkzeuge zur Analyse und zur Kommunikation. Voraussetzungen dafür sind eine gemeinsame Sprache und eine gemeinsame Methode. Dies bedeutet im Klartext die Kombination von harten Methoden (analytische Fähigkeiten) mit geeigneten »weichen« Verfahren, wie Intuition, Einstellung und Philosophie.

Das ist leichter gesagt als getan. Nur wenige der von uns untersuchten Organisationen haben diese Elemente erfolgreich kombiniert. Um das zu erreichen, wird eine Führungsmannschaft mit ausgeprägtem Sinn für Richtung und Ausgleich benötigt.

Die meisten Firmen übertreiben in einer Richtung. Sie erschöpfen ihre Zeit und ihre Energie entweder mit der Einführung neuer Werkzeuge oder Programme, ohne die notwendige Beachtung der »weichen« Aspekte, oder sie verbringen ihre Zeit mit Kommunikationstraining außer Haus, ohne an notwendige Werkzeuge und Qualifikationen zu denken. Wie wir in diesem Buch immer wieder betont haben, ist Ausgewogenheit das Gebot der Stunde. Eine ausgewogene Problemlösung zu erreichen ist zwar schwierig, ist aber gleichzeitig eine Chance für einen Wettbewerbsvorteil. Dieser Vorteil, entstanden durch eine Anhäufung von Fertigkeiten und Fähigkeiten und die mühsame Entwicklung von Einstellungen und Praktiken, ist nicht schnell zu kopieren. Firmen, die erfolgreich in die integrierte Problemlösung investieren, werden einen bedeutenden Vorteil haben. Firmen, die das nicht tun, werden feststellen, daß sie etwas zu langsam, weniger responsiv und weniger erfolgreich sind. Integrierte Problemlösung wird zu einem Markenzeichen von prosperierenden Unternehmen in dem neuen industriellen Wettbewerbsumfeld.

Anmerkungen

1 Ein generisches Problemlösungsmodell findet sich z. B. bei Simon (1969).
2 Zur weiteren Diskussion siehe Clark und Fujimoto (1987).

Kapitel 9

Führung und Organisation:
Der Schwergewichts-Produktmanager

Heavy weight

In früheren Jahren, als die Autos noch von einer Handvoll Ingenieuren unter Leitung von Henry Ford, Gottlieb Daimler und Kiichiro Toyoda entwickelt wurden, war die Organisation von Entwicklungsbemühungen noch kein brennendes Thema. Die Ingenieure besaßen Allround-Fähigkeiten und eine umfassende Verantwortung. Der Meinungsaustausch war eng und verlief »von Angesicht zu Angesicht«, und der Chefkonstrukteur lenkte, leitete und implementierte persönlich das Produktkonzept. Was zählte, waren Fertigkeiten, der »Geist der Truppe« und die Führungsqualität des Meisters. Aber es dauerte nicht allzu viele Jahre, bis die Autos komplexer wurden. Damit wurde die Frage der Organisation viel dringlicher.

Als die Probleme zu komplex wurden, um von einigen wenigen gelöst zu werden, und als der zunehmende Wettbewerb ein hohes Maß an Fachwissen verlangte, stieg die Zahl der bei der Produktentwicklung beteiligten Menschen beträchtlich an. Schließlich wurden die Automobilhersteller mit dem klassischen Organisationsdilemma konfrontiert: »Wie setzt man Spezialisten ein und erreicht trotzdem ein integriertes Ergebnis?« Die Form der Frage hat sich seit den zwanziger Jahren geändert, nicht aber ihre Bedeutung. Die Art, wie eine Firma ihre Entwicklung organisiert, und die Art der Führung beeinflussen die Zahl der beteiligten Personen, die Geschwindigkeit der Problemlösung und die Qualität der resultierenden Lösung.

In diesem Kapitel werden wir die Führungsprinzipien und die Organisation der Entwicklung und ihren Einfluß auf die Leistung näher betrachten. Führung und Organisation sind mehr als formale Autorität oder der Eindruck, den ein offizielles Organisationsschaubild vermittelt. Wie wir in Kapitel 5 und 8 gesehen haben, sind die Einstellung der Mitarbeiter, ihre Fertigkeiten und das Beziehungsnetz der informellen Organisation von entscheidender Bedeutung für den Charakter und die Leistung eines Entwicklungsprozesses. Darüber hinaus ist die Führung bei der Produktentwicklung nicht nur eine Frage von Position und Autorität. Sie beinhaltet auch die Praktiken und Verhaltensweisen, die die Konstrukteure, die Ingenieure, die Marketing-Leute sowie die Menschen in der Werkstatt und im Feld beeinflussen.

Unsere Betrachtung von Führung und Organisation umfaßt sowohl formale als auch informelle Dimensionen. Uns interessiert speziell die Frage: Durch welche Aspekte unterscheiden sich die außergewöhnlichen von den durchschnittlichen Firmen? Da alle von uns untersuchten Firmen Autos entwickeln, ähneln sich ihre Organisationsformen weitgehend. Aber die wenigen Unterschiede scheinen sehr bedeutsam zu sein. Wir präsentieren daher nicht eine komplette Analyse der Organisation der Produktentwicklung, sondern mehr eine vertiefte Betrachtung von drei Dimensionen der Entwicklung, die zwischen Unternehmen stark voneinander abweichen. Es sind dies der Grad der Spezialisierung und der internen bzw. externen Integration. (Vergl. Tab. 9.1.)[1] Der Grad der Spezialisierung befaßt sich mit dem klassischen Fall des Experten. Den Grad der Integration unterteilen wir in interne Integration, die sich mit der effektiven Koordination innerhalb des Projektteams befaßt, und externe Integration, die sich mit der Übereinstimmung zwischen Produkt und Kundenerwartung auseinandersetzt.*

Tab. 9.1: Drei Dimensionen der Produktentwicklungsorganisation

Organisatorische Dimensionen	Erwartete Funktionen
Spezialisierung	– Akkumuliert und bewahrt das technische Wissen auf der Ebene von individuellen Komponenten und Aktivitäten – Führt individuelle Aufgaben schnell und effizient durch
Interne Integration	– Erreicht eine hohe Integrität des gesamten Produkts – Erreicht eine kurze Produktentwicklungszeit durch bessere Aufgabenkoordination
Externe Integration	– Erreicht eine hohe externe Integrität des Gesamtprodukts – Bringt das Produktkonzept, den Produktentwurf und die Kundenerwartung in Übereinstimmung

Wir beginnen mit der Darstellung eines Bezugsrahmens, der diese drei Organisationsaspekte definiert und sie mit dem Bezugsrahmen der Infor-

---

* Da die Integration der Zulieferer (vergl. Kapitel 6) mit der internen Produktkonsistenz zusammenhängt, wird sie als Element der internen Integration betrachtet.

242

mationsverarbeitung verbindet, den wir bei unserer Untersuchung benutzt haben. Wir beschreiben dann vier Modelle des Entwicklungsmanagements und der Organisation, die wir in der Autoindustrie festgestellt haben. Diese Modelle umfassen verschiedene Vorgehensweisen bei der Spezialisierung und Integration sowohl in der formalen Struktur als auch in der informellen Organisation und dem Verhalten der an dem Vorhaben beteiligten Menschen. Bei der Bewertung des Einflusses verschiedener Organisationsmodelle auf die Entwicklungsleistung fanden wir heraus, daß alle drei Aspekte – nämlich die Spezialisierung, die interne und die externe Integration – die Durchlaufzeit und die Produktivität beeinflussen und daß die externe Integration besonders stark mit der Gesamtqualität des Produkts zusammenhängt. Wir beenden das Kapitel mit einem kurzen Blick auf die Änderungen in der Führung und in der Organisation in den 80er Jahren und die Auswirkungen, die diese für die Leistung in Zukunft bedeuten.

Organisationsmodelle

Die Entwicklung eines neuen Automobils erstreckt sich auf Tausende von funktionalen Komponenten, Hunderte von komplexen Untersystemen und mehrere Hauptsysteme. Das Produkt muß einen Leistungsstandard besitzen, der noch vor zehn Jahren unerreichbar schien. Überdies muß heute eine höhere Leistung regelmäßig in kürzerer Zeit und mit weniger Ressourcen als früher erbracht werden. Diese Herausforderung gilt nicht exklusiv für die Autoindustrie. Wettbewerbsdruck zwingt zur Suche nach besseren Entwürfen und macht die Organisation bzw. Reorganisation der Produktentwicklung in vielen Industriezweigen zu einem periodisch wiederkehrenden Thema.

Bemühungen, die Entwicklung effektiv zu organisieren, gehen auf die Suche nach der Lösung von zwei fundamentalen Problemen zurück. Das erste besteht darin, wie man Teile und Untersysteme eines Produkts so entwirft, herstellt und testet, daß jedes Element ein hohes Maß an Funktionalität erhält. Bei einem Computer bedeutet dies z. B., daß der Prozessor schnell arbeitet, die Software fehlerlos ist, die Festplatte schnell und exakt schreibt bzw. liest, die Darstellung auf dem Bildschirm scharf ist, der Speicher seine Aufgabe erfüllt und die Tastatur benutzerfreundlich ist. Da die Funktionalität auf der Komponentenebene von Fachwissen und der Tiefe der Erfahrung gesteuert wird, bedarf es eines bestimmten Maßes an Spezialisierung.

Aus der Perspektive der Organisation ist der Grad der Spezialisierung entscheidend dafür, wieweit die Organisation in einzelne Abteilungen und Unterabteilungen bis hin zu Einzelpersonen aufgeteilt ist. Ingenieure können z. B. auf Komponenten oder Subsysteme spezialisiert sein, ferner auf Entwicklungsstufen im Problemlösungszyklus (z. B. funktionaler Entwurf, Konstruktion, Prototypenbau und Tests) oder auf eine Kombination von beiden. Ein sehr einseitiger Spezialist könnte z. B. die Verantwortung für den ersten Entwurf eines kleinen Teiles, etwa der linken Schlußleuchte, haben. Diese Aufgabe könnte ohne eine Änderung der Komponentenzuständigkeit erweitert werden, indem er die Aufgabe erhält, Detailzeichnungen herzustellen, den Prototypenbau zu überwachen und Tests durchzuführen. Alternativ könnte seine Aufgabe auch dadurch erweitert werden, daß er für die gesamte Fahrzeugbeleuchtung, diesmal allerdings nur für den Entwurf, verantwortlich wird.

Der zweite Problemkreis bei der Entwicklungsorganisation bezieht sich auf die Produktintegrität. In unserem Computerbeispiel heißt das: Die Software muß nicht nur laufen, sondern sie muß optimal auf die Hardware abgestimmt sein, damit das Produkt den bezweckten Eindruck vermittelt. Produktintegrität hat somit eine interne (d. h., die Teile sind gut aufeinander abgestimmt und arbeiten gut zusammen) und eine externe Komponente (d. h., die Erfahrung, die ein Kunde mit dem Produkt macht, entspricht seinen Erwartungen). Um Produktintegrität zu erreichen, bedarf es eines Entwicklungsprozesses, der Integrität besitzt, die Aktivitäten müssen zeitlich und sachlich miteinander verzahnt sein.

Die Art der Spezialisierung und der Integration bei der Produktentwicklung hängt von der Technologie, den Erfordernissen des speziellen Marktes sowie der Intensität des Wettbewerbs ab.[2] Betrachten wir ein Produkt mit technisch anspruchsvollen Komponenten und einer sich rasch ändernden Technologie. Dazu benötigt man einen hohen Grad von Fachwissen und Spezialisierung. Gerade die Spezialisierung kann, wie wir gelernt haben, die funktionsübergreifende Kommunikation und Koordination erschweren und die Qualität des Gesamtsystems in Frage stellen.

In dem Maße, in dem ein Produkt mehr leisten soll als nur die Summe der Leistungsdaten der Komponenten oder der technischen Spezifikationen, muß sich die Firma um Integrität und deshalb um Integration bemühen. Die Art der Integration und ihre Bedeutung für die Entwicklung hängen von der Wettbewerbsumgebung ab. Auf stabilen Märkten mit langen Produktzyklen und Kunden, die an fortschrittlichen Komponenten interessiert sind, kann ein Unternehmen auf Funktionalität setzen und die Zeit und Mittel, die notwendig sind, um Produktintegrität zu erreichen, einer Fachbereichsorganisation (z. B.: Abteilungsleiter und Chefingenieure tüfteln Lösungen aus), Verfahrensrichtlinien und den Traditionen, die die Fachbereiche verbinden, sowie Test und Nacharbeit überantworten. In einem weniger stabilen Umfeld mit relativ kurzen Produktzyklen, intensivem Wettbewerb und Kunden, die an einem Produkt als Ganzem interessiert sind, kann die gleiche Firma Integration durch mehr formale und explizite Mechanismen erreichen, wie etwa Koordinierungsausschuß, formale Laisonaufgaben für jede einzelne Funktion, Projektmanager, Matrixstrukturen und funktionsübergreifende Teams.

In der Praxis heißt das: Die Mechanismen zur Erlangung der Produktintegrität beruhen auf der internen Integration. Aus der Literatur über Organisation und aufgrund der Erfahrungen vieler verschiedener Unternehmen haben wir festgestellt, daß Koordinierung das primäre Ziel der meisten Projektmanager, Ausschüsse und Liaison-Gruppen ist. Die meisten versuchen, die Fachbereiche zu einer besseren Zusammenarbeit zu bewegen. Die externe Integration hat bei dem Entwurf von Integrationsmechanismen viel weniger explizite Aufmerksamkeit erfahren. Externe Integration – d. h. die Übereinstimmung von Produkt- und Kundenwunsch – war entweder implizit in den Zielen der traditionellen Integrationsaktivitäten enthalten oder wurde zur Kernaufgabe von funktionalen Gruppen wie Produktplanung oder Produkttest erhoben.

Falls die Kundenerwartungen relativ klar und weitgehend bekannt oder durch die Komponentenfunktionen definiert sind, kann man externe Integrität als Nebenprodukt des Bemühens um Funktionalität und interne Integrität erreichen. Aber in einem Umfeld, in dem sich die Automobilindustrie in den achtziger Jahren befand – in dem Kundenerwartungen vage und vieldeutig sind und sich ändern, die Firmen untereinander technisch gleichgezogen haben und der Wettbewerb sich auf eine »ganzheitliche Produkterfahrung« verlagert hat –, ist die externe Integrität vermutlich ein kritischer Wettbewerbsfaktor und muß explizit als solcher gehandhabt werden. Um zu verstehen, was alles bei der Organisation hiervon betroffen ist, ist es nützlich, sich näher mit der externen Integration zu befassen.

Im Sinne des in Kapitel 2 entwickelten Bezugsrahmens für die Informationsverarbeitung verfolgt die externe Integration eine Übereinstimmung von Produktentwicklung und »Produktkonsum«. Wenn, wie wir glauben, die Produktentwicklung eine Simulation des Verbrauchsprozesses ist, dann hängt die Wettbewerbsfähigkeit eines Produkts davon ab, wie gut der Entwicklungsprozeß den Verbrauchsprozeß vorausempfindet und verinnerlicht. Das Ziel besteht darin, die spätere Benutzung des Produkts so gut wie möglich vorherzusehen. Externe Integration ist somit eine bewußte organisatorische Maßnahme zur Steigerung der externen Integrität des Entwicklungsprozesses durch Abstimmung der Produkt-Philosophie und der Details des Entwurfs mit den Erwartungen der Zielgruppe. Dies beinhaltet die Entwicklung eines charakteristischen Produktkonzepts, das mit den zukünftigen Kundenerwartungen, der Benutzerumgebung und den Lebensstilen der Abnehmer übereinstimmt. Dieses Konzept muß sich in Details und schließlich in dem Produkt selbst niederschlagen.[3] Dazu muß das Produktkonzept in der ganzen Entwicklungs- und Fertigungsorganisation in jeder Stufe des Entwicklungsprozesses verdeutlicht werden.

Externe Integration ist mehr als die Schlagworte »kundennah«, »marktorientiert« oder »kundengetrieben«. Enger Kundenkontakt muß durch einfallsreiche Konstrukteure ergänzt werden, die in der Lage sind, kleinste Hinweise auf latente Kundenbedürfnisse in Visionen zukünftiger Produkte und Märkte zu übersetzen. Wo dies nicht der Fall ist, schaden starke Kunden- und Händlerkontakte (etwa Marktanalysen oder Produktbefragungen) sogar der Konkurrenzfähigkeit des Produkts.[4] Passive Reaktion auf den Markt genügt auch nicht. Externe Integration schließt gegenseitige Anpassung zwischen Produkt und Markt und gegenseitiges Lernen zwischen Herstellern und Kunden ein, d. h., Kundenwünsche können den Produktentwurf und umgekehrt können Produkteigenschaften Kundenwünsche beeinflussen. In gewissem Sinne werden Kunden zu einer weiteren Abteilung in der Organisation, deren Wünsche und Interessen mit einbezogen werden müssen.

Wir haben einige Methoden identifiziert, wie sich externe Integration organisieren läßt. Eine Firma kann die explizite Position eines »externen Integrators« schaffen und Mitarbeiter für diese Aufgabe in jedem Fachbereich (z. B. Testpersonen im Engineering oder Produktplaner im Marketing) aufbauen. Alternativ kann eine Firma alle ihre externen Integratoren einer spezialisierten Einheit, die entweder produktabhängig oder produktunabhängig organisiert werden kann, zuordnen. Ähnlich können die Funktionen »Konzeptentwurf« und »Konzeptrealisierung« einzelnen Gruppen oder geschlossen einer Führungskraft zugeordnet werden. Der Einfluß, die Macht und das Gewicht des externen Integrators und somit der Grad der erreichbaren Integration variieren bei den einzelnen Methoden.

Welche Organisationsform eine Firma für ihre externe Integrität wählt, hängt von der Art der Märkte, der Schwierigkeit, sie zu erreichen, und ihrer Bedeutung für den Wettbewerb ab. Auf stabilen Märkten mit klar definierten Kundenwünschen, die sich an meßbaren Leistungsdaten orientieren, ist eine externe Integration für die Organisation der Entwicklung weniger drängend. Wenn die Kundenwünsche undeutlich und ganzheitlich sind und die Integrität des Gesamtprodukts betonen, dann ist externe Integration besonders wichtig, weil das Entwicklungsprojekt eine starke Führung benötigt, um das Produktkonzept zusammenzuhalten und intensiven Austausch über und Verbreitung von »mehrdeutigen« Kundeninformationen zu betreiben.

Wie eine Firma externe Integrität verfolgt, hängt auch von der relativen Bedeutung und Schwierigkeit ab, Funktionsverhalten und interne Integrität zu erreichen. Diese drei Dimensionen der Organisation hängen eng voneinander ab. Eine Festlegung in einem Aspekt bedingt Erfordernisse und Beschränkungen in den beiden anderen. Außergewöhnliche Leistung hängt nicht nur (und möglicherweise nicht einmal primär) von herausragenden Resultaten in einer Dimension ab. Ausschlaggebend ist vielmehr eine Mischung und Ausgewogenheit zwischen Spezialisierung und den Prozessen für die interne und externe Integration.

Zu besserem Verständnis des Einflusses von Organisation und Management auf die Leistung der Entwicklung in der Weltautoindustrie verhilft ein genauer Blick auf das Gesamtbild – eine Kombination von Struktur und Prozeß, die einer bestimmten Organisationsform ihr besonderes Gepräge gibt.

Vier Arten der Integration

Die vier Arten der Produktentwicklungsorganisation sind in Abb. 9.1 dargestellt. Es sind dies idealisierte Typen, dazu bestimmt, die wesentlichen Merkmale der vielen von uns untersuchten Organisationen zu beschreiben. Obwohl sie sich etwas im Grad der Spezialisierung unterscheiden, liegen die Hauptunterschiede im Grad der internen und externen Integration.

In dem Diagramm repräsentieren die rechteckigen Kästen funktionale Untereinheiten. Die horizontalen Verbindungen beschreiben eine bestimmte Art von Projektkoordination. Jede funktionale Untereinheit (z. B. Abteilung in Entwicklung, Marketing und Fertigung) wird von einem Funktionsmanager geleitet (FM). Ausführende Ingenieure (oder anderes Personal), die an einem bestimmten Projekt arbeiten, werden als schraffierte Kreise in den Funktionseinheiten dargestellt. Verbindungspersonal (L), in Zukunft als Liaison bezeichnet, repräsentiert die funktionalen Einheiten. Ein Produktmanager (PM) für ein bestimmtes Projekt koordiniert die ausführenden Ingenieure, normalerweise von einigen Assistenten unterstützt, entweder direkt oder mit Hilfe der Liaisons. Die gepunkteten Ovale beschreiben Bereiche, in denen der Produktmanager einen starken Einfluß ausübt. Der Einflußbereich kann auf die Entwicklung beschränkt sein oder sich auch auf die Produktion, das Marketing oder gegebenenfalls (durch externe Integration) den Markt selbst erstrecken. Ferner weist eine Überschneidung zwischen dem Markt und dem Einflußbereich des Produktmanagers darauf hin, daß die Produktmanager ebenfalls für die Konzeptfindung (externe Integration) verantwortlich sind und direkten Kundenkontakt pflegen.

In der herkömmlichen *funktionalen* Struktur (vgl. oben links in Abb. 9.1) ist die Entwicklung nach Fachbereichen organisiert, die Ingenieure

Abb. 9.1: Vier Typen der Entwicklungsorganisation

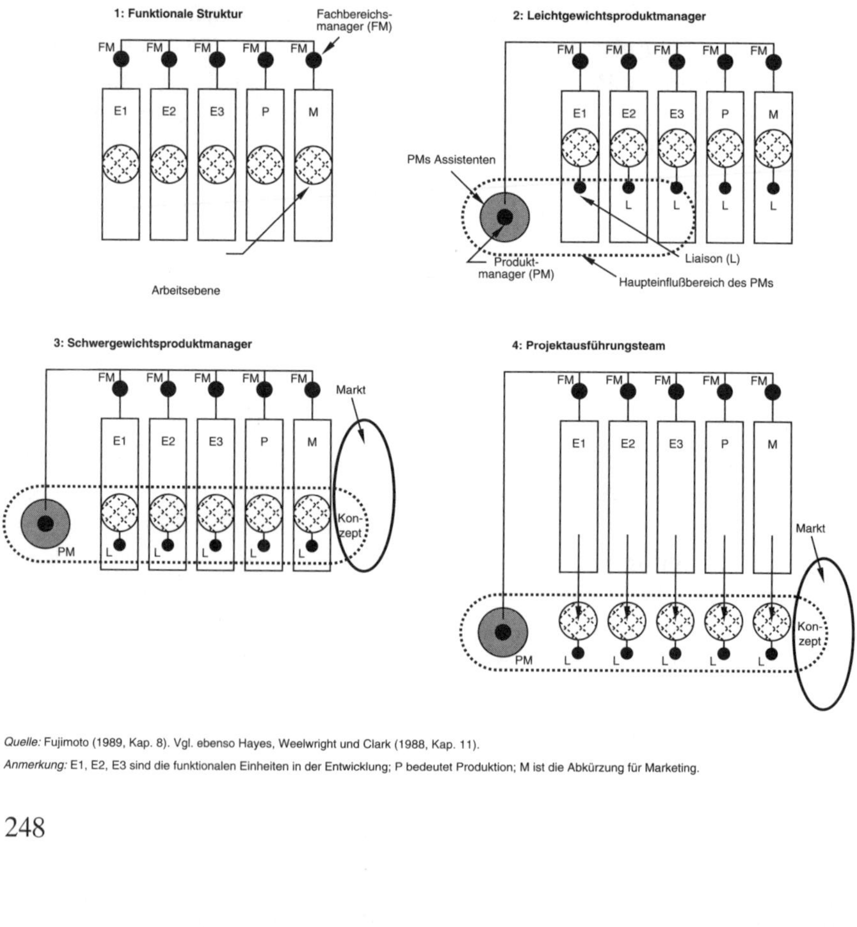

Quelle: Fujimoto (1989, Kap. 8). Vgl. ebenso Hayes, Weelwright und Clark (1988, Kap. 11).

Anmerkung: E1, E2, E3 sind die funktionalen Einheiten in der Entwicklung; P bedeutet Produktion; M ist die Abkürzung für Marketing.

sind relativ spezialisiert. Niemand hat Gesamtverantwortung für das ganze Produkt. Höhere Bereichsleiter (z. B. der Leiter der Karosserieentwicklung) sind für die Zuweisung von Ressourcen und die Arbeitsergebnisse in ihrem Bereich verantwortlich. Die Koordination erfolgt durch Regeln und Verfahren, detaillierte Spezifikationen, gemeinsame Praktiken der Ingenieure, gelegentliche direkte Kontakte und Besprechungen.

Im »Leichtgewichtsproduktmanagersystem« (vgl. oben rechts) bleibt die Organisation grundsätzlich funktional, und der Grad der Spezialisierung ist demjenigen in der funktionalen Struktur vergleichbar. Der Unterschied besteht darin, daß zusätzlich ein Produktmanager eingesetzt ist, der die Entwicklungsaktivitäten durch Liaisons aus jeder Funktion koordiniert. Bei dieser Organisationsform sind die Produktmanager in verschiedener Hinsicht sogenannte »Leichtgewichte«. Sie haben keinen direkten Zugang zu den ausführenden Personen und weniger Status oder Macht als die Bereichsleiter. Sie haben wenig Einfluß außerhalb der Konstruktion und nur begrenzten innerhalb, und sie haben weder direkten Marktkontakt noch Konzeptverantwortung. Ihre Hauptaufgabe ist die Koordination, d. h., Informationen über den Status der Arbeit zu sammeln, den funktionalen Gruppen bei der Konfliktbewältigung zu helfen und zur Erreichung der Gesamtziele des Projekts beizutragen.

Die »Schwergewichtsproduktmanagerstruktur« (vgl. unten links) steht in krassem Gegensatz zu dem Leichtgewichtssystem. Obwohl die Organisation immer noch hauptsächlich funktional gegliedert ist, gibt es nun einen Produktmanager mit größerer Verantwortung und größerem Durchsetzungsvermögen.

Schwergewichts-Produktmanager sind gewöhnlich höher in der Organisation angesiedelt. Oft haben sie den gleichen oder einen höheren Rang als die Leiter der Fachbereiche. Ein Teil ihrer Arbeit wird durch Liaisons erledigt, aber diese Personen sind »schwerer« als in den Leichtgewichtssystemen. Zusätzlich zu ihrer direkten Arbeit mit den Projektmanagern agieren die Liaisons als lokale Projektleiter innerhalb ihrer funktionalen Gruppen. Gegebenenfalls haben die Projektmanager einen direkten Zugriff auf die ausführenden Projektingenieurn, und obwohl sie keine formale Autorität besitzen, üben sie einen starken direkten und indirekten Einfluß aus, der sich auf alle Funktionen und Aktivitäten des Projekts erstreckt. Sie sind nicht nur für die interne Koordination, sondern auch für die Produktplanung und Konzeptentwicklung verantwortlich. Der Schwergewichts-Produktmanager fungiert in Wirklichkeit als Generaldirektor des Produkts.

Obwohl das Schwergewichtssystem innerhalb der funktionalen Organisation arbeitet, kann der Produktmanager das Produktdenken in die Fachbereiche, die sich innerhalb der Funktion produktweise organisieren, hineintragen. Karosserie-Ingenieure können z. B. nach Art der Karosserie gruppiert sein (z. B. Limousinen, Kleinwagen und Nutzfahrzeuge). Die Ingenieure arbeiten nach wie vor in ihren funktionalen Bereichen und manchmal sogar an mehreren Projekten gleichzeitig. Sie sind jedoch stärker produktorientiert als ihre Kollegen in den rein funktional orientierten Leichtgewichtssystemen.

In der »Projektrealisierungsteamstruktur« (vgl. unten rechts) erhält der Produktgedanke einen noch ausgeprägteren Stellenwert. In der Teamorganisation arbeitet ein Schwergewichtsmanager mit einem Team von Personen zusammen, die ausschließlich für dieses Projekt arbeiten. Das ist etwas anderes als ein Team von Liaison-Personen. Die Mitarbeiter der ausführenden Teams arbeiten direkt am Projekt. Sie verlassen ihre funktionale Organisation und berichten direkt an den Produktmanager. Sie sind nicht annähernd so spezialisiert wie ihre Kollegen in der funktionalen Struktur, und sie übernehmen breitere Verantwortung in ihrem Fachgebiet und als Mitglieder des Teams.

Die Fachbereichsleiter behalten die Verantwortung für die Mitarbeiterentwicklung, und lokale Projektleiter managen die Detailarbeiten innerhalb der Fachbereiche. Der Einfluß des Produktmanagers auf die Projektbelange ist größer, wenn die Mitarbeiter nur an einem Projekt zur Zeit arbeiten.

Diese idealisierten Organisationsformen decken ein Spektrum von Vorgehensweisen zur internen und externen Integration ab. Auf der einen Seite haben wir die rein funktionale Organisation mit einem verhältnismäßig geringen Grad an Integration, auf der anderen sehen wir den Schwergewichts-Produktmanager und das Projektrealisierungsteam mit einem hohen Grad an interner und externer Integration.

Fertigkeiten und Verhaltensweisen von Produktmanagern

Große Unterschiede in der Führungsstärke kennzeichnen die unterschiedlichen Vorgehensweisen zur Integration. Das Gewicht des Produktmanagers ist mehr eine Frage von Persönlichkeit und Einfluß als eine von Rang oder Titel. (Bescheidene Mengen von einem davon reichen schon zum Leichtgewicht.) Ein Schwergewichts-Produktmanager besitzt sowohl eine entsprechende Position als auch ein höheres Dienstalter, gepaart mit spezifischen Fertigkeiten und Erfahrungen, die er während seiner Arbeit in einem Organisationsumfeld sammeln konnte, einschließlich Strukturen und Systemen zur Unterstützung einer starken Produktorientierung, der Anleitung von multifunktionalen Teams mit breitgefächerten Fähigkeiten, ausgedehnter bereichsübergreifender Kommunikation und dem Ausüben von Einfluß. Vom Organisationsschaubild her ist der Unterschied zwischen dem Schwergewichts- und dem Leichtgewichts-Manager kaum zu erkennen – beide erscheinen als Produktmanager –, aber sie unterscheiden sich auf der Verhaltensebene.

Wir haben die folgende Liste von Eigenschaften/Aktivitäten außergewöhnlicher Schwergewichts-Manager, denen wir in Spitzenfirmen der Autoindustrie begegnet sind, zusammengestellt:

- Verantwortlich für die Koordination in weiten Bereichen, einschließlich Produktion, Verkauf, Entwicklung
- Verantwortlich für Koordination über die gesamte Projekt-Periode, von der Konzept- bis zur Marktphase
- Verantwortlich für die Konzeptfindung und Durchsetzung, sowie für die bereichsübergreifende Koordination
- Verantwortlich für Spezifikation, Kostenziele, Layout und Auswahl der Komponenten
- Verantwortlich dafür, daß das Produktkonzept genau in die technischen Details des Fahrzeugs übertragen wird
- Kommuniziert häufig entweder direkt oder über Liaisons mit Designern und Ingenieuren der ausführenden Ebene
- Unterhält direkte Kundenkontakte (sein Büro führt eigene Marktuntersuchungen unabhängig von der Marketing-Abteilung durch)
- Beherrscht den Fachjargon in mehreren Disziplinen, um effektiv mit Marketingleuten, Designern, Ingenieuren, Testern, Werksleitern Controllern usw. kommunizieren zu können
- Verfügt über Talente zur Konfliktbewältigung, die weit über die Fähigkeiten eines neutralen Schiedsrichters oder passiven Konfliktmanagers hinausgehen; gegebenenfalls läßt er es auf einen Krach ankommen, wenn die Produkt-Entwürfe vom ursprünglichen Produktkonzept abweichen
- Besitzt eine Vorstellung vom Markt und die Fähigkeit, zukünftige Kundenerwartungen auf der Basis unklarer und widersprüchlicher Hinweise aus dem derzeitigen Markt vorherzusagen
- Besucht häufig die Projektgruppen und vertritt nachdrücklich das Produktkonzept unter Verzicht auf Schreibtischarbeiten und die Durchführung formaler Besprechungen

– Hat meist eine Ingenieurausbildung, besitzt ein weitgefächertes, u. U. sogar sehr genaues Wissen über die gesamte Fahrzeugentwicklung und Fertigungsvorbereitung

Produktmanager in sehr erfolgreichen Unternehmen, die eine hohe Produktintegrität und Markterfolg erzielen, verbinden zwei Rollen: Als interne Integratoren erreichen sie eine effektive, funktionsübergreifende Koordination, und als Konzept-Sponsoren setzen sie ihre Einblicke in Kundenprobleme und Kundenerwartungen in Entwurfsdetails um.

Erfolgskriterien im Produktmanagement

Aufgrund der obigen Zusammenstellung liegt die Vermutung nahe, daß sich Schwergewichts-Manager anders verhalten als herkömmliche Leichtgewichts-Manager. So ist ein Leichtgewichts-Manager mit mehr Verantwortung noch lange kein Schwergewichts-Manager. Wie das nachfolgende Beispiel zeigt, beruht der Unterschied auf sehr spezifischen Vorgehensweisen bei einer Reihe wichtiger Aktivitäten.

Direkte Marktkontakte. Als externe Integratoren pflegen Schwergewichts-Produktmanager direkte und wiederholte Kundenkontakte. Sie ergänzen die von der Marketing-Abteilung stammenden, bereits einmal »verdauten« Daten durch eigene Informationen, die sie direkt von existierenden oder von potentiellen Kunden erhalten haben. Die Aufrechterhaltung direkter Beziehungen zwischen dem Markt und der Konzeptfindung ist insbesondere für die heutigen Massenhersteller von Bedeutung. Eine Analyse historischer Marktdaten allein erbringt noch keine leistungsfähigen Produktkonzepte. Als Konzeptinspirator braucht ein Produktmanager eine Vision und ein aktives, ganzheitliches Weltbild. Unmittelbare Kundenberührung stimuliert die Vorstellungskraft sehr viel stärker als abstrakte Marktdaten.

Die Tatsache, daß japanische Produktmanager unmittelbaren Marktinformationen eine große Bedeutung beimessen, geht aus den folgenden Interviewkommentaren hervor.

Produktmanager besuchen Händler, machen Auslandsreisen, besuchen Autoausstellungen und sehen sich in »Trendsetter«-Stadtteilen in Tokio um. Obwohl systematische Marktdaten von der Marketing-Abteilung kommen, müssen wir sie selbst bestätigen. Sehen ist glauben!

Wir haben kürzlich ein formales Budget für die Abordnung

von Mitarbeitern des Produktmanagers direkt zum Kunden beschlossen.

Es gibt im Bereich des Produktmanagers ein Team, das den Markt mit einer eigenen »Antenne« abtastet. Bessere Produktmanager informieren sich auf dem Markt, erhalten dort Informationen aus erster Hand, leiten davon Produktideen ab und verkaufen diese an Marketingleute und an die Ingenieure. Markterhebungen, Händler- und Benutzerrückkopplungen werden nicht nur vom Marketing durchgeführt und gesammelt, sondern auch durch Produktmanager. Das Marketing ist kurzfristig orientiert, während Produktmanager langfristig orientiert sind.

Direkter Marktzugriff ist weit mehr als Besuche bei Händlern und Kunden. Er beinhaltet die Bewertung und die Projektion von Wünschen zukünftiger Kunden. Dazu beobachtet man am besten den Kunden in seiner natürlichen Umgebung. Ein Konzepturheber kann hinausgehen und die vorbeigehenden Menschen und deren Stil beobachten und ihre Gespräche verfolgen. Er oder sie könnten mit Modedesignern, Haar-Stilisten usw. sprechen. Außerdem sind Kaufhäuser, Einkaufszentren, Parkhäuser, Kunstmuseen, Modezentren und Diskotheken ideale »Beobachtungsplätze«. Die Art, wie er derartige informelle Umfragen durchführt und wo sie stattfinden, charakterisiert den individuellen Konzepturheber.

Mehrsprachige Übersetzer. Effektive Produktmanager müssen »mehrsprachig« sein. Sie müssen die »Sprache« der Kunden, der Marketingleute, der Ingenieure und der Designer perfekt beherrschen. Ein Schwergewichts-Produktmanager, der ein vieldeutiges Produktkonzept firmenintern aufbereiten will, muß es in den eindeutigen Fachjargon der jeweiligen nachgeschalteten Bereiche übersetzen, damit diese es verstehen.

Die Schwergewichts-Produktmanager müssen ebenso in die andere Richtung übersetzen können. Während der Planung und Prototypenentwicklung müssen sie z. B. in der Lage sein, zu beurteilen und weiterzugeben, was technische Festlegungen für das Marketing und schließlich für die Kunden bedeuten. Da die Übersetzung der Sprache des Kunden in die Sprache des Ingenieurs häufig als schwieriger empfunden wird, neigen Unternehmen mit Schwergewichtssystemen dazu, Produktmanager auszuwählen, deren »Muttersprache« Engineering ist.

Direktkontakte mit Ingenieuren. In der Rolle des Produkturhebers und des Verantwortlichen für die Einhaltung der Konzept- und technischen Integrität von Produktentwürfen kann man den Produktmanager mit einem Orchesterdirigenten vergleichen, der eine wohlklingende Musik mit Hilfe eines besonderen Konzepts erzeugt.[5] Als Engineering-Koordinator ist der Produktmanager für die Konsistenz des Produktentwurfs und die Übereinstimmung mit den Konzepten und Plänen verantwortlich. Obgleich sie normalerweise keine formale Autorität bezüglich detaillierter Entwürfe von speziellen Teilen haben, können Produktmanager die wichtigen Details des Produktentwurfs durch funktionsübergreifende Koordination und Konfliktlösung beeinflussen. Da die Produktmanager aufgrund ihrer täglichen Kontakte mit den Fachabteilungen laufend Informationen über kritische Aspekte eines Entwurfs erhalten, sind sie somit in der glücklichen Lage, sowohl die Gesamtintegrität eines Fahrzeugs als auch die Details wichtiger Teile zu überprüfen. Die Kontakte zwischen dem Produktmanager und den ausführenden Ingenieuren sind daher ein entscheidender Aspekt der Konzeptentwurfs-Integrität.

In einem japanischen Unternehmen, das nach dem Schwergewichtsprinzip arbeitet, ist es üblich, daß der Produktmanager direkt mit den ausführenden Ingenieuren über Entwurfsdetails diskutiert. Es handelt sich dabei nicht um Höflichkeitsbesuche oder um Besuche zur moralischen Aufrüstung, sondern der Produktmanager führt mit dem kleinen Konstrukteur Diskussionen über die Substanz seiner Detailkonstruktion. Das gilt natürlich nicht für jedes Detail. Gewöhnlich sind nur die für das Konzept wirklich wichtigen und schwierigen Teile Gegenstand einer Intervention des Produktmanagers. Obwohl es sich hier vom Standpunkt des funktionalen Managers aus eindeutig um eine Einmischung in innere Angelegenheiten handelt, wird sie seit langem akzeptiert. Nur die wichtigsten Entwurfsfragen gelangen zum Gruppenleiter oder schließlich zum Abteilungsleiter.

Produktmanager in Bewegung. Einer der besten Lackmustests für die Effizienz eines Produktmanagers ist der Anteil der Zeit, die der Produktmanager in formalen Meetings oder am Schreibtisch verbringt. Leichtgewichts-Produktmanager sind hauptsächlich Koordinatoren. Sie arbeiten wie hochrangige Buchhalter. Sie verbringen einen großen Teil des Tages mit dem Studium von Memos, dem Abfassen von Berichten und der Teilnahme an Meetings. Schwergewichts-Produktmanager in japanischen Unternehmen legen Wert darauf hin rauszugehen, um Ingenieure, Werkstattmitarbeiter oder Kunden zu sehen.[6]

In einer von uns besuchten japanischen Firma war das Büro des Produktmanagers während des Tages gewöhnlich leer. Die Produktmanager waren mit ihren Assistenten meist unterwegs und hinterließen große Berge von Dokumenten und Zeichnungen auf ihren Schreibtischen.

Der Gedanke hinter einem »Produktmanager in Bewegung« ist die Erkenntnis, daß Produktkonzepte und Produktpläne nicht nur schriftlich vermittelt werden können. Konzeptdokumente sind unvollständige Informationsträger; Gedankenaustausch von Mann zu Mann ist eine wichtige Ergänzung. Eine andere Erkenntnis ist, daß das Produktkonzept sehr schnell aus dem Bewußtsein eines Ingenieurs wieder verschwindet, und daher ist eine ständige Wiederholung und Auffrischung erforderlich.

Der Schwergewichts-Produktmanager ist im wesentlichen ein reisender Prediger. Konzepte und Planungsunterlagen sind seine Bibel. Das Schwergewichtssystem unterstellt, daß große Teile des Inhalts dieser Bibel ohne zusätzliche »Predigt« nicht zugänglich sind.

Der Produktmanager als »Konzepteinpeitscher«. Einstellungen und Verhaltensweisen gegenüber technischen Konflikten spiegeln die Philosophie eines Produktmanagers wider. Der Begriff »Produktmanager als Koordinator« sieht den Produktmanager einfach als Förderer, einen neutralen Dritten, der den Ingenieuren bei der Lösung funktionsübergreifender Konflikte behilflich ist. Diese Rolle wird häufig von Leichtgewichts-Produktmanagern in US- und europäischen Unternehmen gespielt. Ferner kennzeichnet es einen amerikanischen Produktmanager, daß er auf Konflikte reagiert, anstatt vorausschauend zu agieren. Das US-System betrachtet Produktmanager als Schiedsrichter. Deshalb legt es besonderen Wert auf zwischenmenschliche Fähigkeiten.

Eine ganz andere Variante ist der Produktmanagermals »Bewahrer des Konzepts«. In dieser Rolle leisten Produktmanager mehr als ein Koordinator bzw Schiedsrichter. Sie bewahren das Konzept des Produkts vor Verwässerung und bringen es während des gesamten Entstehungsprozesses immer wieder ins Spiel. Derartige Produktmanager betrachten Entwicklungskonflikte als eine zusätzliche Gelegenheit, die Produktkonzepte den Entwicklungsingenieuren zu erläutern. Sie erzeugen gegebenenfalls Konflikte, um das Produktkonzept zu verteidigen oder voranzutreiben.

Für diese Produktmanager hat das Konzept eindeutig Vorrang vor der Koordination. Sie betrachten Koordination und Konfliktlösung als Gelegenheit, die Konzepte in den Produktentwurf einzubringen. In dieser Mission sind also Konzept und Koordination untrennbar miteinander verbunden. Ein früherer »Schwergewichtler« hat das so ausgedrückt: »Produktmanager sind wie Dirigenten. Das Orchester kann, ohne daß jemand einen Taktstock schwingt, Musik machen. Es ist jedoch äußerst schwierig, daß ein so gespieltes Stück gute Musik ergibt.«

Beteiligung der Tester am Konzept. Schwergewichts-Produktmanager und Testingenieure spielen eine Schlüsselrolle in der externen Integration. Da beide zukünftige Kunden in dem Entwicklungsprozeß vertreten, ist ein gemeinsames Verständnis des Konzepts und der Kundenerwartungen spielentscheidend für die Integrität des Produkts. Folglich betätigen sich Produktmanager häufig als Testfahrer und teilen ihre Erfahrungen mit den Testingenieuren. Viele können Fahrzeugfunktionen auf der Teststrecke beurteilen und erscheinen daher in entscheidenden Entwicklungsphasen täglich auf dem Testgelände. Ein Verbindungsmann, verantwortlich für die Fahrgestellkonstruktion, erklärt, wie man den Begriff der gemeinsamen Verantwortung in einem japanischen Unternehmen in die Tat umsetzt:

> »Die Feinabstimmung der Aufhängung wird bei diesem Modell von dem Konzept-Team ausgeführt. Obwohl eine Handlinggruppe und eine Fahrverhaltensgruppe der Testabteilung auch beteiligt sind, wird die Feinabstimmung von dem ganzen Konzept-Team durch Diskussionen über die Produktpositionierung vorgenommen, nachdem eine gewisse Stufe erreicht ist.«

Da die Koordination der Entwicklung naturgemäß eine Möglichkeit für den Gedankenaustausch über die Konzepte mit den Testingenieuren darstellt, verbessert die Vereinigung der Rollen des Konzeptschöpfers und des Engineering-Koordinators in der Person des Schwergewichts-Produktmanagers die Integrität Konzept/Test.

Enge Kontakte und das gegenseitige Vertrauen zwischen den Testingenieuren und den Konzepturhebern zu unterstützen sind notwendige Voraussetzung für das gute Funktionieren des ganzen Entstehungsprozesses. Daher bezeichnete ein Unternehmen den für das Produkt verantwortlichen sogenannten »Testplaner« als »Schatten-Produktmanager«. Hierdurch sollte er als enger Mitarbeiter des Produktmanagers gekennzeichnet werden. Ein Manager einer Testabteilung hat die Kernpunkte wie folgt zusammengefaßt:

> Ein »Auto gleicht einem Kunstwerk. Es spricht mehr das Gefühl als die Vernunft an. Deshalb sind der Grad und die Qualität des Gedankenaustausches zwischen dem Produktmanager und dem Testingenieur die Schlüssel zum Projekterfolg.«

Rekrutierung und Ausbildung von Produktmanagern

Viele Projektteilnehmer geben zu, daß Personen mit Talenten eines effektiven Schwergewichts-Produktmanagers schwer zu finden sind.

Einige Pionier-Unternehmen haben aber bewiesen, daß es nicht unmöglich ist. Produktmanager haben im allgemeinen eine Ingenieurausbildung. Im typischen japanischen Fall kommen die Produktmanager und ihre Assistenten aus Konstruktionsabteilungen, meistens aus dem Bereich Karosserie- oder Fahrgestellkonstruktion; Ingenieure aus dem Bereich Motor- und sonstige Komponentenentwicklung und Fahrzeugtest sind weniger häufig, Produktmanager aus den Bereichen Styling, Marketing oder Produktionsvorbereitung sind selten vertreten.

Die Karriereleiter eines Produktmanagers in einem japanischen Unternehmen ähnelt einer Lehrzeit. Das Büro des Produktmanagers sucht in den Konstruktionsabteilungen nach einem Pool junger Produktmanager als Assistenten, die dann für einen bestimmten Produktmanager arbeiten. Wie beim Lehrling liegt die Betonung auch auf dem »On-the-job-training«. Die Beziehung Manager zu Assistent ist langfristig, (d. h., sie dauert einen Modellentwicklungszyklus lang). Die Assistenten werden normalerweise zu stellvertretenden Produktmanagern befördert, (z. B. Sektionsleiter) und dann zum Produktmanager innerhalb desselben Bereichs, d. h. eben verantwortlich für dasselbe Modell.*

Unsere Interviewergebnisse ließen auch eine Beziehung zwischen Persönlichkeit und Produkttyp vermuten. Einer der von uns befragten japanischen Hersteller betonte eine Übereinstimmung von Fahrzeugcharakter und der Persönlichkeit des Managers. Kämpfernaturen würden öfter zu sportlichen Modellen, die auf einem besonderem Konzept beruhen, abgeordnet, während die Gentlemantypen an Familienlimousinen arbeiten, bei denen mehr der Ausgleich von sich widersprechenden Forderungen im Vordergrund steht. Andere Unternehmen betonen, daß die technischen Fertigkeiten des Managers den Anforderungen der kritischen Leistungsmerkmale des Produkts entsprechen müssen. Ein japanisches Unternehmen ernannte einen Ingenieur mit Styling-Erfahrung zum Produktmanager eines Luxuscoupés, bei dem das Styling im Vordergrund stand. Ein Manager aus der Motorentwicklung wurde zum Produktmanager einer Luxuslimousine ernannt, bei der die Geräuschreduktion besonders wichtig war. Andere japanische Unternehmen wählten Produktmanager, die den Zielkunden entsprachen, z. B. auf der

---

* Ein Fragebogen, an 15 Produktmanager der gegenwärtigen Studie verteilt, ergab, daß die durchschnittliche Dauer der Abordnung eines Produktmanagers zu einem bestimmten Modell ca. 4,5 Jahre dauerte; vier Jahre in Japan (sieben Stichproben), vier Jahre in USA (vier Stichproben) und sechs Jahre in Europa (vier Stichproben). Die Abordnung dauert länger bei Firmen, die das Produktmanagersystem schon früh eingeführt haben.

Basis von Alter und Abstammung. Die Abstimmung auf das Kundenprofil war dann besonders angebracht, wenn die Produktmanager auch die Verantwortung für die Konzeptfindung hatten.

Modelle für Organisation und Führungsprinzipien: Empirische Beweise

Wir fanden heraus, daß die Automobilfirmen das ganze Spektrum von Organisationsformen abdecken, von rein funktionalen Strukturen zu den integrierten, bis zu den multifunktionalen Teams. Um das Ausmaß der Unterschiede in der Stichprobe zu erfassen und den Einfluß der Organisation und der Führung auf die Leistung ermessen zu können, haben wir einen Satz von Meßgrößen für die Spezialisierung und für die interne und externe Integration erarbeitet.[7] Wir betrachten diese Dimensionen zunächst einzeln und anschließend gemeinsam, um dann die Organisationen in das Spektrum vom Funktional- bis zum Schwergewichtssystem einordnen zu können.

Spezialisierung und interne und externe Integration

Unser Maß für die Spezialisierung ist die Zahl der Langzeitteilnehmer in einem Projekt. Der Grad der Spezialisierung auf der Abteilungsebene ist, wie in Kapitel 5 festgestellt, in allen Firmen ähnlich. Unterschiedlich ist der Umfang der Aufgaben für den einzelnen Ingenieur. Ein grober Indikator für die Spezialisierung ist die Zahl der an einem Langzeitprojekt (gegebenenfalls auch nur zeitweilig) teilnehmenden Personen. Insoweit wie die Aufgaben eines einzelnen in der Automobilentwicklung mehr oder weniger spezialisiert sind, ist die Zahl der Langzeitprojektmitarbeiter ein Indiz für die Unterteilung des Projekts in spezialisierte Aufgaben.

Die Stärke des Produktmanagers ist die Basis für unseren Maßstab der internen und externen Integration. Unsere Interviews und Fragebögen ergaben fünfzehn Indikatoren für die Rolle und den Einfluß des Produktmanagers in der Entwicklung. Indikatoren, die mit der Koordination der Entwicklung zu tun haben (z. B. relativer Einfluß in der Fertigung), werden zur Bewertung der internen Integration herangezogen. Indikatoren, die sich auf die Konzeptentwicklung und die Verbindung zum Markt

Abb. 9.2: Spezialisierungsindex und interne und externe Integration nach Region und Strategie

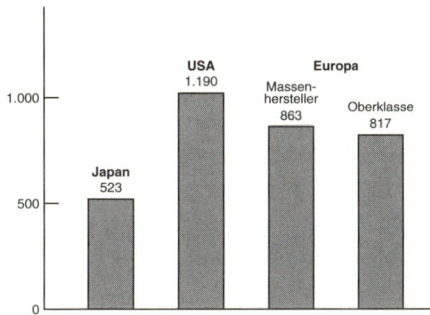

Spezialisierungsindex (Zahl der Langzeitprojekt-Teilnehmer)

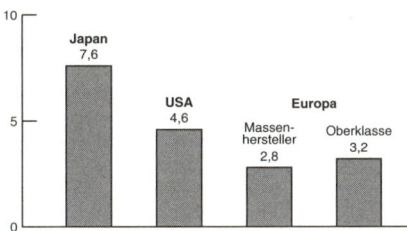

Interner Integrationsindex

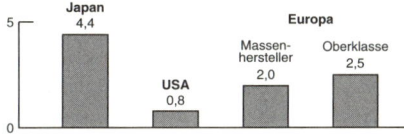

Externer Integrationsindex

Anmerkungen: Im Spezialisierungsindex ist die Anzahl der Teilnehmer korrigiert nach Projektinhalt (Preis, Karosserietypen, Projekt-umfang). Als Standardprojekt ist angenommen: Verkaufspreis 14.032.– US $, 2,3 Karosserietypen, Projektumfang 0,612.

Definition und Berechnung der Indizes der externen und internen Integration, die auf der Organisationsebene berechnet wurden (8 in Japan, 5 in USA und 9 in Europa), sind im Anhang enthalten.

beziehen (z. B. die Rolle des Produktmanagers in der Konzeptentwicklung), werden zur Bewertung der externen Integration herangezogen.*
Die Unterschiede der regionalen Mittelwerte unserer Meßwerte für die Spezialisierung und Integration in Abb. 9.2 sind frappierend. US-Projekte zeichneten sich durch eine hochspezialisierte Ingenieurorgani-

---

* Diese Indikatoren sind im wesentlichen die »idealisierten Profilindizes«, die wir in Kapitel 8 diskutiert haben.

sation mit einem verhältnismäßig hohen Grad von interner Integration aus. Alle von uns untersuchten US-Projekte hatten Projektmanager, die beträchtliche Anstrengungen unternahmen, um eine große Zahl von Ingenieuren mit engbegrenzten Aufgabengebieten zu koordinieren. Es war z. B. nicht unüblich, daß ein Konstrukteur für den Entwurf eines Teils einer Komponente, wie etwa eine Türsperre, verantwortlich war. Um bei diesem hohen Grad der Spezialisierung brauchbare Entwürfe zu erzielen, bedarf es eines hohen Maßes an Integration. Wie die Daten vermuten lassen, ist dies hauptsächlich auf eine interne Koordination hin ausgerichtet. Externe Integration war in US-Projekten extrem gering. Die Produktmanager waren an der Konzeptentwicklung kaum beteiligt und hatten wenig direkten Kundenkontakt.

Produktmanager in europäischen Firmen scheinen etwas kunden-orientierter zu sein, obwohl die Werte in Abb. 9.2 nicht sehr hoch sind. Die interne Integration war ebenfalls niedrig, und die Spezialisierung erreichte annähernd das US-Niveau. Das bedeutet, daß die europäischen Produktmanager weniger Einfluß in funktionalen Organisationen, die relativ stark spezialisierte Ingenieure besitzen, ausüben. Unabhängig davon, ob es sich um Massenhersteller oder Hersteller der Oberklasse handelt, waren Projekte in Europa stärker funktional orientiert als in den USA oder Japan.

Die Daten für japanische Projekte weisen auf eine sehr geringe Spezialisierung und eine sehr viel höhere interne und auch externe Integration hin. Die Aufgabenzuweisungen an japanische Ingenieure sind breiter angelegt, und zwar sowohl bezüglich der Aktivitäten (ein Ingenieur entwirft und testet) als auch im Bereich der Komponenten (ein Ingenieur entwirft nicht nur die Türsperre, sondern den ganzen Türschließmechanismus). Diese Kombination von Spezialisierung und Integration ist charakteristisch. Theoretisch benötigt eine weniger spezialisierte Organisation weniger Koordination und somit auch weniger Integration, um ein bestimmtes Leistungsniveau zu erreichen. Da ihre Koordinierungsprobleme etwas einfacher sind, könnten japanische Produktmanager das US- oder europäische Leistungsniveau mit einem geringeren Integrationsaufwand erreichen. Unsere Daten weisen aber auf einen weit größeren Aufwand hin. Dies müßte zu einem höheren Grad von Konsistenz und Koordination und somit zu einem höheren Leistungsniveau führen.

Organisationsarten

Das besondere Modell der Spezialisierung und der Integration im Entwicklungsprozeß bestimmt die Art der Entwicklungsorganisation. Wir definierten bereits vier idealisierte Typen, von der rein funktionalen, stark spezialisierten Organisation bis hin zum multifunktionalen hochintegrierten Team. Wir benutzen die in Abb. 9.2 aufgeführten Daten, um Organisationen in eines der vier Muster einzuordnen. Dazu sind zwei Anpassungen an die vier idealisierten Typen vorzunehmen. Da nur wenige Organisationen eine reine Teamstruktur besitzen, haben wir erstens Unternehmen mit Teams und solche, die einen Schwergewichts-Produktmanager besaßen, in einer Gruppe zusammengefaßt. Zweitens haben wir die Leichtgewichtskategorie in zwei Gruppen aufgeteilt: in Organisationen, in denen der Produktmanager die Aktivitäten innerhalb der Entwicklung koordiniert, aber mit geringem Einfluß auf das Geschehen hier und in anderen Abteilungen (also ein echtes Leichtgewichtssystem). Sowie in Organisationen, in denen der Einfluß des Produktmanagers eine Position zwischen der des reinen Leichtgewichts und der des reinen Schwergewichts-Projekt-Managers einnimmt (»Mittelgewichts-« und »Leicht-Schwergewichts-Systeme«). Die Ergebnisse sind in Tab. 9.2 dargestellt.

Tab. 9.2: Arten von Entwicklungsorganisationen nach Regionen und Strategien

Strategie / Region	Schwergewichts-Projektmanager	Leicht-Schwergewichts-Projektmanager	Mittelgewichts-Projektmanager	Leichtgewichts-Projektmanager	Funktionale Struktur	Summe
Japan	2	1	3	2	0	8
USA	0	0	1	4	0	5
Europa	0	0	2	5	2	9
Massenhersteller	0	0	1	3	1	5
Oberklassenhersteller	0	0	1	2	1	4
Summe	2	1	6	11	2	22

Anmerkung: Vgl. Fujimoto (1989, Kap. 8).

Die meisten der untersuchten Unternehmen fallen in die Leicht- und Mittelgewichtskategorie. Rein funktionale und echte Schwergewichts-Systeme sind selten. Lediglich zwei europäische Organisationen waren rein funktional ohne Produktmanager. Die Organisationen wurden von den Fachabteilungen koordiniert. Nur zwei japanische Unternehmen besaßen Produktmanager, die wirklich echt »schwergewichtig« waren.

Diese Modelle stimmen mit der Geschichte des Wettbewerbs und den Traditionen von Konstruktion und Design, die wir in Kapitel 3 kennengelernt haben, überein. Der schärfste Kontrast besteht zwischen den europäischen Herstellern der Oberklassen und den japanischen Massenherstellern. Das Gewicht, das die Hersteller der Oberklasse traditionell der Funktionalität zuordnen, kommt auch in der Stärke ihrer funktionalen Organisation zum Ausdruck. Die Stärke des Produktmanager-Systems in japanischen Firmen, speziell in der internen Integration, reflektiert die größere Bedeutung, die einer schnellen Entwicklung und einer fertigungsgerechten Konstruktion auf dem japanischen Binnenmarkt beigemessen wird. Obwohl die US- und europäischen Massenhersteller die Idee des Produktmanagers aufgegriffen haben, bleibt die funktionale Orientierung dominierend; entsprechend können die Produktmanager als »Leichtgewichte« eingestuft werden.

Organisation und Leistung

Um Kunden in den achtziger Jahren anzuziehen und zufriedenzustellen, mußten die Autos hervorragende Paßgenauigkeit und Endverarbeitung besitzen, zuverlässig sein und dem Fahrer das von ihm erwartete Fahrgefühl vermitteln. Mit anderen Worten: sie mußten einen hohen Grad sowohl an Produktintegrität als auch an Funktionalität erreichen. Hohe Leistung bezüglich Beschleunigung, Benzinverbrauch, Fahrkomfort, Geräuschdämpfung, Handhabung, Bremsen und Lenken wurde erwartet. Funktionale Kundenwünsche können nur durch große Fachkenntnisse und ein gewisses Maß an Spezialisierung befriedigt werden.

Kundenzufriedenheit beruht jedoch auf Produktintegrität und auf Funktionalität. Um diesen Ansprüchen gerecht zu werden, bedarf es eines Balanceaktes zwischen Spezialisierung und Integration. In den erfolgreichen Entwicklungsorganisationen der achtziger Jahren überwog jedoch die Integration.

Die regionalen Daten in Abb. 9.3 lassen ein unterschiedliches Muster für die europäischen Hersteller der Oberklasse vermuten. Diese Firmen erreichen eine hohe Gesamtqualität mit einem relativ niedrigen Grad an externer Integration. Diese Daten reflektieren die andersartigen Zwänge, denen die Hersteller der Oberklasse in den 80er Jahren ausge-

Abb. 9.3: Interne und externe Integration und Gesamtproduktqualität

Interner Integrationsindex

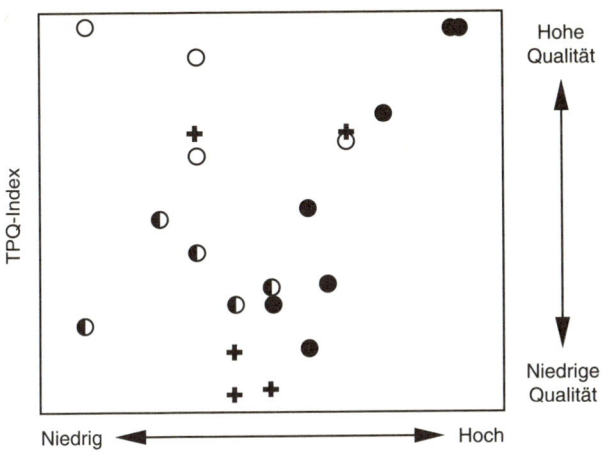

TPQ-Index

Hohe Qualität

Niedrige Qualität

Niedrig ← → Hoch

Externer Integrationsindex

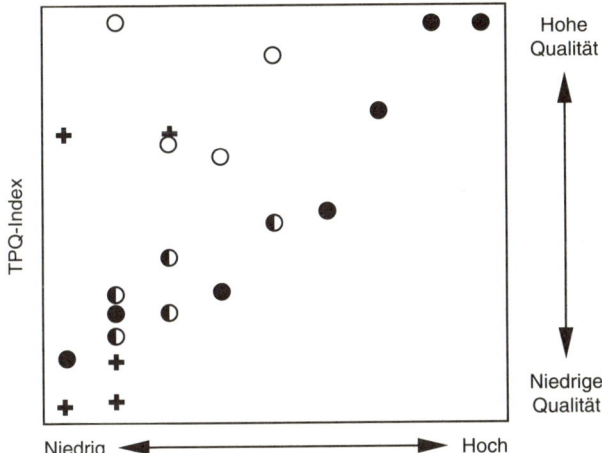

TPQ-Index

Hohe Qualität

Niedrige Qualität

Niedrig ← → Hoch

Anmerkung: Eine japanische Firma wurde aus der gegenwärtigen Betrachtung herausgenommen, da die beobachteten Prozeß- und Organisationsmuster von einem besonderen Projekt stammten, in dem das Unternehmen sein traditionelles Produktentwicklungssystem überarbeitete. Dieses Projekt repräsentierte mithin nicht das Gesamtprofil der Firma.

⬤ Japanische Hersteller   ◯ Europäische Anbieter der Oberklasse

✚ US-Hersteller   ◑ Europäische Massenhersteller

263

setzt waren. Traditionell war die Forderung nach extremer Funktionalität der Schlüssel zum Erfolg dieser Firmen; in puncto Produktvielfalt und Modellwechselhäufigkeit gab es wenig Druck.

Bei relativ stabilen Marktverhältnissen konnten sich die Hersteller der Oberklasse auf ihre stark funktional orientierten Organisationen stützen, die nach traditionellen Methoden der Erbringung höchster Ingenieurleistungen arbeiteten. Es bestand kein Anlaß für einen starken Produktmanager, da eine dominierende Ingenieur- und Entwurfstradition der Arbeit der Spezialisten die notwendige Kohärenz und Konsistenz verlieh.

Firmen, die in der Bewertung schlecht abschnitten, fehlt im allgemeinen Integration. Unternehmen mit starker interner und externer Integration zeichnen sich generell durch außerordentliche Leistungen aus. Die Korrelation ist jedoch nicht eindeutig. Die andersartigen Umstände, unter denen die Hersteller der Oberklasse operierten, haben wir in den vorausgegangenen Kapiteln kennengelernt, aber sogar die Massenanbieter bringen gelegentlich Leichtgewichts-Projektmanager hervor, die sehr solide Ergebnisse in einem Leistungsaspekt (z. B. Spritverbrauch) erzielen. In der Tat sind einige japanische Unternehmen, die das Mittelgewichtssystem anwenden, effizient und schnell.

Firmen, die überragende Ergebnisse in allen drei Dimensionen erzielen, wenden das Schwergewichtssystem an. Ihre Produktmanager sind Architekten und Erbauer, Konzept-Champions und wirkungsvolle Koordinatoren. Sie bemühen sich um Integration, verbunden mit einem relativ geringen Grad an Spezialisierung.

Organisatorische Chancen für eine höhere Leistung

Die Modelle, die wir in diesem Kapitel kennengelernt haben, stellen eine Momentaufnahme dar. Quer durch die Industrie sahen wir relativ starke regionale Prägungen. In Europa waren die Märkte stabiler, und der Wettbewerb konzentrierte sich auf Funktionalität. Dort prosperierten die funktionsstrukturierten Hersteller der Oberklasse. Japanische Massenhersteller auf der anderen Seite des Planeten operierten auf einem Markt, der durch mehr Dynamik und durch einen intensiveren Wettbewerb gekennzeichnet war. Sie haben organisatorische Strukturen und Prozesse entwickelt, die kurze Durchlaufzeiten bewirken und die ein effizientes Engineering fördern. Einige japanische Firmen gingen bei der Integration noch einen Schritt weiter. Sie bezogen ihre Kunden explizit in

264

den Entwurfsprozeß mit ein. Wenn die organisatorische Integration tatsächlich der Schlüssel zu einer schnellen, effizienten und hochqualifizierten Entwicklung ist – und es sich bei diesem Schluß nicht um eine Fehldeutung der Statistik handelt –, sollte sich dies nach einiger Zeit herausstellen, wenn nämlich die Firmen auf Märkte reagieren, die zunehmend dynamisch und wettbewerbsintensiv geworden sind. Zwei Dinge sollten sich herausstellen. Erstens werden wir eine Evolution in Richtung stärkerer Systemintegration erleben, zweitens sollten wir in den einzelnen Unternehmen nach Einführung eines stärkeren Produktmanager-Systems Verbesserungen der Entwicklungsleistung beobachten und eine Hinwendung zum Produktmanagement sehen. Ein »Vorher-Nachher-Vergleich« sollte eine Verbesserung der Durchlaufzeit, der Produktivität und Qualitätsleistung ergeben, sobald die interne und die externe Integration gestärkt sind. Aus der Betrachtung der Änderungen im Laufe der Zeit sollte man einige Einblicke in die Schwierigkeiten erhalten, denen sich Firmen bei einer Hinwendung zu »schwereren« Systemen ausgesetzt sehen.

Die Evolution der Organisation 1976–1987

Abb. 9.4 faßt die Geschichte der organisatorischen Änderungen in den Jahren 1976 bis 1987 in den 22 von uns untersuchten Unternehmen zusammen. Die Ergebnisse stimmen generell mit den von uns vorhergesagten Mustern einer langfristigen Adaption überein. Ein Trend vom rein funktionalen hin zu einer Art Produktmanagersystem war weltweit eindeutig zu erkennen. Bei Unternehmen mit bereits vorhandenen Produktmanagersystemen war ein Trend von »leichten« zu »schweren« Produktmanagern zu beobachten. Die Abbildung läßt auch regionale Zeitverschiebungen erkennen. Die meisten japanischen Unternehmen hatten in den späten 70er Jahren eine Produktmanagerstruktur angenommen. Bis Mitte der 80er Jahre waren nur einige US- und europäische Firmen von Leichtgewichts- zu Mittelgewichtsstrukturen übergegangen.*

Ausgelöst durch einen zunehmenden weltweiten Wettbewerbsdruck könnten die regionalen Zeitunterschiede, die die früher beschriebenen historischen Differenzen des Wettbewerbs auf dem Binnenmarkt widerspiegeln, einen internationalen Transfer von organisatorischen Ideen

---

* Einige der interviewten Firmen deuteten Pläne an, wonach eine Hinwendung zu stärkeren Produktmanagersystemen in den achtziger Jahren beabsichtigt war.

Nr.	1 Strategie	2 Region	Jahr											
			1976	1977	1978	1979	1980	1981	1982	1983	1984	1985	1986	1987
1	M*	JPN												
2	M	JPN												
3	M	JPN												
4	M*	JPN												
5	M	JPN												
6	M	JPN												
7	M	JPN												
8	M	JPN												
9	M	US												
10	M	US												
11	M	US												
12	M	US												
13	M	US												
14	M	EUR												
15	M	EUR												
16	M	EUR												
17	M	EUR												
18	M	EUR												
19	O	EUR												
20	O	EUR												
21	O	EUR												
22	O	EUR												

Anmerkungen: Die Namen der Unternehmen sind nicht genannt.
M = Massenhersteller; O = Oberklasseanbieter; JPN = Japan; US = USA; EUR = Westeuropa
Stern (*) bezeichnet eine Organisation, die einen Schwergewichtsproduktmanager (Stichjahr 1987) einsetzt.
„Engineering Koordination" bedeutet Koordinierung lediglich innerhalb der Entwicklung.
„Gesamt-Koordination" bedeutet eine Koordination von Produktion und Marketing oder eine Verantwortung
für die Engineering-Koordination und Produktplanung.

Produktmanager, zumindest verantwortlich für Gesamtkoordination und Produktplanung.

Der Produktmanager ist für die Gesamtkoordination oder für die Entwicklungskoordinierung und Produktplanung verantwortlich.

Der Produktmanager ist nur für die Koordination der Entwicklung verantwortlich.

Es gibt keinen Produktmanager.

während des Adaptionsprozesses beschleunigt haben. Beim Export ihrer Produkte nach USA und Europa wurden gleichzeitig die japanischen Organisationsideen für effizienten Wettbewerb in einer neuen Umgebung bekannt.

Einige der US- und europäischen Autohersteller haben in den letzten

266

Jahren innerbetriebliche Studien der organisatorischen Strategien ihrer anscheinend effizienteren japanischen Mitbewerber durchgeführt. Dynamische organisatorische Änderungen sind somit teilweise aufgrund des internationalen Lernprozesses zustande gekommen.

Relativ effektive Massenhersteller haben ebenfalls frühzeitig hochintegrierte Strukturen eingeführt. Untersuchungen haben ergeben, daß ein Unternehmen normalerweise viel Zeit benötigt, bis das Management eine hochintegrierte Organisation beherrscht. Ihre längere Erfahrung mit »Versuch und Irrtum« hat diesen frühen Anwendern, auch nachdem andere Unternehmen ähnliche Strukturen übernommen haben, offensichtlich geholfen, ihren organisatorischen Vorsprung beizubehalten.[8]

Der Trend bei den Herstellern der Oberklasse. In Anbetracht eines zunehmenden Konkurrenzdrucks haben sogar die Hersteller der Oberklasse, wenn auch nur halbherzig, Schritte in Richtung Produktmanagersysteme unternommen. Ein erfolgreicher Hersteller der Oberklasse, der in den frühen 80er Jahren versucht hatte, eine stärkere Produktmanagerstruktur einzuführen, landete schließlich doch bei einem Leichtgewichtssystem. Ein anderer erfolgreicher Hersteller der Oberklasse behielt eine rein funktionale Struktur bei.

Hersteller der Oberklasse stehen offensichtlich vor einer schwierigen Wahl bei der Entscheidung über eine Entwicklungsorganisation. Diese Wahl ist von ihrer Einschätzung der zukünftigen Wettbewerbssituation abhängig. Wenn ein Unternehmen meint, es könne seinen Wettbewerbsvorteil durch eine starke Leistungsdifferenzierung und einen treuen Kundenstamm behaupten, kann es sich für die Beibehaltung einer funktionalen oder semifunktionalen Struktur entscheiden. Ein Unternehmen, das gezwungen ist, sowohl auf die Erweiterung des Produktsortiments eines Massenherstellers als auch auf eine Wettbewerbsintensivierung unter bestehenden Herstellern der Oberklassen zu antworten, ist eher geneigt, eine stärkere Produktmanagerstruktur einzuführen.* Bei diesen Herstellern wird man vermutlich in den frühen 90er Jahren strategische Organisationänderungen beobachten können.

Der Effekt eines Schwergewichtsproduktmanagements – Der Fall Nissan. Eines der bemerkenswertesten Beispiele für die organisatorische Errungenschaft einer hohen Integration ist die Firma Nissan. 1985 von vielen japanischen Beobachtern als kränkelnder Gigant angesehen, galt

---

* Genauso wie 1989 einige japanische Unternehmen (z. B. Toyota und Nissan) konkrete Pläne hatten, Modelle der Spitzenklasse einzuführen, die direkt mit den Spitzenmodellen der Hersteller der Oberklassen konkurrieren sollten. Ähnliche Tendenzen konnte man bei einigen europäischen Massenherstellern beobachten.

Nissan 1990 als ein wiedererstarktes Unternehmen. Der Ruf des Unternehmens und der Produkte verbesserte sich schnell, und die »Wiederbelebungsgeschichte« war seit 1988 ein populäres Diskussionsthema in den japanischen Wirtschaftsjournalen.[9]

Was ist das für eine Geschichte? Viele In- und Outsider verweisen auf fundamentale Änderungen der Unternehmenskultur und der Organisation, speziell bei der Produktentwicklung. Nissan, die Nummer zwei unter den japanischen Autoherstellern, wurde auf dem Binnenmarkt eng mit fortschrittlicher Technologie in Verbindung gebracht. Aber diese Technologie-Vorreiterrolle war eine Falle. Nissan verließ sich weiterhin auf seine Komponententechnologie, um Kunden, die zunehmend Produktintegrität wünschten, anzuziehen und zufriedenzustellen.

Obwohl die neuen Nissan-Produkte in den frühen 80er Jahren mit neuartiger Komponententechnologie und mit sehr leistungsfähigem Zubehör ausgestattet waren, fehlte ihnen dennoch der Ruf, »aus einem Guß« und etwas Besonderes zu sein. Laut Katalog waren die Leistungsdaten beeindruckend, aber die Produktkonzepte waren verwirrend, das Styling hausbacken und die Aufmachung altmodisch. Die ganze Produktpalette besaß weder eine einheitliche Identität noch klare Unterscheidungsmerkmale. Die Schwäche der Produktintegrität beeinträchtigte – zusammen mit einem schwächeren Händlernetz, historischen Arbeitsproblemen und einer im Vergleich zu Toyota geringeren Produktivität – Nissans Marktstellung Mitte der 80er Jahre.[10] Die Krise erreichte 1986 ihren Höhepunkt, als die Geschäftsleitung ihren ersten halbjährlichen operativen Verlust seit über dreißig Jahren veröffentlichte. Der Binnenmarktanteil, einst über 30%, lag nahe bei 20% und war weiter fallend.

Die Produktentwicklung spielte eine führende Rolle bei Nissans Bemühungen, eine größere organisatorische Integration zu erreichen; sie begannen Mitte der achtziger Jahre. Nissans Produktmanagersystem war bis in die späten 70er Jahre leichtgewichtig. Nissans Produktmanager waren traditionell Koordinatoren innerhalb der Engineering-Funktion.[11] In den frühen 80er Jahren spielten die Produktmanager eine größere Rolle bei der Planung und der interfunktionalen Koordination, doch blieb die externe Integration (Konzeptfindung) problematisch. Die Produktmanager hatten in dem ganz frühen Stadium der Produktentwicklung – das Konzept befand sich noch in einer embryonalen Phase – keine klare Führungsrolle. Sie reagierten mit Kompromissen auf Verkaufsergebnisse und Anweisungen der Unternehmensleitung, anstatt die Führung bei der Formulierung eines klaren Konzepts zu übernehmen. Ohne echten Kundenkontakt machten sie sich, angetrieben von kurzfristigem Wettbewerbsdruck, zum Anwalt obskurer Fahrzeugkonzepte, wie z. B.

»Allerwelts«-Styling, einer übertriebenen Motorenvielfalt und fehlender Unterscheidungsmerkmale der einzelnen Modelle. Schließlich war bei Nissan, verglichen mit anderen japanischen Unternehmen, der Grad der Koordination und der Kommunikation zwischen den Ingenieurabteilungen und der Fertigung gering; dies verursachte gelegentlich Probleme mit der fertigungsgerechten Konstruktion.

Bemühungen, Nissans Organisation und Unternehmenskultur zu ändern, begannen etwa 1985, als die Ingenieure und Manager nach einem neuen Prozeß in der Produktentwicklung und nach einem neuen Firmenimage suchten. Angespornt durch eine Krisenstimmung, veranlaßten anfängliche informelle Änderungen das mittlere Management und die Ingenieure der ausführenden Ebene zu einer neuen Einstellung gegenüber innovativen Produktkonzepten und zu einer stärkeren Kundenorientierung.

Bestärkt und unterstützt durch den neuen Vorstandsvorsitzenden Yutaka Kume, folgte eine Reihe formaler Änderungen. Manager in der Produktentwicklung bildeten eine Arbeitsgruppe, um die gegenwärtigen Probleme auf der ausführenden Ebene zu untersuchen und Vorschläge zu erarbeiten. Langsam wuchs der Konsens für eine stärker integrierte Entwicklungsorganisation, eine starke Konzeptfindungsfunktion und eine offene und kundenorientierte Unternehmenskultur. Größere organisatorische Änderungen 1986 und 1987 schlossen die Bildung von drei Produktmanager-Abteilungen ein. Jede dieser Abteilungen war auf eine Gruppe von Produkten spezialisiert, die ein gemeinsames Produktgrundkonzept besaßen. Gleichzeitig kombinierten sie die Funktion eines bevollmächtigen Produktmanagers mit der eines Marktplaners. Das neue System etablierte Produktmanager als externe Integratoren, die zukünftige Kundenerwartungen in Produktdetails einfließen ließen. Strukturelle Änderungen wurden von Bestrebungen begleitet, die Einstellung des mittleren und des Topmanagements zu ändern. Ferner wurde der Verkauf reorganisiert, um die Koordination innerhalb der Produktpalette und die Kundenorientierung zu unterstreichen.

Die Marktergebnisse begannen sich zu verbessern. Zuerst änderten sich die Produkte. Nissans Kritiker waren sich darin einig, daß sich die Modelle ab Ende 1987 durch besondere Fahrzeugkonzepte, eine klare Ausrichtung auf den Zielmarkt, ein sauberes Innen/Außenstyling und eine bessere Abstimmung zwischen Technologie und Fahrzeugcharakter auszeichneten. Die Nissanmodelle Cedric, Bluebird, 240 SX, Maxima und 300 ZX versetzten das Unternehmen gegenüber Toyota und Honda im Kampf um die Führung im Fahrzeugkonzept und im Styling in eine starke Wettbewerbsposition auf dem japanischen Binnenmarkt.

Nissan nahm eine ganze Reihe der in diesem Kapitel besprochenen Änderungen vor. Die Firma betonte stärker die interne/externe Integration, einen intensiven Informationsaustausch, den Vorrang der Konzeptfindungsfunktion und eine Konzentration auf die Produktintegrität. Das Ergebnis: eine wesentliche Verbesserung der Exklusivität und der Ausstrahlung der Nissan-Produkte. Beides spielte eine entscheidende Rolle bei Nissans Wiedererstarken und illustriert ganz klar, wie organisatorische Änderungen die Leistung am Markt beeinflussen können.

Die Hürden der Konzeptumsetzung

Die Konzepte und Ideen dieses Kapitels in die Tat umzusetzen ist eine große Herausforderung. Die Organisation der Produktentwicklung hat in vielen Unternehmen eine lange Tradition. Sie ist tief mit der Unternehmensphilosophie verwurzelt. Eine Änderung berührt fundamental die Firma als solche und erfordert somit ein andauerndes Engagement des Topmanagements. Schritte vom funktionalen oder Leichtgewichtssystem zur Schwergewichts-Produktmanagerstruktur sind keine Eintagsfliege, sondern eine Reise, deren Ziel eine ständige Verbesserung ist.

Unternehmen, die während der 80er Jahre eine solche Reise antraten, haben zwei Wege eingeschlagen. Einige führten Elemente eines neuen Systems in einem evolutionären, schrittweisen Verfahren ein, bei dem jeder Schritt nur relativ kleine organisatorische Änderungen mit sich brachte. Ein typisches Muster war der Übergang von einer funktionalen Struktur zu einem sehr leichten Produktmanagersystem, indem lediglich in der Konstruktion die Rolle des Integrators eingeführt wurde. Dann wurden die Verantwortung und der Einfluß des Produktmanagers auf neue Aufgaben wie Produktplanung oder die Produkt/Prozeß-Koordination ausgedehnt. Weitere Schritte beinhalteten eine Rangerhöhung des Produktmanagers, indem man entsprechende Persönlichkeiten einsetzte und jeweils einen Manager nur mit einem Modell betraute anstatt mit mehreren, um seine Aufmerksamkeit und seinen Einfluß auf dieses Modell zu konzentrieren. Der Hauptgrund für diesen Kurs war offensichtlich der Widerstand traditioneller, funktionaler Einheiten, insbesondere in großen Unternehmen mit ihrer starken Tradition des Funktionalismus.

Insbesondere kleinere Firmen haben einen direkteren und schnelleren Weg zum Schwergewichts-Produktmanagement eingeschlagen. Eine kleine japanische Firma vollzog anläßlich der Einführung eines wesentlichen neuen Modells einen direkten Übergang von einer traditionellen, funktionalen Form in ein System mit einem starken Produktmanager. In Übereinstimmung darüber, daß es sich hier um ein äußerst kritisches, die Zukunft der Firma als Ganzes berührendes Projekt handele, wurde eine ungewöhnlich schwere Produktmanager-Organisation als Spezialprojekt gebildet. Dazu wurde ein Vizepräsident mit sehr langer Entwicklungserfahrung ernannt. Die Bereichsleiter Engineering, Produktion und Planung erhielten Liaison-Status und wurden Projektleiter in ihren funktionalen Gruppen. Mit diesen Änderungen setzte das Management klare Signale, daß die Firma mit der traditionellen funktionalen Struktur keine Überlebenschance habe.

Das Projekt wurde ein beachtlicher Markterfolg. Diese Anstrengung wird heute als ein Wendepunkt des Unternehmens, das vorher jahrelang kein effektives Autoentwicklungsprojekt mehr hatte, betrachtet. Im Zuge dieses Projekts errichtete das Unternehmen ein Programmmanagerbüro für weitere reguläre Projekte. In der Tat: Was die Firma anhand des Spezialprojekts gelernt hatte, wurde zum Modellfall für nachfolgende Änderungen in der Produktentwicklungsorganisation.

Der Weg, den ein Unternehmen bei der Änderung der Entwicklungsorganisation einschlägt, und das Tempo mit dem dies geschieht, hängen von dem Wettbewerbsdruck und der Marktposition ab. Erfolgreiche Bemühungen haben einige Themen gemeinsam. Drei scheinen besonders wichtig zu sein.

Eine verbindende Motivation. Genauso wie die Ingenieure eine Vision von dem Gesamtprodukt haben müssen, um die Bemühungen für die Entwicklung eines neuen Autos zu steuern, so benötigen Mitarbeiter, die den Auftrag haben, die Entwicklungsorganisation zu ändern, eine Vision, ein Ziel, das ihre Vorstellungskraft erregt. Diese Bemühungen um eine neue Organisation hatten in den Fällen Erfolg, in denen die oberen Führungskräfte aufgrund des harten Wettbewerbs und des Wunsches nach meßbaren Marktergebnissen zum Handeln gezwungen waren.

Das Bemühen um eine kürzere Entwicklungszeit war während der 80er Jahre eine besondere Antriebskraft. Zeitverkürzung an sich ist noch kein Endziel, aber das Bemühen darum veranlaßt Menschen, Dinge zu tun, die das Gesamtsystem verbessern. In diesem Sinne ist die Durchlaufzeit wie ein Lagerbestand in einem JIT-Fertigungssystem. Ein kleines Halbfabrikatelager ist bereits ein Erfolg. Beseitigt man aber die Ursachen für überdimensionale Lagerbestände an der Wurzel, ergeben sich gewaltige Systemveränderungen mit entsprechendem Nutzen.

Unternehmen, die sich auf die Kürzung der Durchlaufzeit konzentrierten und dabei Erfolg hatten, haben generell Wert auf Änderungen in der internen Integration gelegt. Produktintegrität ist oft der Antrieb, der

271

sie zu höherer Leistung treibt. Dies ist, wie wir bereits früher erwähnt haben, mehr, als lediglich »vom Markt angetrieben« oder kundenorientiert zu sein. Es muß »ein gewisses Etwas« geben, das Produkte inspiriert, die Vorstellungskraft anfeuert und die Kunden überrascht und erfreut. Richtig genutzt, gibt diese Antriebskraft der Verwirklichung eines Schwergewichtssystems Energie und Zielrichtung.

Frisches Blut. Die erfolgreichsten der vielen Bemühungen um Änderung der Produktentwicklungsorganisation, die wir gesehen haben, wurden durch neue Mitarbeiter angeführt. Einige davon kamen von außerhalb, aber die meisten aus dem eigenen Unternehmen. Letztere waren insofern neu, als sie neue Ideen einbrachten. Sie waren möglicherweise in der alten Organisation Einzelgänger. Jedenfalls sehen sie die Welt anders, sie sind nicht mehr einer vom alten Schlag. Ein Unternehmen kann zwar nicht jeden ändern, aber es kann neue Führer heranbilden, und es kann Mitarbeiter bevollmächtigen, die auf die neue Marschrichtung des Unternehmens eingestimmt sind.

Zusätzlich zu der Aufgabe, Menschen zu finden, die das Zeug und die Einstellung zu einem Schwergewichts-Produktmanager und Teamführer haben, setzen erfolgreiche Unternehmen Entwicklungsprogramme auf, um solche Mitarbeiter für die Zukunft zu entwickeln. Aus der Erkenntnis heraus, daß ihre alten Systeme für Karriereentwicklung, Schulung und Förderung nicht ausreichen, um die Talente und Erfahrungen hervorzubringen, die für neue Aufgaben benötigt werden, führen sie – parallel zu der neuen Struktur für die laufenden Projekte – ein Ausbildungssystem oder andere Methoden zur Auswahl und Entwicklung zukünftiger Führungskräfte ein.

Zähigkeit. Der Weg zu einer »schwereren« Produktmanagerstruktur ist ein Entdeckungsprozeß. Betrachten wir z. B. die Aufgabe, eine effektive Teamarbeit in der folgenden Situation durchzuführen. Unternehmen A. führt einen starken Produktmanager und Projekt-Liaisons innerhalb der funktionalen Gruppen ein. Die Projekt-Liaisons bilden eine Kernmannschaft und treffen sich regelmäßig mit dem Produktmanager. Diese Gruppe entwickelt eine Kameraderie und arbeitet gut zusammen. Die Ingenieure der ausführenden Ebene fühlen sich allerdings nicht als Teil des Teams. Eine wahrnehmbare Barriere zwischen dem »Team« und dem »ausführenden Volk« beginnt sich aufzutun. Unternehmen A hat erkannt, daß eine Strukturänderung notwendig, aber nicht ausreichend ist. Um ein wirkliches Team zu bilden, sind weitere Änderungen, insbesondere in der Verhaltensweise des funktionalen Teamführers, notwendig.

Zur Überraschung vieler ist die Reise zum Schwergewichts-Produktmanagement sehr beschwerlich. Die Erfolgreichen sind deswegen erfolgreich, weil sie Stehvermögen haben. Sie geben nicht auf. Die wirklich erfolgreichen Unternehmen erkennen, daß lediglich die Projekte enden, nicht aber die Reise. Die Herausforderung besteht darin, aus Erfahrung zu lernen und sich dauernd zu verbessern. Die wenigsten Unternehmen lernen aus ihren Produkt-Entwicklungsprojekten. In fast jedem Unternehmen tauchten bei jedem neuen Projekt immer wieder dieselben Probleme auf. Am Ende eines Projekts steht man schon unter dem Druck, das nächste zu beginnen. Die wenigen Unternehmen, die an einer kontinuierlichen Verbesserung arbeiten, erreichen bedeutende Vorteile. Ein Umschalten auf eine effektivere Entwicklungsorganisation kann zu einem Ethos der kontinuierlichen Verbesserung führen und, gepaart mit Stehvermögen, zu einem bedeutenden Marktvorteil.

Zusammenfassung und Implikationen

Historische Trends in organisatorischen Änderungen, wie wir sie bei Nissan und anderen Firmen in den 80er Jahren erlebt haben, deuten darauf hin, daß eine starke ProduktManagerstruktur ein bedeutendes Element in leistungsfähigen Produktentwicklungsabteilungen bei den Massenherstellern ist. Es ist anzunehmen, daß sich diese Trends fortsetzen. Unsere weltweiten Interviews mit hochrangigen Managern von Massenherstellern belegten die weitverbreitete Absicht, die Rolle des Produktmanagers zu stärken.* Massenhersteller haben erkannt, daß ein Schwergewichts-Produktmanagersystem, das die Rolle eines starken internen und externen Integrators mit der Absicht, Produktintegrität sicherzustellen, übernimmt, ein sehr wirksames organisatorisches Mittel sein kann, um in einem intensiver werdenden weltweiten Wettbewerb Schritt halten zu können.

Obwohl niemand mehr bezweifelt, daß die Entwicklunsorganisation in Richtung auf ein Schwergewichtssystem geändert werden muß, dürfte der Umfang dieser Kursänderung von der Wettbewerbsfähigkeit des Unternehmens und dem Umfeld des Marktes abhängen. Der japanische

---

* Die meisten zögerten aber, so weit zu gehen wie die »Project-Execution-Team«-Struktur. Ihre Hauptbefürchtung war der Verlust von Fachkenntnissen durch eine endgültige Abordnung spezialisierter Ingenieure auf verschiedene Projekte. Sie bevorzugten generell allgemeinere Produktmanagersysteme, bei denen ein Ingenieur gleichzeitig an mehreren Projekten arbeitete.

Binnenmarkt ist durch kurze Modellzyklen, Schaukelkämpfe um die Vorherrschaft auf Teilmärkten, eine maßlose Produktvielfalt und eine starke Betonung der Produktintegrität gekennzeichnet. Falls die anderen Märkte dem japanischen Binnenmarkt ähnlich werden, werden Firmen ohne eine Schwergewichtsstruktur entscheidende Wettbewerbsnachteile erleiden. Das scheint für den US-Markt zuzutreffen.

Auf dem europäischen Markt kann die Situation anders sein. Falls die europäischen Märkte weiterhin Funktionalität, längere Modellzyklen und starke Kundenloyalität betonen, könnte eine Mittelgewichtsstruktur ausreichen. Der alte funktionale oder Leichtgewichtsansatz wurde durch japanischen Druck und Andeutungen der Globalisierung der Märkte zum Scheitern gebracht.

Obwohl das Schwergewichtssystem bessere Leistungen erbringt, ist sein Vorzug gegenüber einem Mittelgewichtssystem unter Berücksichtigung der europäischen Verhältnisse nicht unbedingt gegeben. Das trifft besonders für die großen europäischen Hersteller zu, bei denen wegen eines großen Beharrungsvermögens eine Änderung der funktionalen Strukturen fast unmöglich ist. Für diese Firmen würde somit ein Übergang zum Mittelgewichtssystem viele Vorteile eines Schwergewichtssystems bringen, ohne die vollen Kosten dafür tragen zu müssen. Wenn jedoch die europäischen Märkte dynamischer werden, wird das Schwergewichtsprinzip, so nehmen wir an, auch hier wesentlich zu einem Markterfolg beitragen.

Offensichtlich werden die Firmen in den 90er Jahren quer durch alle Branchen zum »schwereren« Produktmanagersystem übergehen. Der Weg dahin wird von den dann aktuellen Wettbewerbsbedingungen und den Kundenwünschen abhängen. Effektive Produktentwicklung in den 90er Jahren wird Organisationen mit einem sehr viel höheren Grad an Integration erfordern, als er in der Nachkriegsära üblich war. Es werden Führungspersönlichkeiten mit Vorstellungskraft für Produkte und mit Visionen für Konzepte gebraucht. In dem Maße, wie die 90er Jahre dynamisch und äußerst wettbewerbsintensiv sein werden, wird ein »Team aus einem Guß« mit hochqualifizierten Mitarbeitern das Markenzeichen für eine herausragende Organisation sein. Das Team steht unter der Leitung eines Konzept-Champions und starken Integrators, um ein besonderes Produktkonzept zu verwirklichen, das die Kunden anzieht, zufriedenstellt und sogar erfreut.

Anmerkungen

1. Informationen zu R&D-Organisationen und allgemeinem Management finden sich z. B. bei Marquis (1969), Rothwell et al. (1974), Freeman (1982), Rubenstein et al. (1976), Maidique und Zirger (1984), Allen (1977), von Hippel (1988), Utterback (1974), Van de Ven (1986), Roberts (1988), Kauter (1988), Morton (1971), Imai et al. (1985), Galbraith (1982), Gobeli und Ruelius (1985), McDonough und Leifer (1986), Rosenbloom (1985), Perrow (1967) und Burus und Stalker (1961).

2. Eine allgemeine Diskussion hierzu findet sich bei Lawrence und Lorsch (1967), Thompson (1967), Galbraith (1973) und Davis und Lawrence (1977). Ergebnisse der Koordination und Spezialisierung in R&DOrganisationen finden sich bei Allen und Hauptmann (1987), Katz und Allen (1985), Marquis und Straight (1965), Keller (1986) und Larson und Gobeli (1988).

3. Die Vorstellung von »Infusion« wurde von Dumas und Mintzberg (1989) übernommen.

4. Die Grenzen systematischer Marktforschung und Produktintensivbefragungen werden bei Rosenbloom und Abernathy (1982), Lorenz (1986), Johannson und Nonaka (1987) und Shapiro (1988) diskutiert.

5. Zum Thema »Manager als Führer« siehe Drucker (1954, S. 341–342), Sayles (1964, S. 164) und Mintzberg (1989, S. 20). Für den Fall des Produktmanagers siehe Ikari (1982b).

6. Dieses Verhaltensmuster scheint eine Version des »Managements im Umhergehen« zu sein. Siehe Peters und Waterman (1982, Kapitel 5).

7. Siehe auch Fujimoto (1989, Kapitel 8) für Integrationsmaßnahmen.

8. Davis und Lawrence (1977), S. 129.

9. Siehe Yashiro Ikari, Nissan Isbik Daikakume (»Nissans große Kulturrevolution«), Diamond, Tokio (1987, japanisch); Masacharu Shibata, Naniga Nissan Jidosha wo Kaetanosha (»Was veränderte Nissan?«), PHP, Tokio (1988, japanisch). Die folgende Darstellung bezieht sich auf diese Literatur sowie auf Interviews mit Managern und Ingenieuren bei Nissan.

10. Ein historischer Vergleich zwischen Nissan und Toyota findet sich bei Cusumano (1985).

11. Die Geschichte von Nissans Produktentwicklungsorganisation findet sich bei Ikari (1981, 1985).

Kapitel 10

Leistungsfähige Entwicklungssysteme: Die Teile und das Ganze

In den technischen Zentren und Entwicklungslabors der meisten Automobilunternehmen der Welt gibt es heute eine Art Demontagelabor. Dort werden neue Modelle der Konkurrenz von besonders geschulten Ingenieuren systematisch zerlegt. Sie untersuchen sehr detailliert jedes Teil und jede Komponente eines besonders interessanten neuen Mitbewerbermodells. Von speziellem Interesse sind neue Technologien, neue Konstruktionsprinzipien und neuartige Fertigungsmethoden. Anschließend wissen die Ingenieure eine ganze Menge über technische Details der einzelnen Teile des Autos. Die schrittweise Demontage vermittelt aber noch nicht das »Wesen« des Fahrzeugs. Einblicke über die Funktionsweise individueller Komponenten sind zwar nützlich, aber was einem Auto Charakter und Kundenattraktivität verleiht, ist die Art, wie die einzelnen Teile zusammenarbeiten, um ein ganz bestimmtes Fahrgefühl zu erzeugen. Um ein Auto als Ganzes zu begreifen, muß man verstehen, wie die Mitbewerberingenieure die einzelnen Elemente aufeinander abgestimmt und ausbalanciert haben, um Produktintegrität herzustellen.

Vieles davon gilt auch für Produktentwicklungsprozesse. Man kann sie, wie wir dies getan haben, »unter die Lupe nehmen« und versuchen, die wesentlichen Elemente zu identifizieren. So gesehen, sind die vorherigen Kapitel unser Demontagelabor. In jedem einzelnen Kapitel haben wir die kritischen Dimensionen von Managementpraktiken herausgearbeitet, die ein leistungsfähiges Unternehmen auszeichnen. Wir betonen jedoch immer wieder, daß die Gesamtkonsistenz vieler bedeutender Einzelheiten der Schlüssel zu außergewöhnlichen Leistungen in der Produktentwicklung ist. Nicht ein einzelner kritischer Faktor, sondern der Gesamtrahmen macht den Unterschied aus.

In diesem Kapitel lassen wir die Details der Produktentwicklung außer acht und betrachten ihre Gesamtkonsistenz bezüglich der Organisation und des Managements. Wir glauben, daß nur eine Organisation mit ineinandergreifenden Funktionen und konsistenten Fähigkeiten quer durch die ganze Palette der Entwicklungsaktivitäten – d. h. nur eine Organisation mit hoher Integrität – ein Produkt von hoher Integrität entwickeln kann. Falls das stimmt, sollte ein Produkt den Stempel »seiner« Organisation und »seines« Entwicklungsprozesses tragen.

Nach einer Überprüfung und dem Versuch, eine Liste von Merkmalen zusammenzustellen, die eine leistungsfähige Entwicklung charakterisieren, untersuchen wir empirische Beweise für die Gültigkeit der These, daß die Gesamtkonsistenz ausschlaggebend sei. Wir betrachten zunächst die Massenhersteller und anschließend die Hersteller der Oberklasse.

Modelle von leistungsfähigen Massenherstellern

Die Wettbewerbssituation der 80er Jahre war für die Massenhersteller turbulent. Vorteile lagen in der Differenzierung der Produkte und in der Produkt-Integrität (totales Fahrzeugkonzept). Die Märkte waren sehr verschieden, Kundenwünsche entwickelten sich schnell, und der Wettbewerb nahm die Form eines Spiels um Leistung und Komponententechnologie an.* Massenhersteller sahen sich erheblichen Forderungen gegenüber, und zwar:

– Zwang zur Identifikation von sehr unterschiedlichen, vagen, sich wandelnden Kundenerwartungen und Umsetzen dieser Erkenntnisse in geeignete umfassende Fahrzeugkonzepte und konstruktive Details.
– Zwang, mit Konkurrenzprodukten durch Abgleich zwischen Kosten und Leistung gleichzuziehen.
– Kurze Durchlaufzeiten, um auf Konkurrenzproduktankündigungen schneller reagieren zu können, und zur Verbesserung der Vorhersage von Kundenerwartungen.
– Hohe Entwicklungsproduktivität, um eine größere Produktvielfalt aus einem vorgegebenen F&E-Budget zu schaffen unter Beibehaltung der Wettbewerbsfähigkeit bei den Kosten.

* Um die Diskussion zu vereinfachen, ignorieren wir hier die Unterschiede auf den regionalen Märkten in den 80er Jahren. Wir unterstellen, daß sich die Massenhersteller wegen der globalen Konvergenz des Wettbewerbs in den letzten Jahren quer durch alle Regionen mehr oder minder ähnlichen Aufgabenstellungen gegenübersahen.

Erfolgreiche Massenhersteller haben sowohl strategische, als auch organisatorische/managementmäßige Antworten auf diese Herausforderungen gefunden. Sie ergriffen Maßnahmen, um die Produktlinie modern und variabel zu halten, ohne die Produktkomplexität überhandnehmen zu lassen (vgl. Kap. 6). Zu diesen Maßnahmen zählen:

> *Rasches Vorgehen in kleinen Schritten.* Schnelle Produkterneuerungen mit jeweils kleinen innovativen Schritten. (Kumulativer Effekt: Schnelle schrittweise Änderungen können, mit der Zeit aufsummiert, zu recht großen Änderungen werden.)

> *Grundsätzliche Produktvielfalt.* Beibehaltung oder Erweiterung einer fundamentalen Vielfalt von Grundstrukturen und Anordnungen anstelle von oberflächlichen Modellvarianten. (Diese Strategie beantwortet diversifizierte Kundenwünsche, ohne die Kosten einer ausufernden Vielfalt anzunehmen und ohne die Kunden zu verwirren.)

> *Reduzierter Projektumfang durch Einbeziehung der Zulieferer.* Reduktion der Projektkomplexität, insbesondere durch Einbeziehung der Zulieferer in die Entwicklung, um die Durchlaufzeit und die Zahl der Ingenieurstunden bei gleichzeitiger Erneuerung einer Vielzahl von Teilen und Technologien zu reduzieren. (Diese Strategie schützt vor unerwünschten Nebeneffekten wie übermäßigem Gebrauch von Gleichteilen.)

Für das Management und die Organisation wurde die integrierte Kurzzyklus-Entwicklung zu dem Modell für einen erfolgreichen Massenhersteller. Dieses Paradigma ist ein Geflecht aus einem physikalisch-informatorischen System mit einem schnellen Problemlösungszyklus, intensivem Informationsaustausch und einer hohen internen/externen Integration. Es ist wie folgt charakterisiert:

> *Integrierte Produkt/Prozeß-Koppelung.* Integrierte Problemlösungszyklen im Produkt/Prozeß-Engineering versetzen die guten Massenhersteller in die Lage, Durchlaufzeiten zu verkürzen, ohne die Inkaufnahme teurer Nachbesserungen und ohne die Produktqualität aufs Spiel zu setzen. (Dieser Verbund wird von integrativen Strukturen, Fertigkeiten und Einstellungen – vgl. Kap. 8 – unterstützt.)

Integrierter Verbund Kunde / Konzept / Produkt. Ein Schwergewichts-Produktmanagersystem und eine breitgefächerte Aufgabenstellung für Ingenieure festigen den entscheidenden Informa-
tionsverbund zwischen Kunden, Konzepten, der Entwicklung und
den Ingenieurtätigkeiten. (Externe und interne Integration wird
durch effektive Entwicklungs- und Fertigungsprozesse erleichtert;
vgl. Kap. 9.)

Integrierter Zuliefererverbund. Intensive und frühzeitige oder an-
dauernde Kommunikation mit einer relativ kleinen Zahl von Pri-
märzulieferern reduziert spätere technische Änderungen, verkürzt
den Prototypen-Bereitstellungszyklus und verbessert die Fahr-
zeug-Komponentenintegration. (Die Befähigung der Zulieferer
für einen flexiblen und kurzen Zyklus Engineering / Fertigung ist
ein integraler Bestandteil des gesamten Entwicklungssystems; vgl.
Kap. 6.)

Flexible aktionsschnelle Fertigungsfähigkeit. Just-in-time- und Ge-
samtqualitäts-Kontrollsysteme mit Betonung von kurzen Durchlaufzeiten, Flexibilität und schneller Problemerkennung und
kontinuierlicher Verbesserung, angewandt auf Prototypenbau,
Werkzeugbau, Produktionsanlauf und technische Zeichnungsän-
derungen (vgl. Kap. 7.)

Abb. 10.1 faßt den Informationsfluß und die Problemlösungszyklen im
Produktentwicklungsprozeß von führenden Massenherstellern zusammen. Die schraffierten Bereiche bezeichnen die Spieler. Große Kästen
repräsentieren die wesentlichen Phasen einer Produktentwicklung, wie
Produktplanung, Konstruktion und Fertigungsvorbereitung. Jede Phase
besteht aus einer Reihe von Problemlösungszyklen, nach deren Abschluß ein Endergebnis geprüft und für die nächste Phase freigegeben
wird.

Hohe Leistung in diesem System wird durch Konsistenz des Gesamtsystems erreicht. Dieses System zeichnet sich durch einen direkten
Informationsfluß vom Markt zu einer dezentralisierten Konzeptfin-
dungseinheit aus. Die Konzeptfindung ist somit pro-aktiv und basiert auf
Markterkenntnissen und Vorstellungskraft. Die nachfolgende Entwicklung schließt eine kontinuierliche Ausarbeitung von Konzepten aufgrund
eines frühen und intensiven Gedankenaustausches zwischen Konzeptfindung, Produktplanung, Konstruktion, Fertigung und Zulieferern ein.
Problemlösungszyklen überschneiden sich. Probleme werden innerhalb
jeder Phase umgehend gelöst, um schnelle Antworten auf sich ständig

Abb. 10.1: Produktentwicklungssystem führender Massenhersteller

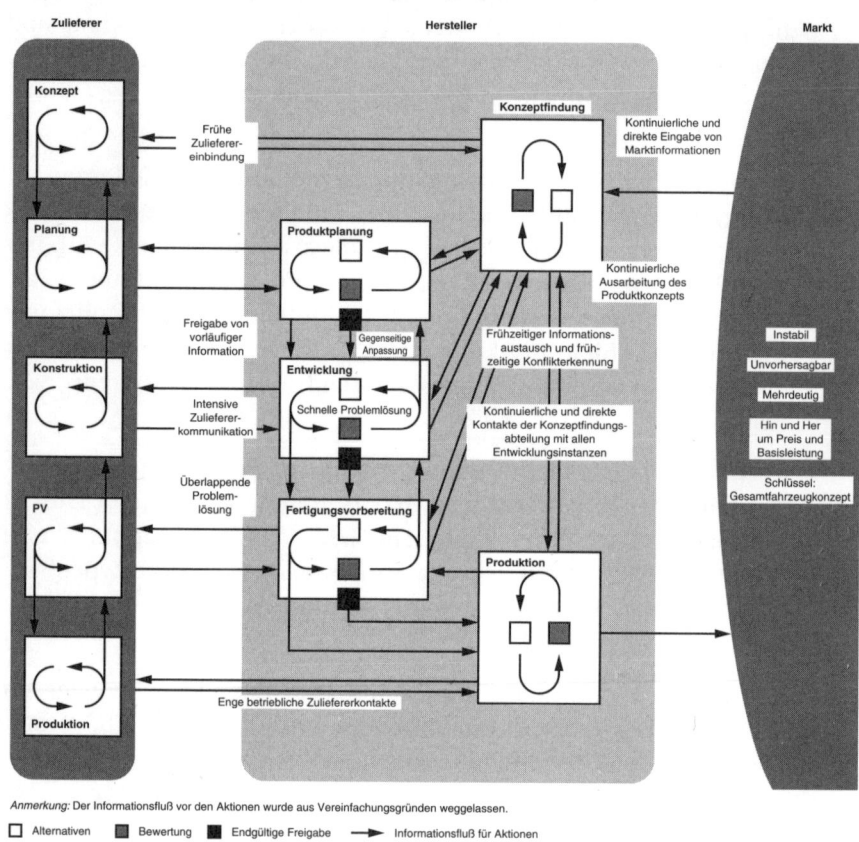

Anmerkung: Der Informationsfluß vor den Aktionen wurde aus Vereinfachungsgründen weggelassen.

☐ Alternativen ▨ Bewertung ■ Endgültige Freigabe ➝ Informationsfluß für Aktionen

ändernde Eingangsinformationen zu geben. Wichtige Anlagen, wie Werkzeuge oder Prototypen, werden zügig produziert.

Die wichtigste Erkenntnis aus Abb. 10.1 ist, daß schon eine kleine fehlende Verbindung im Integrationskreis dessen Funktion zerstören kann. Ein schwacher Punkt an einer kritischen Stelle des Entwicklungssystems kann die Gesamtleistung des Systems entscheidend beeinträchtigen. Eine solche Schwäche kann nicht durch Überdimensionierung anderer Teile des Systems voll kompensiert werden.

Echte Leistung und die ideale Produktentwicklungsstruktur

Das Produktentwicklungssystem in Abb. 10.1 ist idealisiert. Je mehr sich ein Unternehmen diesem Ideal nähert, desto schneller, effizienter und von besserer Qualität sollte seine Produktentwicklung sein. So zumindest in der Theorie. Um dies zu testen, haben wir die Daten verschiedener Indikatoren, die dieses System repräsentieren, mit echten Leistungsdaten der Entwicklung verglichen. Tab. 10.1 faßt die Ergebnisse dieses Vergleichs für eine repräsentative Zahl von Firmen zusammen. Der Einfachheit halber haben wir die Indikatoren gebündelt und die Firmen anhand der Indikatoren eingestuft.

Tab. 10.1: Gesamtkonsistenz von ausgewählten Produktentwicklungs-organisationen

		Spitzenbetrieb		Bessere Qualität		Niedrige Qualität 1 (sehr effizient)		Niedrige Qualität 2 (insgesamt schlechte Leistung)			Hohe Qualität (Anbieter der Oberklasse)	
Fall		Nr. 1	Nr. 2	Nr. 3	Nr. 4	Nr. 5	Nr. 6	Nr. 7	Nr. 8	Nr. 9	Nr. 10	Nr. 11
Region/Strategie		Japan	Japan	USA	Japan	Japan	Japan	USA	USA	Europa	Ober-klasse	Ober-klasse
Rang in der Leistung	Durchlaufzeit	●	●	○	◓	●	●	◓	◓	○	○	○
	Produktivität	◐	●	○	◓	●	●	◓	◓	○	○	○
	Gesamtprodukt-qualität	●	●	●	●	○	○	○	○	○	●	●
Projektstrategie	Schnelle Einzel-schritte (Neue Modelle)	●	●	◓	◓	●	●	○	◓	◓	○	○
	Häufiger Variantenwechsel	●	●	◓	◓	◓	◓	◓	●	◓	○	○
	Zulieferer-einbindung	○	●	○	●	◓	◓	◓	◓	◓	○	○
Organisations-muster	Integrations-index	●	●	●	●	●	◓	◓	◓	◓	○	○
	Hohe Engineering-Überlappung	●	●	●	○	●	◓	◓	◓	○	○	◓
	Breitgefächerte Aufgabenzuweisung	●	—	—	◓	●	●	●	—	○	○	—
Herstellbarkeit	Kurzzyklus-prototypenbau	●	●	◓	●	●	●	◓	○	○	○	○
	Kurzzykluspreß-werkzeugherstellung	●	●	◓	◓	●	●	○	○	○	◓	○
	Hohe Montage-produktivität	●	●	◓	○	◓	—	◓	◓	○	○	○

Anmerkung: Basiert auf der Einordnung von 22 Entwicklungsorganisationen. Für die Definition der Indizes vgl. Anhang.

● Oberes Drittel   ◐ Grenzlinie zwischen oberem und mittlerem Drittel   ◓ Mittleres Drittel   ○ Unteres Drittel (nicht verfügbar)

Die Indikatoren enthalten Meßzahlen für die Leistung, die Organisation und das Management. Die letzteren sind weiter aufgeschlüsselt in Zahlen für Projektstrategie, Organisationsmodell und Fertigungsfähigkeit. Die meisten wurden aus den vorhergehenden Kapiteln übernommen, so daß wir sie hier nur kurz erläutern.

Leistung. Unser Standard für die Leistungsmessung – korrigierte Ingenieurstunden, korrigierte Entwicklungszeiten und ein Gesamtprodukt-Qualitätsindex – war die Basis für die Leistungseinstufung (vgl. Kap. 4). Alle Daten sind auf Firmenebene zusammengefaßt.

Projektstrategie. Projektstrategie (vgl. Kap. 6) beinhaltet Innovationen, Produktvielfalt und Projektumfang. Obwohl keine Innovations-Indikatoren auf der Organisationsebene verfügbar waren, ist Sheriffs (1988) Projekterneuerungs-Index ein vernünftiger Anzeiger für das Vorhandensein einer schnellen schrittweisen Strategie, ein Beweis dafür, daß das Unternehmen nicht hinter dem technologischen Fortschritt der Industrie herhinkt. Ähnlich ist Sheriffs Produktvielfalts-Index ein guter Indikator für die Verpflichtung eines Unternehmens hinsichtlich der fundamentalen Produktvielfalt. Schließlich scheint die Beteiligungsrate der Zulieferer (vgl. Kap. 6) eine besondere Projektumfangsstrategie darzustellen, die die starke Einbeziehung von fähigen Zulieferern bei der Entwicklung betont.

Organisationsmodell. Hier haben wir Meßzahlen (direkt aus Kap. 9) für die Rolle und den Einfluß des Produktmanagers bei der Durchsetzung der internen und der externen Integration zusammen mit anderen existierenden Mechanismen für die Integration (z. B. Einsatz von Arbeitsgruppen) benutzt. Die Zahl der Langzeitteilnehmer korrigiert nach Produktinhalt zeigt die Bandbreite der Aufgabenstellung auf der Mitarbeiterebene.

Herstellungsfähigkeit. Um die Kurzzyklus-Herstellungsfähigkeit einer Organisation darzustellen (vgl. Kap. 7), haben wir die Durchlaufzeiten für den Prototypenbau und die Preßwerkzeugfertigung benutzt. Sie sind ein Maß für die Schnelligkeit von versteckten Fertigungsaktivitäten in der Entwicklung. Daten über die Produktivität an der Montagelinie, übernommen von der ausführlichen Feldstudie von Krafcik (1988), reflektieren die allgemeine Fähigkeit des Unternehmens in der kommerziellen Produktion.

Die Musterorganisationen wurden nach Strategie- und Leistungsmodellen eingestuft. Die Kategorien enthalten Spitzenbetriebe (höchste Plazierung in allen Kriterien), bessere Qualität (zweitbester TPQ), mittlere Qualität (mittlere Plazierung in TPQ), geringe Qualität 1 (schnell und effizient, aber geringe Qualität), geringe Qualität 2 (niedrige TPQ, kein starker Punkt in den anderen Kriterien) und leistungsfähige Hersteller der Oberklasse (dargestellt als ein Referenzpunkt). Unternehmen im mittleren Qualitätsbereich wurden ausgelassen, da sie außer fehlender Konsistenz keinerlei einheitliche Muster aufwiesen.

Spitzenbetriebe (Fälle 1 und 2). Nur zwei Massenhersteller, beides Japaner, wurden (in einem Fall beinahe) in allen drei Leistungsmerkmalen im oberen Drittel eingestuft. Diese Unternehmen zeigten eine bemerkenswerte Geschlossenheit in der Organisation und im Management. Sie rangierten auch hier in allen drei Indikatoren mit Ausnahme der Zuliefererbeteiligung im oberen Drittel. Keine andere Organisation wies diesen Grad von Konsistenz auf.

Bessere Qualität (Fälle 3 und 4). Organisationen in dieser Gruppe (eine japanische und eine amerikanische) rangierten fast so gut wie die Spitzengruppe in der Produktqualität, aber sie zeigten speziell in der Entwicklungszeit weniger konsistente Leistungen. Fall 3 z. B. rangiert niedrig bezüglich der Leistungsfähigkeit der Durchlaufzeit und der Produktivität. In der Organisation und im Management waren diese Unternehmen in den meisten Kriterien stark, inklusive interner Integration, aber die wenigen deutlich gewordenen schwachen Punkte verminderten die Konsistenz im Verhältnis zu den Spitzenfirmen.

Niedrige Qualität 1 (Fälle 5 und 6). Diese Gruppe enthält einige japanische Unternehmen, die trotz ihrer starken Position bei der Entwicklungszeit und -produktivität an einer geringen Produktqualität leiden. Diese Unternehmen erreichen hohe Punktzahlen in einigen Aspekten von Organisation und Management, viel geringere in der externen Integration und mittlere Werte bei anderen Maßnahmen der funktionsübergreifenden Integration.

Niedrige Qualität 2 (Fälle 7–9). Unternehmen dieser Gruppe sind in allen Leistungskriterien niedrig eingeordnet, speziell in der Qualität. Im Bereich von Organisation und Management rangieren sie übereinstimmend von mittel bis niedrig.

Hersteller der Oberklasse (Fälle 10 und 11). Die leistungsfähigeren Hersteller der Oberklasse rangieren niedrig bei Entwicklungszeit, Produktivität und in vielen Indikatoren von Organisation und Management, aber ziemlich hoch in der Gesamtqualität. Dieses ganz anders geartete Schema läßt vermuten, daß die Hersteller der Oberklasse während der 80er Jahre völlig anders operierten als die Massenhersteller.

Die Muster an beiden Enden des Leistungsspektrums sind ziemlich klar. Spitzenunternehmen kommen in allen Fällen dem idealisierten, in Abb. 10.1 beschriebenen Modell nahe. Die schwachen Unternehmen weichen genauso konsequent von dem Muster ab. Die Muster im mittleren Bereich sind weniger eindeutig, obwohl Schwächen in der externen Integration ein Kennzeichen für Anbieter mit geringer Qualität zu sein scheinen. Den mittleren Anbietern fehlt ebenfalls Konsistenz in der Integration der Ingenieurtätigkeiten und der Organisation der Entwicklung. In der Tat: Wenn wir alle Integrationsindikatoren anschauen (z. B. Problemlösung im Ingenieurbereich, Führungsprinzipien und Organisation), scheint Konsistenz eng mit der Gesamtleistung eines Unternehmens verbunden zu sein. Spitzenanbieter sind hoch integriert, schwache Marktteilnehmer sind kaum integriert, während Firmen im mittleren Bereich, wie nicht anders zu erwarten, mittelmäßig integriert sind. Die scheinbare Bedeutung der Gesamtintegration verpflichtet uns zu einer sorgfältigeren Untersuchung. Zu diesem Zweck erstellten wir auf der Basis von 29 Indikatoren aus den folgenden vier Kategorien einen Integrationsindex:

1. Macht und Verantwortung des Produktmanagers in der externen Integration (Konzeptfindung)
2. Macht und Verantwortung des Produktmanagers in der internen Integration (Projektkoordination)
3. Schnelle, flexible und integrierte Problemlösungszyklen
4. Interne Integrationsmechanismen außer Produktmanagern

Der Index, anhand von Fragebögen über alle Variablen erstellt, ist im wesentlichen ein Indikator für die Profilkonsistenz. Er entspricht dem von uns für die 80er Jahre für die Massenhersteller vorhergesagten gültigen Muster, nämlich einem Entwicklungssystem mit einem dichten und flexiblen Informationsnetzwerk, intensiver Kommunikation, kurzen Problemlösungszyklen und starker interner und externer Integration[1].

Tab. 10.2 zeigt die Korrelation zwischen unseren drei Leistungsmaßen und den vier Elementen des Integrationsindexes: Macht und Verantwortlichkeit des Konzeptschöpfers (d. h. Stärke der internen und externen Integration); Stärke und Verantwortung des Projektkoordinators (d. h. Stärke der internen Integration); integrierte, überlappte und Kurzzyklus-Entwicklung sowie interne Integrationsmechanismen über den des Produktmanagers hinaus.

Alle vier Aspekte der Integration korrelieren mit der Gesamtproduktqualität und ganz besonders mit der externen Integration. Obwohl nur die integrierten Ingenieuraktivitäten mit den drei Leistungsdimensionen verbunden sind, reicht diese Bedingung für eine hohe Leistung nicht aus. Wie wir gesehen haben, rangierten einige japanische Firmen mit hohen Ingenieurfähigkeiten niedrig in der Qualität. Funktionsübergreifende Koordination innerhalb der Firma (interne Integration und andere Mechanismen) ist sehr stark mit der Qualität korreliert, aber nur mittelmäßig mit der Produktivität und dem Zeitaufwand, d. h., daß die Bildung von Teams aus einem Guß innerhalb einer Organisation ist zwar eine Voraussetzung, aber noch keine Garantie für Wettbewerbsvorteile in der Produktentwicklung ist. Hersteller ohne funktionsübergreifende Teams werden höchstwahrscheinlich keinen Erfolg haben, obwohl die Existenz eines Teams nur einen Teil des Puzzles löst.

Nochmals: Unsere Untersuchungsergebnisse unterstreichen die Bedeutung der Konsistenz quer durch die verschiedenen Aspekte von Organisation und Management. Kein einzelnes Element reicht aus, um eine schnelle, wirkungsvolle und qualitativ hochwertige Entwicklung zu erhalten. Bei den Massenherstellern wird eine hohe Leistung erreicht durch eine zusammenhängende, konsistente Kombination von einem starken Produktmanager, der sowohl als interner als auch als externer Integrator fungiert, einem dichten und flexiblen Informationsnetzwerk, engen Arbeitskontakten zwischen der Konstruktion und der Fertigungsvorbereitung und einer Organisationsphilosophie und Struktur, die die Integrität von Produkt und Prozeß fördert.

Modelle von leistungsfähigen Herstellern der Oberklasse

Wie wir im vorangehenden Abschnitt sahen, haben die Hersteller der Oberklasse anscheinend in den 80er Jahren anders operiert. Obwohl sie einen niedrigen Integrationsindex haben, erreichten sie relativ hohe Werte in der Gesamtprodukt-Qualität.

Dieses Ergebnis wertet die Wichtigkeit der Konsistenz (und Kohärenz) nicht ab. Effektive Leistung bei Herstellern der Oberklasse benötigt anscheinend ein andersartiges Muster von Konsistenz. Das ist also mehr, als wenn wir von »fehlender Konsistenz bei den Massenherstellern« sprechen. Deshalb benutzen wir eine andere Zusammenstellung von organisatorischen Variablen, um einen Maßstab für die totale Produktqualität bei den Herstellern der Oberklasse zu finden.

In Kapitel 3 haben wir erwähnt, daß die Hersteller der Oberklasse auf die Wettbewerbssituation der 80er Jahre mit einer Produktdiffenzierung durch höhere Leistung in den funktionalen Kriterien reagierten. Gleichzeitig schufen sie unter Berücksichtigung der Kundenerwartungen und unter Aufrechterhaltung des Produkt-Image zeitgemäße Modellentwürfe. Obwohl auf eine hohe Produktintegrität nicht verzichtet werden kann, ist sie dennoch nicht ausreichend, um die Produkte der Hersteller der Oberklasse von den besseren Modellen der Massenanbieter, die ebenfalls eine hohe Produktintegrität aufweisen, zu unterscheiden. Entscheidend für den Erfolg der Hersteller der Oberklasse ist eine hohe Integrität unter extremen Bedingungen, z. B. totale Ausgewogenheit und Sicherheit bei einer Fahrgeschwindigkeit von mehr als 200 km/h. Relativ stabile und homogene (wenn auch sehr anspruchsvolle) Kundenerwartungen und eine geringe Preissensibilität der Kunden haben den

Herstellern der Oberklasse die Möglichkeit gegeben, mehr Zeit (und mehr Ingenieurstunden) als Massenanbieter zu investieren, um diese Integrität zu erreichen.

Entwicklungssysteme von leistungsfähigen Herstellern der Oberklasse

Leistungsfähige Hersteller der Oberklasse benutzen bei der Produktentwicklung ein relativ klassisches System mit weniger Verbindungen zum Markt und geringerer funktionsübergreifender Kommunikation, als wir sie bei den Massenherstellern sahen. Die informationsverarbeitenden Systeme von leistungsfähigen Herstellern der Oberklasse kombinieren umfangreiche organisatorische Erfahrungswerte und informationsverarbeitende Fähigkeiten *innerhalb* jeder Phase der Produktentwicklung mit einem einfachen phasen- und funktionsübergreifenden Informationsfluß (vgl. Abb. 10.2).*

Die Konsistenz und die Stabilität des Produktkonzepts über alle Modelle und über einen längeren Zeitraum erleichtert die gemeinsame Benutzung der Informationsdatenbank oder des Wissens-Fundus durch alle mit dem Entwicklungsprozeß betrauten Organisationen. In der Tat wird eine Ingenieurtradition geschaffen, die den Inhalt des Informationsflusses durch die Abteilungen vereinfacht; ein relativ simples Signal kann eine komplexe subtile Bedeutung haben, weil die Konzepte und Nuancen im Prinzip den Mitgliedern bereits vor der Signalübermittlung bekannt waren. Die Wirksamkeit dieser Betonung von akkumuliertem gemeinsamen Wissen unterstellt, daß das Wissen nicht rasch veraltet.

Um eine höhere Funktionalität unter extremen Bedingungen zu erzielen – ein zentrales Merkmal der Oberklassen-Modelle –, verfolgt der Hersteller der Oberklasse eine schrittweise Optimierung und verbindet die Schritte sequentiell. Ingenieure, die innerhalb einer Problemlösungs-Einheit arbeiten, neigen zum Perfektionismus. Die Arbeit an einem Problem wird so lange fortgeführt, bis eine scheinbar perfekte Lösung

---

* Das effektive Prozeßmodell eines Herstellers der Oberklasse entspricht dem klassischen, von Thompson (1967) vorgeschlagenen Beispiel, in dem Umwelteinflüsse durch Grenzen umspannende Einheiten (Produktkonzept Einheiten) gepuffert werden und die technischen Kerneinheiten sequentiell miteinander verbunden werden. Die Produkt-Konzept-Einheit wirkt als Stabilisator der Marktumgebung, indem sie dem Kunden das von der Firma definierte Image eines »besten Autos« suggeriert. Große Auftragsbestände dienen als Puffer am anderen Ende des Prozesses.

Abb. 10.2: Produktentwicklungssystem von leistungsfähigen
Herstellern der Oberklasse

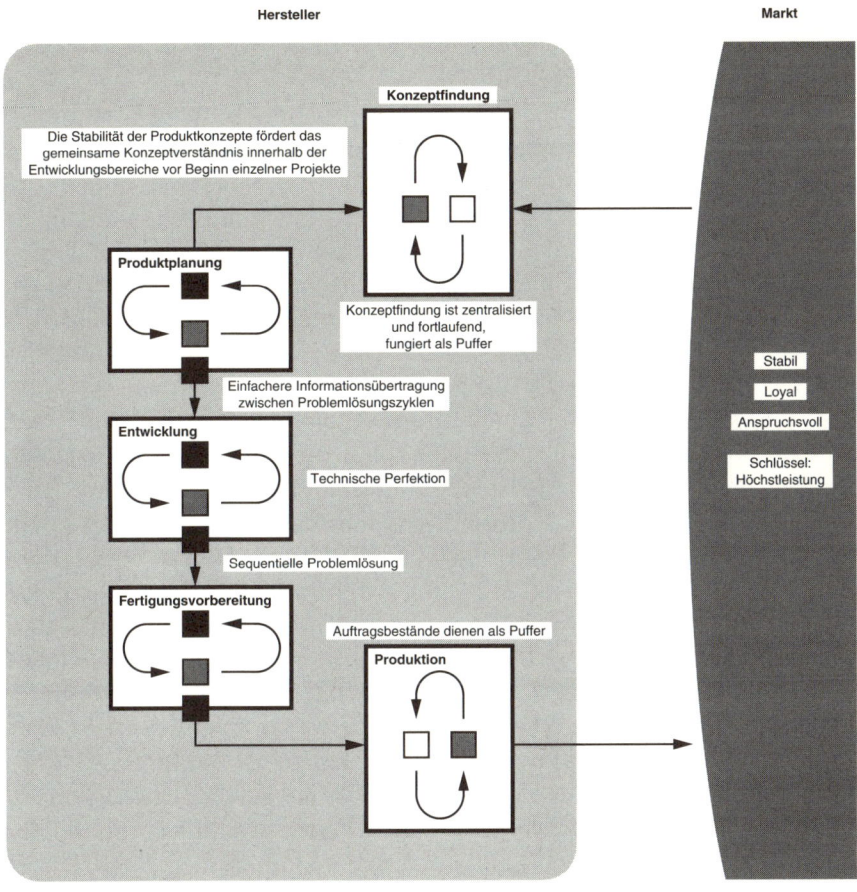

Hersteller

Markt

Konzeptfindung

Die Stabilität der Produktkonzepte fördert das gemeinsame Konzeptverständnis innerhalb der Entwicklungsbereiche vor Beginn einzelner Projekte

Konzeptfindung ist zentralisiert und fortlaufend, fungiert als Puffer

Produktplanung

Einfachere Informationsübertragung zwischen Problemlösungszyklen

Entwicklung

Technische Perfektion

Sequentielle Problemlösung

Fertigungsvorbereitung

Auftragsbestände dienen als Puffer

Produktion

Stabil

Loyal

Anspruchsvoll

Schlüssel: Höchstleistung

Anmerkung: Der Informationsfluß vor den Aktionen wurde aus Vereinfachungsgründen weggelassen.

☐ Alternativen ■ Bewertung ■ Endgültige Freigabe ——▶ Informationsfluß für Aktionen

erreicht und genehmigt wurde. Im der nächsten Phase beginnt der Zyklus erst, nachdem das Ergebnis der vorgelagerten Phase komplett vorliegt.

Lange Durchlaufzeiten in Zusammenhang mit diesem System rühren (1) vom perfektionistischen Ansatz her, der viele Wiederholungen innerhalb eines Problemlösungszyklus bedingt, und (2) von der sequentiellen Verbindung dieser Zyklen. Der Vorteil eines überlegenen Ergebnisses und die Konzeptstabilität können den Nachteil einer längeren Vorlauf-

287

zeit kompensieren. In der Tat: Eine lange Entwicklungszeit kann in einen Marktvorteil umgemünzt werden (z. B.: »Das XYZ-Coupé ist ein Jahrhundertwurf«).

Entwicklungsorganisationen, die das in Abb. 10.2 beschriebene Informationssystem benutzen, werden wahrscheinlich die funktionale Spezialisierung betonen.

Eine funktionale Organisation fördert die Ansammlung technischen Fachwissens durch gegenseitiges Lernen und Wissenstransfer zwischen den Mitgliedern der Untergruppen. Dieser Prozeß einer Wissensansammlung ist speziell für eine Produktlinie geeignet, die über einheitliche Entwurfskonzepte, Themen, Philosophien und Standards verfügt. Eine Betonung der Wissenstiefe ermutigt die einzelnen Mitarbeiter zu einem höheren Spezialisierungsgrad. Spezialisten praktizieren ihr Spezialgebiet bei allen Modellen und verstärken damit das gemeinsame Produktanliegen und die Ansammlung von Know-how.

Da ein phasenübergreifender Informationsstrom sehr viel einfacher ist, brauchen die Hersteller der Oberklasse keine komplexen formalen Mechanismen für die interne Integration. Eine stapelweise Informationsübertragung von vor- zu nachgelagerten Funktionen (d. h. ein sukzessives Vorgehen) benötigt keine starke phasenübergreifende Integration. Gemeinsame Konzepte und eine starke Entwicklungstradition können zu einer weiteren Vereinfachung der zwischen den Abteilungen auszutauschenden Informationen beitragen. Verhältnismäßig einfache Codes können umfangreiche Informationen übermitteln, wenn Nuancen oder deren Bedeutung Sendern und Empfängern im vorhinein bekannt sind. Sogar wenn ein strenger Integrationsmechanismus praktiziert wird (z. B. durch einen hauptamtlichen Integrator), kann dessen Einflußbereich und Autorität auf ein bestimmtes Stadium der Entwicklung (z. B. Prototypen-Koordination) beschränkt werden.

Hersteller der Oberklasse können kraft ihrer Tradition und Ingenieur-Perfektion einen hohen Grad an interner Integration erreichen. Da sie selbst darüber entscheiden, wie ein außergewöhnliches Fahrzeug der gehobenen Oberklasse beschaffen sein soll, können sie die externe Integration durch die normalen Prozeduren von Engineering und Testen erreichen, ohne einen permanenten und direkten, für einen effektiven Massenhersteller lebensnotwendigen Kundenkontakt.

Die Produktentwicklung bei Anbietern der Oberklasse richtet ihr Hauptaugenmerk auf die Gesamtprodukt-Qualität. Daher werden wir uns nun mit TPQ befassen. Wir entwickelten für die Hersteller der Oberklasse, vergleichbar dem Integrations-Index bei den Massenherstellern, einen Konsistenz-Index auf der Basis eines Vergleichs von sechs organisatorischen Variablen bei allen Unternehmen. Diese Variablen beziehen sich auf das in Abb. 10.2 für leistungsfähige Hersteller der Oberklasse entwickelte Schema. Sie repräsentieren vereinfacht die folgenden Tatbestände: interne und externe Integration, Zentralisierung der Konzeptfunktion, die Stärke des technischen Perfektionismus und den Grad der sequentiellen Problemlösung.

Obwohl wir wegen der geringen Anzahl von Herstellern der Oberklasse keine umfassenden Schlüsse ziehen können, sind doch folgende Aussagen möglich:

– Hersteller der Oberklasse als Gruppe verfügen über eine größere Konsistenz als die Massenhersteller.
– Unter den Oberklassenherstellern haben führende Hersteller einen höheren Grad von Konsistenz.
– Es gibt keine bedeutende Korrelation zwischen der Konsistenz und der Qualität bei den Massenherstellern.

Das beinhaltet, daß die effektiven Hersteller der Oberklasse in den 80er Jahren ein besonderes Schema organisatorischer Strukturen und Prozesse entwickelt haben. Firmen, die eine höhere Leistung in der Produktqualität erreicht haben, ähnelten dem vorher skizzierten Modell. Solche Firmen zeichnen sich durch einen hohen Grad an Spezialisierung und Ingenieur-Perfektionismus, eine starke funktionale Orientierung, einfache, funktionsübergreifende Muster der Kommunikation und eine fast einfältige Suche nach besserer Funktionalität aus.

Gegensätze und Ähnlichkeiten

Die Dekade der 80er Jahre war Zeuge von zwei sehr erfolgreichen Paradigmen für die Produktentwicklung in der weltweiten Autoindustrie. Ein bei einigen wenigen Massenherstellern angewendetes Paradigma lieferte schnell und effizient Autos außerordentlicher Qualität. Das zweite, von einigen Herstellern im oberen Marktbereich eingesetzt, produzierte Fahrzeuge von außerordentlicher Qualität und hoher Leistung unter extremen Bedingungen. Die Entwicklung, die dem zweiten Paradigma folgte, war langsamer und weniger effizient als die Entwicklung nach dem ersten Paradigma. Tab. 10.2 vergleicht die Strategie und die Modelle von Organisation und Management, die jedes dieser Paradigmen charakterisieren.

Die Tabelle weist zwei Tatbestände aus. Erstens: Obwohl die Paradigmen verschieden sind, hängen sie zusammen und sind in sich schlüssig.

Tab. 10.2: Hochleistungs-Massenhersteller vs. Anbieter der Oberklasse

Strategische Gruppe / Dimensionen	Konsistentes Muster für Massenhersteller der 80er Jahre	Konsistentes Muster für Anbieter der Oberklasse der 80er Jahre
Leistung	Hohe Gesamtprodukt-Qualität	Hohe Gesamtprodukt-Qualität
	Hohe Entwicklungs-Produktivität	Niedrige Produktivität
	Kurze Entwicklungszeit	Lange Entwicklungszeit
Wettbewerbs-strategie	Mittlere bis untere Preisklasse	Teure Modelle
	Kurze Lieferzeit	Lange Lieferzeit
	Tendenz zu Überkapazitäten	Tendenz zu Unterkapazitäten
	Produktion/Gewinn-Instabilität	Produktion/Gewinn-Stabilität
	Betonung konzeptioneller Produktunterschiede	Betonung der Produktunterschiede durch Leistung
	1. Abstimmung von Kosten und Basisleistung mit dem Wettbewerb	1. Differenzierung durch funktionale Überlegenheit unter extremen Bedingungen
	2. Differenzierung durch Einfügen in ein Gesamt-fahrzeug-Konzept	2. Stabilisierung des Fahrzeug-konzepts
Organisation und Management	Direkter und enger Kontakt zwischen Markt und Konzept-findung	Zentralisierte Kontrolle von Produkt-konzepten wegen Konsistenz über alle Modelle
	Intensiver Kontakt zwischen Konzeptfindung, Planung, Engineering und Produktion	Massive Ansammlung von technischem Wissen und gemein-same Entwicklungstradition
	Proaktive Konzeptfindung und kontinuierliche Konzept-überarbeitung	Perfektionismus im Ingenieurwesen
	Integrierte Problemlösung im Produkt/Prozeß-Engineering	Verbindung von Projektphasen, die schrittweise das Ergebnis verbessern
	Kurzzyklus-Produktion (Anwendung von JIT und TQC)	Entwicklung und Produktion unter Betonung von Test und Inspektion
	Zulieferer-Einbindung im Engineering und intensive Kommunikation	Betonung der funktionalen Spezialisierung
	Betonung von interner und externer Integration	Zentralisierte Konzeptfindungs-Einheiten
	Kombination von Produkt-manager und Konzept-Champion in einer Person	Einfacher Integrationsmechanismus
	Produktmanager hat das Sagen	Testingenieure haben das Sagen
	Schwergewichts-Management	Fachbereichsorganisation

Wie wir sahen, haben erfolgreiche Firmen Organisations- und Management-Modelle über viele verschiedene Aspekte der Konzeptentwicklung, des Entwurfs und der Konstruktion entwickelt, die gut zueinander passen und sich gegenseitig verstärken. Zweitens: Die Paradigmen entsprechen dem Umfeld des Wettbewerbs und des Marktes, dem sich Firmen in dem betreffenden Segment gegenübersahen. Die Hersteller der Oberklasse, in einer stabileren Umgebung operierend, konnten sich in Anbetracht einer hochgradig funktionalen Vorgehensweise bei der Entwicklung eine längere Zeit leisten. Für die Massenhersteller, die in einem äußerst turbulenten und wettbewerbsorientierten Markt operierten, waren schnelle Reaktionen, hohe Produktivität und ein totales Fahrzeugkonzept ausschlaggebend.

Obwohl unterschiedliche Wettbewerbskonditionen zu verschiedenen Erfolgsmodellen führten, sehen wir auch Ähnlichkeiten zwischen den Segmenten, z. B. bei der Produktintegrität. Leistungsfähige Hersteller der Oberklasse erreichen Produktintegrität bei Anwendung von Fachwissen auf ein stabiles Konzept innerhalb einer etablierten Entwicklungstradition.

Effiziente Massenhersteller erreichen sie durch eine organisatorische Struktur und einen Prozeß, der Marktvorstellungen mit den Details eines Ingenieurentwurfs verbindet und der Komponenten und Teile in ein zusammenhängendes Ganzes integriert. Produktintegrität ist, wie auch immer erreicht, ein universaler Aspekt einer außerordentlichen Leistung.

Es scheint, daß der Erfolg dieser Modelle auf einigen gemeinsamen Kennzeichen und Ähnlichkeiten beruht. Beide zogen die Kunden der 80er Jahre an und stellten sie zufrieden. Für beide gilt: Die sorgfältige Abstimmung vieler wichtiger Details ist viel effektiver als die Maximierung einiger »kritischer Erfolgsfaktoren«. Der langfristige Erfolg beider wird nicht durch die schnelle Einführung modischer Techniken, sondern durch Leistung über lange Zeiträume hinweg garantiert.

Zusammengefaßt heißt das: Es gibt keinen »Stein der Weisen«! Der Schlüssel zu einer leistungsfähigen Entwicklung scheint die Konsistenz des Gesamtsystems zu sein, d. h., anstelle einiger weniger Schlüsselvariablen ist eine Abstimmung einer ganzen Reihe von Variablen in verschiedenen Bereichen ausschlaggebend. Keine einzelne Fähigkeit, keine einzelne strukturelle Charakteristik, keine spezielle Strategie und kein spezifischer Prozeß haben die Unterschiede in den 80er Jahren hervorgebracht. Nur wenn ein Unternehmen ein konsistentes Schema über viele Variablen in allen Gebieten entwickelt hat, erzielte es eine höhere Leistung. Es scheint, daß eine in der Produktentwicklung erfolgreiche

Organisation viele Dinge gut und abgestimmt tun muß, anstatt einige wenige »sehr gut«.

Anmerkungen

1 Das Konzept des Konsistenzindexes findet sich bei Van de Ven und Drazin (1985) und Venkatraman (1987). Der vorliegende Indikator ist bestenfalls eine grobe Annäherung an die relative Bedeutung der einzelnen Variablen, die im Index inbegriffen sind und für gleich erachtet werden.

Kapitel 11

Die Zukunft der Entwicklung: Rivalen, Werkzeuge und Quellen des Vorsprungs

Stürme der Veränderung ziehen durch die Automobilwelt. Toyota, Honda und Nissan haben bereits einen Angriff auf das Marktsegment der Hochleistungsluxuswagen unternommen, und ähnliche Wagen anderer Massenhersteller stehen kurz vor der Einführung. Unlängst angekündigte Akquisitionen und gemeinsame Entwicklungsvereinbarungen setzen diesen in den 80er Jahren begonnenen Trend fort. Neue Technologien und Fahrzeugkonzepte, die auf Automobilausstellungen rund um die Welt vorgestellt werden, sind nicht nur als Show gedacht; es handelt sich eher um ernsthafte Produkte mit der Absicht der Markteinführung. Ein Gerangel um die Positionierung für den europäischen Binnenmarkt 1992 und jüngste Veränderungen in Osteuropa können neue Märkte und Zulieferquellen erschließen. Zulieferung ist ein vordringliches Anliegen, weil neue Werke in Europa und Amerika errichtet werden, hauptsächlich stimuliert durch den Wunsch japanischer Firmen, rund um den Erdball zu produzieren.

Diese und andere Entwicklungen werden sich stark auf den zukünftigen Wettbewerb und die Rolle der Produktentwicklung auswirken. Außerdem könnten neue Managementkonzepte in Verbindung mit neuer Informationstechnik die Praxis der Produktentwicklung grundlegend verändern.

Unsere Diskussion hat sich bis jetzt auf Management, Organisation und Leistung, basierend auf den weltweiten Erfahrungen aus den 80er Jahrenn bezogen. In diesem Kapitel untersuchen wir die Bedeutung unserer Ergebnisse für mögliche zukünftige Entwicklungen. Wir betrachten zunächst den Wettbewerb zwischen den Produkten, die mögliche Steigerung der Rivalität und die Angleichung von Konkurrenten. Danach diskutieren wir mögliche Verlagerungen des Wettbewerbsschwerpunktes zu Leistungssteigerung durch hochentwickelte Komponenten, zum Produktprogramm als Ganzes und zu globalen Kooperationsnetzen. Schließlich untersuchen wir mögliche Änderungen in der Natur von Management und Organisation mit besonderem Gewicht auf den Auswirkungen neuer Computertechnik.

Rivalität und Konvergenz beim Produktwettbewerb

Globaler Wettbewerb, ein allgemeiner Trend der 80er Jahre, wird sich in den 90er Jahren fortsetzen. Direkte internationale Produktkonkurrenz wird sich noch verstärken, indem neue Modelle in fremde Märkte eindringen und Kunden häufiger Modelle aus anderen Ländern in Betracht ziehen.

Selbst auf dem japanischen Markt, auf dem Importe bis Mitte der 80er Jahre nur einen sehr geringen Marktanteil hatten, haben sich die Importverkäufe – bis jetzt hauptsächlich der Europäer – bis Ende der Dekade vervierfacht und wachsen weiter.

Wie weit solche Marktkonvergenz gehen kann, hängt vom Segment ab. Globale Konvergenz der Subkompakt- und Kompaktklasse z. B. ist schon Geschichte. Auf dem US-Markt sind sich Chevrolet Corsica, Ford Tempo, Honda Accord, Mazda 626, Peugeot 405 und Toyota Camry in den Produkteigenschaften und den Zielkunden sehr ähnlich geworden. US-Hersteller könnten eigenständige Entwicklungen von Subkompaktmodellen einstellen, aber sie werden sich auf jeden Fall an Gemeinschaftsentwicklungen mit Japanern beteiligen (z. B. GM–Isuzu–Suzuki–Toyota, Ford–Mazda, Chrysler–Mitsubishi). Das Ergebnis werden Produktserien sein, die sich mit geringen Abweichungen weltweit verkaufen lassen.

Auch die Oberklasse wurde international stärker umkämpft. Mercedes-Benz und BMW, einst in der Kategorie der Hochleistungsluxuslimousinen dominierend, stoßen jetzt auf Neulinge wie Toyotas Lexus und Nissans Infiniti. Jaguar, 1989 von Ford erworben, hat jetzt die Mittel, sich ernsthaft in Europa bemerkbar zu machen. General Motors hat ein Joint Venture mit Saab etabliert, und seine Cadillac-Abteilung bereitet für Mitte der 90er Jahre einen hochleistungsorientierten Luxuswagen unter dem Codenamen Aurora vor.

Das Mittelklassesegment hat während der 80er Jahre seine regionale Prägung als massenproduzierte, preiswerte Familienlimousine gewahrt, in den USA (z. B. Taurus und Lumina), als chauffeurgefahrene Limousinen in Japan (z. B. Crown und Cedric) und als Quasi-Luxuswagen in

tät und die Gesamtfahrzeug-Erfahrung als kritische Dimensionen der Diffcrenzierung übrigbleiben. Sie definieren wahrscheinlich die Wettbewerbsarena für die nächsten Jahre.

Europäische Firmen ragen bei Entwurfsqualität und Gesamtfahrzeugleistung heraus, aber dieser Vorsprung verringert sich. Im Kompaktsegment haben einige japanische Modelle – wie Honda Accord und Mazda 626 – schon den europäischen Markt erobert. Innerhalb der nächsten Jahre werden alle japanischen Hersteller über vollausgerüstete Designstudios und Entwicklungsteams in Europa verfügen. US-Firmen haben ihre europäischen Erfahrungen durch Transfer von Leitfiguren und -konzepten viel direkter angezapft. Der Ford Taurus z. B., obwohl in den USA entworfen und konstruiert, hat Anleihen bei der europäischen Tochter gemacht. Designer und Konstrukteure mit Europaerfahrung halfen bei der Gestaltung von Innenraum und Erscheinungsbild sowie beim Gesamtcharakter des Fahrzeugs.

Diese Annäherung der Leistung bei Entwicklungszeit, Produktivität und Qualität innerhalb der Massenhersteller erwächst aus der intensiven Suche nach Wettbewerbsvorteilen. Aber diese Konvergenz heißt nicht, daß ein einzelnes Projekt oder eine Firma nicht einen Wettbewerbsvorsprung erzielen kann. Der Markt wird immer Kreativität und hervorragende Realisierung anerkennen. Allerdings wird es schwieriger zu erzielen sein.

Oberklassenhersteller: Ist die Strategie durchzuhalten?

Während der 70er und 80er Jahre tauchten die europäischen Nobelmarken als eine gesonderte strategische Gruppe auf, mit einer Spitzenposition in Image, Leistung und Preis. Sie spielten ein völlig anderes Konkurrenzspiel als die Massenhersteller. Ihr Spiel hieß Kontinuität im Erscheinungsbild und überlegene Funktionalität. Würden dieses Spiel und die Bedingungen, die es begünstigt haben, so weitergehen, dann wären die Oberklassenhersteller in einer guten Spielposition. Aber das Spiel ändert sich. Druck erwächst sowohl von innen, durch intensivere Konkurrenz innerhalb der Oberklasse, als auch von außen, indem Massenhersteller in die oberen Marktsegmente eindringen. Dieser doppelte Druck wirft Fragen nach Veränderungen innerhalb der Oberklassenfirmen und letztlich die Frage nach Überlebensfähigkeit der Oberklassenstrategie auf.

Schon sehen wir Anzeichen einer zukünftigen Konvergenz der Strategien. Der in den 80er Jahren von Honda eingeführte Legend und das

Legend Coupé z. B. begannen mit dem unteren Ende der Produktlinien europäischer Oberklassenhersteller wie Mercedes-Benz und BMW zu konkurrieren. 1989 führten zwei japanische Massenhersteller, Nissan und Toyota, Luxusmodelle unter den Markennamen Infiniti und Lexus ein, die ernsthaft mit Autos im oberen Marktsegment, wie dem Mercedes 300 und der BMW-7er-Serie, in Wettbewerb treten. Obwohl diese Neulinge dieselbe Organisation und in einigen Fällen sogar denselben Prozeß benutzt haben, den sie für die Entwicklung ihrer Massenprodukte verwenden, haben sie mehr Ressourcen und Zeit aufgewendet und dem Oberklassenmarkt entsprechende Testmethoden und -standards verwendet. Ford wird nach dem Erwerb von Jaguar etwas von seinem Managementstil und -prozeß in seine neue Oberklassenabteilung einführen.

Wir werden so in den 90er Jahren Produkte im Oberklassensegment direkt miteinander konkurrieren sehen, die in völlig unterschiedlichen Umfeldern entwickelt wurden. Dabei geht es um mehr als reinen Pro-

Abb. 11.1: Aufholen der Massenhersteller bei der Produktleistung

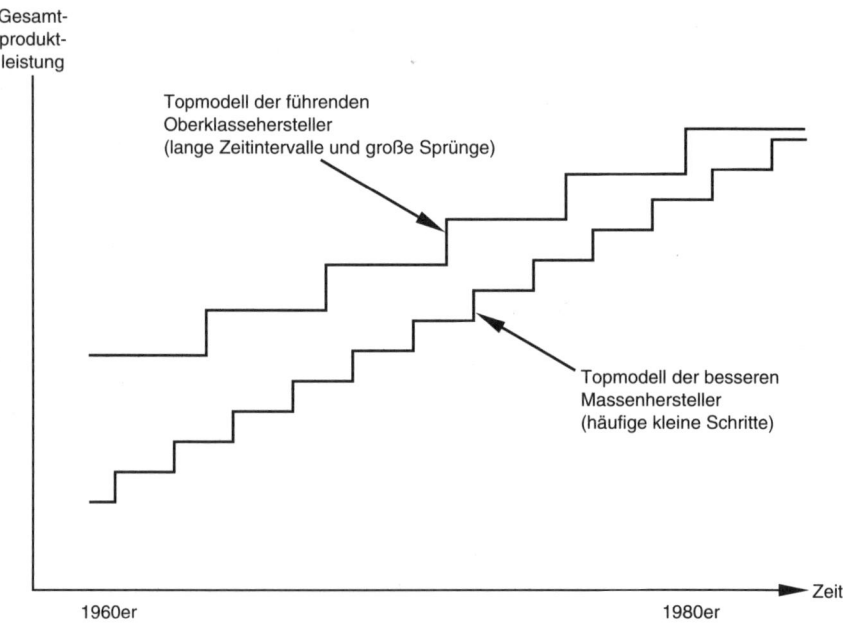

duktwettbewerb, sondern vielmehr um einen Wettbewerb zwischen zwei verschiedenen Strategien. Das Diagramm in Abb. 11.1, das die Absatzentwicklung von Oberklassen- und Massenherstellern im Luxussegment konzeptionell darstellt, hilft zu verdeutlichen, worum es geht.

Unter der Annahme, daß mit jedem Modellwechsel wesentliche Leistungsverbesserungen verbunden sind, und unter Vernachlässigung der kleineren Verbesserungen zwischendurch ergibt sich ein stufenartiges Muster der Leistungssteigerung mit der Zeit. Unter diesen Annahmen wird die langfristige Fortschrittsrate von zwei Faktoren bestimmt: dem Modellwechselintervall und der Höhe des Leistungssprunges je Modellwechsel.

Wie in Kapitel 3 erörtert, war der Schlüssel zu einem erfolgreichen Oberklassenprodukt eindeutige funktionale Überlegenheit. Solche Überlegenheit gebietet einen Aufpreis, erhöht das Produktimage und leistet der Markentreue Vorschub. Traditionelle Organisation und Prozesse der Oberklassenhersteller – mit Betonung der Spezialisierung nach Fachbereichen und eines auf Perfektionierung ausgerichteten Entwicklungsprozesses – haben mit jedem Nachfolgemodell einen großen Sprung nach oben erleichtert. So haben diese Hersteller ihren technischen Vorsprung trotz langer Modellaufzeiten gewahrt. Der Erfolg dieser Strategie hat einige japanische Massenhersteller frustriert, die zusehen mußten, wie jedesmal, wenn ihre beharrlich verfolgte Politik der häufigen kleinen Schritte sie in die Nähe großer Vorbilder gebracht hatte, diese durch einen großen Sprung nach oben wieder außer Reichweite gerieten.

Gegen Ende der 80er Jahre nahmen einige japanische Hersteller Firmen wie Mercedes-Benz, BMW und Porsche ins Visier. Obwohl diese Spezialisten mit neuen Modellgenerationen und einem weiteren Leistungssprung antworten werden, ist der Wettbewerb jetzt intensiver, besonders auf dem US-Markt, wo die Kunden nicht so markentreu gegenüber den traditionellen Namen sind wie in Europa.

Was wird als nächstes geschehen? Wir können uns mindestens drei Szenarien vorstellen:

Massenhersteller stößt an eine Leistungsgrenze

Im ersten Szenario stoßen die Massenhersteller an eine Schallmauer der Produktleistung. Unfähig, wirkliche Oberklassenprodukte mit einer Methode häufiger kleiner Schritte zu entwickeln, verlangsamt sich ihr Leistungsaufholtempo. Diejenigen, die weiter auf das Oberklassensegment zielen, müssen sich an das Spiel dieser Klasse anpassen, indem sie ihre Organisation und Prozesse ändern, sie sequentieller und perfektionistischer machen und die Entwicklungszeit und die Modellwechselperioden verlängern. Weil diese Organisation und diese Prozesse sich mit denen für die Schaffung von Produkten der unteren Preisklassen nicht vertragen, werden einige von ihnen Organisationen für die Oberklassenmodelle aufbauen. Die Strategie der Renommierfirmen überlebt also bis in die 90er Jahre, aber diese strategische Gruppe wird größer und internationaler.

Oberklassenhersteller ändern ihren Entwicklungsprozeß

Im zweiten Szenario gelingt es einigen Massenherstellern, überzeugende Oberklassenmodelle zu entwickeln. Dadurch zwingen sie die etablierten Hersteller zu Änderungen in Organisation und Management durch Übernahme von Organisationselementen der besseren Massenhersteller und zur Verkürzung der Entwicklungszeit, um mit den Herausforderungen Schritt zu halten. Im Extremfall geben die Oberklassenhersteller ihre Strategie auf und »steigen hinab« in die säkulare Welt der Massenhersteller. Der Ursprung dieses Trends geht auf die 70er und 80er Jahre zurück, als Nobelmarken erstmals niedriger positionierte Fahrzeuge (wie Mercedes 190 und Porsche 924/944) anboten. Letztlich verschwindet die Oberklassenstrategie durch Verschmelzung mit der des Massenherstellers.

Oberklassenspezialisten schaffen neues Höchstklassesegment

Im dritten Szenario sind einige Massenhersteller erfolgreich, aber die Oberklassenfirmen passen sich durch Erweiterung ihrer traditionellen Strategie an. Statt ihren Entwicklungsprozeß zu ändern, nutzen sie ihre Fertigkeiten für noch größere Leistungssprünge und steigen auf in ein Superoberklassesegment. Das würde eine Schwerpunktverlagerung von Fahrzeugen der Preislage zwischen 30 000 und 70 000 $ und 200 bis 220 km/h beherrschbarer Höchstgeschwindigkeit auf solche zwischen 60 000 und 100 000 $ mit Geschwindigkeiten von 240 bis 270 km/h bedeuten. Dadurch könnten die Oberklassenhersteller ihre Dominanz in einer neugeschaffenen Marktnische aufrechterhalten. Aber diese Nische könnte sehr klein sein, weil nur wenige Käufer 30 000 $ Aufpreis zahlen würden für einen Leistungsunterschied, den sie kaum je »erfahren« würden.

Während diese Nische eine Brücke für kleine Superautohersteller wie Ferrari (jetzt Teil von Fiat) oder Lamborghini darstellen könnte, wäre sie wahrscheinlich zu klein, um Firmen der Größe von Daimler-Benz zu ernähren, die im Jahr 2000 vielleicht ein diversifizierter Industriegigant mit Schwerpunkten in Elektronik und Luft- und Raumfahrt ist, statt eines großen Akteurs in der Automobil-Oberklasse.

Die drei Szenarien sind natürlich hypothetisch. Wahrscheinlicher ist eine Kombination der drei – gegenseitige Anpassung zwischen Oberklassen- und Massenherstellern. Schon beginnen die ersteren, Fachbereiche innerhalb ihrer Organisationen zu integrieren und Entwicklungszyklen zu beschleunigen, und letztere ändern ihren Entwicklungsprozeß für ihre Topmodelle. Tatsächlich brauchen die Oberklassenfirmen nicht ganz so schnell zu werden wie die Massenhersteller. Wenn sie dieselben Leistungssprünge beibehalten und die Entwicklungszeiten geringfügig verkürzen können, mag das ausreichen, einen gewissen Vorsprung vor den Massenfertigern zu bewahren. Wenn sie gleichzeitig das Supersegment angehen, könnte sich eine Mischstrategie ergeben: Für die Produkte der niedrigeren Preisklasse, die mit Modellen der Massenhersteller direkt konkurrieren, eine Verkürzung der Entwicklungszeit und ein stärker integriertes Vorgehen bei der Entwicklung sowie das Trachten nach außergewöhnlichen Leistungssprüngen für die teuersten und exklusivsten Modelle, durch die das Image gewahrt und die Reputation eines Herstellers der Superlative weiter gesteigert wird.

Wie auch immer sich diese Anpassungen vollziehen werden, es ist wahrscheinlich, daß in den 90er Jahren die Unterschiede zwischen Massenherstellern und Nobelmarken längst nicht so kraß sein werden wie in den 80ern.

Die Verlagerung des Wettbewerbsschwerpunktes

Die Rivalität zwischen einzelnen Produkten, ein wichtiges Wettbewerbsmerkmal der 80er Jahre, wird sich in den 90er Jahren intensivieren. Neue Produktentwicklungsprojekte werden großes Gewicht auf hervorragende Ausführung legen. Während der Konkurrenzdruck zu einer Angleichung der Projektleistungen der überlebenden Wettbewerber führt, müssen führende Hersteller nach Vorteilen in anderen Dimensionen der Produktentwicklung suchen. Die Quellen überlegener Leistung der Produktentwicklung in den 80er Jahren – integrierte Entwicklung, starke

Führung zu externer und interner Integration, eingespieltes Zulieferer-netz – sind auch in Zukunft von ausschlaggebender Bedeutung, aber sie sind nicht mehr hinreichend zur Erzielung eines Wettbewerbsvorteils.

Abb. 11.2 beschreibt vier Ebenen produktbezogenen Managements, die diese Vorstellung einer Verlagerung des Wettbewerbsschwerpunktes verdeutlichen helfen: Technologie (Komponente), Einzelprodukt, Produktlinie eines Unternehmens, Produktpalette im Unternehmensverbund. Wir vermuten, daß sich der Wettbewerbsschwerpunkt, der in den 80er Jahren auf dem einzelnen Produkt lag (Produktintegrität, Projektentwicklungszeit und -produktivität, usw.), auf andere Ebenen oder mehrere Schwerpunkte verlagern wird, in dem Maße, in dem sich die Leistungsunterschiede auf der Projektebene verringern. Wenn dies zutrifft, gewinnt Ausgewogenheit zwischen diesen Ebenen kritische Bedeutung.

Abb. 11.2: Hierarchie des Produktentwicklungsmanagements

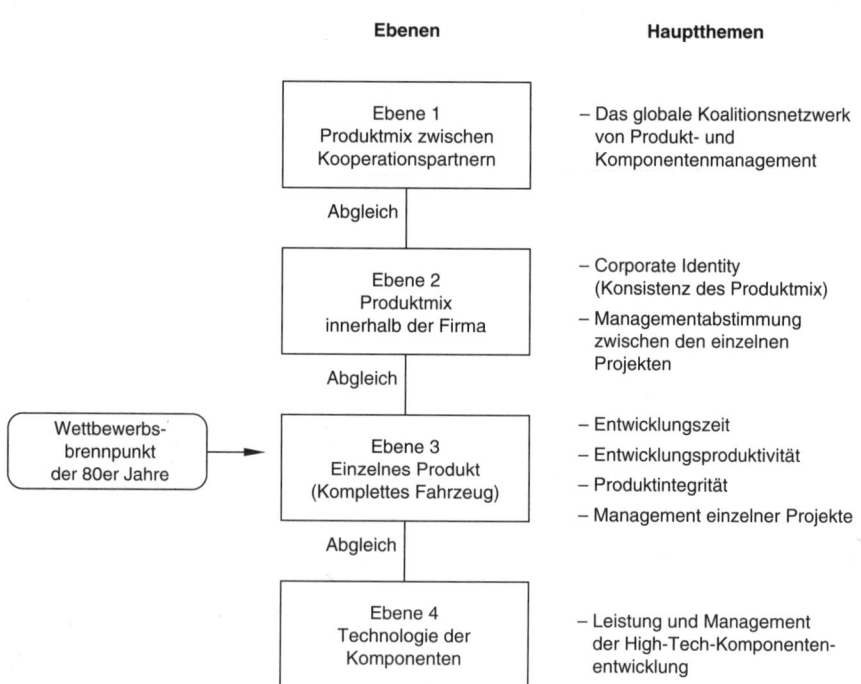

302

Auf der Ebene der Produktlinie erwarten wir, daß Kunden der 90er Jahre zunehmend auf Corporate Identity (C. I.) achten. In dem Maße, in dem dies geschieht, wird es schwieriger, wirkungsvoll auf der Basis der Stärken einzelner Produkte zu konkurrieren, ohne ein deutliches und konsistentes Thema für die Produktlinie als Ganzes. Autohersteller werden in den 90er Jahren einen subtilen Balanceakt zwischen Corporate Identity in der Produktlinie und Attraktivität und Vielfalt bei einzelnen Produkten ausführen müssen.

Corporate Identity in dieser Bedeutung ist mehr als oberflächliche Gemeinsamkeit von Emblemen, Konturen, Kühlergrill oder durch Werbung verbreitetes gemeinsames Image. Sie drückt sich vielmehr auf der tieferen Ebene der Produktcharakteristik in gemeinsamen Themen aus, etwa in der Art, wie Details von Funktion und Form in Hardware quer über die gesamte Produktpalette gleichartig zusammenspielen. So ist sie

Abb. 11.3: Konzeptgruppierungsschema: Die sich abzeichnende Gruppierung im Weltmarkt

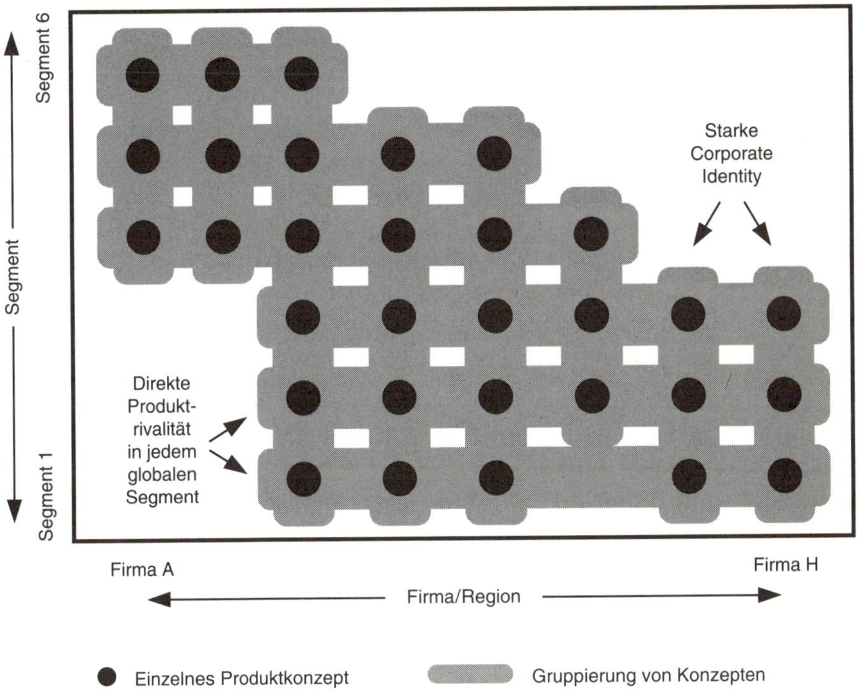

303

mehr als Marketing oder kosmetischer Ziereffekt und bezieht den gesamten Produktentwicklungsprozeß und die Organisation mit ein.

Abb. 11.3 verwendet ein Konzeptgruppierungsschema wie die in Kap. 3 vorgestellten, um das sich abzeichnende neue Spiel des Wettbewerbs zu illustrieren. Firmen sind entlang der horizontalen Achse angeordnet und Produktsegmente entlang der vertikalen. Jedes Produktkonzept ist so Bestandteil einer Firma und eines Marktsegments. Verbindungen zwischen Produktkonzepten bedeuten die Konzeptgruppierungen im Markt. Vertikale Gruppierungen deuten auf eine starke Firmenidentität hin, in der die einzelnen Produkte gleiche konzeptionelle Themen verkörpern. Horizontale Gruppierungen bedeuten ein starkes Segmentkonzept und direkte Produktrivalität. Das Schema stellt den Rahmen des automobilen Wettbewerbs der 90er Jahre dar, in dem sich Konzepte global um Hersteller und Segmente gruppieren. In einem solchen Umfeld müssen Firmen um Ausgewogenheit zwischen Konzeptgemeinsamkeit aller Produkte in der Produktlinie und Konzeptabgrenzung innerhalb eines Segments bemüht sein.

Diese beiden Achsen auszubalancieren heißt gezielte Koordinierung zwischen Projekten. Hierbei können Firmen in beiden Richtungen Fehler machen. Durch Überbetonung der Gemeinsamkeit opfern sie leicht Produkteigenständigkeit. General Motors' sogenannte »C«-Typ-Familie (bestehend aus Versionen für Cadillac, Buick und Oldsmobile) hatte eine gemeinsame Silhouette, für die eine senkrechte Heckscheibe charakteristisch war. Als eine ähnliche Silhouette bei viel billigeren GM-Modellen auftauchte (wie den »A«-Modellen von Oldsmobile, Chevrolet, Buick und Pontiac), empfanden die US-Verbraucher das als Mangel an Unterscheidung zwischen den Firmenmarken und nicht als Ausdruck einer Corporate Identity. Das hat besonders dem Cadillac geschadet. Die Kunden fragten, warum sie einen Cadillac kaufen sollten, wenn er wie ein Oldsmobile aussehe. Mazdas Produktlinie Mitte der 80er Jahre stellte den gegenteiligen Fall mangelnder Corporate Identity dar. Die Produkte genossen einen guten Ruf in bezug auf Konstruktion und Produktintegrität*, aber außer einem vagen europäischen Flair fehlte ihnen eine durchgängige Gemeinsamkeit.

Ein Vergleich der Abbildungen 3.1 und 11.3 läßt erkennen, daß die neue Wettbewerbsherausforderung der Ausgewogenheit zwischen Produktlinie als Ganzes und den einzelnen Produkten unterschiedliche

---

* Die Beliebtheit der Mazda-Modelle im technisch anspruchsvollen Deutschland bestätigt diese Ansicht.

Bedeutung für die Hersteller in den einzelnen Regionen hat. Für europäische Firmen geht es darum, die Leistungen der einzelnen Projekte zu steigern und gleichzeitig die traditionell starke Corporate Identity zu erhalten. Ja, man kann die wachsende Betonung der Corporate Identity auch als »Europäisierung« des Weltmarktes verstehen, weil europäische Kunden von jeher Corporate Identity im tieferen Sinne geschätzt haben. Europäische Firmen müssen sich bemühen, diesen anfänglichen Vorteil beizubehalten, während sie gleichzeitig die Entwicklung einzelner Produkte mehr auf die Bedürfnisse verschiedener und sich ändernder Märkte ausrichten. Das erfordert stärkeres Projektmanagement.

Für japanische Firmen ergeben sich andere Prioritäten. Wegen ihrer Binnenmarkterfahrung und starken Produktrivalität erfreuen sie sich eines natürlichen Vorteils bei schneller und effizienter Entwicklung – entscheidende Fähigkeiten im neuen globalen Wettbewerbsspiel. Traditionell haben sich japanische Hersteller auf Konkurrenz zwischen Produkten konzentriert und weniger darauf geachtet, gemeinsame Konzeptideen über die gesamte Produktlinie hin zu verfolgen. Sie wurden dabei von japanischen Kunden bestätigt, die an unvollständige Produktkonzepte gewöhnt und somit gegenüber einer Corporate Identity insensibel waren. Einige japanische Firmen begannen Mitte der 80er Jahre, ihre C. I. zu stärken, aber die meisten hinken diesbezüglich europäischen Firmen hinterher. Weil der Markt zusammenhängende Produktlinien erwartet, wird eine Aufgabe für japanische Hersteller die Verbesserung der Koordinierung zwischen Projekten sein, ohne die Reaktionsschnelligkeit und die Vielfalt einzelner Projekte zu gefährden. Dies ist eine genauso schwierige Aufgabe wie die der Europäer.

US-Hersteller müssen sich an beiden Fronten erheblich anstrengen. Auf der Ebene des einzelnen Produkts müssen sie die Entwicklung schneller und effizienter machen und die Produktintegrität durch verstärkte Einbindung der Zulieferer in die Entwicklungsorganisation verbessern. Auf dem Niveau der Produktlinie müssen sie ihre bisherige Salamitaktik gegenüber der C. I. ändern, die auf Gleichheit von Komponenten und speziellen Styling-Elementen gründet. Angesichts wachsender Kundenerwartungen an die Konsistenz einer Produktlinie auf fundamentalen Produktebenen müssen die US-Hersteller auf ein ganzheitliches Vorgehen bezüglich C. I. umstellen – Verwirklichung eines gemeinsamen Konzeptthemas über alle Modelle durch Abstimmung von Komponenten, Layout und Styling.

Erfolg in den 90er Jahren wird in wachsendem Maße vom Management der gesamten Produktlinie abhängen. Hersteller, die sich nur auf Projektmanagement konzentrieren, ohne auf thematische und konzeptionelle Integrität zwischen Modellen zu achten, gehen ein beträchtliches Risiko ein.

Abgleich zwischen Technologie- und Produktentwicklung

Eines der Wettbewerbsthemen der 80er Jahre war Ausgewogenheit und Integrität der Gesamtfahrzeugleistung. Neuerungen bei der Komponententechnik (wie Mehrventilmotoren) spielten eine Rolle, waren aber nur dann ein Erfolg, wenn sie mit anderen Komponenten und dem Gesamtfahrzeugkonzept integriert waren. Komponententechnologie könnte in den 90er Jahren an Bedeutung gewinnen. Dadurch ergäbe sich die Notwendigkeit, kürzere Zeiten für die Fahrzeugentwicklung gegen längere für die Entwicklung neuer Technologien abzuwägen – bei gleichzeitiger Wahrung der Produktintegrität.

Abb. 11.4 faßt das Problem zusammen. Die obere Bildhälfte besagt, daß zunehmende Unbeständigkeit der Wettbewerbsumfelder eine weitere Verkürzung der Entwicklungszeiten verlangt, während rascher technologischer Fortschritt nicht nur bei Elektronik und neuen Werkstoffen, sondern auch bei der Neugestaltung mechanischer Komponenten wie Motoren und Radaufhängungen die Technologieentwicklung zeitaufwendiger macht (oft fünf bis sieben Jahre und länger). Entwicklungszeiten für Komponenten können so jene für Fahrzeuge übersteigen, besonders in Japan, wo letztere bereits kurz sind.

Eine gängige Antwort auf die Unterschiede in Entwicklungszeit ist Vorausentwicklung, durch die Hochtechnologiekomponenten – wie Motoren, Getriebe und Radaufhängungen – im voraus entwickelt und auf Eis gelegt werden, bis sie von Entwicklungsingenieuren aufgegriffen und für neue Fahrzeuge nach Bedarf verwendet werden. Dies koppelt faktisch die Technologie von der Produktentwicklung ab.

Solches Abkoppeln läuft jedoch das Risiko, daß »eingefrorene« Technik angewendet wird, ohne große Prüfung, ob die Produkt- und Technologiekonzepte zueinander passen. Diese Art von Technologieschub mag für einen Markt gut sein, in dem Kunden neue Technologien akzeptieren, egal wie sie ins Gesamtkonzept passen. In der Vergangenheit hat die Begeisterung japanischer und besonders der jungen Käufer für neue Techniken einer Firma, die in ein neues Modell eine gewisse Dosis von »Ersteinsatz einer Technik in seiner Klasse« injizierte, eine beträchtliche Absatzsteigerung beinahe garantiert.

Aber Produkte und Märkte ändern sich. Aus der unteren Hälfte von Abb. 11.4 erkennen wir die zunehmende Bedeutung, die Kunden der

306

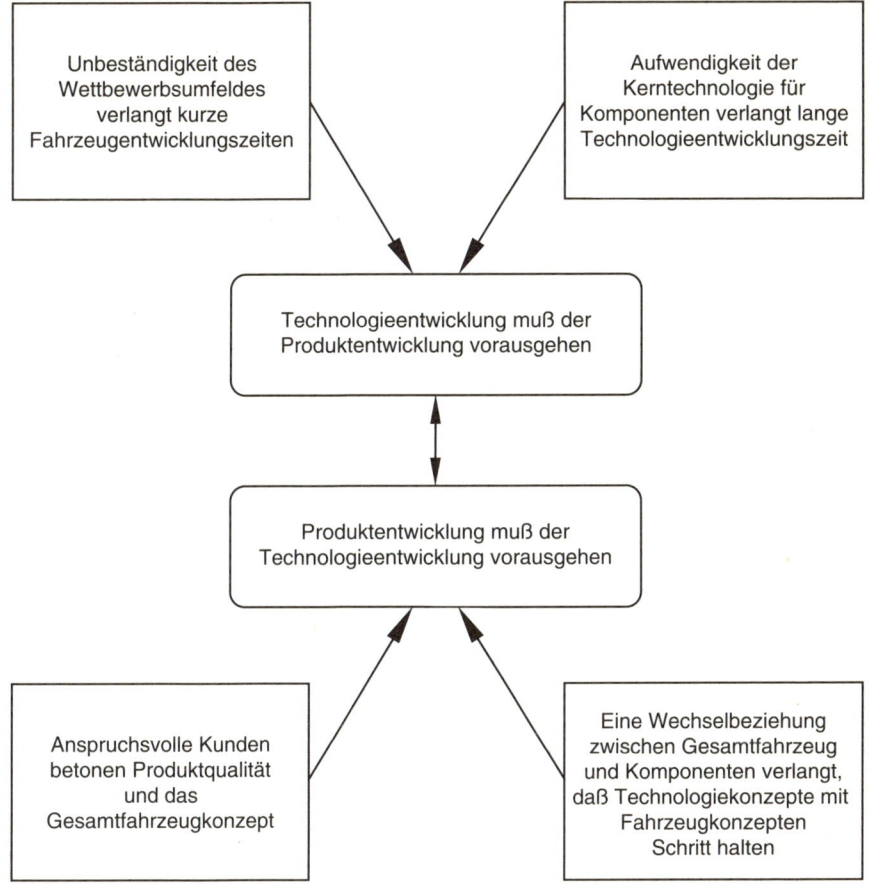

Produktintegrität beimessen, ein Trend, der sich aus den 80er Jahren fortsetzt, und die Entwicklung zu technisch kohärenten Produkten mit engerem Zusammenhalt zwischen einzelnen Komponenten und dem Fahrzeug als Ganzes. Die Antwort der Hersteller auf diese Kräfte muß eine Abstimmung der Technologieentwicklung auf das Fahrzeugkonzept sein. Theoretisch bedeutet das, daß die Fahrzeugentwicklung der Technologieentwicklung vorausgehen und diese antreiben müßte. Das steht aber im Widerspruch zu der Forderung nach kurzen Fahrzeugentwicklungszeiten, weil aufwendige Komponentenentwicklung länger dauert.

Ein Beispiel aus jüngerer Zeit unterstreicht die wachsende Bedeutung der Übereinstimmung von Fahrzeug und Komponenten. Honda und

Mazda führten als erste 1987 Vierradlenkung auf dem japanischen Markt ein. Obwohl die Technik unterschiedlich war (Mazda verwendete elektronische Steuerung, Honda mechanische), waren beide Systeme einigermaßen ausgeklügelt, wirtschaftlich und zuverlässig. Auf dem japanischen Markt der 70er Jahre hätten sicher beide Erfolg gehabt. Aber Ende der 80er Jahre schnitten sie recht unterschiedlich ab. Hondas Produkt war ganz erfolgreich, Mazdas hatte schwachen Absatz und galt bald als Flop. Einige Industriebeobachter schrieben Mazdas enttäuschende Ergebnisse schnell einer konzeptionellen Unstimmigkeit zwischen Fahrzeug und Komponente zu. Honda hatte sein 4WS-System im Prelude installiert, einem zweitürigen Coupé, Mazda in einem fünftürigen Wagen mit Fließheck. Japanische Käufer assoziierten 4WS mit sportlichem, fortschrittlichem Image, was zum Prelude paßte. Der fünftürige Fließheck dagegen, ein Familienfahrzeug, wurde nicht als sportlich und progressiv angesehen, also war die Botschaft an den Konsumenten irreführend.

Die 4WS-Episode veranschaulicht, wie unangemessen die Kühlschrank- oder Regalaufbewahrungsmethode bei der Technologieentwicklung ist, für die sich abzeichnenden Herausforderungen an die Autohersteller: gleichzeitig kürzere Fahrzeugentwicklungszeiten, raffinierte Komponententechnik, Produktintegrität und Konzeptharmonie zwischen Fahrzeugen und Komponenten zu erreichen. Es gibt mindestens drei alternative Wege der Technologieentwicklung. Der erste und üblichste ist, einen langfristigen Technologieentwicklungsplan aufzustellen – einen Technologiezyklusplan – und ihn mit einem langfristigen Fahrzeugentwicklungsplan oder Fahrzeugzyklusplan abzustimmen.* Der Technologiezyklusplan könnte durch zentrale Steuerung der Fahrzeug-/Komponentenentwicklungsprojekte spezielle Technologieentwicklungen lenken, um trotz der Entwicklungszeitunterschiede eine »Passung« von Produkt und Technik zu erzielen. Schlüssel bei diesem Vorgehen ist die Einbeziehung von Fahrzeug- und Technologiekonzeptelementen in Langfristpläne, etwas, was gewöhnliche Zyklusplanung mit Schwerpunkt auf Terminen und Ressourcenzuordnung meist nicht wirksam tut.

Eine zweite Alternative, die man Multigenerations-Konzeptentwicklung nennen könnte, ist, den Produktmanager der laufenden Projekte für die Entwicklung neuer Konzepte für die übernächste Generation verantwortlich zu machen. Zu seiner Verantwortung für die laufende Hardware-Entwicklung für die Modelle der nächsten Generation käme die

---

* Toyota und Nissan haben beide Mitte der 80er Jahre eine Technologiezyklusplanungsgruppe eingerichtet.

Entwicklung einer Vision oder Konzeptidee hinzu, wie sich das Modell über mindestens zwei Generationen hin fortentwickelt. Dadurch könnte der Produktmanager die Komponententechnikentwicklung führen und die Entwicklungszeiten kurz halten. Er könnte den Vorausentwicklungs-ingenieuren sagen: »Ich brauche diese und jene Komponententechnik für mein Fahrzeug. Ich weiß, daß es für das nächste Modell zu spät ist, aber im übernächsten will ich sie haben.« So bekämen Vorausentwicklungsin-genieure sieben bis acht Jahre eingeräumt, ein Zeitraum, der auch für ausgeklügeltste Technik reicht, trotz eines Modellwechselzyklus von vier Jahren.

Mehrgenerations-Konzeptentwicklung bedeutet, verglichen mit der Technologiezyklusplanung, ein dezentralisiertes Vorgehen, in dem jeder Produktmanager die langfristigen Produktkonzepte für eine bestimmte Modellreihe sehr stark beeinflußt. Die Herausforderung bei dieser Alter-native liegt im Abgleich von Änderungen und Kontinuität von Produkt-konzepten. Die Methode unterstellt eine gewisse Beständigkeit inner-halb einer Produktlinie über die Generationen hinweg, jedoch muß sie in der Lage sein, Produktkonzepte zu modifizieren, wenn Markt oder Technologie sich unerwartet ändern. Grundthemen für Modelle über Generationen hin beizubehalten, aber Produktdetails zu verändern ist eine wichtige Aufgabe der 90er Jahre.

Eine dritte Alternative ist, Geschwindigkeit und Effizienz von Tech-nologieentwicklungsprojekten so zu steigern, daß sie schneller die Be-dürfnisse der Fahrzeugentwicklung erfüllen können. Das verschiebt den Konkurrenzschwerpunkt vom Management der Fahrzeugentwicklung auf das der Komponentenentwicklung. Einsatz fortgeschrittener CAD-CAM-CAE-Simulationstechnik kann spektakuläre Auswirkungen auf Leistungssteigerungen in High-Tech-Komponentenprojekten haben. Nehmen wir ein Mehrgelenkhinterradaufhängungssystem. Das ist eine sehr komplexe Technik mit vielen Variationsmöglichkeiten. Daimler-Benz benutzte CAD-CAE-Simulation ausgiebig bei der Entwicklung des Mehrgelenksystems für das Modell 190 zur Vorauswahl von Grundkonfi-gurationen und -geometrien. Die Mercedes-Ingenieure reduzierten die Alternativen mit Hilfe des Computers auf acht Konzepte mit 70 Varian-ten und beendeten die Auswahl mit Hilfe von Prototypen. Nissan verließ sich anscheinend noch stärker auf CAD-CAE-Simulationen zur drasti-schen Zeitverkürzung bei der Entwicklung seiner Version einer Mehrge-lenkradaufhängung.[4] Auch die Entwicklung neuer Motoren kann we-sentlichen Nutzen aus CAD-CAE ziehen. Einige Ingenieure schätzen, daß Computersimulation bis zu drei Prototypgenerationen einsparen kann.[5]

Computertechnik ist kein Allheilmittel. Integration von Komponentenentwicklungsgruppen, Vergrößerung des Aufgabenspektrums und Reduzierung der Prototypzyklen sind sämtlich bedeutungsvoll für die Verkürzung der Komponentenentwicklungszeit. In der Praxis mag die wirkliche Antwort auf die Frage des Passens fortgeschrittener Komponenten zu Fahrzeugen auf eine Kombination der drei alternativen Vorgehensweisen hinauslaufen, verbunden mit einer Abwandlung der »Kühlschrankmethode«. Eine Firma könnte beispielsweise sowohl langfristige Pläne für Technologie und Produkte erstellen als auch Multigenerationskonzeptentwicklung betreiben. Die Beteiligten – Planer, Ingenieure und Produktmanager – müßten dabei eng zusammenarbeiten und Pläne gemeinsam erstellen. Der Technologieplan mit starkem Bezug auf die Produktpläne und Konzepte der nächsten Generation wäre die Basis für Vorausentwicklungsprojekte. Solch eine Kombination von Planung und Konzeptentwicklung kann Projekte zeitgerecht initiieren und mit Fahrzeugkonzepten verknüpfen, aber um das Problem der Unsicherheit und der Notwendigkeit des Reagierens auf neue Gefahren und Chancen in den Griff zu bekommen, werden effektive Komponentenentwicklung und ein modifiziertes Kühlschrankkonzept benötigt. Bei Komponenten, die große Unsicherheiten in sich bergen, würden Vorausprojekte nicht endgültige Produkte entwickeln, sondern vielmehr nur das kritische Know-how der Fahrzeugentwicklung vorgelagert aufbauen, was darauf hinausläuft, den Kühlschrank oder das Regal mit technischem Handlungsvermögen zu füllen.

Technisches Know-how kommt selten in Form marktreifer Komponenten aus diesem Vorratsregal. Diese müssen vielmehr mit dem Fahrzeug, vorzugsweise in integrierter Weise, fertig entwickelt werden. Wenn so unerwartete Gefahren und Chancen auftauchen, ist es wichtig, die Fähigkeit zur integralen Kurzzyklusentwicklung zu besitzen, um vorhandenen Kühlschrank-Know-how-Vorrat schnell in verkaufsfähige Produkte einzubringen.

Je komplexer Komponenten und Technologien werden, um so mehr rückt das Gesamtmanagement von Technologie und Komponentenentwicklung in den Brennpunkt des Wettbewerbs. Das Lösen des Fahrzeug-/Komponentendilemmas ist eine gewaltige Aufgabe. Das Vereinigen von gemeinsamer konzeptorientierter Planung, das Management von technischem Know-how und effektive Komponentenentwicklung helfen, vorausgesetzt, daß das Unternehmen über die notwendigen Fertigkeiten der Planung, starker bereichsübergreifender Kommunikation, hervorragender Produktentwicklung und durchdachten Wissensmanagements verfügt. Firmen, die auf der Suche nach einem Wettbewerbsvorteil für die

90er Jahre sind, könnten ihn in der Fähigkeit finden, dieses Dilemma zu lösen.

Das Management des globalen Koalitionsnetzwerks der Produktentwicklung

Das globale Netzwerk, das beträchtliche Anforderungen an die internen Entwicklungs- und Fertigungskräfte stellt und sich auf multiple Kompetenzzentren in den wichtigsten Industrienationen und einigen Entwicklungsländern stützt, wird voraussichtlich auch ein Wettbewerbsschwerpunkt der 90er Jahre.

Zusammenarbeit mit Wettbewerbern ist eine Möglichkeit, den Bedarf an neuen Produkten zu decken. Die Herausforderung an die Autohersteller, die ein Netzwerk von Kooperationen ausnützen wollen, ist, die Integrität ihres internen Produktmixes und einzelner Produkte zu bewahren und gleichzeitig von gemeinsamen Produkt-/Komponentenentwicklungen mit anderen Firmen zu profitieren. Das bedeutet, widersprüchliche Anforderungen von internen und gemeinsam entwickelten Produkten in Übereinstimmung zu bringen. Die Entwicklungen in den 80er Jahren haben einen Rahmen für das Entstehen von Netzwerkmanagement als wichtigem Wettbewerbsfaktor in den 90er Jahren hergestellt.[6] Mit der Intensivierung des globalen Wettbewerbs während der 80er Jahre suchten große Hersteller Kooperationen mit anderen Firmen in begrenzten Produkt- oder Komponentenbereichen, um Schwächen bei bestimmten Modellen oder Technologien wettzumachen. Einige Fusionen mit und Aufkäufe von kleinen Firmen fanden statt (so Fiat mit Alfa Romeo und Ford mit Jaguar), aber hauptsächlich handelte es sich um lose Verbindungen zwischen unabhängigen Firmen für gemeinsame Entwicklung und OEM-Bezug kompletter Fahrzeuge, Motoren und Getriebe sowie gemeinsame Produktion und andere technische oder Vertriebszusammenschlüsse. Daraus ergab sich ein weltweites Netzwerk, in dem Firmen gleichzeitig miteinander kooperierten und gegeneinander konkurrierten (vgl. Abb. 11.5).

Das lose Gewebe von Koalitionen, das heute die ganze Industrie überdeckt, sieht ganz anders aus, als es einige Industrieanalytiker Anfang der 80er Jahre vorhergesagt haben – daß nämlich nur acht bis zehn Giganten die Dekade überleben würden. Kleinere Autofirmen haben durch Beteiligung am Netzwerk und den Austausch von technischen Managementressourcen überlebt, und keine größere Firma hat es vermeiden können, ein Netzwerkteilnehmer zu werden. Die Firmen bewahren

Abb. 11.5: Globales Netzwerk der Automobilhersteller Ende der 80er Jahre

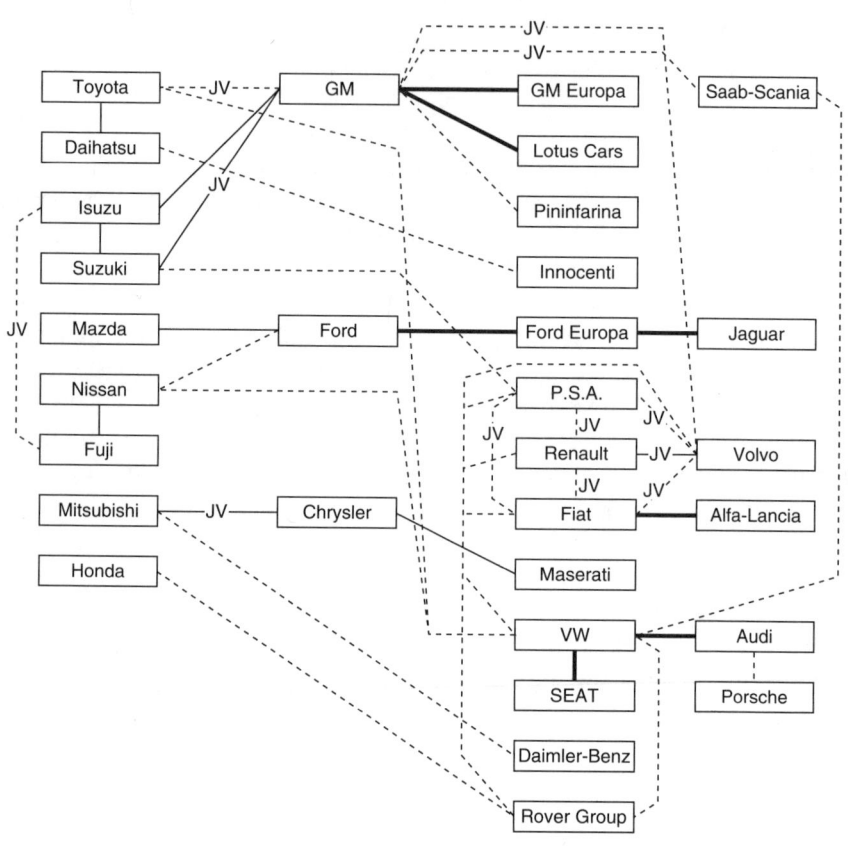

Quelle: JAMA, verschiedene Zeitschriften und Zeitungen

— Mehrheitsbeteiligung   — Minderheitsbeteiligung
--- keine Kapitalverflechtung   JV   Joint Venture

ihre Unabhängigkeit durch Beschränkung der Bindungen auf bestimmte Gebiete und Gemeinsamkeiten mit mehreren Firmen. So produzierte Renault in den 80er Jahren Automatikgetriebe mit VW, Dieselmotoren mit Fiat und Benzinmotoren mit Peugeot und Volvo.* Im selben Zeitraum bezog Chrysler Motoren von VW und Mitsubishi sowie fertige Fahrzeuge

---

* Einige dieser Partnerschaften sind bereits wieder in die Brüche gegangen.

von Mitsubishi und Maserati. Ford entwickelte den Probe und den Escort gemeinsam mit Mazda und einen Minivan mit Nissan. GM hat Geschäftsverbindungen (Joint-Ventures oder Beteiligungen) mit Toyota, Isuzu, Suzuki, Volvo, Pininfarina und Saab und ist größter Anteilseigner von Lotus Cars. Praktisch alle Spieler in der weltweiten Industrie sind in das globale Netzwerk von Kooperationen einbezogen und tauschen Zeichnungen, Werkzeuge, Komponenten und komplette Fahrzeuge zu verschiedenen Graden und mit verschiedenen Firmen aus.

Diese globale Netzwerkstruktur hat größere Auswirkungen auf das Management der Produktentwicklung, nämlich den Zwang, zwischen Kohärenz der internen Produktlinien (Corporate Identity) und der Produktintegrität einerseits und den Vorteilen des Austauschs von Produkten und Komponenten mit anderen Firmen andererseits abzuwägen. So mag die Entwicklung eines Autos zusammen mit anderen Firmen Entwicklungskosten einsparen und Absatzchancen vergrößern, aber auch Produkteigenschaften einführen, die unverträglich mit der Corporate Identity der Firma sind. Ein Produktmix nach Art eines Mosaiks kann die Kohärenz des Firmenimage zerstören und Kunden verwirren. Ähnlich kann gemeinsame Komponentenentwicklung der Integrität der Modelle schaden, die sie verwenden. Im Zeitalter globaler Netze genügt die reine Teilnahme am Netzwerk nicht, um Wettbewerbserfolg zu garantieren, weil ja alle Spieler mehr oder weniger eingebunden sind. Die eigentliche Frage ist, ob eine Firma Koalitionsverbindungen herstellen kann, die die Kosten senken und den Produktinhalt verbessern, ohne die Corporate Identity zu opfern.

Unter den Beispielen nützlicher Entwicklungskoalitionen war »Projekt Vier«, in dem vier europäische Hersteller – Fiat, Lancia, Alfa Romeo und Saab – gemeinsam Mittelklassemodelle entwickelten, die gleiche Bodengruppen und andere Komponenten verwendeten, aber dennoch ihre eigene Identität behielten und vom Markt als unterschiedliche Produkte aufgenommen wurden. Ein weiteres Beispiel ist der Ford Probe, eine Gemeinschaftsentwicklung von Ford und Mazda für den US-Markt. Ford-Ingenieure verwendeten das Chassis und die Karosseriezelle des Mazda 626, dessen Handling einen guten Ruf hat, und entwickelten Außenhaut und Interieur sowie die Fahrzeugauslegung neu. Das Ergebnis war hervorragende Mazda-Funktionalität in einem sehr erfolgreichen Sportcoupé mit klarer Ford-Identität.

Nicht alle Entwicklungskoalitionen waren erfolgreich. GM z. B. hat lange um ein kohärentes Produktprogramm aus seinem globalen Netzwerk gerungen. Ein Joint-Venture mit Toyota (Nummi), unter eigenem Namen vertriebene Importfahrzeuge von Isuzu und Suzuki und das von

Daewoo in Korea importierte deutsche Opel-Kadett-Modell ergaben keine kohärente Produktlinie im Subkompaktsegment dieses Konzerns. Der Charakter dieser Modelle war farblos, und indem es nicht gelang, ein starkes Image für die neuen GM-Subcompacts aufzubauen, mag diese »Identitätskrise« zur Erosion von GMs Marktanteil während der 80er Jahre beigetragen haben. Die kürzliche Schaffung des GEO-Vertriebskanals für kleinere, mit ausländischen Partnern entwickelte Autos kann GM helfen, Konsistenz und Kohärenz in das Subkompakt-Produktangebot zu bringen.

Diese Erfahrungen besagen, daß sich netzwerkbezogene Wettbewerbsvorteile in den 90er Jahren nicht daraus ergeben, daß man Teil des Netzwerks ist, oder daraus, wie sehr man das Netzwerk beansprucht, sondern daraus, wie gut man das Netzwerk managt. Es ist relativ leicht, zu anderen Firmen Verbindungen aufzubauen, aber es ist schwer, diese Verbindungen gut funktionieren zu lassen, und noch schwerer, dies zu tun, ohne die eigene Corporate Identity und Produktintegrität zu zerstören. Weil das schwer ist, ergibt sich für Firmen, denen dies dennoch gelingt, ein Entwicklungsvorsprung.

Die Herausforderung ist, eine wirksame Koalition von globalen Partnern aufzubauen und zu managen. Das verlangt nicht nur die Art von Fertigkeiten, die man braucht, um Verbindungen auf- und auszubauen, wie sie für jede überbetriebliche Zusammenarbeit wichtig sind, sondern auch die Fähigkeit, komplexe Gruppen aus verschiedenen Ländern und Kulturen zu managen. Gemeinsame Entwicklungsprojekte zu managen ist Teil eines allgemeinen Problems, dem Firmen beim Aufbau eines effizienten globalen F&E-Netzwerks gegenüberstehen. Es scheint klar zu sein, daß die Fähigkeit, internationale Koalitionen zu managen, von der Qualität und dem Grad der Einbindung in die internationalen Operationen eines Unternehmens abhängt und umgekehrt. Firmen, die multinationale Aktivitäten aufgebaut und gelernt haben, diese bei der Entwicklung neuer Produkte zu nutzen, haben sicher Erfahrungen und Fertigkeiten entwickelt, die sich beim Zusammenarbeiten mit internationalen Partnern als nützlich erweisen. Firmen, die ein Netz internationaler Ressourcen gut zu managen verstehen (interne Betriebe oder externe Partner), besitzen einen Vorteil in einem globalen, differenzierten und wettbewerbsintensiven Markt.

Neue Entwicklungen bei Organisation und Management

Beim Produktentwicklungsspiel der 90er Jahre wird der Wettbewerb zu einer Angleichung von Organisationsstrukturen und Prozessen, zumindest bei den Massenherstellern, führen. Unter dem fortgesetzten Druck, Entwicklungszyklen zu beschleunigen, werden westliche Hersteller ihre Entwicklungs-, Marketing- und Fertigungsorganisationen und die Problemlösungsprozesse weiter integrieren und in wachsendem Maße Mittel- oder Schwergewichts-Produktmanagersysteme übernehmen. Integrierte Problemlösung, Simultaneous Engineering, intensive Kommunikation, Erweiterung des Aufgabenspektrums und Firmenkulturen, die gegenseitiges Vertrauen und Teamwork stärken – Trends, die schon in den 80er Jahren sichtbar wurden werden zur Regel werden.

Andere derzeit aktive Kräfte werden sich auf das Management der Produktentwicklung in der ganzen Industrie auswirken. Die Verschiebung des Wettbewerbsfokus erfordert neue Wege des Portfolio-Managements von Entwicklungsprojekten und neue Brücken zwischen angewandter Forschung und Produktentwicklung. Darüber hinaus haben Fortschritte in der Computertechnik, soweit sie Art und Weise von Design und Konstruktion transformieren, Auswirkungen auf Management, Organisation und Fertigkeiten von Designern und Ingenieuren.

Den Entwicklungsanfang managen

Stärkere Gewichtung von Technologie, Management der Produktlinie und internationale Koalitionen lenken die Aufmerksamkeit auf das, was wir das »vordere Ende« des Entwicklungsprozesses genannt haben – den Satz von Tätigkeiten in Forschung, Vorausentwicklung, Technologie und Produktplanung, der das Fundament für ein gegebenes Entwicklungsprojekt legt. Hier, am »Front End«, werden die kritischen Verknüpfungen zwischen Technologieentwicklung und Produktkonzepten hergestellt, die so wichtig sind für die Abstimmung von Komponenten und Gesamtfahrzeug, die die konzeptionellen Themen bestimmen, die einer Produktlinie ihren besonderen Charakter verleihen und die Strategien der Anbindung von Kooperationsanstrengungen mit internationalen Partnern an interne Projekte erarbeiten.

Alle untersuchten Automobilfirmen haben bereits langfristige Produktpläne erstellt, die die Einführungstermine für neue Produkte und die dafür benötigte Entwicklungskapazität und Investition festlegen. Aber Wettbewerb in den 90er Jahren verlangt mehr. Wir haben gesehen, wie wichtig ein Technologieplan ist, der explizit den Zeitpunkt der Einführung neuer Konzepte in Komponenten untersucht. Damit ein solcher Plan etwas bewirkt, müssen seine Implikationen für Vorausentwicklung und Forschung in einzelnen Projekten auf diesen Gebieten durchdacht werden. Dies setzt viel engere Beziehungen und stärkeren Dialog zwischen Forschung und Vorausentwicklung voraus, als das derzeit der Fall ist.

Produktplanung und Entwicklung werden von diesem neuen Druck beeinflußt. Die Hauptherausforderung hier ist das Einbringen der konzeptionellen Themen in den längerfristigen Produktzyklusplan. Über Termine und Kapazitäten hinaus würden solche Pläne die Evolution von Produktkonzepten ansprechen, in einer Art, daß der Terminplan zum Konzeptplan wird. In dieser Phase der Entwicklung würden Produktplaner das Produktkonzept noch nicht so weit detaillieren und vervollständigen, wie man es vom Produktmanager erwartet. Das Ziel ist vielmehr, die großen Leitideen für ein Produkt darzulegen, einschließlich des Profils des Zielkunden, der Identifikation des Zielmarktsegments und von Veränderungen im Produktcharakter. Auf diese Weise würde eine Firma Konzeptänderungen für ein gegebenes Modell zur gleichen Zeit ansprechen, in der sie sich mit konzeptionellen und thematischen Relationen zwischen den Modellen beschäftigt. Anschließend kann der Produktmanager die Produkt- und Technologiepläne als Eingabe für die Entwicklung eines detaillierten und spezifischen Produktkonzepts verwenden.

Ein längerfristiger Planungsprozeß mit Konzeptinhalten bildet das Fundament für die Verfolgung einzelner Projekte, während er gleichzeitig eine Abstimmung aller Projekte bewirkt, um Kohärenz in der Produktlinie zu erreichen. In dem Maße, in dem es die Rolle, die einzelne Projekte in der Produktlinie spielen sollen, verdeutlicht und die anzustrebenden Bereiche der Besonderheiten und Differenzierung herausgearbeitet werden, kann dieses Vorgehen einer Firma beim Management der Produktlinie sowie bei der Auswahl von Partnern und der Strukturierung von Beziehungen in ihrem globalen Netz wichtige Hilfen bieten.

Längerfristige Produktpläne, um einen Technologiezyklusplan und die Dimension der Konzepte zu erweitern, können einen Rahmen für die Entwicklung neuer Komponenten und Produkte schaffen, sind aber nur sinnvoll, wenn dieser Rahmen verbunden wird mit den Marketing-, Produktions- und Entwicklungsstrategien einer Firma sowie mit konkreten Entwicklungsprojekten. Wenn dies nicht geschieht (oder nur lose), werden neue Produkte auf der Basis ungenauer Informationen über nachgelagerte Fähigkeiten initiiert und ohne die notwendige Unterstützung der Hauptbereiche und ein gemeinsames Verständnis über Rollen und Aufgaben; selbst wenn sie schon seit geraumer Zeit im langfristigen Produktzyklusplan stehen.

Was benötigt wird, ist ein Prozeß, der die funktionalen Strategien einer Firma integriert und sie mit den Entscheidungen über neue Produkte verknüpft. Solche Prozesse wurden bereits beschrieben. Ihre essentiellen Merkmale schließen ein: eine gemeinsame Sprache für den Austausch von Funktionsplänen, einen Satz von Vorgehensweisen für das Erkennen und Beilegen von Konflikten, häufige intensive Kommunikation über Bereichsgrenzen hinweg, einen abgestuften Entscheidungsprozeß über neue Produkte, der auf Fakten über funktionale Fähigkeiten und enger Einbindung der Geschäftsleitung basiert.[7] Wir haben festgestellt, daß solche Prozesse noch recht selten praktiziert werden. Aber in einem Umfeld, in dem Produktliniencharakteristik und Image wichtig sind und in dem es darauf ankommt, komplexe Technologien zu entwickeln und mit dem richtigen Fahrzeugkonzept in Einklang zu bringen, und in dem der Kosten- und Qualitätsdruck hoch ist, bietet solch ein integrativer Prozeß am Anfang der Entwicklung einen deutlichen Vorteil.

Die Auswirkungen computergestützter Systeme

Computer haben seit vielen Jahren in der Automobil-Produktentwicklung eine wichtige Rolle gespielt, ohne jedoch den Entwicklungsprozeß grundlegend zu transformieren. Aber eine Transformation steht kurz bevor. Obwohl Computer-Aided Design (CAD) und Computer-Aided Engineering (CAE) sicher in der jetzigen Form weiterverwendet werden, um Entwicklungszeiten zu verkürzen und Produktivität zu steigern (etwa durch Beschleunigen der Zeichnungserstellung oder Verbessern der Genauigkeit von Instruktionen), wird sich wahrscheinlich das Spektrum der Entwicklungstätigkeiten wesentlich erweitern, in denen Computer ausgiebig eingesetzt werden. Lag in den 70er und 80er Jahren das Gewicht auf der Digitalisierung von Zeichnungen, wird der Schwerpunkt der Computerisierung in den 90er Jahren auf benachbarten Bereichen wie Produktprüfung, Vorausentwicklung und Styling liegen. Auf Supercomputern laufende ausgefeilte Simulationsprogramme könnten etwa das präzise Testen der Fahrzeugdynamik ohne physischen Prototyp ermöglichen. Dadurch würde Zeit gespart und die Anzahl der getesteten Alternativen erhöht. Zusätzlich könnten realistische, durch fortgeschrittene Computergraphik erzeugte Stylingmodelle erste Plastikmodelle ersetzen, und die Computerisierung von Qualitätsmanagementwerkzeugen (wie Fehlermöglichkeits- und -einflußanalyse [FMEA]) kann die Entwurfsqualität verbessern und den Austausch von Engineering-Know-how zwischen Projekten erleichtern.[8] In dem Maße, in dem Software-programme, die einzelne Entwicklungsschritte unterstützen, zu größeren Computer-Integrated-Manufacturing (CIM)-Systemen verbunden werden können, wird sich die Betonung auf die Automatisierung des Entwicklungsprozesses als Ganzes verschieben. Solch eine systematische Anwendung von Computerwerkzeugen könnte Entwicklungszeiten auf drei Jahre oder weniger verkürzen. Aber Computerisierung allein wird keine hinreichende Bedingung für den Gewinn des Wettbewerbsspiels in den 90er Jahren sein. Sowie eine Firma fortschrittliche Hardware erwirbt, folgen ihr andere rasch nach: weil Computerkosten drastisch sinken und marktgängige Software allen Herstellern gleichermaßen zugänglich ist. Computertechnik wird das Leistungsniveau der Produktentwicklung für die Industrie als Ganzes drastisch anheben, aber für eine einzelne Firmengruppe wird sie kaum für sich genommen langfristige Wettbewerbsvorteile schaffen. Diese ergeben sich nicht aus der Hardware und kommerzieller Software, sondern aus der organisatorischen Fähigkeit, firmeneigene Software zu entwickeln und Software, Hardware und »Humanware« kohärent in ein effektives System zu integrieren.

Entgegen dem gängigen Argument, daß elektronische Kommunikation den Kontakt von Mensch zu Mensch ersetzt, wird zwischenmenschliche Kommunikation weiterhin für neuen Produkterfolg essentiell sein. Produktentwicklung ist eine Simulation des Verbrauchsprozesses eines Produkts, und in dem Maße, in dem Kundenerwartungen ganzheitlicher, subtiler und mehrdeutiger werden, wird es auch die Information, die innerhalb der Entwicklungsorganisation kommuniziert werden muß. Bis Computersysteme solche Arten von Information wirkungsvoll handhaben können, bleibt der zwischenmenschliche Kontakt mit verbaler Kommunikation und Präsentation von Objekten zwingend erforderlich zur Übermittlung vielschichtiger Nachrichten. Weil die zu kommunizierende Information anspruchsvoller und komplexer wird, wird der persönliche Kontakt weiterhin die Computertechnik unterstützen, selbst wenn die Genauigkeit und Vollständigkeit der Modelle, die geschaffen wurden, um die Information einzufangen, zunehmen. Folglich werden wir die gleichzeitige Betonung auf Computertechnik und menschliche Kommunikation setzen, statt einer Substitution des einen durch das andere.

Was sich ändern wird, ist der Zusammenhang, in dem diese Kommunikation stattfindet. Computersysteme erleichtern und verstärken Wechselbeziehungen zwischen Gruppen sowie das Lernen einer Organisation und automatisieren spezifische Arbeiten des Ingenieurs. Schnelle Prozessoren mit ungeheuren Speichern und neuartiger Software, die Graphik, Datenbanken und Problemlösungsalgorithmen zusammenführen, gestatten dem Entwicklungsteam raschen Zugriff auf Daten, Zeichnungen und Analysen innerhalb eines einheitlichen Rahmens.

Betrachten wir einmal den Entwurf einer Tür. Heute sind die Daten über Kundenerfahrungen mit der Tür, den Türherstellungsprozeß und die Arten des Versagens im Einsatz in inkompatiblen Formaten organisiert und werden von unterschiedlichen Computern verarbeitet, die zu unterschiedlichen Organisationen gehören. Die Folge ist, daß kritische Fragen (wie »Was waren aus Sicht der Erfahrungen von Kunden die drei schwerwiegendsten Probleme mit Türen bei unseren letzten drei Modellen?« und »Welche Konstruktionsänderungen wurden als Antwort hierauf durchgeführt?«) nur mit großem Aufwand an Zeit, Papier und Meetings beantwortet werden können. Neue Systeme dagegen können solche Fragen nicht nur schneller beantworten, sondern, indem sie allen mit der Konstruktion befaßten Personen dieselben Daten liefern, auch die Chance verbessern, den Problemen wirklich auf den Grund zu gehen. Die Problemlösungsgruppe wird immer noch die persönliche Kommunikation brauchen, aber die Diskussionen werden anders verlaufen. Kommunikation wird schneller und findet in einem neuen Rahmen statt, möglicherweise unter Verwendung neuer Medien. Das neue System liefert faktisch eine neue »Sprache«, die es unterschiedlichen funktionalen Bereichen erlaubt, in ihrem eigenen »Dialekt« ein gemeinsames Verständnis zu entwickeln. Mehr noch, das Computersystem speichert dieses Verständnis und benutzt sein kollektives Organisationsgedächtnis zum Lernen und Verbessern.

Um das Potential solcher Systeme zu realisieren, müssen Organisationen ganz anders strukturiert sein. Eine fragmentierte Organisation mit beschränkten Philosophien und großen Kommunikationshemmschwellen wird selbst das cleverste und mächtigste Computersystem zum Versagen bringen. Hardware und Software müssen mit der entsprechenden »Humanware« kombiniert werden – der Organisationsstruktur und -prozessen, Philosophien und den zur raschen Problemlösung, zur internen bereichsübergreifenden Integration und zur externen Integration mit Kunden benötigten Fertigkeiten –, um einen Wettbewerbsvorteil für die Autohersteller zu realisieren.

Die symbiotische Integration von computergestützten Systemen und menschlichen Organisationen wird wichtige Konsequenzen für die einzelnen Ingenieure haben. Konkret werden sich tüchtige zukünftige Automobilingenieure durch größere Verantwortung und eine Kombination von »High-Tech«- und »High-Touch«- (d. h. menschenbezogenen) Fertigkeiten auszeichnen.

In dem Maße, in dem Computerwerkzeuge die Routinebelastung der Ingenieure reduzieren und der Druck zur Produktintegrität und Kundenorientierung steigt, werden tüchtige Ingenieure ihren Wirkungsbereich ausdehnen, werden sie zu Komponeneningenieuren statt Schmalspurspezialisten für einzelne Teile. So könnte ein Türschloßingenieur ein Türingenieur werden, und ein Getriebegehäusespezialist könnte sich zu einem Getriebeingenieur entwickeln. Solch eine Erweiterung der Verantwortung bedeutet mehr als einen neuen Titel. Es bedeutet, eine Systemperspektive zu entwickeln und die Fertigkeit, sie umzusetzen. Ein Detailkonstrukteur muß seine Konstruktionserfahrungen erhalten, während er ein Verständnis für das Aggregat als Ganzes entwickelt, einschließlich der bedeutenden Wechselbeziehungen zwischen den Teilen.

Ingenieure der 90er Jahre müssen wohl auch ihre Fertigkeiten und Verantwortlichkeiten über Entwicklungsstufen hinweg integrieren, sowie computerbasierte Hilfsmittel die Informationsbeziehungen zwischen den Phasen verstärken. Wir könnten dann die Trennwände zwischen Abteilungen und heutigen Entwicklungsorganisationen einstürzen sehen, mit ihren spezialisierten Gruppen von Konstrukteuren, Zeichnern, Prüfern, Prototyptechnikern und Testern. Ein mit einer CAE-Workstation ausgerüsteter Ingenieur könnte für einen großen Teil des Entwicklungszyklus verantwortlich sein, einschließlich Entwurf, Zeichnungserstellung, Prüfung, Modellierung, Simulation und Bewertung. Andere Computerverbindungen könnten es dem Komponeneningenieur erlauben, das Basisfertigungssystem zu entwerfen. Dadurch würden die Unterschiede zwischen Produkt- und Prozeßingenieuren verwischt. Automobilentwicklung könnte in den 90er Jahren mehr wie die Prozeßentwicklung in der chemischen Industrie werden, wo in der Produkt- und Prozeßentwicklung viel mehr ineinander übergeht.

Der zukünftige Autoingenieur könnte auch technische und kaufmännische Fertigkeiten und Orientierungen verbinden und ein externer Integrator werden, der Kundenerwartungen in Konstruktionsdetails der Komponenten übersetzt. Wo etwa herkömmliche Getriebekonstrukteure sich auf numerische Spezifikationen und technische Berechnungen konzentriert haben, könnte die nächste Generation von Getriebekonstrukteuren auch ergonomische Faktoren und Bedienungsaspekte in Betracht ziehen, einschließlich der Kundenreaktion auf Schaltgefühl und der Frage, welche Übersetzungen dem Produktcharakter entsprechen.

Wie bei Produkt- und Prozeßingenieuren, so werden sich auch die Unterschiede zwischen Komponenteningenieuren (Spezialisten für die innere Struktur) und Industriedesignern (Spezialisten für die Berührungspunkte mit Kunden) verwischen.

Indem der Entwicklungsprozeß ein Netzwerk von Computern und Organisationen umfaßt, werden Ingenieure zu Architekten der Übergänge zwischen den zwei Welten werden. Testingenieure in einigen japanischen Firmen entwickeln bereits neue Fahrzeugevaluierungssysteme, die mit Hilfe von Computertechnik subtile menschliche Gefühle in numerische Daten übersetzen. Dieses System erlaubt es dem Testfahrer, Eindrücke über Handling, Stabilität, Fahrkomfort, Geräusche, Karosseriesteifigkeit u. a. in Echtzeit über ein Mikrofon für die Ingenieure aufzuzeichnen, während numerische Daten von Sensoren an Fahrer und Fahrzeug gesammelt werden. Die Daten werden sofort von Computern analysiert und mit den Bemerkungen des Fahrers verglichen, um den Bezug zwischen Fahreindrücken und objektiver Fahrzeugdynamik herzustellen. Die Wirksamkeit dieses Systems hängt von Computersystemen und der Sensibilität der Ingenieure ab, die in der Nahtstelle Kunde – Computer leben und rasch zwischen Kundenstimme und numerischen Daten hin und her übersetzen.

Kurz, zukünftige Ingenieure brauchen die Fähigkeit, zwischen der Stimme des Kunden und den Komponentendetails, Konstruktion und Test, Entwicklung und Fertigung, Computer und menschlicher Urteilsfähigkeit, dem Ganzen und den Teilen und zwischen linker und rechter Gehirnhälfte zu integrieren. Engineering in den 90er Jahren wird kein kaltes, von Computern oder einer archaischen Organisation von Handwerkern dominiertes System sein, sondern ein intelligentes System aus neuester Elektronik, menschgerechter Technologie und höchst erfahrenen Menschen.

Anmerkungen

1 Siehe z. B. Abernathy, Clark und Kantrow (1983).
2 Siehe z. B. Krafcik (1988).
3 Siehe »The Power Report on Automotive Marketing 1989«.
4 Kuruma. Koko ga Hai-Teku: »Marutirin Kusasupenshon«, Nikkei Sangyo Shim-

bun (»Automobile. Here is a High Technology Multilink Suspension«, Japan Economic Journal), 1. Juni 1988.

5 »Nissan: Kawaru Enjin Sekkei no Josiki«, Nikkei Mekanikaru (»Nissan: Common Sense in Engine Design is Changing«, Japan Mechanics), 10. Mai 1982, S. 85.

6 Siehe Fujimoto (1984, japanisch) für weitere Einzelheiten.

7 Siehe z. B. Hayes, Wheelwright und Clark (1988, Kapitel 10).

8 Siehe z. B. Jaikumar (1986) und Behner (1989).

Kapitel 12

Übertragbarkeit auf andere Branchen – Schlußfolgerungen und Auswirkungen

Wir begannen unsere Reise durch die Welt der Autoindustrie, um zu lernen, woraus überlegene Produktentwicklungsleistung entspringt. Wir meinten, daß die Vertiefung in eine einzige Branche produktive Einblicke in die Herausforderungen liefert, mit denen die Produktentwicklung im neuen industriellen Wettbewerb verbunden ist. Wir wählten die Autoindustrie wegen ihres technischen und wirtschaftlichen Ausmaßes, ihres internationalen Charakters, ihrer Größe, der faszinierenden Natur der Automobilfirmen und weil wir diese Branche am besten kennen. Unsere Studie hat uns zu zwanzig Firmen in sechs Ländern geführt. Wir haben Hunderte von Personen befragt und eine Menge Daten gesammelt und dabei viel über den Prozeß der Entwicklung neuer Autos und über die Gründe gelernt, warum manche Firmen effektiver sind als andere. Aber was von dem Gelernten könnte von allgemeinem Wert sein? Was ergibt sich hieraus von praktischer Bedeutung für das Management einer anderen Branche?

Wir glauben, daß es zentrale Themen in der Autostudie gibt, die allgemein für Firmen gelten, die in einem turbulenten, wettbewerbsintensiven Umfeld operieren. Unser Vertrauen in die Allgemeingültigkeit dieser Themen erwächst aus unseren Erfahrungen mit zahlreichen Fallstudien in anderen Branchen, Diskussionen über die Autostudie mit Geschäftsführern aus sonstigen Tätigkeitsfeldern und der Forschung über die Entwicklung vieler unterschiedlicher Produkte. Wir glauben, daß sie sich als nützlicher Rahmen für Maßnahmen und die Richtung von Veränderungen erweisen werden.

Wir erläutern die Anwendung dieser Themen bei einigen sehr unterschiedlichen Firmen anhand kurzer Fallbeschreibungen, die ihre allgemeine Natur herausheben, und schlagen vor, wie sie abzuwandeln sind, um für die jeweiligen Umstände zu passen. Wir beschließen das Kapitel mit einigen Anmerkungen bezüglich der Dinge, auf die es bei der Realisierung ankommt, und der kritischen ersten Schritte auf dem Wege zur Hochleistungsproduktentwicklung.

Die zentralen Themen

Eine hervorragende Produktentwicklungsorganisation aufzubauen erfordert das Zusammenspiel vieler komplexer und in Wechselbeziehung zueinander stehender Details. Weil die Entwicklung soviel von dem, was eine Firma tut, berührt, ist ihre Veränderung – sie schneller, effizienter und effektiver zu machen – eine heikle Aufgabe. Eine herausragende Entwicklungsorganisation zu schaffen ist wie die Schaffung eines hervorragenden Produkts.

Beide müssen die Details harmonisch zusammenfügen und sind komplex. Die Autostudie hat uns gelehrt, daß ein starkes Produktkonzept einen thematischen Rahmen und eine Orientierung bieten kann, die die vielen Einzelentscheidungen und Maßnahmen verdeutlichen, vereinfachen und zusammenführen, die ein Produkt ausmachen. Ähnlich kann für einen neuen Entwicklungsprozeß oder eine neue Organisation ein starkes Gesamtkonzept und eine klare thematische Ausrichtung dieselbe Art von klärendem, vereinfachendem und integrierendem Rahmen schaffen. In jedem Unternehmen wird ein solcher Rahmen seine individuelle Ausprägung haben, d. h. Firmenjargon, Gewichtung und Details. Im folgenden betrachten wir die wichtigen Dimensionen und besprechen die Auswirkungen von vier breiten Themengebieten, die für solch einen Rahmen relevant sind: die Natur überlegener Leistung, Integration im Entwicklungsprozeß, Integration von Kunden und Produkt und fertigungsgerechte Konstruktion.

Thema 1: Überlegene Leistung bei Zeit, Kosten und Qualität

Unsere Betrachtung der Produktentwicklungsleistung erstreckte sich auf die Dimensionen »Time to Market«, Produktivität und Gesamtproduktqualität. In einem turbulenten Umfeld bemühen sich erfolgreiche Firmen um Höchstleistung bei allen dreien. Hervorragende Firmen sind schneller, effizienter und erreichen höhere Qualität als ihre Mitbewerber. Ihre Manager können sich nicht den Luxus erlauben, nur auf die Zeit oder Herstellbarkeit zu achten. Ja, lediglich eine Dimension zu verbessern kann in anderen Bereichen Probleme verursachen. Firmen müssen erkennen, daß die drei Dimensionen miteinander verbunden sind und daß jede eine besondere Rolle bei der Gesamtleistungsverbesserung spielt.

Entwicklungszeit als treibende Kraft. Obwohl alle drei Leistungsdimensionen entscheidend sind, scheint die Zeit eine besonders starke Hebelwirkung auf die Gesamtleistung auszuüben. Insofern ist sie ein nützlicher Angelpunkt, um den herum sich alle Bemühungen auf der Suche nach dauerhaft verbesserter Leistung scharen. Die Vorlaufzeit spielt bei der Produktentwicklung dieselbe Rolle wie Umlaufbestände bei der Implementierung der Just-in-Time-Fertigung. Indem man die Vorlaufzeitverkürzung zum Bestandteil eines Gesamtprogramms zur Leistungsverbesserung macht, bringt man die Firmen dazu, nach den Ursachen für den Mangel an Geschwindigkeit zu suchen. Die einzige Möglichkeit, Dinge ohne zusätzliches Personal oder Qualitätseinbußen schneller zu erledigen, liegt darin, die Grundstruktur der Entwicklung zu ändern – integrierte Problemlösung einzuführen, den technischen Veränderungsprozeß zu vereinfachen und das Prototypmanagement zu verbessern. Eine Verkürzung der Zeitvorgaben mag anfangs zu chaotischen Situationen führen, aber richtig angegangen löst sie eine Kettenreaktion erstrebenswerter Effekte bei Bereichsintegration, Kommunikation und Simultaneous Engineering aus. Die kumulierte Auswirkung dieser Veränderungen auf die Produktentwicklung ist dabei weit größer als die der reinen Zeitverkürzung an sich.

Produktivität – verborgene Quelle von Vielfalt und Reaktionsgeschwindigkeit. Entwicklungsproduktivität ist eine verborgene Wettbewerbswaffe. Sie ist zum Teil verborgen, weil Messung und Vergleich von Produktivität zwischen Firmen schwierig sind. Ohne eine gesicherte Meßbasis vernachlässigen Firmen sie leicht und fokussieren auf einfacher feststellbare Größen wie die Vorlaufzeit. Aber Zeitverkürzung an und für sich muß noch keinen Konkurrenzvorteil ergeben. Rasche Produkterneuerung und große Produktvielfalt sind das gemeinsame Ergebnis von kurzen Zeiten und hoher Produktivität.

Firmen mit sehr produktiven Entwicklungsorganisationen sind in der Lage, mit einem gegebenen Aufwand mehr Entwicklungsprojekte durchzuführen. Sie sind also die Quelle frischerer, attraktiverer Produkte und größerer Produktlinienvielfalt. Darüber hinaus reduziert höhere Produktivität im gesamten Entwicklungsprozeß einschließlich des effizienteren Einsatzes von Werkzeugen und Gesenken ganz wesentlich das Investitionsniveau für ein Entwicklungsprogramm. Auch hier ist das Ergebnis, daß Firmen sich ein Produktangebot leisten können, das frischer und mehr auf individuelle Kundenwünsche zugeschnitten und damit attraktiver und konkurrenzfähiger ist als das der Mitbewerber.

Totale Produktqualität – die Macht der Produktintegrität. Ein Produkt, das Integrität besitzt, paßt nicht nur zusammen und funktioniert wie ein System, sondern vermittelt auch einen den Kundenerwartungen entsprechenden Gesamteindruck. Produktintegrität betont so das Produkt als Ganzes. Um mit Integrität konkurrieren zu können, muß eine Firma ihre Kunden und die Art der Benutzung genauestens kennen. Dies erfordert profundes Verständnis für subtile und holistische Produktaspekte, so, wie Kunden sie bewerten. Komponententechnik und überlegene Funktionalität sind in vielen Märkten entscheidend, aber mit dem Konkurrenzdruck und dem Fortschritt des ihn schürenden technischen Wissens erzielen Produkte mit Integrität einen Bonus am Markt. Wie wir in der Autoindustrie gesehen haben, gibt es keinen Ersatz für überzeugende Produkte. Ein Unternehmen kann schnell und effizient sein, aber wenn es keine beeindruckenden Produkte herstellt – und das heißt heutzutage: Produkte mit Integrität –, dann wird es keinen Konkurrenzvorteil daraus erzielen. Produktintegrität leitet sich nicht von einem einmaligen großen Erfolg her, sondern von beständiger guter Leistung.

Thema 2: Integration im Entwicklungsprozeß

In einem turbulenten, wettbewerbsintensiven Umfeld, in dem die Kunden anspruchsvoll sind und Geschwindigkeit wesentlich ist, ist Integration das Geheimnis besserer Leistung. Im Entwicklungsprozeß heißt Integration, Problemlösungskreise zu verknüpfen, Fachbereiche zu enger Zusammenarbeit zu bringen und Konsens über Konzept, Strategie und Ausführung zu erreichen. Unsere Befunde legen nahe, daß die Integration Vorlaufzeiten verkürzt und die Entwicklungsproduktivität wesentlich verbessert. Firmen, die neue Produkte schneller und effizienter auf den Markt bringen wollen, müssen sich den von der Integration geforderten Managementmaßnahmen stellen. Wir betrachten drei besonders wichtige.

Überlappung und Kommunikation. Integration erfordert von Haus aus Überlappungen von Zeit, Raum, Konzept, Know-how, Sprache, Methoden, Haltungen und Philosophie. Zeitüberlappungen (z. B. durch Änderung der Terminpläne) ohne verbesserte Kommunikation und Förderung von Konzeptaustausch, gegenseitigem Vertrauen und dem Gefühl gemeinsamer Verantwortung würden den Prozeß nur stören und die Moral senken. Integration ist also mehr, als Dinge zur gleichen Zeit oder am selben Ort zu tun, obwohl beides für den Erfolg wichtig ist. Wenn Produkte komplex und die Zeit knapp sind, muß man eng zusammenarbeiten. Wirklich integrierte Problemlösung und Integration aller Bereiche erfordern deshalb tiefes Verständnis und eine gemeisame Verpflichtung gegenüber den Unternehmenszielen.

Größe und Spezialisierung. Die Größe eines Entwicklungsteams hat einen großen Einfluß auf seine Leistung. Ist das Team zu klein, wird die Arbeit häufig qualvoll, unvollständig und oft langsam erledigt. Ist es zu groß, wird die Arbeit qualvoll, unvollständig, irreführend und langsam. Erfahrungen aus der Autoindustrie zeigen, daß Entwicklungsorganisationen viel eher überspezialisiert sind als überqualifiziert und daß fortschreitende Spezialisierung zu viel zu großen Entwicklungsteams geführt hat. Integration läßt sich leichter und effektiver mit relativ kleinen Teams und relativ breiten Verantwortungsbereichen der Teammitglieder erreichen. Wir haben Autofirmen mit viel geringerem Spezialisierungsgrad auf der Ebene des einzelnen Ingenieurs angetroffen, die in der Lage waren, Hochleistungsprodukte hoher Qualität viel schneller und mit weniger Aufwand auf den Markt zu bringen als ihre überspezialisierten Konkurrenten.

Organisation. Genau wie kleine Teams integrierter sind als große, so sind einfache, flachere Organisationen integrierter als komplexe, hierarchische. Wir haben in unserer Autostudie zahlreiche Beispiele von großen, komplexen Organisationen gefunden, in denen mehr als 50 Personen als Vertreter vieler Abteilungen und Bereiche an Entscheidungen über Richtung und Inhalt von Fahrzeugprogrammen beteiligt waren. Dasselbe Phänomen zeigte sich beim technischen Änderungsprozeß, wo 15–20 Unterschriften für eine Änderung notwendig sind. Zu viele Eigeninteressen, zu viele Schnittstellen und organisatorische Hürden machen die Integration sehr schwer. Eine einfachere Struktur – mit viel weniger Hilfshäuptlingen, stellvertretenden Hilfsdirektoren und Unterabteilungsleitern – führt viel eher zum Aufbau eines gemeinsamen Verständnisses und einer gemeinsamen Sprache, wie sie für eine Integration benötigt werden.

Unsere Einsichten zeigen, daß das Management, um einen integrierten Entwicklungsprozeß zu erreichen, Menschen in Zeit, Raum, Konzept und Einstellung auf einen Nenner bringen, die Entwicklungsteams verkleinern, das Aufgabenspektrum des einzelnen erweitern und die Organisation vereinfachen und abflachen muß. Um dies zu erreichen, bedarf es der Unterstützung verbesserter Kommunikation, größerer Investitionen in Ausbildung und Schulung und des Willens, Verantwortung, Vertrauen und Zuversicht überall in der Organisation zu fördern.

Das Kennzeichen eines gelungenen Produkts ist die Integrität. Ein Produkt zu schaffen, das innerlich kohärent ist und als System gut funktioniert (und folglich eine Erfahrung vermittelt, die den Kunden zufriedenstellt oder gar begeistert), erfordert Entwicklungsorganisationen, die hohe Integrität besitzen und die meist nicht nur interne Integrität erreicht haben, sondern auch Kundenbedürfnisse und -interessen in den Konstruktions- und Entwicklungsprozeß eng und konsistent eingebunden haben. Wenn man ihn wirkungsvoll als Simulation benutzt – als Generalprobe der Serienproduktion und des Einsatzes beim Kunden –, wird der Entwicklungsprozeß Bedürfnisse und Erwartungen zukünftiger Kunden wirklichkeitsgetreu widerspiegeln.

In einer Welt, in der Kundenbedürfnisse und -interessen nicht immer deutlich artikuliert sind und sich häufig ändern, erfordert die Integration von Kunde und Produkt, daß Entwurf, Produktion und Vertrieb als ein integrales System angesehen und gemanagt werden, daß alle drei Aktivitäten eng miteinander verzahnt werden. Der Schlüssel zur Produktintegrität liegt in Managementmaßnahmen, die die gesamte Entwicklungsorganisation auf den Kunden ausrichten und die Prozesse schaffen, die ein aussagekräftiges Produktkonzept in die Konstruktionsdetails einfließen lassen.

Schwergewichtige Produktmanager. Ein starker Produktmanager kann den Grad der internen Integration, den eine Firma erreicht, wesentlich beeinflussen. Aber es bedarf eines echten Schwergewichts-Produktmanagers, wenn die Firma auch externe Integrität erstrebt. Die Vereinigung eines starken Produktkoordinators mit einem »Konzeptmissionar« in Person eines Schwergewichtsmanagers erweist sich als wirksame Strategie, um diverse ungewisse und undeutliche Kundenwünsche zu erfüllen. Solche Schwergewichte müssen mehrsprachige Multitalente sein und ein ausgeprägtes Verständnis der und hohe Wertschätzung für die Kunden haben. Diese Wertschätzung kann nicht durch das Lesen von Marktforschungsberichten entstehen, sondern muß aus direkten Erfahrungen und einem intensiven Gefühl für die Wünsche zukünftiger Kunden entspringen.

Gute Schwergewichts-Produktmanager benehmen sich unmißverständlich. Sie sind überall dabei, mischen sich in Entwurfsdetails ein, ermuntern, überwachen und stimulieren. Sie treiben die Bemühungen um ein Produkt an, das begeistert und zukünftige Kunden durch die Konstruktionsdetails anzieht. Status und Position haben wenig mit ihrer Durchschlagskraft zu tun. Produktmanager sind schwergewichtig, weil die Organisation ihnen Vollmachten zum Führen, Koordinieren und der Durchsetzung des Vorhabens gibt. Sie müssen das Know-how und die Fähigkeit hierzu besitzen, aber das organisatorische Umfeld muß auf ihre Maßnahmen vorbereitet sein und sie unterstützen.

Zugang zu Kunden und Kundenorientierung. Obwohl Produktmanager-Schwergewichte äußerst wichtig sind, ist doch die Produktentwicklung keine Sololeistung. Die gesamte Entwicklungsorganisation, von den obersten Chefingenieuren bis zu den niedrigsten Technikern, muß kundenorientiert werden. Weil aber Produktintegrität aus der Beachtung von Nuancen und Details erwächst, darf Kundenorientierung und -einbeziehung nicht oberflächlich sein. Designer und Konstrukteure in direkten Kontakt mit Kunden zu bringen hat einen stark prägenden Einfluß auf ihr Verhalten. Wie wertvoll systematische Marktuntersuchungen auch sein mögen, die Tatsachen sprechen dafür, daß sie persönliche Kontakte mit Kunden im Markt nicht ersetzen können, besonders für diejenigen unter ihnen, wie Testingenieure, die im Entwicklungsprozeß die Rolle zukünftiger Kunden spielen.

Manchmal ist es möglich, Kunden direkt in den Entwicklungsprozeß hereinzubringen. Aber Kunden sind nicht immer in der Lage, ihre latenten Bedürfnisse auszudrücken oder genau vorherzusagen, wie der Markt auf ein potentielles Produkt reagieren wird. Produktmanager und Produktplaner müssen also aktiv latente Kundenbedürfnisse interpretieren, sie müssen in der Lage sein, eine Vision des zukünftigen Marktes zu entwickeln.

Führung durch Konzept. Der Zugang zu Kunden und die direkte Einbeziehung eines starken Produktmanagers geben den einzelnen Ingenieuren wichtige Orientierungshilfen und Anleitungen für die Detailkonstruktion. Weil aber eine solche Wechselbeziehung zwangsläufig begrenzt ist, ist ihr Wert weit größer, wenn ein starkes Produktkonzept diesen Dialog mit Informationen versorgt und ihn lenkt.

Ein starkes Produktkonzept ruft in den Köpfen der Designer und Ingenieure eine plastische Vorstellung der zukünftigen Produkterfahrung hervor. Ein mächtiges Konzept fängt mit relativ wenigen Worten, Phrasen, Metaphern oder Bildern einen ganzen Komplex von Kundenbedürfnissen und -interessen ein. Es kristallisiert das Unklare und verdeutlicht den Ingenieuren und Designern die komplexen und subtilen Entscheidungen, die sich durch den Entwurf eines neuen Produkts ziehen.

In guten Organisationen ist der Schwergewichts-Produktmanager der »Konzept-Champion«. Das Konzept wird eigentlich das Trägerfahrzeug, durch das der Produktmanager substantielle und zielgerichtete Orientierungen für den gesamten Entwicklungsprozeß liefert. Es ist eine Verdeutlichung der Vision des Produktmanagers vom Produkt und der Kundenerfahrung mit diesem. Ein Produktkonzept – vom Produktmanager gut konzipiert und in Begriffe übersetzt, die jedes Mitglied des Entwicklungsteams verstehen kann – kann eine starke Integrationskraft darstellen.

Thema 4: Fertigung für die Konstruktion

Viel ist in der Presse und der akademischen Literatur über fertigungsgerechte Konstruktion veröffentlicht worden. In der Konstruktion Belange der Fertigung zu berücksichtigen kann spätere Produktionskosten und -qualität signifikant beeinflussen. Unsere Untersuchungen besagen, daß eine Umkehrung dieses Prozesses (d. h. konstruktionsgerechte Produktion) einen starken Einfluß auf den Entwicklungsprozeß hat. Konstruktionsgerechte Produktion richtet das Augenmerk auf diejenigen kritischen Arbeitsschritte, in denen Produkt und Produktionsprozeß zusammentreffen, wie bei Erstellung der Arbeitsprototypen, mit denen Konstruktion, Produktionsprozeß, Werkzeuge und Gesenke getestet werden, die für die Serienproduktion gedacht sind. Hier haben wir es nicht mit Konzepten, sondern mit der Praxis zu tun. Effektive Herstellung von Prototypen und Werkzeugen führt zu Gewinnen bei Zeit, Qualität der Problemlösungen, Produktivität von Ingenieuren und Investitionsgütern und dem Übergang der Produkte in die Serienproduktion. Das Management von »Manufacturing for Design« stützt sich auf die Eingliederung von Weltklassefertigungskonzepten und -praktiken in den Entwicklungsprozeß und ein Neudurchdenken der Rollen von »Prototyping« und Werkzeugherstellung.

Fertigungsprinzipien. Management von Produktentwicklung und Produktion klaffen oft in Konzepten und Praxis auseinander. Doch kann überdurchschnittliches Fertigungs-Know-how einen bedeutenden Einfluß auf den Entwicklungsprozeß haben. Wir haben festgestellt, daß viele der Prinzipien, die hervorragende Fertigungsoperationen kennzeichnen, sich direkt auf den Entwicklungsprozeß anwenden lassen. Firmen wären deshalb gut beraten, wenn sie aus den Erfahrungen ihrer Fertigungsorganisationen bei der Einführung von Just-in-Time, totaler Qualitätskontrolle und Continuous Improvement für die Entwicklung einiges übernähmen und lernten. Im Falle von Just-in-Time haben Firmen z. B. oft gefunden, daß weniger mehr ist, daß Senkung der Bestände und der in Arbeit befindlichen Aufträge sowie die Einführung produktfokussierter

Fertigungsprozesse bedeutende Gewinne an Produktivität, Durchsatz, Zuverlässigkeit und Gesamtleistung bringen können. Dieselben Prinzipien gelten für die konstruktionsgerechte Fertigung. Die Reduzierung von Beständen, die Begradigung von Abläufen und beträchtliche Verbesserungen der Prozeßsteuerung bei der Herstellung von Teilen, Prototypen, Werkzeugen und Preßwerkzeugen können zu entsprechenden Reduzierungen von Durchlaufzeit, technischen Änderungen und Entwicklungskosten führen.

Die Rolle des »Prototyping«. Traditionell als Test einer Konstruktion betrachtet, kann »Prototyping« aber auch breiter als Probe der Produktion eines Produkts gesehen werden. Diese weitere Sicht behandelt das Prototyping als integralen Bestandteil des Problemlösungsprozesses in der Entwicklung, der Konstrukteure, Produktionsvorbereiter, Einkäufer und Qualitätssicherungspersonal, Teilelieferanten, Techniker und Montagearbeiter einschließt. Ein effektiver Prototypbetrieb reflektiert hervorragende Fertigungsfertigkeiten, indem er effizient und rasch und mit repräsentativer Qualität arbeitet.

Werkzeug- und Schnittbau. Die Herstellung von Preßwerkzeugen liegt auf dem kritischen Pfad bei Autoentwicklungsprogrammen und verkörpert einen beträchtlichen Teil der Gesamtinvestitionen in ein neues Produkt. Folglich kann die Fähigkeit, Werkzeuge schnell und effizient zu produzieren, einen entscheidenden Einfluß auf die Gesamtentwicklungszeit und -produktivität haben. Darüber hinaus macht die enge Beziehung zwischen der Konstruktion eines Produkts und der damit zusammenhängenden Werkzeugen einen leistungsfähigen Betrieb des Werkzeugproduktionssystems entscheidend für die Herstellung eines qualitativ hochwertigen Produkts. Es ist kein Zufall, daß diejenigen Firmen in unserer Studie, die ein herausragendes Entwicklungsniveau erzielt haben, auch überragende Produktionsfertigkeiten aufweisen. Manager, die den Wert von »Manufacturing for Design« erkennen und an Entwicklung und Implementierung einer hervorragenden Prototyp- und Werkzeugherstellungskapazität arbeiten, können die Gewinne von schnellerer und effizienterer Produktentwicklung ernten.

Die Themen in Aktion

Die Themen, die Hochleistungsproduktentwicklung in der Autoindustrie charakterisieren – herausragende Ergebnisse bei Entwicklungszeit, Produktivität und Qualität, Integration im Entwicklungsprozeß, Verknüpfung von Produkten und Kunden und konstruktionsgerechte Fertigung –, kennzeichnen auch überlegene Leistung in anderen Branchen, in denen der Wettbewerb intensiv ist, die Kunden anspruchsvoll sind und Zeit von ausschlaggebender Bedeutung ist. Um die Anwendung dieser Themen auf andere Branchen und Produkte zu zeigen, betrachten wir kurze Fallgeschichten über Hochleistungsplattenantriebe, 35-mm-Kameras, City-Rufgeräte, Mikrowellensuppen, Krankenhausbetten, Hochbau und Haushaltsgeräte.

Hochwertige Plattenlaufwerke

1983 gründete die Quantum Corporation, ein Hersteller von Festplattenlaufwerken, die Plus Development Corporation, um ein auf ein Expansionboard montiertes Laufwerk für den IBM PC zu vermarkten[1]. Um das »Hardcard« genannte Produkt zu entwickeln, stellten die Quantum-Manager ein Team aus Hard- und Software-Ingenieuren von Plus, Fertigungsingenieuren einer japanischen Firma, die das Produkt herstellen sollte, und Vertretern von Marketing und Kundendienst zusammen. Weil Hardcard direkt an Endverbraucher verkauft werden sollte, wollte das Plus-Management ein besonders zuverlässiges und leicht herstellbares Produkt. Die Betonung bei der Entwicklung lag deshalb auf der Integration von Produkt- und Prozeßentwurf. Konstrukteure und Produktionsvorbereiter arbeiteten in den gleichen Büros, brachten sich ihren jeweiligen Fachjargon bei und entdeckten das Potential, das in dieser engen Integration liegt. Heraus kam ein Produkt, das neue Standards bezüglich Zuverlässigkeit und Produktion setzte. Während der ersten zwei Produktionsmonate erreichte Plus die höchste bisher erzielte Ausbeute.

Obwohl Quantums bisheriges Geschäft auf einen völlig anderen Kundentyp ausgerichtet war (Minicomputerhersteller) und obwohl die technischen Anforderungen in dem gehobenen Markt, in dem Quantum konkurrierte, viel höher lagen als im Hardcard-Markt, waren die Quantum-Manager so von dem integrierten Plus-Entwicklungsprozeß beeindruckt, daß sie ihn für ihren gehobenen Geschäftsbereich übernahmen. Die neue Vorgehensweise bedeutete eine Verlagerung von Konstruktionsgruppen zu relativ kleinen multifunktionalen Schwergewichtsteams, die für die Entwicklung vom Konzept bis zur Serienproduktion verantwortlich waren. Marketing, Produktion, Produktionsvorbereitung und Konstruktion unter der Führung eines starken Projektmanagers zusammenzubringen brachte sensationelle Ergebnisse für Quantum, die

beträchtliche Marktpenetration und wesentlich kürzere Entwicklungszeiten erreichte und weiterhin funktional hochwertige Produkte mit
überragender Zuverlässigkeit vermarktete.

Die Autofokus SLR 35-mm-Kamera

Der Markt für einlinsige 35-mm-Spiegelreflexkameras war Ende der 70er
und Anfang der 80er Jahre sehr ruhig. Die Canon AE1 war für fast ein
Jahrzehnt Marktführer, aber das Verkaufsvolumen stagnierte. Obwohl
Canon Folgeprodukte mit neuen Technologien entwickelt hatte (wie
elektronische Steuerung, LCD-Anzeige und Selbstaufzug), hatte keines
die Begeisterung der Kunden geweckt. Was fehlte, war Produktintegrität.

Diese Situation änderte sich schlagartig, als Minolta, ein Wettbewerber mit relativ kleinem Marktanteil, Marktführerschaft mit der Einführung einer Autofokus-SLR-Kamera gewann. Plötzlich kam der Markt in
Bewegung, ein Schwall neuer Produkte führte zu sehr kurzen Produktle-
benszeiten im Wettkampf der Anbieter um Marktanteile und Produkt-
führerschaft.

Canon stand vor einer schwierigen Entscheidung: in Jahresfrist ein
gleichartiges Produkt zu entwickeln oder aber ein wohldifferenziertes
Produkt mit einem völlig anderen Konzept (Linse-in-Motor-Autofokus
statt Minoltas Motor-in-Gehäuse-Konzept), was nach bisherigen Erfahrungen drei Jahre dauern konnte.[2] Canon entschied sich für das andersar-
tige Produkt, aber innerhalb von zwei Jahren – eine große Herausforderung. Um dieser zu begegnen, konzipierte Canon ein neues Produktent-
wicklungsverfahren, das die Schaffung eines kohärenten Projektteams,
starke Konzeptführerschaft seitens der Industrial Design-Gruppe und
die Integration von Konstruktion und Arbeitsvorbereitung beinhaltete.
Obwohl die neue, EOS genannte Kamera Komponententechnologien
aus früheren Projekten verwendete, hob sie sich durch die Art der
Integration der Komponenten und die Gestaltung der Benutzerhandha-
bung heraus. Darüber hinaus brachte Canon dieses neue integriertere
und attraktivere Produkt binnen zwei Jahren auf den Markt und gewann
die Marktführung zurück.

Eine neue Suppe zu entwickeln ist etwas ganz anderes als ein neues Auto. Suppe hat eine relativ einfache Struktur, und der Kunde weiß genau, was er damit zu machen hat: die Dose öffnen und die Suppe erhitzen. Aber wie die Campbell Soup Company Mitte der 80er Jahre erkannte, ist die Entwicklung einer mikrowellengerechten Suppe etwas anders.[3]

Als sie sich 1983 daranmachte, eine neue Reihe von Suppen für die Mikrowelle zu entwickeln, hatte Campbell eine große, aus Fachabteilungen bestehende technische Organisation. Man ernannte einen leichtgewichtigen Projektmanager für Mikrowellensuppen zur Koordinierung von Prozeßentwicklung, Verpackung, Suppenrezeptur und Test. 1988 war das Projekt von der Prototyp- in die Pilotphase vorgerückt, aber der Prozeß erfüllte die Mengen- und Kostenziele noch nicht, und wichtige Aspekte des Produktentwurfs blieben ungelöst. Darüber hinaus wurde die Konkurrenz härter. Campbell mußte rasch handeln, um Mitbewerber einzuholen, die bereits mikrowellengerechte Produkte anboten.

Die Probleme von Campbell lagen in der Natur des neuen Produkts. Eine Mikrowellensuppe erfordert eine andere Verpackung (etwa hitzebeständig verschweißte Plastikbeutel) und muß anderen Anforderungen genügen. Bei der Verpackung ging es nicht nur um Materialfragen, sondern auch um die starke Wechselbeziehung zwischen Verpackungskonstruktion und dem Produktionsprozeß. Die Lösung neuer Fragen der Prozeßentwicklung (wie neue Methoden der Abfüllung und der Sterilisation) nahm beträchtliche Zeit in Anspruch und drohte das ganze Projekt zu verzögern.

Um die Verarbeitungsprobleme zu lösen und das Produkt schneller auf den Markt zu bringen, ernannte Campbell einen neuen Schwergewichts-Projektleiter, der die in diesem Buch diskutierten Prinzipien der Überlappung, intensiver Kommunikation und integrierter Entwicklung anzuwenden begann. Er schuf ein multifunktionales Team, stationierte es um den Produktionsprozeß herum und bezog Zulieferer, Ausrüstungshersteller, Prozeßingenieure, Produktionsarbeiter und Meister sowie Verpackungsingenieure in die Entwicklungsarbeit ein. Der neue Produktmanager änderte somit den Entwicklungsprozeß von Grund auf. Früher arbeiteten Fachabteilungen unabhängig voneinander an einzelnen Teilen des Prozesses und Produkts. Erst wenn jeder mit seinem Teil der Lösung zufrieden war, wurden alle Lösungen in einer Integrationsphase des Programms zusammengebracht. Der Mangel an Integrationsfähigkeit einzelner fachlicher Lösungen führte zu beträchtlichen Verzögerungen und Änderungen. Der neue Projektleiter führte die verschiedenen Elemente des Projekts zusammen und begann, die Produktionslinie zu betreiben, um ihre Systemeigenschaften zu bestimmen. Anstatt jedes der Systemelemente einzeln zu entstören, untersuchte das Team den Prozeß als System und fokussierte sich auf stärker integrierte Lösungen. Mit dem dedizierten abteilungsübergreifenden Team, starker Produktführung und einem auf Leistung bedachten Entwicklungsprozeß erreichte Campbell eine wesentliche Verbesserung der Entwicklung seiner Mikrowellenprodukte. Was Campbell zu tun bleibt, ist, die Erkenntnisse hieraus auf das gesamte Entwicklungssystem zu übertragen.

Das Bandit-Projekt – Flexible Automation für City-Rufgeräte

1987 startete Motorolas »Pocketpager«-Abteilung das Bandit-Projekt mit dem Ziel, einen flexiblen automatisierten Fertigungsprozeß für die Herstellung von maßgeschneiderten Versionen einer Reihe von »Pocketpagers«[4] zu schaffen. Das Projekt umfaßte Produktumkonstruktion, Software- und Ausrüstungsentwicklung und Gesamtintegration durch ein multifunktionales Team, bestehend aus Konstrukteuren und Produktionsvorbereitern, Softwareentwicklern und Lieferanten, unter der Führung eines starken Projektleiters. Die Zulieferer in das Team einzubeziehen erwies sich als wesentlicher Beitrag zum Projekterfolg.

Über die enge Integration von Produkt- und Prozeßentwicklung hinaus, die herausragende Projekte kennzeichnet, übernahm Motorola eine neue Art des Prototyping. Statt Prototyparbeiten an die Fertigstellung einzelner Unterkomponenten oder Unteraktivitäten innerhalb der Organisation zu knüpfen, wurde periodisches Prototyping eingeführt, bei dem die Prototyp-Herstellung jeden Monat zu einem bestimmten Datum auf Basis der dann gerade verfügbaren Produkt- und Prozeßinformationen erfolgte. So reflektierte die Prototyp-Fertigung den jeweils aktuellen Stand der verschiedenen Produktelemente, lenkte die Aufmerksamkeit der Organisation auf offene Fragen und machte Integration (und die damit verbundenen Dinge um die Integration) klarer und somit leichter zu handhaben. Periodisches Prototyping hatte einen entscheidenden Einfluß auf die Geschwindigkeit, mit der Motorola seinen neuen automatisierten Prozeß für die Serienproduktion reif machen konnte. Das Bandit-Projekt war ein überwältigender Erfolg. Der vom Projektteam entwickelte komplexe Prozeß verkürzte die Produktumkonstruktion von vier Jahren auf achtzehn Monate. Darüber hinaus erfuhr die Produktlinie deutliche Verbesserungen an Qualität, Standzeit und Zuverlässigkeit. Das Bandit-Projekt unterstreicht die Vorstellung, daß ein wirklich integriertes Produkt (in diesem Fall Produkt und Prozeß) das Spiegelbild der Organisation ist, die es erschafft.

Industrielle Schnellbauweise

Lehrer McGovern Bovis (LMB), eine Industriebaufirma, hat sich einen guten Ruf für Schnellbauweisen erworben, in denen üblicherweise sequentielle Stufen von Entwurf und Bauausführung überlappt wurden.[5] Der Entwurf geschieht in Stufen, und der Bau beginnt nach Beendigung der einzelnen Phasen. Der Bauunternehmer hebt die Baugrube aus und plaziert die Abstützungen samt Fundament, bevor der Architekt den Detailentwurf beendet hat. Weil Überlappung bei der Schnellbauweise genau wie bei der Autoentwicklung auf sehr gute Kommunikation und Zusammenarbeit zwischen Kunden, Architekten und Bauunternehmern angewiesen ist, ist die Bildung eines Teams, bestehend aus dem Bauleiter (meist ein »Schwergewicht«), dem Auftraggeber und dem Architekten, von kritischer Bedeutung. LMB arbeitet auch eng mit Zulieferern zusammen und bindet sie in den Entwurfs- und Bauprozeß ein.

LMBs Restaurierung der Freiheitsstatue war vielleicht ihr berühmtestes Projekt. LMB erhielt den Zuschlag hierfür gegen mehr als 25 Firmen. Das Projekt, die Statue vor ihrem zweihundertjährigen Jubiläum am 4. Juli 1986 wiederherzustellen, bedeutete Koordinierung und Management der Tätigkeiten von ca. 500 Ingenieuren, Architekten, Bauunternehmern und Technikern. Die Zeit war kurz, und die Arbeit – von vornherein komplex und schwierig – wurde durch die Lage der Statue mitten im Hafen von New York wesentlich erschwert. Trotz dieser Hindernisse brachte die Schnellbaumethode von LMB – speziell die Fertigkeit der Integration von Zulieferern, Designern, Ingenieuren und Facharbeitern – das Projekt rechtzeitig und unterhalb des Voranschlages zum Abschluß. Der Zeitdruck war gewaltig, denn, wie einer der Manager anmerkte: »Wir konnten ja die 200-Jahrfeier nicht auf den 16. August verschieben.«

BSA Industries – Belmont Division

Die Belmont Division von BSA Industries hatte sich eine starke Marktposition für Intensivstationsbetten aufgebaut.[6] In den 70er und 80er Jahren hatte sie mit Erfolg Neuerungen auf den Gebieten Sicherheit, Komfort, Information und Kommunikationsfähigkeiten eingeführt.

Europa (Scorpio, Omega und Renault 25). Aber selbst dieses Segment könnte in den 90er Jahren größere transregionale Gemeinsamkeiten aufweisen. Kunden könnten dann einen Ford Taurus, einen Audi 100 und einen Nissan Maxima in einem entstehenden globalen Mittelklassesegment direkt miteinander vergleichen.

Obwohl einige Segmente regional bleiben werden – Microminis in Japan und große Straßenkreuzer in den USA z. B. –, wird der weltweite Markt der 90er Jahre dichter bevölkert sein mit direkt miteinander konkurrierenden Modellen aus verschiedenen Regionen.

Die Markentreue der Kunden wird nachlassen, und die Hersteller müssen immer prompter auf Änderungen der Kundenbedürfnisse eingehen.

Das bedeutet in gewissem Sinne »Japanisierung« des globalen Wettbewerbs. Direkte Produktrivalität zwischen vielen Modellen in jedem Segment war seit Jahrzehnten das Kennzeichen des japanischen Binnenmarktes. Japanische Hersteller ziehen daraus einen natürlichen Vorteil bei ihrem Lieblingsspiel (kurze Entwicklungszeit, häufige Modellwechsel, größere Produktvielfalt und hohe Produktivität). Dieser Vorteil wird bis in die 90er Jahre anhalten. US- und europäische Firmen werden unter dem ständigen Druck leben, diesen Konkurrenzvorsprung aufzuholen. Sie benötigen darüber hinaus eine Anpassungsperiode, um den Zeitverbrauch zu senken, die Produktivität zu steigern und die Entwicklungsorganisation zu verbessern. Diese Zwänge werden sich auf Massen- und Oberklassenhersteller gleichermaßen auswirken.

Massenhersteller: Die Kluft bei Zeitverbrauch, Produktivität und TPQ verringern

Der japanische Vorsprung wird nicht ewig anhalten. Westliche Massenproduzenten haben die Defizite in der Produktentwicklungsleistung erkannt, und viele von ihnen unternehmen beachtliche Anstrengungen, um sie abzubauen. Der Prozeß des Schließens der Lücken in der Entwicklung entspricht dem, en westliche Firmen seit Anfang der 80er Jahre bei Fertigungsproduktivität und -qualität durchlaufen haben. Bedeutende Unterschiede bei Produktionskosten und Produktivität wurden zunächst um 1980 herum identifiziert. Daraufhin wurden seitens vieler westlicher Firmen gewaltige Anstrengungen unternommen, den Vorsprung aufzuholen.[1] Dies ist bis Ende der 80er Jahre weitgehend gelungen, doch ein Restdefizit ist geblieben.[2] Dasselbe haben wir bei der Fertigungsqualität gesehen.[3] In der Produktentwicklung können wir einen ähnlichen Prozeß des »Rückstand-Erkennens-und-die-Lücke-Schließens« wie seinerzeit den in der Produktion erwarten. Als Ergebnis dieses Anpassungsprozesses werden sich Unterschiede in Leistung und Organisation der Produktentwicklung, bezogen auf ein einzelnes Projekt, in den 90er Jahren verringern. Die Tatsache, daß einige US- und europäische »Konzept-zu-Markt«-Zeiten sich auf vier Jahre zubewegen, deutet darauf hin, daß sich der japanische Vorsprung bei der Entwicklungszeit bereits verringert hat. Obwohl die Japaner weitere Verkürzungen anstreben, werden sie wahrscheinlich, abgesehen von niedrigvolumigen Nischenprodukten, keine drastischen Reduktionen jenseits der Dreijahresgrenze verfolgen. Einige japanische Firmen nehmen sich in der Tat mehr als die übliche Vierjahresperiode für die Entwicklung neuer Modelle der Oberklasse. Auch der Modellwechselrhythmus einiger Großserienprodukte wird gleich bleiben oder sich sogar etwas verlängern. Insgesamt werden sich die Unterschiede im Zeitverbrauch in den 90er Jahren verringern.

Der Produktivitätsabstand wird länger bestehenbleiben, teils weil er größer ist als der Zeitabstand (unsere Daten sagen aus, daß japanische Projekte fast doppelt so produktiv sind wie westliche) und teils weil Entwicklungsproduktivität schwieriger zu messen ist und oft weniger sorgfältig in den Informationssystemen der Hersteller verfolgt wird als die Zeit. Westliche Massenhersteller haben sich auch in den letzten Jahren mehr auf Zeitverkürzungen konzentriert und weniger auf die Produktivität. Aber mit schwindendem Abstand in der Entwicklungszeit werden Produktivitätsunterschiede (die sich in häufigeren neuen Modellen und einer breiteren Produktpalette niederschlagen) um so sichtbarer. Damit wird die Produktivität ein wachsender Wettbewerbsfaktor. Ohne Produktivitätssteigerungen stoßen Zeitverkürzungen an die Grenzen der Entwicklungskapazität, die dann die Produktvarianten und die Modellerneuerungfrequenz begrenzen. In dem Maße, in dem Entwicklungszeit an Entwicklungsproduktivität gekoppelt ist (vgl. Kapitel 4) und Firmen Zeitverkürzungen durch geringere Spezialisierung und integrierte Problemlösung erreichen, führt schnellere Entwicklung in Grenzen zu Produktivitätssteigerung. Aber spezielles Augenmerk auf die Dimension Produktivität ist notwendig, wenn westliche Firmen den japanischen Vorsprung verringern wollen. Dasselbe läßt sich über Produktintegrität und Produktqualität sagen. Wir haben bereits eine Annäherung bei der Konformitätsqualität erlebt, als US-Hersteller Ende der 80er Jahre ihre Produktionsqualität deutlich gesteigert haben. Auch die Unterschiede in der Funktionalität – Verbrauch, Beschleunigung, Fahrkomfort und Handling – sind kleiner geworden, wodurch nur noch die Entwurfsquali-

Ende der 80er Jahre waren ihre Produkte vollintegrierte Pflege- und Genesungssysteme auf dem letzten Stand der Technik, die in allen Patientenbereichen eines Krankenhauses Verwendung fanden. Belmont schrieb einen großen Teil ihres Markterfolges der Fähigkeit zu, Kundenbedürfnisse zu erkennen und zu befriedigen. Neben Marktforschung pflegte die Firma enge Kontakte zu den Verwaltungen und den Leitern der Pflegedienste sowie mit Instandhaltungs- und anderem Krankenhauspersonal, das bei Auswahl und Einsatz von Krankenzimmereinrichtungen mitwirkte. Daraus erwuchsen fundierte Kenntnisse des gesamten Kundensystems und die Fähigkeit, Produkte zu entwickeln, die gut in dieses System paßten. Kurz, Belmont bezog seinen Konkurrenzvorsprung aus dem, was wir Produktintegrität nennen.

Als Belmont in andere Arten von Krankenzimmerausrüstungen und in Krankenhausbereiche über die Intensivstation hinaus expandierte, erkannte sie eine Gelegenheit, Wachstum und Marktdurchdringung durch weitere Verbesserung der Produktentwicklung noch wesentlich zu steigern. Ein primäres Ziel war die Verkürzung der Entwicklungszeit. Obwohl die Fachbereiche (Design, Entwicklung, Fertigung und Vertrieb) fundierte Erfahrungen und Fertigkeiten besaßen, waren die Entwicklungszyklen lang und beinhalteten oft Konstruktionsänderungen in letzter Minute. Um Zeiten und späte Änderungen zu reduzieren, führte Belmont einen um ein Schwergewichts-Projektteam herum organisierten neuen Entwicklungsprozeß ein. Die Idee war, Kernteams von Mitarbeitern aus Marketing, Design, Konstruktion und Produktion unter starken Projektleitern zu scharen. Die Realisierung dieses Konzepts erforderte eine Änderung der Entwicklungsprozesse und -routinen der Fachbereiche. Besonders kritisch war, daß unterstützende Gruppen – wie Modellbauer, Qualitätstester und Teilelieferanten – ihre eigenen Zykluszeiten verringerten, um nicht zum Flaschenhals des beschleunigten Entwicklungszyklus zu werden. Aus all diesen Änderungen ergab sich ein bedeutend schnellerer, stärker integrierter Entwicklungsprozeß, der auf den traditionellen Stärken der Produktintegrität aufbaute.

In all diesen Fällen sind die Entwicklungsmerkmale, die zu Prozeßverbesserung und Markterfolg führen, die gleichen wie die, die wir in der Automobilindustrie gefunden haben, nämlich Produktintegrität, enge Zusammenarbeit zwischen den Entwicklungsabteilungen und zwischen Konstruktion und Fertigung, Prozesse, die Kunden mit Konstruktionsdetails verbinden, Fertigkeiten beim Prototypenbau und multifunktionale Teams mit starken Projektleitern. Die Umsetzung ist natürlich anders. Die Schnellbauteams von LMB werden anders gemanagt als die

Quantum-Teams, doch beide Firmen haben fundierte, hochkarätige Führung. Die Methoden und Vorgehensweisen, die Belmont benutzt, um Kundeneinblicke zu gewinnen, sind anders als die, mit denen Campbell Soup festlegt, wie der Verpackungsentwurf sich auf die Kundenerfahrungen mit seinen Mikrowellensuppen auswirkt.

Aber der Erfolg geht in beiden Organisationen auf Prozesse zurück, die der Entwicklung größtmögliche Detaileinsichten über die Benutzung des Produkts durch den Kunden und dessen Gesamtprodukterfahrung vermittelten.

Die Fundamente der praktischen Realisierung

Die Beweise aus der Autostudie haben wichtige Auswirkungen auf die Implementierung neuer Methoden der Produktentwicklung. Weil ein neuer Entwicklungsprozeß neue Fertigkeiten verlangt, neue Reihenfolgen von Tätigkeiten und neue Strukturen für eine Vielzahl von Abteilungen und Disziplinen innerhalb einer Firma, muß eine Implementierung großräumig und langfristig angelegt sein. Eine detaillierte Diskussion des Implementierungsprozesses würde den Rahmen dieses Buches sprengen, aber wir können wichtige Maßnahmen vorschlagen, die ergriffen werden müssen, um ein Fundament für Verbesserungen im Entwicklungsprozeß zu legen.

Die Schaffung eines wirkungsvolleren Produktentwicklungssystems erfordert sowohl eine Änderung von makroskopischen Strukturen als auch von mikroskopischen Prozessen. Effektive Entwicklungsorganisationen achten sorgfältig auf das Ganze und die Einzelteile. Eine drastische Änderung des Organisationsdiagramms von oben herab allein bringt kaum bessere Leistungen hervor, wenn sie nicht begleitet wird von Veränderungen auf der Arbeitsebene. Ähnlich führt die Verkündung von Teamarbeit und hoher Moral in kleinen Arbeitsgruppen nicht zu Leistungssteigerungen ohne sinngleiche Umsetzung in detaillierte Praktiken, Verhaltensmuster, Geisteshaltungen, Organisationsstrukturen, Fertigkeiten und Managementphilosophie. Es gibt keinen einzelnen kritischen Faktor und keine Zauberformel für erfolgreiche Produktentwicklung. Manager, Ingenieure, Marketing- und Fertigungsleute müssen viele Dinge abgestimmt und gleichzeitig tun, wenn sie Verbesserungen bei der Produktentwicklung anstreben. Spitzenentwicklungsleistung ergibt sich aus abgestimmten langfristigen Anstrengungen jedes einzelnen am Entwicklungsprozeß Beteiligten um Zusammenführung aller wichtigen Details und deren Ausrichtung auf Kundenzufriedenheit und Wettbewerbsfähigkeit.

Das heißt nicht, daß alle Elemente von Organisationen und Management zu jeder Zeit in Einklang miteinander stehen müssen. Unsere Vorstellung von Konsistenz des Systems ist dynamisch, nicht statisch. Zum Beispiel können wir größere Änderungen zunächst in einem Projekt einführen und dieses zum Modell für die übrige Organisation machen, oder wir können zunächst eine gravierende Änderung der Struktur des Entwicklungsprozesses einführen (etwa Schwergewichtsteams gründen), die Reibungen im Rest der Organisation verursacht. In ähnlicher Weise kann die einseitige Verkürzung der Entwicklungszeit ein Ungleichgewicht und Spannungen verursachen, die zu weiteren organisatorischen Umgestaltungen ermutigen. Ein kurzfristiges Ungleichgewicht wird so zum Anstoß, langfristige Konsistenz im Gesamtentwicklungssystem zu erreichen. Wahlweise kann eine Firma ihre gesamte Managementorganisation mit Augenmaß und schrittweise ändern und dabei darauf achten, das Gleichgewicht nach jedem Schritt zu erhalten. Ob die Verbesserung durch ein ausgewogenes Schritt-um-Schritt-Vorgehen erreicht wird oder durch dynamisches Ungleichgewicht, hängt von der Art des Wettbewerbs, den Managementfähigkeiten und der Organisationsstruktur ab. Eine kleine, ernsthaft von der Konkurrenz bedrohte Firma könnte sich eher für ein drastisches Vorgehen entscheiden als eine große, eingesessene Firma mit langer Geschichte und stark funktionaler Organisation.

Welcher Weg auch beschritten wird, erfolgreiche Realisierung ist eine Sache der langfristigen Übereinstimmung zwischen Einzelmaßnahmen, dem Gesamtrahmen und der Ausrichtung des neuen Entwicklungsprozesses. Ein mächtiger Manager allein kann diese fundierte Konsistenz nicht herbeiführen. Ja, angesichts der Komplexität der Produktentwicklung und der Wichtigkeit der Details kann es gut sein, daß höhere Führungskräfte gar nicht alles wissen, was bei der Implementierung eines neuen Produktentwicklungsprozesses vor sich geht. Folglich muß jeder am Entwicklungsprozeß Beteiligte, vom Topmanager bis zum Nachwuchsingenieur, die gleiche Vorstellung von dem angestrebten neuen Entwicklungssystem haben. Einzelne Mitarbeiter müssen verstehen, wie ihr Teil des Entwicklungsprozesses in das Ganze paßt, wie ihre Handlungen, Haltungen und Fertigkeiten sich in die Gesamtvision und das Konzept des zukünftigen Entwicklungsprozesses einordnen. Obwohl ein mächtiger Spitzenmanager nicht alles allein bewirken kann, ist starke konzeptionelle und sachbezogene Führung dennoch von zentraler Wichtigkeit. Notwendige Führung heißt weder Reklame noch Verwaltung noch kluge Sprüche. Führung bei der Schaffung eines neuen Entwicklungsprozesses entspringt vielmehr der Fähigkeit, eine mächtige und überzeugende Vision der zukünftigen Produktentwickung zu vermitteln.

Unsere Erfahrungen in der Autoindustrie lassen erkennen, daß die ersten Schritte auf dem Weg zur Verwirklichung eines neuen Entwicklungssystems in Richtung Aufbau einer kohärenten Leitlinie gehen müssen, die die Einzelteile und das Ganze des Produktentwicklungsprozesses integriert. Die Führung kann dabei von einem Vorstand, einem Geschäftsführer, einem Produktmanager, einem Chefingenieur, einem Chefdesigner oder sogar von niedrigeren Managementebenen übernommen werden, je nach den Gegebenheiten des Unternehmens und der Art seiner Märkte. Ebenso kann eine starke Einzelfigur oder ein kollektives Führungsteam von Managern und Ingenieuren die Führungsrolle übernehmen.

Welche Form die Führung auch annimmt, sie muß der Organisation eine beschwörende, mitreißende Vision dessen geben, was der Entwicklungsprozeß sein sollte. Diese Vision sollte die grundlegenden Themen, die Hochleistungsentwicklung charakterisieren, widerspiegeln, sie muß aber auf die besonderen Technologien, die ein Unternehmen verwendet, die Kunden und Märkte, die es bedienen will, und auf seine gesamte Wettbewerbsstrategie abgestimmt sein.

Ein gemeinsames Verständnis des Gesamtentwicklungsystems, eine gemeinsame Vision der zukünftigen Entwicklung, sorgfältige Handhabung der Details sowie Kohärenz und Konsistenz über sämtliche Entwicklungstätigkeiten hinweg – dies sind die Kennzeichen von Firmen, die den Forderungen des zukünftigen Wettbewerbs entsprechen. Diese Firmen nutzen hervorragende Fertigungsfähigkeiten für die Entwicklung ebenso wie für die Serienproduktion. Sie halten engen Kontakt mit ihren Kunden und stellen die Beziehung zwischen dem genauen Wissen um die Kundenerfahrung mit dem Produkt und den Konstruktionsdetails her. Ihre Entwicklungs- und Fertigungsorganisationen überlappen sich zeitlich und kommunizieren eng miteinander. Ihre Produktmanager sind Schwergewichte, und ihre Entwicklungsorganisationen und die Produkte, die sie hervorbringen, besitzen Integrität. Der Erfolg solcher Firmen wird an der raschen und effektiven Entwicklung hervorragender Produkte gemessen.

Anmerkungen

1 Weitere Informationen bei Plus Development Corporation (A) (687-001) und Plus Development Corporation (B) (688-066).
2 Der Bericht beruht auf Interviews des Autors, die 1989 bei CANON geführt wurden.
3 Weitere Informationen siehe Campbell Soup Company (690-051).
4 Weitere Informationen siehe Motorola, Inc. Bandit Pager Project (690-043).
5 Weitere Informationen siehe Lehrer McGovern Bovis Inc. (687-089).
6 Weitere Informationen siehe BSA Industries-Belmont Division (689-049).

Anhang

Datensammlung

Jeder Studie des Produktentwicklungsprozesses steht eine Reihe schwieriger Probleme beim Erwerb von Daten gegenüber. Da öffentlich zugängliche Informationen weder genügend Fakten über Leistungen noch über Betriebsmerkmale der firmeninternen Produktentwicklungsprozesse geben, muß eine solche Studie auf der Sammlung von Felddaten aufbauen. Die Schwierigkeiten, die dabei aufgrund von vertraulichen Daten und unterschiedlichem technischen Vokabular zu bewältigen waren, stellten eine große Herausforderung dar. Da wir eine Brücke von der Produktentwicklung zum internationalen Wettbewerb in einem breitgefächerten Marktkontext schlagen wollten, kam noch hinzu, daß die Studie international und interdisziplinär sein mußte, was weitere Schwierigkeiten aufwarf.

Die Beispiele

Unsere Produktentwicklungsstrategie beinhaltete die Datensammlung (vor allem zwischen 1985–1988) zu 29 neuen Fahrzeugentwicklungsprojekten in 20 Firmen, die auf alle wesentlichen Autoproduktionsregionen der 80er Jahre verteilt waren: die USA (drei Firmen), Westeuropa (neun Firmen) und Japan (acht Firmen). Diese Unternehmen lieferten etwa 70 % des weltweiten Fahrzeugausstoßes im Jahre 1986. Die durchschnittliche Jahresproduktion lag bei 1,2 Millionen Fahrzeugen, wobei zehn Firmen mehr als eine Million und alle mehr als 200 000 Fahrzeuge in einem Jahr produzierten. Trotz ihres beträchtlichen Produktionsvolumens nahmen an unserer Studie weder die neuen Industriestaaten (z. B. Korea, Taiwan, Brasilien, Mexiko und Spanien) noch osteuropäische

Staaten (z. B. UdSSR, Jugoslawien, Polen) teil, da in diesen Ländern in den 80er Jahren ausgeprägte Entwicklungsprojekte rar gesät waren. Andere Entwicklungsregionen sowie Australien und Ozeanien wurden aus dem gleichen Grund ausgeschlossen, während Hersteller wie Rolls-Royce, Aston Martin, Lamborghini, Maserati und Avanti wegen ihres geringen Produktionsvolumens nicht berücksichtigt wurden. Die kleine Auswahl (Projekte und Organisationen) ermöglichte uns systematische und vergleichende Analysen, ohne dabei den Sinn für Realität, Charakteristika oder Dynamik bei den einzelnen Fällen zu verlieren.

Alle an unserer Studie beteiligten Hersteller hatten mehrere Modelle im Programm. Die jeweilige Anzahl der Basismodelle reichte von drei bis vierzehn und lag im Schnitt bei sieben. Die Verkaufspreise der Modelle gingen bei den sechzehn Massenprozenten von 5000 $ bis 15 000 $ (1987) und lagen bei den vier Oberklassenherstellern bei über 20 000 $ Zusammen haben sie zwischen 1982 und 1987 etwa 120 neue Modelle entwickelt, das sind etwa 90 % der in diesem Zeitraum in den entsprechenden Regionen entwickelten Fahrzeugtypen.

Die Musterbeispiele, sechs in den USA, elf in Europa und zwölf in Japan, deckten ungefähr 20 % aller neuen Produktprojekte von 1982–1987 ab. Da fünf Jahre im Hinblick auf die Produktentwicklung ein ziemlich kurzer Zeitraum sind und die durchschnittliche Produktionsdauer eines Autos weltweit bei über fünf Jahren liegt, bezieht sich unsere Analyse auf eine Produktgeneration und stellt somit einen Querschnitt und nicht eine Zeitreihe dar. Die Musterprojekte zeigten deutliche Unterschiede auf und schlossen große, mittlere und kleine Autos, Kleintransporter, Kleinstwagen und Miniobusse (Vans) ein. Die Verkaufspreise lagen Mitte 1987 zwischen unter 5000 $ bis über 40 000 $. Andere Projektbereiche, die beträchtliche Unterschiede aufwiesen, beinhalteten Karosserietypen, den Anteil bereits vorhandener Teile, technische Neuerungen und den Grad der Einbeziehung der Zulieferer bei der Konstruktion. Um Projektdaten als allgemeine Indikatoren für Produktentwicklungsorganisationen verwenden zu können, korrigierten wir die Originaldaten bei diesen Unterschieden soweit als möglich.

Ein anderes mögliches Problem war eine Verzerrung der Musterprojekte in bezug auf Markterfolg und Wettbewerbstauglichkeit. Da es extrem schwierig war, die Firmen dazu zu bringen, Projektdaten freizugeben, mußten wir uns mit den Projekten, die sie als Beispiele anboten, zufriedengeben. Verständlicherweise stellten die meisten Projekte zur Verfügung, die ziemlichen Markterfolg erreicht hatten. In Anbetracht dessen kann man diese Projekte als »beste Beispiele des Zeitraums« betrachten.

Es wurden drei Dimensionen von Produktentwicklungsleistung gemessen: Konstruktionsstunden (Entwicklungsproduktivität), Entwicklungszeit und totale Produktqualität (TPQ).

Zur besseren Vergleichbarkeit von Projekten und Organisationen wurden die Daten bei projektspezifischen Faktoren wie Produktkomplexität, Neuerungen, Projektrahmen usw. mit Hilfe von Konstruktions- und/oder statistischen Methoden angeglichen. Die Konstruktionsmethoden verwendeten die Schätzungen der Ingenieure von Angleichungskoeffizienten, die auf praktischer Erfahrung basierten. Wir benutzten diese Schätzungen, um Daten, die Stunden betrafen, für die Auswertung der Unterschiede in der Zahl der Karosserieversionen anzugleichen. Wir entwickelten auch eine Formel für die Angleichung des Projektumfangs, die auf dem Verhältnis gemeinsamer Teile, der Zulieferereinbindung und teilespezifischer Konstruktion basierte. Statistische Methoden ersetzten bei den statistischen Schätzungen der Angleichungskoeffizienten und Regressionsmodelle praktische Ingenieurerfahrung. Die Modelle für die regionalen/strategischen Gruppen enthalten Dummyvariablen für die für jede Region oder Strategie spezifischen Umwelt- und Organisationsfaktoren. (Hierfür wurde die Gruppe der japanischen Massenhersteller als Basis genommen.)

Obwohl sowohl Konstruktions- als auch statistische Methoden zur Anwendung kamen, verwendeten wir zur Hauptanalyse statistische Methoden. Die Konstruktionsmethode wurde in erster Linie zur Gegenprobe der statistischen Schätzungen benutzt.

Konstruktionsstunden. Wie wir als Grobstruktur durch Fragebögen und Gespräche herausfanden, beinhalten die Konstruktionsstunden nicht nur den Zeitaufwand der Ingenieure, sondern auch den von Technikern und anderem Verwaltungspersonal, das direkt am Projekt beteiligt war, übergeordnete Kosten (z. B. Vizepräsident der Konstruktion), Arbeitsstunden für die Prozeßvorbereitung und den Werkzeugbau, Motor- und Getriebeentwicklung und Zeitaufwand der Zulieferer oder Karosseriehersteller (ausgenommen, der ganze Fahrzeugkonstruktionsprozeß lag bei einem Nebenlieferanten). Unter Konstruktionsstunden versteht man also im wesentlichen jene Stunden, die für Projektkonzeptschöpfung, Produktplanung, Produktkonstruktion für Fahrzeugentwicklung (vor allem Karosserie und Chassis) aufgewendet wurden. Wie bereits angesprochen, wurden die Rohdaten angepaßt, um ein Maß der Entwicklungsproduktivität finden zu können; somit berücksichtigen die korrigierten Daten die Rolle der Zulieferer ebenso wie die Unterschiede im Produktinhalt.

Entwicklungszeit. Sie bezieht sich auf die Monate zwischen dem Beginn eines Entwicklungsprojekts und der Markteinführung der ersten Modellversion. Zusätzlich zur Konzept-zu-Markt-Zeit wurden Planungsdaten für andere Entwicklungsphasen gesammelt, die Konzeptschöpfung, Produktplanung, Konstruktion und Pilotserie beinhalteten. Außer für die Planungs- und Konstruktionszeit wurden derart detaillierte Daten für die weitere statistische Analyse nicht benutzt.

Totale Produktqualität. Sie wurde durch mehrere Indikatoren erreicht, die verschiedene Aspekte der Kundenzufriedenheit ebenso wie eine langfristige Verbesserung der Marktanteile repräsentierten. Die zwischen 1986 und 1987 praktizierte Datensammlung wurde, wo möglich, mehr auf Organisations- als auf Projektebene durchgeführt, um die gemeinsamen Merkmale in der Entwicklung einer Produktserie zu betonen. Es bedurfte mehrerer Indikatoren, um einen TPQ-Index zu erreichen.

Die Daten über die klar erkennbare Qualität kamen aus drei verschiedenen Quellen. Zwei davon sind aus aktuellen Kaufinformationen entnommen (»Actual User's Purchase Information« aus Consumers Reports, J. D. Power & Associates) und basieren auf der Prozentzahl der Antwortenden (US-Konsumenten), die sagten, daß sie dieselbe Marke wieder kaufen würden. Die Analyseeinheit in der Übersicht von J. D. Power ist »Marke«, die im allgemeinen den Produktdivisionen bei den Autoherstellern entspricht. Daraus folgt, daß US-Hersteller mit Multidivisionsstrukturen mehr als nur einmal repräsentiert sind. Der andere Indikator totaler Qualität basiert auf Expertenschätzungen anhand der Prozentzahl der von Consumer Reports 1986, 1987 und 1988 empfohlenen Modelle. Alle drei Indikatoren wurden in Variablen für die weitergehende Datenanalyse umgewandelt.

Durchschnittszahlen je Firma über technische Fehler pro Wagen, die von den Besitzern innerhalb von 90 Tagen nach Auslieferung gemeldet wurden, zählten zur Strukturqualität. Wir werteten die Daten von zwei verschiedenen Jahren aus (1985, 1987), um die Zuverlässigkeit der Daten zu überprüfen. Da »Marke« die Analyseeinheit ist, werden amerikanische Firmen mehr als einmal bewertet. Ein Expertenausschuß wurde eingesetzt, um die Entwurfsqualität zu bewerten. Jeder der sieben Experten gab eine umfassende Schätzung der Modelle jeder Firma zu der Mitte des Jahres 1987 neuesten Generation ab. Die Evaluierungskriterien waren Konzept, Styling, Leistung, Komfort, Preis-Leistungsverhältnis und die allgemeine Bewertung. Die Experten hatten die Anweisung, sich in bezug auf Konkurrenzmodelle zur Zeit der Einführung weitestgehend nach der Sicht der Zielkunden zu richten. Es wurden Berechnungen zur Angleichung der Preisdifferenzen verschiedener Produktsegmente sowie für Differenzen im Einführungsjahr aufgestellt. Ein anderer allgemeiner Indikator, mit Ausnahme der Preiseffekte, wurde mit Hilfe der Regressionsanalyse geschätzt.

Ein langfristiger Marktanteilindex wurde entwickelt; dazu verwendete man nationale Autoverkaufsstückzahlen und nahm an, daß die Binnenmarktposition einer Firma eine strategisch wichtige Rolle in der Wettbewerbsleistung des Unternehmens spielt. Auch alternative Indikatoren, die Veränderungen im Anteil der Gesamtverkäufe der vergangenen sechs Jahre aufwiesen, wurden berechnet. Die Gesamtverkäufe einer Sechs-Jahres-Periode wurden als grober Näherungswert des Modellanteils einer Generation gewertet, der Zwölf-Jahreswert als der eines Gesamtanteils eines Fahrzeugtyps. Die Ergebnisse dieser verschiedenen Indikatoren stimmten weitgehend überein.

Mit diesen Indikatoren berechneten wir einen TPQ-Index. Auf der Basis dieser Interviews und anderer Industrieerfahrungen wiesen wir jedem Indikator subjektiv ein bestimmtes Gewicht zu: 0,3 für erkannte totale Qualität, 0,1 für Übereinstimmungsqualität, 0,4 für Entwurfsqualität, 0,1 für langfristige Anteilsverbesserung. In den ersten drei Kategorien verteilten wir 100 Punkte auf die Organisationen des oberen Drittels, 50 auf die des mittleren Drittels und keine auf die des unteren Drittels. Mangelnde Übereinstimmung der Indikatoren wurde durch Anwendung der »Demokratieregel« gelöst. Bei der Vergrößerung des Marktanteils vergaben wir 100 Punkte für Anteilsgewinn, 50 Punkte für Anteilsverluste und 75 Punkte für Grenzfälle. Somit war der TPQ-Index der ausgewogene Durchschnitt der vier Indikatoren.

Obwohl es einfach ist, die Beweise mittels Index zusammenzufassen, erwächst aus subjektiver Gewichtung die Gefahr von Fehlurteilen. Trotzdem sind wir sicher, daß der Index eine faire Zusammenfassung der verschiedenen Indikatoren darstellt. Zum einen wurden die Indikatorenbewertungen von den untersuchten Firmen durch allgemeine Zustimmung der Führungsebene bestätigt, zum anderen waren die Führungskräfte, vor allem im Vertriebsbereich, relativ unempfindlich gegen die Anwendung verschiedener Gewichtungen. Wie die Daten in Abb. 4.5 belegen, sind die Top-Firmen bei allen Messungen stark, während die Firmen der unteren Kategorie gleichmäßig schwach sind. Da unser Hauptinteresse in der Analyse auf relativ weit gefaßten Firmengruppierungen (z. B. Firmen des oberen oder unteren Drittels) lag, werden die grundsätzlichen Schlußfolgerungen der Kapitel, die sich mit totaler Produktqualität befassen (besonders Kapitel 9 und 10), von Änderungen relativer Gewichte wenig beeinflußt. Es ist wichtig anzumerken, daß der Index für projektspezifisch relevante Faktoren wie Preis und Produktkategorien bereits angeglichen wurde. So brauchen wir, im Gegensatz zu Konstruktionsstunden und Entwicklungszeit, keine weiteren statistischen Angleichungen für Variablen des Projektumfangs.

Projektinhaltsvariablen

Es wurden drei Untergruppen projektspezifischer Faktoren, die Konstruktionsstunden und Entwicklungszeit beeinflussen könnten, festgestellt: Produktkomplexität (z. B. Preis, Karosserietypen), technologische Innovationen und Projektumfang (z. B. gemeinsame Teile, Einbeziehung der Zulieferer). Obwohl wir in der vorläufigen Analysestufe viele Indikatoren untersuchten, benutzen wir sechs Indikatoren für die Hauptanalyse, über die dieses Buch berichtet.

Indikatoren der Produktlinienpolitik

Die Indikatoren, die die Grundzüge der Produktlinienpolitik einzelner Hersteller darstellen, einschließlich der Produkterneuerungsquote, Ausweitung der Modellpalette und des Tempos der Produktentwicklung (siehe Kapitel 3), wurden Sheriff entnommen. Der Output-Index mißt die Zahl der neuen Modelle, die eine Firma zwischen 1981 und 1988 auf den Markt brachte, gemessen an der Zahl der Modelle, die die Firma 1981 hatte. So wird deutlich, wie häufig die Firmen Mitte der 80er Jahre große Produktentwicklungsprojekte durchgeführt haben. Dieser Index kann danach aufgeteilt werden, ob es sich bei der großen Modellentwicklung um den Austausch eines laufenden Modells oder die Ausdehnung der Modellpalette handelte. Der Austauschindex gilt für die Berechnung des Prozentwertes der Produkte, die eine Firma zwischen 1981 und 1988 auswechselte. Er liefert einen ziemlich guten Wert für die jeweiligen Produkterneuerungszyklen: je höher der Index, desto kürzer die Erneuerungszyklen. Der Ausdehnungsindex bewertet die neuen Modelle, die dazu beitragen, eine Modellreihe auszubauen. Man kann davon ausgehen, daß Hersteller mit hohem Ausdehnungsindex flexibler auf die Marktanforderungen eingehen können.

Zwei Indikatoren der Herstellungsfähigkeiten wurden statistisch analysiert: Prototypentwicklungszeit und Preßwerkzeugherstellzeit (Kapitel 7 und 8).

Prototypentwicklungszeit: Die Zeit, die zur Entwicklung des ersten Konstruktionsprototyps gebraucht wurde – die erste physische Darstellung des Gesamtfahrzeugs im Vergleich zu Teilprototypen aus Ton, maßstabgetreuen Modellen und mechanischen und Bauteil-Prototypen –, wird aufgeteilt in (1) die Zeit von der Freigabe der ersten Prototypteilezeichnungen an Prototyp-Hersteller (im eigenen Unternehmen oder an Fremdfirmen) bis zur letzten Freigabe von Teilezeichnungen und (2) die Zeit von der letzten Zeichnungsfreigabe bis zur Fertigstellung des Prototyp. Wir bezeichnen diese Perioden als Zeichnungsfreigabezeit und entsprechend als Nachzeichnungsfreigabezeit. Erstere spiegelt entweder Unterschiede quer durch alle Teile in bezug auf Designgeschwindigkeit oder Unterschiede in der Prototypbeschaffungszeit wider. Die Prototypmontierzeit nimmt einen großen Teil der letzteren in Anspruch.

Preßwerkzeugherstellzeit. Der Entwicklungsprozeß von Werkzeugen und Geräten wird in Monaten gemessen, die benötigt werden, um einen Werkzeugsatz für ein größeres Karosserieteil, wie z. B. den hinteren Kotflügel, zu entwerfen und herzustellen. Die gesamte Herstellzeit wird unterteilt in (1) die Zeit von der ersten Freigabe grober Karosserieteilezeichnungen bis zur Freigabe der endgültigen Detailzeichnungen, (2) die Zeit von der endgültigen Freigabe von Teilezeichnungen bis zur Auslieferung von Preßwerkzeugen und (3) die Zeit von der Lieferung bis zur Fertigstellung der Tryouts. Die erste Phase entspricht grob der Werkzeugplanungsperiode (Pläne für die Entwicklung der Prozeßstufen, geschätzte Kosten usw.), die zweite Phase der Herstellungsperiode (Gießen, Bearbeiten, Montage, Fertigstellung). Die detaillierte Werkzeugkonstruktion wird während der ersten Monate der zweiten Periode ausgeführt, oft parallel mit dem Gießen. Und deshalb nennen wir die drei Komponenten der totalen Zeit die Preßwerkzeugplanungszeit, Werkzeugfertigungszeit und Erprobung. In diesem Buch kommen für die statistische Analyse die totale Herstellzeit und die Fertigungszeit (Kapitel 7) zur Anwendung.

Indexwerte in dieser Kategorie (ausgenommen das Gleichzeitigkeitsverhältnis und die Zahl der Projektteilnehmer) wurden aus einer Vielzahl von Organisations- und Prozeßindikatoren konstruiert. Tab. 3 listet 29 qualitative Variablen (0 oder 1) auf, die organisatorische Aspekte effektiver Massenhersteller in den 80er Jahren, und sechs Variablen, die organisatorische Aspekte effektiver Oberklassenhersteller in diesem Zeitraum darstellen. Die meisten dieser Indizes werden konstruiert, indem man Fälle, für die dies zutrifft, für diese Variablen oder ihre Untermengen aufaddiert. Da jede Organisationsvariable einen Teil des hypothetischen »Idealmusters« für die erfolgreiche Produktentwicklung darstellt, schaffen sie zusammen Konsistenz- oder »Idealprofil«-Indizes. Die zehn Indizes werden in Tab. 4 aufgelistet.

Datenanalyse

Statistische Datenanalysen werden angewendet, um die Beziehungen zwischen Leistung, Projektinhalt und Organisation zu untersuchen, um angeglichene Konstruktionsstunden und die Entwicklungszeit für jedes Projekt zu berechnen und um die Leistungsunterschiede nach Angleichung durch Regionen und Strategien zu schätzen. Die hier angewandten statistischen Methoden sind relativ einfach: gewöhnliche Kleinste Quadrate der Abweichungs-Regression für Projektdaten (24 bis 29 Beispiele) und Spearman-Rank-Ordnungskorrelationen für Organisationsdaten (15–22 Beispiele). Letzteres wurde angenommen, um das mögliche Problem kleiner Beispiele zu vermeiden.

Regressionsergebnisse für die totale Produktqualität

Im Gegensatz zu Stunden und Entwicklungszeit wurde unser TPQ-Index bei Unterschieden in Preisklasse, Zielmarkt und Produktkomplexität korrigiert, so wie wir die entsprechenden Variablen definierten. Jedoch bedarf es weiterer Analysen, um herauszufinden, ob regionale Unterschiede bestehen, und um zu bestimmen, ob eine Verbindung des Indexes mit dem Projektumfang und dem Grad der Innovationsbemühungen im Projekt besteht. Die Regressionen zeigen keine signifikanten statistischen Unterschiede im regionalen Durchschnitt des Gesamtindexes und hatten keine Auswirkungen auf den Innovationsgrad. Trotzdem glauben wir, daß der Projektumfang einen positiven Einfluß ausübt. Es wird deutlich, daß die Verwendung von mehr neuen Teilen und Arbeit im eigenen Unternehmen sich positiv auf die Produktqualität auswirkt.

Regressionsergebnisse für die Herstellungsfähigkeiten

Als nächsten untersuchten wir, ob die Entwicklungszeit für Herstellungsaktivitäten in der Entwicklung die Entwicklungsleistung und regionale Leistungsunterschiede beeinflußt. Wir testeten drei Indikatoren: die Prototypentwicklungszeit, die Herstellungszeit und die totale Entwicklungszeit, wobei die ersten beiden die Fähigkeiten eines Projekts bei kurzzyklischer Herstellung widerspiegeln, der letztere ist ein Indikator integrierter Problemlösungen bei der Konstruktion.

Für jede Leistungsmessung begannen wir mit den Grundregressionsmodellen zur Angleichung. Die Ergebnisse wiesen auf eine leichte Verbindung mit den Konstruktionsstunden und auf einen starken Einfluß auf die Entwicklungszeit hin. So führt z. B. ein Minus von einem Monat bei der Prototypzeit zu einer einmonatigen Verringerung der Konstruktionszeit.

Ebenso untersuchten wir den Einfluß der Preßwerkzeugherstellzeit auf die Dauer der Produktionsvorbereitungsstufe. Wie im Text besprochen, ermöglicht uns dies, den Einfluß schneller Werkzeugfertigung auf die Vollständigkeit der Konstruktion bei der Pilotproduktion zu ermitteln. Die Regressionen zeigen keine signifikanten statistischen Unterschiede in der durchschnittlichen Stufenlänge, obwohl die durchschnittlichen Werte für europäische und US-Firmen ein paar Monate über denen japanischer Firmen liegen. Wenn wir Untersuchungen zum Produktinhalt, zum Umfang und zur Werkzeugherstellzeit anstellen, finden wir heraus, daß westliche Firmen weniger »effektive« Zeit für die Prozeßkonstruktion aufwenden, ausgehend von der Komplexität ihrer Produkte und der für Konstruktion und Anfertigung benötigten Zeit.

350

Bibliographie

Abernathy, William J. »Some Issues Concerning the Effectiveness of Parallel Strategies in R&D Projects.« *IEEE Transactions on Engineering Management* EM-18, no. 3 (August 1971): 80–89.
– *The Productivity Dilemma.* Baltimore: Johns Hopkins University Press, 1978.
Abernathy, William J., Kim B. Clark, and Alan M. Kantrow. *Industrial Renaissance.* New York: Basic Books, 1983.
Abernathy, William J., and James M. Utterback. »Patterns of Industrial Innovation.« *Technology Review* 80, no. 7 (June–July 1978): 2–9.
Aldrich, Howard, and Diane Herker. »Boundary Spanning Roles and Organization Structure.« *Academy of Management Review* (April 1977): 217–230.
Alexander, Christopher. *Notes on the Synthesis of Form.* Cambridge, MA: Harvard University Press, 1964.
Allen, Thomas J. *Managing the Flow of Technology.* Cambridge, MA: MIT Press, 1977.
Allen, Thomas J., and Oscar Hauptman. »The Influence of Communication Technologies on Organizational Structure.« *Communication Research* 14, no. 5 (October 1987): 575–578.
Altshuler, Alan, et al. *The Future of the Automobile.* Cambridge, MA: MIT Press, 1984.
»Ampex Corporation: Product Matrix Engineering.« Harvard Business School Case #687-002.
»Applied Materials.« Harvard Business School Case #688-050.
Armi, C. Edson. *The Art of American Car Design.* University Park, PA: The Pennsylvania State University Press, 1988.
Ashton, James E., and Frank X. Cook, Jr. »Time to Reform Job Shop Manufacturing.« *Harvard Business Review* (March–April 1989): 106–111.

Behner, Peter. »New Aspect in FMEA Processing Using Advanced Databases and Its Effects on Design for Assembly.« Unpublished Diploma Thesis, Lehrstuhl für Produktionssystematik, WZL, RWTH Aachen, West Germany, 1989.
»Bendix Automation Group.« Harvard Business School Case #684-035.
Bettman, James R. *An Information Processing Theory of Consumer Choice.* Reading, MA: Addison-Wesley, 1979.
Bohn, Roger E., and Ramchandran Jaikumar. »Dynamic Approach: An Alternative

Paradigm for Operations Management.« Harvard Business School Working Paper, 1986.

»BSA Industries–Belmont Division.« Harvard Business School Case #689-049.

Burgelman, Robert A., and Leonard R. Sayles. *Inside Corporate Innovation.* New York: Free Press, 1986.

Burns, Tom, and G. M. Stalker. *The Management of Innovation.* London: Tavistock Publications, 1961.

»Campbell Soup Company.« Harvard Business School Case #690-051.

»Ceramics Process Systems Corporation (A).« Harvard Business School Case #687-030.

Chandler, Alfred D., Jr. *Strategy and Structure.* Cambridge, MA: MIT Press, 1962.

»Chaparral Steel (Abridged).« Harvard Business School Case #687-045.

Child, John. »Organizational Structures, Environment and Performance: The Role of Strategic Choice.« *Sociology* 6 (1972): 1–22.

Clark, Kim B. »Competition, Technical Diversity, and Radical Innovation in the U.S. Auto Industry.« *Research on Technological Innovation, Management and Policy,* vol. 1 (1983): 103–149.

– »The Interaction of Design Hierarchies and Market Concepts in Technological Evolution.« *Research Policy* 14 (1985): 235–251.

– »Project Scope and Project Performance: The Effect of Parts Strategy and Supplier Involvement on Product Development.« *Management Science,* vol. 35, no. 10 (October 1989): 1247–1263.

– »What Strategy Can Do for Technology.« *Harvard Business Review* (November–December 1989): 94–98.

Clark, Kim B., and Takahiro Fujimoto. »Overlapping Problem Solving in Product Development.« Harvard Business School Working Paper, 1987. Also in *Managing International Manufacturing,* edited by Kasra Ferdows. Amsterdam: North-Holland, 1989: 127–152.

– »The European Model of Product Development: Challenge and Opportunity.« Presented at the Second International Policy Forum, International Motor Vehicle Program at Massachusetts Institute of Technology, 17 May 1988 (1988a).

– »Lead Time in Automobile Product Development: Explaining the Japanese Advantage.« Harvard Business School Working Paper, 1988 (1988b). Also in *Journal of Engineering and Technology Management* 6 (1989): 25–28.

– »Shortening Product Development Lead Time: The Case of the Global Automobile Industry.« Presented in Professional Program Session, Electronic Show and Convention, Boston, 10–12 May 1988 (1988c).

– »Product Development and Competitiveness.« Paper presented in the International Seminar on Science, Technology, and Economic Growth, OECD, 7 June 1989 (1989a).

– »Reducing the Time to Market: The Case of the World Auto Industry.« *Design Management Journal,* vol. 1, no. 1 (Fall 1989) (1989b): 49–57.

Cusumano, Michael A. *The Japanese Automobile Industry.* Cambridge, MA: Harvard University Press, 1985.

Daft, Richard L., and Norman B. Lengel. »Organizational Information Requirements, Media Richness and Structural Design.« *Management Science,* vol. 32, no. 5 (May 1986): 554–571.

Daimler-Benz AG. *Daimler-Benz Museum.* Stuttgart: 1987.

Davis, Stanley M., and Paul R. Lawrence. *Matrix.* Reading, MA: Addison-Wesley, 1977.

Drucker, Peter F. *The Practice of Management.* New York: Perennial Library, 1954.

Dumas, Angela, and Henry Mintzberg. »Managing Design–Designing Management.« *Design Management Journal,* vol. 1, no. 1 (Fall 1989): 38–44.

Ealey, Lance A. *Quality by Design: Taguchi Methods® and U.S. Industry.* Dearborn, MI: ASI Press, 1988.

Engel, James F., Roger D. Blackwell, and David T. Kollat. *Consumer Behavior.* Hinsdale, IL: Dryden Press, 1978.

»Everest Computer (A).« Harvard Business School Case #685-085.

Freeman, Christopher. *The Economics of Industrial Innovation.* Cambridge, MA: MIT Press, 1982.

Fujimoto, Takahiro. »A Note on Technology Systems.« Presented at International Conference on Business Strategy and Technical Innovation, Japan, March 1983. Abridged Japanese translation in *Gijutsu-Kakushin to Keiei Senryaku* (Technological Innovation and Business Strategy), edited by Mariaki Tsuchiya. Tokyo: Nihon Keizai Shimbun-sha (1986): 141–161.

– »Organizations For Effective Product Development: The Case of the Global Automobile Industry.« Unpublished D.B.A. diss., Harvard Business School, 1989.

Fujimoto, Takahiro, and Antony Sheriff. »Consistent Patterns in Automotive Product Strategy, Product Development, and Manufacturing Performance–Road Map for the 1990s.« Presented at the Third International Policy Forum, International Motor Vehicle Program at Massachusetts Institute of Technology, 7–10 May 1989.

Galbraith, Jay R. *Designing Complex Organizations.* Reading, MA: Addison-Wesley, 1973.

– »Designing the Innovating Organization.« *Organizational Dynamics* (Winter 1982): 5–25.

»General Electric Lighting Business Group.« Harvard Business School Case #689-038.

Gobeli, David H., and William Rudelius. »Management Innovation: Lessons from the Cardiac-Pacing Industry.« *Sloan Management Review* 26, no. 4 (Summer 1985): 29–43.

Hall, Robert W. *Zero Inventories.* Homewood, IL: Dow Jones-Irwin, 1983.

Hayes, Robert H., Steven C. Wheelwright, and Kim B. Clark. *Dynamic Manufacturing.* New York: Free Press, 1988.

Higuchi, Kenji. *Jidosha Zatsugaku Jiten (A Cyclopedia of Miscellaneous Matters on the Automobile).* Tokyo: Kodansha, 1984.

Hirschman, Elizabeth C., and Morris B. Holbrook. »Hedonic Consumption: Emerging Concepts, Methods and Propositions.« *Journal of Marketing* (Summer 1982): 92–101.

Holbrook, Morris B., and Elizabeth C. Hirschman. »The Experiential Aspects of Consumption: Consumer Fantasies, Feelings, and Fun.« *Journal of Consumer Research* 9 (September 1982): 132–140.

353

Ikari, Yoshiro. *Daiichi Sharyo Sekkei-bu (Vehicle Design Department #1)*. Tokyo: Bungei Shunju, 1981.

– *Nissan Ishiki Daikakumei (Great Cultural Revolution of Nissan)*. Tokyo: Diamond, 1987.

– *Skyline ni Kaketa Otoko-tachi (The Men Who Bet on Skyline)*. Tokyo: Soryu-sha, 1982 (1982b).

– *Toyota tai Nissan: Shinsha Kaihatsu no Saizensen (Toyota versus Nissan: The Front Line of New Car Development)*. Tokyo: Diamond, 1985.

Imai, Ken-ichi, Ikujiro Nonaka, and Hirotaka Takeuchi. »Managing the New Product Development Process: How the Japanese Companies Learn and Unlearn.« In *The Uneasy Alliance*, edited by Kim B. Clark, Robert H. Hayes, and Christopher Lorenz. Boston: Harvard Business School Press, 1985.

Imai, Masaaki. *Kaizen*. New York: Random House, 1986.

Jaikumar, Ramchandran. »Postindustrial Manufacturing.« *Harvard Business Review* (November–December 1986): 69–76.

Johansson, Johny K., and Ikujiro Nonaka. »Market Research the Japanese Way.« *Harvard Business Review* (May–June 1987): 16–22.

Juran, Joseph M., and Frank M. Gryna, Jr. *Quality Planning and Analysis*. New York: McGraw-Hill, 1980.

Juran, Joseph M., Frank M. Gryna, Jr., and R. S. Bingham, Jr., eds. *Quality Control Handbook*. New York: McGraw-Hill, 1975.

Kamien, M. I., and N. L. Schwartz. *Market Structure and Innovation*. Cambridge: Cambridge University Press, 1982.

Kanter, Rosabeth M. »When a Thousand Flowers Bloom: Structural, Collective, and Social Conditions for Innovation in Organizations.« *Research in Organizational Behavior* 10 (1988): 169–211.

Katz, Ralph, and Thomas J. Allen. »Project Performance and the Locus of Influence in the R & D Matrix.« *Academy of Management Journal* 28, no. 1 (1985): 67–87.

Keller, Robert T. »Predictors of the Performance of Project Groups in R & D Organizations.« *Academy of Management Journal* 29, no. 4 (1986): 715–726.

Kotler, Phillip. *Marketing Management: Analysis, Planning, Implementation and Control*. 6th ed. Englewood Cliffs, NJ: Prentice Hall, 1988.

Krafcik, John. »Triumph of the Lean Production System.« *Sloan Management Review* (Fall 1988): 41–52.

Larson, Erik W., and David H. Gobeli. »Organization for Product Development Projects.« *Journal of Product Innovation Management* 5 (1988): 180–190.

Laux, James M. *In First Gear: The French Automobile Industry to 1914*. Liverpool: Liverpool University Press, 1976.

Lawrence, Paul R., and Davis Dyer. *Renewing American Industry*. New York: Free Press, 1983.

Lawrence, Paul R., and Jay W. Lorsch. *Organization and Environment*. Homewood, IL: Richard D. Irwin, 1967 (1967a).

»Lehrer McGovern Bovis, Inc.« Harvard Business School Case #687-089.

Levy, Sidney. »Symbols for Sale.« *Harvard Business Review* (July–August 1959): 117–124.

Lorenz, Christopher. *The Design Dimension*. Oxford: Basil Blackwell, 1986.

354

Maidique, Modesto. A., and B. J. Zirger. »A Study of Success and Failure in Product Innovation: The Case of the U.S. Electronics Industry.« *IEEE Transactions on Engineering Management* EM-31, no. 4 (1984): 192–203.

– »The New Product Learning Cycle.« *Research Policy* 14 (December 1985): 299–313.

Marquis, Donald G. »The Anatomy of Successful Innovations.« In Michael L. Tushman and William L. Moore, eds. *Readings in the Management of Innovation.* Cambridge, MA: Ballinger, 1982: 42–50.

Marquis, Donald G., and D. L. Straight. »Organizational Factors in Project Performance.« MIT Sloan School of Management Working Paper, 1965.

Marsh, Peter E., and Peter Collett. *Driving Passion.* Boston: Faber and Faber, 1986.

Matsui, Mikio. *Jidosha Buhin (The Automobile Parts Industry).* Tokyo: Nihon Keizai Shimbun-sha, 1988.

McDonough, Edward F. III, and Richard P. Leifer. »Effective Control of New Product Projects: The Interaction of Organization Culture and Project Leadership.« *Journal of Product Innovation Management* 3 (1986): 149–157.

Miles, Raymond E., and Charles C. Snow. *Organizational Strategy, Structure, and Process.* New York: McGraw-Hill, 1978.

Miles, Robert H. *Macro Organizational Behavior.* Glenview, IL: Scott, Foresman, 1980.

Mintzberg, Henry. *The Structuring of Organizations.* Englewood Cliffs, NJ: Prentice-Hall, 1979.

– *Mintzberg on Management.* New York: Free Press, 1989.

Mitsubishi Research Institute. *The Relationship between Japanese Auto and Auto Parts Makers.* Tokyo: Mitsubishi Research Institute, 1987.

Monden, Yasuhiro. *Toyota Production System.* Atlanta: Institute of Industrial Engineers, 1983.

Morozumi, Takehiko (Okazaki, Hiroshi, ed.). *BMW.* Tokyo: Shinchosha, 1983.

Morton, Jack A. *Organizing for Innovation.* New York: McGraw-Hill, 1971.

»Motorola, Inc.: Bandit Pager Project.« Harvard Business School Case # 690-043.

Myers, Sumner, and Donald G. Marquis. *Successful Industrial Innovations.* Washington, DC: National Science Foundation, 1969.

Nevins, Allan, and Frank E. Hill. *Ford: Expansion and Challenge, 1915–1933.* New York: Charles Scribner's Sons, 1957.

Nishiguchi, Toshihiro. »Competing Systems of Automotive Components Supply.« A paper presented at the First International Policy Forum, International Motor Vehicle Program, Massachusetts Institute of Technology, May 1987.

Nissan Motor Co. Ltd. *Jidosha Sangyo Handbook (Automobile Industry Handbook).* Tokyo: Kinokuniya (Japanese, annual).

Nonaka, Ikujiro. »Creating Organizational Order Out of Chaos: Self-Renewal in Japanese Firms.« *California Management Review* 30, no. 3 (Spring 1988, 1988a): 57–73.

Oshima, Taku, and Shigeki Yamaoka. *Jidosha (The Automobile).* Tokyo: Nihon Keizai Hyron-sha, 1987.

Perrow, Charles. »A Framework for the Comparative Analysis of Organizations.« *American Sociological Review* 2 (1967): 79–105.

Peters, Thomas J., and Robert H. Waterman, Jr. *In Search of Excellence*. New York: Warner Books, 1982. Deutsche Ausgabe: *Auf der Suche nach Spitzenleistungen*. München: Moderne Industrie, 1986.

»Plus Development Corporation (A).« Harvard Business School Case #687-001.

»Plus Development Corporation (B).« Harvard Business School Case #688-066.

Porter, Michael E. *Competitive Strategy*. New York: Free Press, 1980. Deutsche Ausgabe: *Wettbewerbsstrategie*. Frankfurt: Campus Verlag 1983.

– *Competitive Advantage*. New York: Free Press, 1985. Deutsche Ausgabe: *Wettbewerbsvorteile*. Frankfurt: Campus Verlag, 1986.

Roberts, Edward B. »Managing Invention and Innovation.« *Research-Technology Management* (January–February 1988): 11–29.

Rosenberg, Nathan. *Inside the Black Box*. Cambridge: Cambridge University Press, 1982.

Rosenbloom, Richard S. »Technological Innovation in Firms and Industries: An Assessment of the State of the Art.« In Technological *Innovation*, edited by P. Kelly and M. Kranzberg. San Francisco: San Francisco Press, 1978: 215–230.

– »Managing Technology for the Longer Term: A Managerial Perspective.« In *The Uneasy Alliance*, edited by Kim B. Clark, Robert H. Hayes, and Christopher Lorenz. Boston: Harvard Business School Press, 1985: 297–327.

Rosenbloom, Richard S., and William J. Abernathy. »The Climate for Innovation in Industry.« *Research Policy* 11 (1982): 209–225.

Rosenbloom, Richard S., and Michael A. Cusumano. »Technological Pioneering and Competitive Advantage: The Birth of the VCR Industry.« *California Management Review* 29, no. 4 (Summer 1987): 51–76.

Rosenbloom, Richard S., and Karen J. Freeze. »Ampex Corporation and Video Innovation.« *Research on Technological Innovation, Management and Policy*, vol. 2 (1985).

Rothwell, Roy, et al. »SAPPHO Updated: Project SAPPHO Phase II.« *Research Policy* 3, no. 3 (1974): 258–291.

Rubenstein, A. H., A. K. Chakrabarti, R. D. O'Keefe, W. E. Souder, and H. C. Young. »Factors Influencing Innovation Success at the Project Level.« *Research Management*, vol. 19, no. 3 (May 1976): 15–20.

Sayles, Leonard R., *Management Behavior*. New York: McGraw-Hill, 1964.

Scherer, Frederic M. »Time-Cost Tradeoffs in Uncertain Empirical Research Projects.« *Naval Research Logistics Quarterly* 13 (March 1966): 71–82.

– *Innovation and Growth*. Cambridge, MA: MIT Press, 1984.

Schonberger, Richard J. *Japanese Manufacturing Techniques*. New York: Free Press, 1982.

– *World Class Manufacturing*. New York: Free Press, 1986. Deutsche Ausgabe: *Produktion auf Weltniveau*. Frankfurt: Campus Verlag, 1988.

Scott, W. Richard, *Organizations: Rational, Natural and Open Systems*. 2d ed. Englewood Cliffs, NJ: Prentice-Hall, 1987.

Shapiro, Benson P. »What the Hell Is ›Market Oriented‹?« *Harvard Business Review* (November–December 1988): 119–125.

Sheriff, Antony M. »Product Development in the Automobile Industry: Corporate Strategies and Project Performance.« M.S.M. diss., Sloan School of Management, Massachusetts Institute of Technology, May 1988.

Shibata, Masaharu. *Nani ga Nissan Jidosha wo Kaetanoka* (*What Changed Nissan?*). Tokyo: PHP, 1988.

Shimokawa, Koichi. *Jidosha Senryaku Kokusaika no Nakade: Kiro ni Tatsu Dealer Keiei* (*Dealer Management and Internationalization of Automobile Strategy*). Tokyo: Japan Automobile Dealers Association, 1981.

– *Jidosha (The Automobile Industry)*. Tokyo: Nihon Keizai Shinbun-sha, 1985.

Simon, Herbert A. *The Science of the Artificial*. Cambridge, MA: MIT Press, 1969.

Sloan, Alfred P., Jr. *My Years with General Motors*. Garden City, NY: Anchor/ Doubleday, 1963.

Sobel, Robert. *Car Wars*. New York: McGraw-Hill, 1984.

Soderberg, Leif G. »Facing Up to the Engineering Gap.« *The McKinsey Quarterly* (Spring 1989): 2–18.

»Sony Corporation: Workstation Division.« Harvard Business School Case #690-031.

Taguchi, Genichi, and Don Clausing. »Robust Quality.« *Harvard Business Review* (January–February 1990): 65–75.

Thompson, James D. *Organizations in Action*. New York: McGraw-Hill, 1967.

Tushman, Michael L. »Special Boundary Roles in the Innovation Process.« *Administrative Science Quarterly* 22 (December 1977) 587–605.

Tushman, Michael L., and David A. Nadler. »Information Processing as an Integrating Concept in Organizational Design.« *Academy of Management Review* 3 (July 1978): 613–624.

Urban, Glen L., John R. Hauser, and Nikhilesh Dholakia. *Essentials of New Product Management*. Englewood Cliffs, NJ: Prentice-Hall, 1987.

Utterback, James M. »Innovation in Industry and Diffusion of Technology.« *Science* 183 (February 15, 1974): 658–662.

Van de Ven, Andrew H. »Central Problems in the Management of Innovation.« *Management Science* 32, no. 5 (May 1986): 590–607.

Van de Ven, Andrew H., and R. Drazin. »The Concept of Fit in Contingency Theory.« *Research in Organizational Behavior* 7 (1985): 333–365.

Venkatraman, N. »The Concept of Fit in Strategy Research: Towards Verbal and Statistical Correspondence.« *Academy of Management Best Paper Proceedings,* 1987.

von Hippel, Eric. »The Dominant Role of Users in the Scientific Instrument Innovation Process.« *Research Policy* 5 (1976): 212–239.

– *The Sources of Innovation*. New York: Oxford University Press, 1988.

Waterson, Michael. *Economic Theory of the Industry*. Cambridge: Cambridge University Press, 1984.

Weick, Karl E. *The Social Psychology of Organizing*. 2d ed. Reading, MA: Addison-Wesley, 1979.

White, Lawrence J. *The Automobile Industry Since 1945*. Cambridge, MA: Harvard University Press, 1971.

Register

362